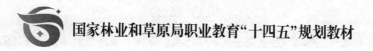

国家林业和草原局职业教育"十四五"规划教材

经济林栽培技术

（北方本）

李鸿杰　主编

中国林业出版社

China Forestry Publishing House

内 容 简 介

本教材从经济林栽培工作领域的主要技术环节出发,设置了经济林识别、经济林苗木繁育、经济林建园、经济林土、肥、水管理、经济林整形修剪、经济林灾害防治、经济林提质增效栽培、常见经济林树种栽培技术8个项目,每个学习项目包括了与典型工作任务相对应的学习任务,以学习者为中心,突出行动导向,培养学习者的技术应用能力。本教材既可作为在校学生的教材,也可作为从事经济林生产人员的培训或自学教材。

由于经济林栽培涉及的基础知识广泛,本教材针对每个学习任务,提供了拓展知识和相关案例数字资源。我国经济林资源十分丰富,经济林涵盖的树种(品种)繁多,书中还提供了一些常见北方经济林树种栽培技术的数字资源供参考。

图书在版编目(CIP)数据

经济林栽培技术:北方本/李鸿杰主编.—北京:中国林业出版社,2024.5
国家林业和草原局职业教育"十四五"规划教材
ISBN 978-7-5219-2671-2

Ⅰ.①经… Ⅱ.①李… Ⅲ.①经济林-栽培学-高等职业教育-教材 Ⅳ.①S727.3

中国国家版本馆 CIP 数据核字(2024)第 074460 号

策划编辑:田　苗　郑雨馨
责任编辑:郑雨馨
责任校对:苏　梅
封面设计:北京时代澄宇科技有限公司

出版发行:中国林业出版社
　　　　　(100009,北京市西城区刘海胡同7号,电话83223120)
电子邮箱:jiaocaipublic@163.com
网　址:https://www.cfph.net
印　刷:河北京平诚乾印刷有限公司
版　次:2024年5月第1版
印　次:2024年5月第1次印刷
开　本:787mm×1092mm　1/16
印　张:19.25
字　数:460千字　数字资源字数:320千字
定　价:56.00元

数字资源

《经济林栽培技术》编写人员

主　编　李鸿杰
副主编　赵密蓉　管　健
编　者　(按姓名拼音排序)
　　　　　段鹏慧（山西林业职业技术学院）
　　　　　管　健（辽宁生态工程职业学院）
　　　　　姬孝忠（甘肃林业职业技术大学）
　　　　　李鸿杰（甘肃林业职业技术大学）
　　　　　裴宏州（天水果友联盟农业技术开发有限公司）
　　　　　石　峰（甘肃省天水市秦州区林业局）
　　　　　张彩霞（甘肃林业职业技术大学）
　　　　　赵密蓉（甘肃林业职业技术大学）
　　　　　周璐琼（甘肃林业职业技术大学）

前　言

经济林是我国森林资源的重要组成部分，属多功能性林木，是商品林的重要组成部分，可为社会提供众多的直接产品和间接加工产品。经济林产业具有投资周期短、见效快、经济效益显著等特点，关系着人民生活水平的提高、医疗保健事业和国民经济的发展。随着我国农林业产业结构调整、对外开放的深化，经济林产品已逐步成为我国发展农林经济和扩大对外出口的大宗产品之一。经济林栽培技术不仅是林业专业技术人员应掌握的内容，也是林区发展、农村致富的主要技术。

在习近平生态文明思想指导下，走绿色发展之路，实现碳达峰、碳中和，实现林业产业有序发展、乡村振兴，经济林大有可为。近年来，随着经济林科学研究的深入以及经济林产品优质标准化生产技术的不断发展，涌现出大批新品种、新技术，发展绿色生产已成为全社会的要求和共识，经济林生产同样面临着生产链标准化、绿色化、有机化的变革，对经济林生产技术和人才培养提出了更高的要求。

为满足我国林业产业一线技术人员和经营者技术获得与提升的需求，更好地服务于区域经济社会发展，助力农业农村现代化，由甘肃林业职业技术大学组织长期从事经济林理论实践教学、科研的教师和生产一线经验丰富的技术能手，共同编写了这本教材。本教材适用于农林职业院校相关专业课程，也可作为从事经济林生产人员培训或自主学习的主要材料。

教材一方面力求反映北方经济林栽培研究的最新成果，理论联系实际，突出先进性和实用性；另一方面以学习者为中心，突出行动导向，培养学习者的技术应用能力。教材设置了经济林识别，经济林苗木繁育，经济林建园，经济林土、肥、水管理，经济林整形修剪，经济林灾害防治，经济林提质增效栽培，常见经济林树种栽培技术8个经济林栽培工作领域的主要技术项目，包括了经济林栽培工作岗位的典型工作任务，是学习者需要具体掌握的技术技能与相关理论。经济林栽培涉及的基础理论较广，加之我国经济林资源十分丰富，经济林涵盖的树种（品种）十分广泛；数字资源部分还提供了拓展知识、相关案例和一些常见北方经济林树种的栽培技术，为学生自主拓展学习提供参考。

本教材由李鸿杰主编，具体分工如下：项目1、项目3由李鸿杰编写，项目1的知识拓展和案例由管健编写，项目3的知识拓展和案例由石峰编写，项目5由段鹏慧编写，项目5的知识拓展和案例由裴宏州编写，项目2、项目7及相应的知识拓展和案例由姬孝忠编写，项目4及相应的知识拓展和案例由张彩霞编写，项目6及相应的知识拓展和案例由周璐琼编写，项目8常见经济林树种栽培技术由赵密蓉编写。李鸿杰负责全书的统稿。

前 言

本教材在编写过程中,参阅了许多学者编著的教材、著作和相关的研究资料,得到了甘肃林业职业技术大学杨航宇教授、张继东教授等同志的大力支持和帮助,在此表示衷心的感谢!

本教材打破了传统教材以学科体系为主的构架,力图形成学生主动参与的学习形态,是经济林栽培技术能力培养的一次探索,加之编者水平有限,教材编写中的不足和错误在所难免,恳请使用者提出宝贵意见。

编 者

2024 年 3 月

目 录

前言
项目1　经济林识别 ·· (1)
　　任务1-1　经济林树种种类识别 ·· (1)
　　任务1-2　经济林树种器官识别 ·· (8)
　　任务1-3　经济林环境识别 ·· (33)
项目2　经济林苗木繁育 ·· (56)
　　任务2-1　苗圃建立 ·· (56)
　　任务2-2　种子育苗 ·· (65)
　　任务2-3　营养繁殖 ·· (80)
　　任务2-4　组织培养育苗 ·· (99)
　　任务2-5　苗木出圃 ··· (106)
项目3　经济林建园 ·· (112)
　　任务3-1　宜林地选择 ··· (112)
　　任务3-2　基地规划设计 ··· (121)
　　任务3-3　经济林栽植 ··· (132)
项目4　经济林土、肥、水管理 ·· (147)
　　任务4-1　土壤管理 ··· (147)
　　任务4-2　肥料管理 ··· (155)
　　任务4-3　水分管理 ··· (168)
项目5　经济林整形修剪 ·· (175)
　　任务5-1　认识树体结构 ··· (175)
　　任务5-2　认识树形 ··· (181)
　　任务5-3　修剪基本技术应用 ··· (191)
　　任务5-4　修剪技术综合运用 ··· (200)
项目6　经济林灾害防治 ·· (211)
　　任务6-1　主要病害防治 ··· (211)
　　任务6-2　主要虫害防治 ··· (223)
　　任务6-3　自然灾害防治 ··· (253)

项目7 经济林提质增效栽培 ………………………………………………………（262）
  任务7-1 经济林矮化密植 ……………………………………………………（262）
  任务7-2 经济林设施栽培 ……………………………………………………（268）
  任务7-3 植物生长调节剂应用 ………………………………………………（282）
  任务7-4 果品提质管理 ………………………………………………………（290）

项目8 常见经济林树种栽培技术 …………………………………………………（294）
参考文献 ……………………………………………………………………………（295）
附录1 知识拓展 ……………………………………………………………………（299）
附录2 相关案例 ……………………………………………………………………（300）

经济林识别

我国经济林树种类别多样，树种、品种丰富，识别经济林树种及其特性是学习者的首要任务。本项目主要设置了3个学习任务：一是经济林种类识别，通过学习掌握我国经济林的主要分类，能够识别北方各地常见经济林树种；二是经济林树种器官识别，通过学习能识别经济林树种营养器官根、茎、叶、芽的特征，能识别生殖器官花、果、种子，并掌握经济林生长发育特点，为经济林科学栽培打下基础；三是经济林环境识别，通过学习能认识并掌握与经济林栽培紧密相关的光照、温度、土壤、水分、地形、其他生物因子，为栽培中实现适地适树和环境优化打下基础。

任务1-1 经济林树种种类识别

○ 任务导引

经济林在国民经济中发挥着重要的作用。本任务将学习什么是经济林、什么是经济林栽培、经济林有何作用、我国经济林的分类和分布如何。通过本任务的学习，应能够进行经济林的分类，识别主要经济林树种为开展经济林栽培奠定基础。

○ 任务目标

能力目标：

（1）能区分经济林这一林种。
（2）能进行经济林的分类。
（3）能识别常见经济林树种。

知识目标：

（1）掌握经济林的概念及经济林的作用。
（2）掌握我国经济林的分类和经济林的分布状况。
（3）了解经济林生产中存在的主要问题和发展趋势。

素质目标：

（1）培养自主学习、发现问题和解决问题的能力。
（2）培养动手能力。
（3）培养实践能力和吃苦耐劳精神。

○ 任务要点

重点：经济林在我国林业中的地位，经济林的分类，经济林的分布。
难点：经济林的识别与分类。

○ 任务准备

学习计划：建议学时4学时。其中知识准备2学时，任务实施2学时。
工具及材料准备：主要经济林树种图片、有关表格。

○ 知识准备

1. 经济林相关概念

我国的森林分为防护林、特种用途林、用材林、经济林、能源林五大林种。

经济林：是指以生产果品、油料、饮料、调料、工业原料和药材等林产品为主要目的的林木，木材不是经济林的主产品。经济林是集生态、社会和经济三种效益于一体的林种。

经济林产品：指经济林所产果实、种子、花、叶、皮、根、树脂、树液、寄生物（虫胶、虫蜡）、分泌物等，经采集、加工后制成的果品、油料、淀粉、香料、调料、蜡料、胶料、树脂、单宁、纤维、药物等物质。

经济林栽培：就是从经济林树种育苗开始，经过建园、管理到产品采收的整个生产过程。经济林栽培过程是树种自然生长规律、生长环境与人为措施的科学结合。经济林栽培的本质就是利用经济树木来生产植物性有机物质，科学调节好形成产量的诸因子，使光合产物最大化、高质量向经济产量转化。

经济林栽培技术：就是经济林生产过程中的各项科学管理措施。以经济林为对象，以现代生物学理论为基础，调节经济林生长发育与外界环境条件之间的关系，通过科学的管理措施，解决生产中存在的各种问题，实现早产、稳定、丰产、优质、低成本目标。

2. 经济林的用途

1) 经济林可为社会提供众多产品

经济林产品种类繁多，可直接或间接地为食品、油脂、制糖、香料、化妆、医药、纺织、造纸、化工、涂料、制革等提供数千种原料或产品。

（1）可提供干、鲜果品

果品是人们食物的组成部分，不仅色泽美观、营养丰富、风味适口，还有很好的医疗保健功效，如南方的柑橘、北方的苹果等。除鲜食外，还可加工成各种产品，如果干、果脯、果冻、果酱、蜜饯、饮料、罐头等。果品的营养价值很高，含有人体必需的多种营养物质，如糖类、脂肪、蛋白质、氨基酸、各种纤维素、有机酸、色素、酶类，以及钾、磷、钙、镁、铁、硫、钠、硒、碘、锌等元素。随着人们生活的改善，果品在食物构成中的比重越来越大，对维持人类健康具有重要的作用。

(2) 可提供食用油脂、淀粉、木本药材、工业原料等

例如：北方的文冠果、南方的油茶、核桃、五角枫、仁用杏等可提供食用油脂；板栗、柿树、火棘、橡子等可作为粮食；杜仲、厚朴、山茱萸、黄檗、瑞香、山楂、银杏、香榧等为木本药材；油桐、漆树、乌桕、栓皮栎、构树等为工业原料。

(3) 可提供香料、调料、糖料、饮料

例如，作为香料、调料的山苍子、桉树叶、花椒、八角；提取糖的糖槭等；杜仲、猕猴桃、沙棘、刺梨、杏仁、余甘子、桦树液等数百种经济林木的果及树液可生产天然饮料；绞股蓝叶、杜仲叶、柿树叶、枣叶、银杏叶等经加工可代茶饮，有良好的医疗保健功能，深受消费者的欢迎。

此外，经济林产品的果皮、种子、果核、残渣下脚料可通过综合利用，提取制成各种产品，如香精、芳香油、葡萄糖、果糖、果酸、单宁、乙醇等，这些产品是化学工业、医药工业、食品工业、纺织工业等多种产业的重要原料。

2) 经济林具有良好的经济价值

经济林生产是林业生产的重要组成部分，具有投资周期短、见效快、经济效益显著等特点，为我国商品林的重要组成部分，关系着人民生活水平的提高、医疗保健事业的发展和国民经济的进步。经济林产品中的食用类产品，是人们日常生活必不可少的食用品，随着人们膳食结构的改善，木本蔬菜和果品的食用比例日渐增大，市场需求不断增长，拉动了经济林生产的迅速发展和经济林产业的兴起和壮大。我国拥有各种经济林木千余种，其中大面积主栽树种约60种。目前，以经济林为主体的林果业已成为国民经济的第三大支柱产业，经济林已成为种植业最活跃的经济增长点。据统计，2012年，全国经济栽培面积3560万hm^2，产量达1.42t，均居世界前列；经济林产品种植与采集产值达7752亿元，占林业第一产业产值的56.4%；经济林产业产值达1万亿元，对林业产业的贡献率达1/4以上；特色干鲜果品产品年出品额3.2亿美元。2017年，我国各类经济林产品产量18 781.16万t，其中，水果15 737.86万t，干果116.04万t，林产饮料产品产量(干重)253.94万t，林产调料产品77.52万t，森林食品384.10万t，木本油料697.40万t，森林药材319.60万t，林产工业原料194.70万t。2021年8月公布的第三次全国国土调查结果显示，全国有园地2017.16万hm^2(30 257.33万亩*)。其中，果园1303.13万hm^2(19 546.88万亩)，占64.60%；茶园168.47万hm^2(2527.05万亩)，占8.35%；橡胶园151.43万hm^2(2271.48万亩)，占7.51%；其他园地394.13万hm^2(5911.93万亩)，占19.54%。

我国幅员辽阔，山地占国土总面积的1/3，宜林山地面积大，种植经济林是山区脱贫致富的良好途径，可以增加农民收入，改善人们生活。经济林栽培技术性强，是劳动密集型产业，发展经济林生产可以容纳农村剩余劳动力、繁荣城乡市场，促进农村经济的全面发展。发展经济林产业已成为农村产业脱贫、乡村产业振兴的主要途径之一。经济林木材坚韧，纹理致密美观，可作乐器、家具、农具、军工、建筑用材。

3) 经济林具有较好的生态效益

经济林是人工培育的植物，除生产多种林副产品外，同样发挥着保护生态安全的作用，

---

* 1亩≈666.67m^2。

可以美化、香化生活环境，绿化荒山、荒滩，保持水土，释放氧气，固碳，有较好的生态功能。北京市林业果树科学研究院林业生态研究室对全市典型经济林树种生态服务功能进行了多年的监测与分析，对全市经济林生态系统服务功能物质量和价值量进行了评估，经济林单位面积的生态价值约为森林的85%，经济林各项生态系统服务功能按价值量大小排序为：涵养水源>固碳释氧>净化大气环境>游憩>生物多样性>保育土壤>林木积累有机物质。

3. 经济林的分类

我国是世界八大栽培植物起源中心之一，幅员辽阔，气候多样，自然条件优越，蕴藏着丰富的植物资源，高等植物约3万种，其中，木本植物有8000多种，具有各种经济价值的经济林树种就多达1000余种。其中，油料树种、鞣料和纤维树种都在200种以上，粮食树种近100种；还有栓皮栎、马尾松、杜仲等多种工业和药类树种也广泛分布。随着科学技术的发展和人类对植物开发利用的深入，经济林树种的数量将不断增加。如此繁多的经济林树种，给人类提供了各种各样的经济林产品。为了栽培和利用上的方便，有必要对经济树木进行系统而恰当的分类。

经济林分类的方法很多，可以按照栽培与利用特性，简单地分为种实类经济林和特用经济林两大类。种实类经济林又可按利用特性分为食用果品类、木本油料类，按种实发育特性分为仁果类、核果类、坚果类、浆果类等。生产和科研中，通常根据经济林树种的原料类别和利用特性，对经济树木进行分类。不同时期，由于对经济林的认识和开发利用深度不同，经济林的分类体系和划分类别不尽相同。

早在1934年，我国的奚铭已先生就在其所著的《工业树种植法》一书中，按树种的用途将其分为油料类树种、单宁类树种等10类。20世纪50年代初，陈植教授在《特用经济树木》一书中，根据原料类别，将其分为油脂、药用、香料等12类。1961年，由中华人民共和国商业部土产废品局和中国科学院植物研究所主编的《中国经济植物志》，将其分为纤维、淀粉及糖、油脂等10类。1948年，苏联M. M. 伊里因编写的《原料植物野外调查法》，首先分成工艺植物和自然原料植物两大部分，然后再细分为18大类68个小类。综合以往的分类体系和分类方法，考虑到经济林分类研究工作的发展，现将常见经济林树种(包括栽培种和野生种)分成以下15类。

1) 果品类

此类经济林树种的果实可直接食用或经加工后食用，包括3个亚类。

①水果亚类。柑橘、香蕉、苹果、葡萄、桃、梨等树种。
②干果亚类。核桃、板栗、柿树、扁桃、阿月浑子、腰果、枣等树种。
③杂果亚类。山楂、杏、李子、樱桃、无花果、石榴、猕猴桃、花红等树种。

2) 木本油料类

此类经济林树种的果实或种子中，含有丰富的油脂，经机械压榨或化学萃取，即可获得木本植物油，供食用或作为工业原料。本类包括2个亚类。

①食用木本油料亚类。油茶、核桃、油橄榄、香榧、油棕、文冠果、毛梾、榛子、元宝枫、仁用杏等树种。
②工业木本油料亚类。油桐、乌桕等树种。

3）木本中药类

此类经济林树种的花、种实、树叶、树皮、树根等部位含有各种药用成分，经采集和加工炮制，可以入药，或生产保健品以保持人类健康。如杜仲、厚朴、枸杞、连翘、银杏、紫杉、黄檗、五味子、山茱萸等树种。

4）木本蔬菜类

此类包括4个亚类。

①木本菜芽类。此类树种芽及叶幼嫩时可以食用，如香椿、竹笋、花椒、刺五加、楤木、刺槐等树种。

②仁用杏亚类。如甜仁杏。

③食用菌亚类。利用树木的枝叶或木材为基质培养的各种菌种，如木耳、银耳、香菇、猴头等。

④野菜亚类。一些林下野菜营养价值高，味道鲜美，没有遭受污染，是天然的绿色山珍，如食用蕨、苦菜、荠菜、薄荷等。

5）饮料、糖料类

此类经济林树种的叶片、种子或果实、汁液等，经采集加工，可以制成各种营养价值高且保健价值极高的天然饮料。本类包括5个亚类。

①芽叶饮料亚类。芽叶中内含丰富的蛋白质、氨基酸、生物碱、维生素和矿质元素，经炒制可加工成多种茶叶，如茶树、柿树、银杏、杜仲、石榴、沙棘等。

②树液饮料亚类。一些树种的树液中含有多种营养成分，味道清醇甘甜，可以直接采集饮用或制成罐装饮料，如桦树。

③果汁果茶亚类。此类经济林树种果料汁液丰富，味道甘美，经过榨汁或加工可制成果汁、果露、果茶，如核桃、仁用杏、椰子、杧果、桃、山楂、刺梨、枣、醋栗、沙棘等。

④咖啡、可可亚类。如小粒咖啡、可可等。

⑤糖料亚类。如糖槭、糖棕等。

6）淀粉类

此类经济林树种的果实、种子、根中含有丰富的淀粉，经采集加工，可以制成淀粉或糖，用于食品或作工业原料。本类包括2个亚类。

①食用淀粉亚类。板栗、枣、柿树、银杏、火棘等树种。

②工业用淀粉亚类。栎类、栲、葛藤等。

7）纤维类

此类经济林树种木质部或韧皮部含有丰富的优质纤维，依照加工和用途的不同，可分为4个亚类。

①编织亚类。如竹子、柳树、胡枝子、荆条、杠柳、白蜡、紫槐穗、榆树等。

②造纸亚类。如竹子、杨树、构树、冷杉、杉木等。

③纺织亚类。如构树（皮）、杨树（皮）、桑树（皮）、罗布麻、南蛇藤等。

④绳索亚类。如棕榈、蒲葵、椴树（皮）、栓翅卫矛等。

8) 香料、调料类

此类经济树木的花、果实、种子、树叶、汁液、树皮、木质部等部位，含有丰富的挥发性芳香油，经采集加工，可用作调料或制成各种香型的芳香油。包括2个亚类。

①香料亚类。如山苍子、桉树、樟树、花椒、月桂、冷杉、松树、柏木、玫瑰等。

②调料亚类。如八角、花椒、肉桂等。

9) 饲料、肥料类

此类经济树木的叶片或嫩枝中，含有丰富的蛋白质，可用作绿肥或禽畜饲料。本类包括2个亚类。

①饲料亚类。如刺槐、沙棘、构树、榆树。

②肥料亚类。如紫穗槐等。

10) 放养类

此类树可放养经济昆虫。本类分为3个亚类。

①蜜源亚类。又可进一步分为粉源树种和蜜源树种。前者花粉量大，营养价值高，可作为食用或药用花粉采集利用，如板栗、松树等；后者花量大，花盘泌蜜旺盛，花期长，蜜质好，可以放蜂生产蜂蜜和蜂王浆，如荔枝、刺槐、枣树、椴树、狼牙刺等。

②蚕茧亚类。如桑树、蒙古栎等树种，可以放养桑蚕或柞蚕。

③虫瘿、虫蜡亚类。此类经济林树种适宜放养经济昆虫，产生的虫瘿或分泌物，可以入药或用作化工原料，如紫胶虫、白蜡虫、五倍子蚜虫等，其寄主树种分别为黄檀、白蜡树和盐肤木。

11) 单宁、染料类

此类树种的叶片、果实、树皮中，含有丰富的单宁或色素，经采集和加工提炼，可制成胶或色素。包括2个亚类。

①单宁亚类。如壳斗科树种的果壳、落叶松的树皮、柿树幼果、五倍子、落叶松等。

②染料亚类。如苏木、黄栌、黄连木、乌桕等树种。

12) 树脂、树胶类

这类经济林树种的组织或器官中含有贮存腔道，内贮有橡胶、树脂、树漆等，经采割或提炼可制成具有广泛用途的工业原料。包括3个亚类。

①树胶亚类。如巴西橡胶、杜仲等树种。

②树漆亚类。如漆树、柿树等树种。

③树脂亚类。如鱼鳞云杉、马尾松等。

13) 栓皮、活性炭

①栓皮亚类。如栓皮栎、栓皮槠、黄檗等树种。

②活性炭亚类。如核桃壳、橡碗、杏壳、油茶壳等可烧制活性炭。

14) 农药类

一些经济林树种叶片、果料、树皮含有大量的有毒物质，可用于防治农作物、经济作物及经济林树种上的病虫害。如苦楝、枫杨、银杏、核桃楸、马桑等树种。

15)色素、皂素及维生素类

此类分为3个亚类。

①色素亚类。如松树(松针)、黑穗醋栗(果实)等。

②皂素亚类。如皂角、无患子等。

③维生素亚类。如沙棘、刺梨、猕猴桃、山楂、枣等。

○ 任务实施

1. 实施步骤

1)经济林树种图片识别

通过登录中国植物图像库(http://ppbc.iplant.cn)、现场调查等方式,认识下列经济林树种的树体及叶、花、果等器官特征;分树种下载或拍摄树体及不同器官的典型图片,整理成图片库;通过互联网查询下列树种的主要经济价值:柑橘、苹果、葡萄、桃、核桃、栗、柿树、扁桃、阿月浑子、枣、山楂、杏、石榴、猕猴桃、油茶、核桃、油橄榄、香榧、文冠果、元宝枫、油桐、杜仲、厚朴、枸杞、红豆杉、山茱萸、香椿、花椒、楤木、银杏、沙棘、刺梨(缫丝花)、糖槭、柳树、构树、桑、乌桕、山苍子(山鸡椒)、桉树、八角、肉桂、刺槐、榆树、狼牙刺(白刺花)、黄檀、白蜡、盐肤木、漆树、落叶松、黄栌、黄连木、橡胶树、马尾松、栓皮栎、黄檗、楝、枫杨、皂角。

2)经济林现场识别

观察与识别所在地常见经济林树种(品种),将经济林树种、品种填入表1-1中。

表1-1 常见经济林树种基本特征表

姓名: 　　　　　　　　　　　　　　　　　　　　　　　　　　　　日期:

树种名称	基本特征描述 (林分起源、树种来源、茎形态分类、树形、主要产品等)

注:林分起源包括天然林、人工林。树种来源包括外来树种、乡土树种。茎形态分类包括半灌木(亚灌木)、灌木、乔木。树形如自然开心形、杯状形、疏散分层形、纺锤形、小冠疏层形、自然圆头形、篱架形、棚架形、丛状形、匍匐形等。

3) 经济林树种分类

将识施步骤 1 中的经济林树种进行分类，并填入表 1-2 中。

表 1-2　常见经济林树种分类表

姓名：　　　　　　　　　　　　　　　　　　　　　　　　　　　　日期：

经济林类别	树种
果品类	
木本油料类	
木本中药类	
森林蔬菜类	
饮料、糖料类	
淀粉类	
纤维类	
香料、调料类	
饲料、肥料类	
放养类	
单宁、染料类	
树脂、树胶类	
栓皮、活性炭类	
农药类	
色素、皂素及维生素类	

2. 结果提交

制作"实施步骤"中的图片库，并完成表 1-1、表 1-2 的填写。标明个人信息后上交。

○ 思考题

1. 什么是经济林？什么是经济林栽培？
2. 经济林有何用途？
3. 我国经济林通常分为哪些类别？列举各类别的代表性树种。

任务 1-2　经济林树种器官识别

○ 任务导引

经济林栽培工作的一个任务是要从树种自身的生物学特性出发，调节不同器官生长关系，如调节营养生长与生殖生长的关系，调节地上与地下生长关系，调节不同营养器官间的生长关系等。经济林树种生物学特性是植物本身的遗传特性，它对经济林生产起决定性作用。通过本任务的学习，掌握经济林树种的生物学特性。这是栽培技术应用的基础，其中，对经济林树种器官特性的掌握最为关键，是从事经济林栽培工作的基础。

任务目标

能力目标：
（1）能识别经济林树种根的类型和根系的结构。
（2）能识别经济林树种芽的种类。
（3）能识别经济林树种枝的种类。
（4）能识别经济林树种叶的种类，计算叶面积指数。
（5）能判断经济林树种开花的不同阶段。
（6）识别经济林树种果实的种类

知识目标：
（1）掌握经济林树种生长与发育的知识。
（2）掌握经济林树种营养器官根、芽、枝、叶的生长发育及其影响因素。
（3）掌握经济林树种生殖器官花的形成、果的发育及其影响因素。
（4）了解经济林树种器官间的相关性。

素质目标：
（1）培养自主学习、发现问题和解决问题能力。
（2）培养观察能力。
（3）培养实践能力。

任务要点

重点：经济林树种的生长发育现象；经济林树种根、芽、枝、叶的识别，生长发育的过程及影响因素；经济林树种花芽的形成，花的开放与传粉受精，果实的发育，影响花芽分化、传粉受精和果实发育的因素。

难点：经济林树种营养器官和生殖器官的识别，营养器官和生殖器官发育规律及影响因素。

任务准备

学习计划：建议学时6学时。其中知识准备4学时，任务实施2学时。

工具及材料准备：长、宽、高各为0.5m（体积0.125m³）挂钩折叠式8号铁丝框、天平、LAI-2200植物冠层分析仪、有关记录表格。

知识准备

1. 植物的生长与发育

生长发育是植物所特有的现象之一，一株树木是由单细胞的合子开始经过生长发育而形成的。

关于生长和发育的概念，在新版《辞海》中做了如下的解释：生长"通常指生物体重量和体积的增加"；发育是"生物体生活史中，构造和功能从简单至复杂的变化过程"。

国内外许多学者都把植物的生长和发育看成是两个相关联而又不同的概念。生长是指植物体积重量不可逆的增加，是量的增加；从细胞水平看是细胞的生长，即细胞的分裂和延伸。发育对于经济林木是指性成熟。从细胞水平上看，是细胞发育的转化，到一定年限完成性机能的成熟导致结实时发育就终止，最后走向衰老死亡。因此，营养物质的供应会影响生长速度，而对发育的影响很小，但当生长和发育之间协调失去平衡，就会出现"小老头结实"的现象。树木生长发育的过程显然是复杂的，不仅受到生物内在基因成分的强烈影响，而且也受相互作用的环境因素的影响。

经济林木的生长和发育是紧密相关的，很难找出一条明确的界线，特别是进入结果期以后。因此，通常把生长发育连用，或以生长包含两者的含义。

植物的生长和发育最终归结为植物细胞的生长和分化，包括植物形态、生理机能的发生、分化等过程，从根本上说虽然都是在遗传基因的控制下产生的，但环境条件也是重要的影响因素。环境条件主要通过对植物内在激素的影响而发生作用。

植物的生长在整株内并非均匀分布的，而是只局限于具有分生组织的部位。顶端分生组织是位于根、茎顶端的分生组织。侧生分生组织是位于侧方位置的形成层和木栓形成层。生长还有有限结构生长和无限结构生长之分。有限结构生长到一定程度就停止了，最后达到衰老和死亡，如叶、花和果就是有限结构生长。营养茎和根则是无限结构生长，依靠分生组织生长，能不断地进行自我补充。

植物的生长发育过程就是不同组织、器官的形成与发育的过程。植物器官，分为营养器官和生殖器官。营养器官包括根、营养芽（叶芽）、枝和叶；生殖器官包括花芽及其内部的花序、单花和两性器官。从花芽分化开始，顺序进行着开花、授粉、受精、坐果、果实及种子发育等一系列生殖活动。

2. 植物的营养器官

1）根系

根系是经济林木的重要器官之一。土壤管理、灌水和施肥等重要的田间管理，都是为了创造促进根系生长发育的良好条件，以增强根系的活力，调节地上部与地下部的平衡、协调生长。因此，根系生长的优劣是经济林木能否发挥高产优质潜力的关键。

（1）根系的来源

①实生根系。由种子胚根发育而来的根，称为实生根系。实生根系主根发达、分布较深，根生活力强。经济林的实生砧木都属此类根系。

②茎源根系。利用植物营养器官具有再生能力，采用枝条扦插或压条繁殖，使茎上产生不定根，发育成的根系称为茎源根系。茎源根系无主根，生活力相对较弱，常为浅根。无花果、葡萄等扦插繁殖，其根是茎源根系。

③根蘖根系。在根段（根蘖）上形成不定芽，并发育为根系，最后形成独立的植株，其根系称为根蘖根系。如枣、石榴分株繁殖的个体，其特点与茎源根系相似。

（2）根的种类及其结构

①主根。种子萌发时，胚根最先突破种皮，向下生长而形成的根称为主根，又叫初生

根。主根生长很快，一般垂直插入土壤，成为早期吸收水肥和固着的器官。

②侧根。当主根继续发育，到达一定长度后，从根内部维管柱周围的中柱鞘和内皮层细胞分化产生与主根有一定角度、沿地表方向生长的分支称为侧根。侧根与主根共同承担固着、吸收及贮藏功能，因此，统称骨干根。主根、侧根生长过程中，由侧根上又会产生次级侧根，其与主根一起形成庞大的根系，此类根系称为直根系。

③须根。侧根上形成的细小根称为须根。按其功能与结构又分为4类：生长根（或称轴根），为根系向土壤深处延伸及向远处扩展部分，一般为白色，具吸收功能；吸收根，主要功能是吸收以及将吸收的物质转化为有机物或运输到地上部，正常的吸收根多为白色；过渡根，主要由吸收根转化而来，其部分可转变成输导根，部分随生长发育死亡；输导根，则主要起运送各种营养物质和输导水分的作用。

将经济林木根的尖端作纵剖面，在显微镜下进行观察，由根尖往上又分为由初生根和次生根构成的6个区，即根冠、细胞分裂区、细胞伸长区、根毛区、木栓化区和初生皮层腐落区。

(3) 根际、菌根与根颈

①根际。根际指与根系紧密结合的土壤或岩屑质粒的实际表面，与生长根紧密相接，其内含有根系溢泌物、土壤微生物和脱落的根细胞，为以毫米计的微域环境。其中存在于根际中的土壤微生物的活动通过影响养分的有效性、养分的吸收和利用以及调节物质的平衡，而构成了根际效应的重要组成成分。

②菌根。土壤中有些微生物还能进入到根的组织中，与根共生。同真菌共生的根称为菌根。菌根的着生方式有3种类型：外生菌根，指菌丝体不侵入细胞内，只在皮层细胞间隙中的菌根，如山毛榉、板栗、核桃等树木的根有外生菌根；内生菌根，指菌丝侵入细胞内部的菌根，如柿树、枣、桑等树种的根有内生菌根；介于两者之间的菌根为内外生菌根，如山楂的根有内外生菌根。菌根真菌的菌丝体能在土壤含水量低于萎蔫系数时，从土壤中吸收水分，扩大了根系的吸收范围，增强了根系吸收养分的能力，从而促进了地上部光合产物的提高和生理生化代谢的进行，并能分解腐殖质，分泌激素和酶等，这对于土壤贫瘠或干旱地区保持经济林木正常的水分代谢和养分吸收，提高经济林木的抗逆性具有重要的作用。

对菌根和根际的深入研究和调控，对于经济林木的生长发育和高效优质生产具有重要的意义，经济林木改善营养状况的生物途径或生物施肥工程就是这方面的研究。

③根颈。为地上与地下交界处，分为真根颈（实生树的下胚轴）、假根颈（茎源根系和根蘖根系）。根颈部位秋季进入休眠迟、春季脱离休眠早，对外界敏感，易得病。北方可进行冬季培土管理，生长季要加强病虫害管理。

(4) 根系的分布

①水平分布。指与土壤表层基本平行生长的根系。其分布的深度和范围依地区、土壤、树种、品种、砧木和栽培方式等不同而有变化。经济林木根系一般都分布到树冠投影范围以外，一些根系强大的树种甚至超出4~6倍。如枣树的根系扩展范围可达枝展的5~6倍。

②垂直分布。根颈以下向土壤深处下扎的根系称垂直根。垂直根在土壤中的分布深度

与树种、品种、砧木、繁殖方式以及土层厚度及其理化性质有关。如核桃、银杏、板栗、柿树的主根入土最深；文冠果、杏等的根系次之；石榴、杜仲、李等树种根系较浅。在砧木中，乔化砧的垂直根入土深度远超过矮化砧；土质疏松、通气良好、养分水分充足的土壤中，垂直根分布较深；地下水位高，土壤下层有砾石层，则明显地限制根系向下发展。据调查，多数经济林树种垂直根可达1m以上，个别树种如银杏的根系可达5m。

（5）根系生长动态

经济林木根系受树种、品种、环境条件及栽培技术等影响，其生长动态常表现出明显的周期性。主要有昼夜周期性、年生长周期性和生命周期性。在不同生长周期中，除了根系体积或质量的消长外，还有根系功能、再生能力等的变化。

①生命周期。经济林木是多年生以无性繁殖为主的植株。一般情况下，幼树先长垂直根，树冠达一定大小的成年树，水平根迅速向外伸展，至树冠最大时，根系也相应分布最广。当外围枝叶开始枯衰，树冠缩小时，根系生长也减弱，且水平根先衰老，最后垂直根衰老死亡。

②年生长周期。在全年各生长季节不同器官的生长发育会交错重叠进行，各时期有旺盛生长中心，从而出现高峰和低谷。年生长周期变化与不同经济林木自身特点及环境条件变化密切相关，其中自然环境因子中尤以温度对根系生长周期变化影响最大。据门秀元（1986）观察，我国北方的银杏，在一年中根系生长出现两个高峰。根系在一年当中的生长动态有如下几个特点：

一是经济林根系在年周期中没有自然休眠，只要条件适合（主要是地温和水分），根系可以随时由停止状态迅速过渡到生长状态。

二是根系在年周期的生长动态，既取决于种类、砧穗组合，当年生长与结实状况等内部因素，同时也与外环境条件如土壤温度、水分、通气、肥力等密切相关。经济林根系生长高峰与低潮是上述因子综合作用的结果。当然，在某一阶段有一种因素起主导作用。就树体本身而言，有机物质的生产与积累及内源激素的状况是根系生长的内因；就外界环境而言，冬季低温和夏季高温干旱是促成根系生长低潮的外因。

三是在年周期中根系生长与地上部器官的相互关系是复杂的。对落叶经济林来说，发根高潮多在枝梢由旺盛生长转入缓慢生长、叶片大量形成之后。这是由于树体内营养物质调节与平衡的结果，因为此时期有足量的光合产物运送到地下部。另外根系与果实发育的高峰也是相反的，这与营养的竞争有关，所以当年的结实量也会明显影响根系生长。但在某些情况下，由于其他条件的变化也可能不出现交替生长的现象。总之，地下部根系的生长变化是地上部器官综合平衡的结果。

四是在不同深度土层中，根系生长也有交替现象。经济林根系在年周期中还发生营养物质的合成、运转、积累与消耗的变化。在休眠期间，根系贮藏大量淀粉和其他有机物质，并在低温期间进行转化，当春季开始生长后逐渐消耗，此期还要向上运输供地上部生长。到秋季落叶前积累达最高峰。

③昼夜周期。一般情况下，绝大多数经济林木根的夜间生长量均大于白天，这与夜间由地上部转移至地下部的光合产物多有关。在经济林木允许的昼夜温差范围内，提高昼夜温差，降低夜间呼吸消耗，能有效地促进根系生长。

(6) 影响根系生长的因素

①地上部有机养分的供应。根系的生长、水分和矿质营养的吸收以及有机物质的合成，与树体内贮藏营养水平和光合产物供给根系情况关系密切。有机养分供应充足时，根系生长量和发根数量增多；树体结果多、贮藏营养量少或叶片受到损害时，光合产物向根系的供应量减少，根系发根数量和根系生长将明显地受到抑制。

②土壤温度。根系的活动与土壤温度密切相关，它可影响根的伸长、新根发生及根的生理活动等。温度对根系的影响主要表现在3个温度指标：开始生长温度——低于此温度根系处于被迫休眠或停止状态；最适生长温度——新根发生多、生长快；生长上限温度——根系停止生长甚至发生伤害或死亡。不同树种，根系对温度的要求不同。

③土壤水分与通气状况。根系正常生长要求充足的水分和良好的通气条件。适于根系生长的土壤温度为土壤田间最大持水量的60%~80%。土壤水分降低到一定程度，根系生长不良。严重干旱时，叶片可以向根系夺取水分，直至根生长和吸收停止，甚至死亡。当土壤水分过多时，土壤通气不良造成根系缺氧，生长减弱，甚至造成窒息死亡而烂根。为促进新根发生和发挥根的功能，必须保证土壤有足够的孔隙度和氧气。银杏根系在氧浓度7%以上时才能正常生长，5%以下时，根的生长受到抑制。

④土壤矿质营养。根具有趋肥性，在土壤肥沃或培肥的条件下，根系生长期长，发根多而密。相反，在瘠薄的土壤中，根系生长瘦弱，侧根稀少，生长时间较短。施用有机肥和氮肥可促进吸收根的发生。

⑤土壤酸碱度(pH)。南方树种适合于中性至微酸性土壤，北方树种适合于中性至微碱性土壤。

(7) 栽培管理对根系的影响

根系生长受环境条件的影响很大，创造良好的环境条件以促进根系生长是栽培管理的重要任务。不注重对根系的管理，就难以从根本上改善经济林生长的基础，难以达到高产和优质的目标。

在幼树期对土壤进行深耕、扩穴、增施有机肥料，尽快扩大根系生长范围，可以促进地上部树冠的扩大，提早结果和早期丰产；在盛产期深施有机肥，控制地上部结实量，可以维持根系的活力，维持丰产和稳产；在衰老期，多施粗有机质，改善土壤通气状况，可促进新根发生，延缓衰老。

2) 芽

经济林木的芽是由枝、叶、花的原始体以及生长点、过渡叶、苞片、鳞片构成的。芽实际上是没有伸长的枝条，是树体在长期的历史过程中所形成的适应不良外界环境条件的一种形式，在两个年度的生长发育中，起承前启后的作用。芽与种子在功能上有一定的相似点，芽在无性繁殖育苗时起繁殖作用。芽萌发后，可形成地上部的叶、花、枝、树干、树冠，甚至一个新植株。

(1) 芽的类型(图1-1)

依据芽在枝条上发生的位置不同分为顶芽、侧芽和不定芽。根据芽的性质不同分为叶芽和花芽。根据芽的活动情况分为休眠芽和活动芽。

①顶芽、侧芽及不定芽。着生在枝或茎顶端的芽称为顶芽；着生在叶腋处的称为侧芽

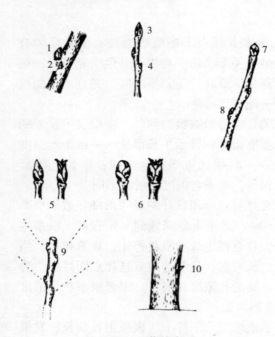

图 1-1 芽的类型
1. 主芽 2. 副芽 3. 顶芽 4. 侧芽 5. 叶芽 6. 花芽
7. 顶花芽 8. 腋花芽 9. 定芽 10. 不定芽

或腋芽。顶芽和侧芽均着生在枝或茎的一定位置上，统称为定芽；从枝的节间、愈伤组织或从根以及叶上发生的芽为不定芽。

②叶芽和花芽。按照植物的芽萌发后形成的器官不同分为叶芽和花芽。萌发后只长枝和叶的芽，称为叶芽；萌发后形成花或花序的芽，称为花芽，根据生长位置，花芽又有顶花芽和腋花芽之分。萌发后既开花又长枝和叶者称为混合芽，如柿树、核桃、花椒、苹果、板栗等；与此相反，萌发后只开花不长枝叶的花芽，称为纯花芽，如杏、李、樱桃、杨梅等。

③单芽和复芽。枝的节上着生一个叶芽或花芽称为单芽，如仁果类果树。枝的节上着生两个或两个以上称为复芽，桃、李、杏树等的芽，多为复芽。

④休眠芽和活动芽。芽形成后，不萌发的芽为休眠芽，其可能休眠过后活动，也可能始终处于休眠状态或逐渐死亡。芽形成后，能够萌发的即为活动芽。有些活动芽在形成当年发育成枝，称其为早熟性芽。葡萄夏芽早熟，当年夏天即萌发；冬芽为复芽，芽内有 1 个主芽和多个预备芽，多在休眠越冬后萌发。有的休眠芽深藏在树皮下若干年不萌发，称为隐芽或潜伏芽。

⑤主芽和副芽。依芽在叶腋间的位置和形态分类，位于叶腋中央而又最充实的芽为主芽。位于主芽上方或两侧的芽为副芽。副芽的大小、形状和数目因树种而异。核果类果树，副芽在主芽的两侧。仁果类果树，副芽隐藏在主芽基部的芽鳞内，呈休眠状态。核桃，副芽在主芽的下方。

(2) 芽的特性

①芽的异质性。枝条或茎上不同部位生长的芽由于形成时期、环境因子及营养状况等不同，造成芽的生长势及其他特性上存在差异，称为芽的异质性。一般枝条中上部多形成饱满芽，具有萌发早和萌发势强的潜力，是良好的营养繁殖材料。而枝条基部的芽发育程度低，质量差，多为瘪芽。一年中新梢生长旺盛期形成的芽质量较好，而生长低峰期形成的芽多为质量差的芽。

②萌芽力与成枝力。枝条上的芽能抽生枝叶的能力称为萌芽力，以萌发芽占总芽数的百分率表示。萌发的芽可生长为长度不等的枝条，把抽生长枝的能力称为成枝力，以长枝占总萌芽数的百分率表示。一般把大于 15cm 的枝条作为长枝的标准，根据调查的目的和树种，可以提高或降低这一标准，但不应小于 5cm，并应注明。

萌芽力与成枝力因树种和品种而异。柑橘、杏的萌芽力和成枝力较核桃强，采用拉枝、刻伤、抑制生长的植物生长调节剂处理等技术措施均能不同程度地提高萌芽力。萌芽力强的树种和品种往往结果早。

③潜伏力。潜伏力包含两层含义：一是潜伏芽的寿命长短；二是潜伏芽的萌芽力与成枝力强弱。一般潜伏芽寿命长的经济林木，树体寿命长，树体容易更新复壮；相反，萌芽力强、潜伏芽少且寿命短的树种容易衰老。改善树体的营养状况，调节新陈代谢水平，采取配套技术措施，能延长潜伏芽寿命，提高潜伏芽萌芽力和成枝力。

④芽的早熟性与晚熟性。一些经济林树种新梢上的芽当年就能大量萌发并可连续分枝，形成二次梢或三次梢，这种特性称为芽的早熟性，如枣、杏等。另一些经济林树种的芽，一般情况下当年并不萌发，新梢也不能分枝，称为芽的晚熟性，如核桃、板栗等的芽具晚熟性。具有早熟性芽的经济林树种进入结果期早，晚熟性芽一般结果较晚。

(3) 芽的形成与分化

落叶经济林木芽的形成与分化要经历以下几个阶段。

①芽原基出现期。春季萌芽前，休眠芽中就已形成新梢的雏形，称为雏梢。随着芽的发育，在雏梢叶腋间，自下而上发生新一代芽的原基。由于树种和枝条节位不同，芽原基发生的早晚有所差别。据李中涛观察，板栗新梢基部的芽，常在此梢形成的上一年，在母芽内雏梢形成初期开始出现，这种芽的原基到第二年形成芽，第三年春发育完成后萌发，整个发育过程近两年；新梢中部的芽原基，是上一年的6~8月在母芽内奠定的；新梢上部的芽原基是在母芽冬季休眠前出现的。芽内雏梢分化新一代芽原基的时期，称为芽原基出现期。

②鳞片分化期。芽原基出现后，生长点即由外向内分化鳞片原基，而后继续发育成固定形态的鳞片。多数鳞片原基发生在雏梢内，而鳞片的继续发育发生在芽萌动之后，直至该芽所属的叶片停止增大。因此，叶片增大期也是叶芽鳞片分化的时期。

③雏梢分化期。大致分为3个阶段：冬前雏梢分化期——于秋季落叶前后开始缓慢进行雏梢分化；冬季休眠期——落叶以前停止雏梢分化，进入冬季休眠；冬后雏梢分化期——在经历冬季低温的作用后，解除休眠越冬的芽继续进行雏梢分化，增加雏梢的节数，到芽萌动前雏梢节数增加变缓或停止。随后，雏梢内的幼叶迅速增大，雏梢开始伸长，露出鳞片之外即为萌芽期。

3) 枝

(1) 枝条的类型

绝大多数经济林木枝条按生长年限、生长势及功能不同分为若干类型。

①一般由芽萌发当年形成的带叶枝梢叫新梢。新梢按季节发育不同又分为春梢、夏梢和秋梢。大多数落叶经济林树种以春梢为主，有少数常绿树种冬季还能形成冬梢。新梢落叶后依次成为1年生枝、2年生枝、多年生枝(图1-2)。

②根据枝条功能不同分为营养枝和结果枝。有花芽的枝为结果枝，无花芽的枝为营养枝。

营养枝按发育状况不同又分为4种。

发育枝：生长健壮、组织充实，芽饱满，可作为骨干枝的延长枝，促使树冠迅速扩大；

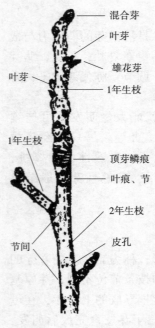

图 1-2　核桃树的枝条
（引自《园艺植物栽培学》）

徒长枝：直立旺长，节间长，停长晚，常导致树冠郁闭，并消耗大量水分和养分，影响生长和结果；

细弱枝：枝条短而细，芽和叶少而小，组织不充实，多发生在树冠内部和下部；

叶丛枝：节间极短，许多叶丛生在一起，多发生在发育枝的中下部，若光照充足，营养条件良好，则部分叶丛枝可转化为结果枝。

③根据枝龄或结构作用分为主干、主心干、主枝、侧枝。

（2）枝条生长动态

①加长生长。枝条加长生长是通过顶端分生组织的分裂和节间细胞的伸长实现的。枝条加长生长通常分为3个时期。

第一时期，新梢开始生长期。从萌芽至第1片叶分离。此时期主要依赖上年的贮藏养分。从露绿到第1片叶展开的时间长短，主要取决于气温高低。晴朗高温，持续的时间短；阴雨低温，持续的时间长。

第二时期，新梢旺盛生长期。茎组织明显延伸，节间伸长加快，幼叶迅速分离，叶片迅速增加，叶面积很快增大。此期是由利用贮藏养分转向利用新制造的营养，新梢生长主要靠当年叶片制造的养分。新梢旺盛生长期是新生器官形成的主要时期，需要消耗大量的有机养分，又需要从土壤中吸收大量的水分和矿质营养。新梢旺盛生长期的长短决定了枝梢的生长势。短枝和叶丛枝没有旺盛生长期；中枝仅有很短的旺盛生长期；长枝的旺盛生长期最长。很多树种的长枝有2次或多次旺盛生长。李、枣等可形成春梢段和秋梢段或多次副梢；板栗、核桃、柿树、银杏等每年多数仅有1次旺盛生长。

第三时期，新梢缓慢生长和停止生长期。新梢在生长至一定时期后，由于外界环境（温度、光照）的变化，叶和芽内抑制生长物质积累，顶端分生组织内细胞分裂变慢或停止，细胞伸长也逐渐停止，枝条转入成熟阶段。

②加粗生长。加粗生长是形成层细胞分裂、分化和增大的结果。对于当年生长的新梢来说，形成层的活动是伴随顶端分生组织细胞分裂同时进行的，即新梢的加粗生长几乎与加长生长同时进行，但形成层细胞的分裂比顶生细胞分裂停止晚，且枝的基部比顶部也稍晚，加粗生长比加长生长停止也晚，表现为基部粗度大于梢端，这种下粗上细的现象所形成的上下两端粗度之比称为枝条的尖削度。

（3）枝条的生长特性（图1-3）

①顶端优势。指活跃的顶端分生组织或茎尖常常抑制其下部侧芽的发育，表现为上部芽萌发早且生长势强，向下依次减弱的现象，是顶芽生长素向下汇集浓度加大抑制的结果。具体表现有3种情况：枝条上部的芽萌发并抽生强枝，其下生长势逐渐减弱，最下部的芽处于休眠状态；直立枝条上顶端枝呈直立生长，其下发生的侧枝呈一定的角度，越往下侧枝的角度越大；如除去顶端枝条，相邻侧枝又呈垂直生长。

②垂直优势。由于枝条和芽着生的方位不同而出现的生长势差异称为垂直优势。直立

生长的枝条生长势旺；斜生枝、平生枝生长势弱；下垂枝则更弱；枝条弯曲部位的背上芽，枝条长势强于背下或侧芽。根据这些特点，可以通过改变枝条生长姿态调控枝条的生长势。

③干性与层性。干性指中心干直立生长的特性。层性是顶端优势和芽的异质性共同作用的结果。中心干上部的芽萌发为强壮的枝条，中部的芽抽生较细弱枝条，基部的芽多数不萌发而为隐芽。这样连续多年强弱间隔生长，而形成树冠层性结构。树冠成层性结构有利于通风透光。栽培上常利用层性将树冠培养成分层树形，增加树冠的有效光合面积。干性强的树种常常培养成分层树形，干性弱的树种常培养成开心形树形。

(4) 影响枝条生长的因素

①树种与砧木。由于树种、品种间遗传型的差异，新梢的生长强度有很大的变化；同一树种或品种，嫁接在乔化砧上，新梢生长势强，嫁接在矮化砧上，新梢生长势弱。

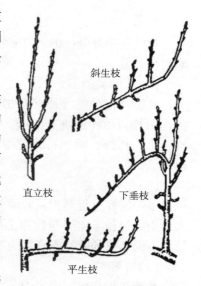

图1-3 顶端优势及垂直优势现象
（引自《河北经济林》）

②有机营养。树体内贮藏养分对枝梢的萌发和生长有显著的影响。贮藏养分不足时，新梢芽萌发少，且枝条斜生枝长细弱；当年结果过多，供给枝条用的有机营养少，枝条生长会受到影响。

③枝芽位置与枝态。芽的异质性、顶端优势和垂直优势都能影响枝梢的生长势。位于优势部位的饱满芽，易于抽生强壮的枝梢；有较大伤口刺激时，易发生徒长性枝。基部枝生长姿态对新梢生长势也有影响，生长角度越大，则生长势和发枝越弱。栽培上常通过改变枝条的生长角度调节新梢的生长势。

④内源激素。不同类型内源激素影响新梢生长。应用植物生长调节剂促进或抑制新梢的生长势及垂直优势现象，是通过影响内源激素水平及平衡而实现的。如矮壮素（CCC）、多效唑（PP_{333}）等，它们能抑制赤霉素（GA）的合成，增加脱落酸（ABA），因而使枝条节间变短，停止生长早（图1-4）。

⑤环境条件。温度是控制新梢生长的决定因素。在保证土壤通气的前提下，水分供应充足，能促进新梢生长；干旱缺水往往抑制细胞增大。光照影响新梢生长期的长短和生长强弱，表现为强光照对树体高度有抑制作用；长日照可增加新梢的生长速率和持续时间，短日照可降低生长速率并促进芽的形成；紫外线有抑制枝条生长的作用，而红外线则可促进生长。矿质元素中氮素对枝梢伸长具有促进作用；磷、钾能促进枝梢充实健壮，但钾肥施用过多，对新梢生长可产生抑制作用和生理障碍。

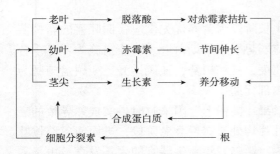

图1-4 内源激素与新梢生长关系示意
（引自《果树栽培学总论》）

4) 叶

树叶制造养分(90%干物质由叶合成)，具有呼吸、蒸腾、吸收作用，一些常绿树叶还能贮藏养分。

(1) 叶的类型

经济林树种的叶片都有相对固定的形状和大小。因此，叶片的形态特征成为区分经济林树种和品种的重要依据。经济林树种的叶片大致可以分为两类：单叶，如板栗、柿树、枣、杜仲、桑、石榴等树种的叶片；复叶，如核桃、刺五加、花椒、香椿等树种的叶片。

(2) 单叶发育

单叶发育过程是指从叶原基出现，经叶片、叶柄、托叶的分化，直到叶展开、停止增大为止的过程。由于同株树上叶片发育的时间不同，因而存在不同龄级的叶片。不同叶龄、不同部位的叶片光合能力有差别，一般下部叶光合能力差。

(3) 叶幕

叶幕是指在树冠内集中分布并形成一定形状和体积的树叶群体。叶幕的形状有层形、篱形、开心形、半圆形、平面形等。叶幕层次、厚薄、密度等直接影响树冠内光照及无效叶比例，从而制约着果实产量和质量的提高，与树形及枝条的配置直接相关。一般常绿经济林木的叶幕在年生长周期中相对稳定；而落叶经济林木的叶幕在年周期中有明显的季节性变化，其受树种、品种、环境条件及栽培技术等的影响。通常抽生长枝多的树种、品种或幼树、旺树，叶幕形成慢。

(4) 叶面积指数

叶面积指数(LAI)是指单位土地面积上的叶面积。叶面积指数的大小及增长动态与种类、栽植密度、栽培技术等关系密切。一般经济林木的叶面积指数在3~6比较合适。叶面积指数过高，叶片互相遮挡，下层叶片光合强度下降，光合产物积累减少；叶面积指数过低，叶量不足，光合产物减少，产量降低。

(5) 叶的早衰

经济林木常因灰斑、圆斑等早期落叶病引起叶片早落，环境条件恶化、栽培管理不当等，也会导致树体内部生长发育不协调而引起生理性早期落叶。其中，叶片早衰是生理性早期落叶的主要原因，而可溶性蛋白质和叶绿素含量下降是叶片衰老的重要生理生化指标。一般生理性早期落叶多发生在两个时期。

第一个时期是5月底至6月初，树体旺盛生长阶段因营养优先供应代谢旺盛的新梢茎尖、花芽和幼果的种子，造成春季内膛营养供应弱势引起早期落叶。防止措施为：冬季合理修剪，防止重剪与树体旺长，注意开张枝条角度，缓和树势，通风透光；变树盘施肥为放射沟施肥，使内外有机营养充足，协调树体内部代谢。

第二个时期是秋季采果后落叶，多发生在盛果年龄树上。因采收时果实成熟导致的衰老会波及包括叶片在内的所有器官，此时不同叶片均处于缓慢衰老阶段，进而使各部位叶片脱落。该时期早期落叶会减少树体内养分积累，影响翌年新生器官的生长发育。由于采后落叶多在树势较明、结果量过多时发生，因此必须增强树势，培养一定数目的长枝，改善根系生长条件，同时注意合理负载，分批分次采收，以缓和采收造成的衰老，可减少甚至防止采后落叶发生。

3. 植物的生殖器官

1) 花芽的形成

花芽有纯花芽、混合芽，单性花、两性花之分。花芽形成要经过花芽分化的过程。花芽分化是指叶芽的生理和组织状态向花芽的生理和组织状态转化的过程，是植物由营养生长转向生殖生长的转折点。花芽分化全过程一般从芽内生长点向花芽方向发展开始，直至雌、雄蕊完全形成为止。它主要包括两个阶段：一是生理分化，即在植物生长点内部发生成花所必需的一系列生理的和生物化学的变化，常由外界条件作为信号触发植物体的细胞内发生变化，即所谓花的触发或启动，这时的信号触发又称花诱导。二是形态分化，从肉眼识别生长点突起肥大，花芽分化开始，至花芽的各器官出现，即花芽的发育过程。

(1) 生理分化

生理分化期先于形态分化期1个月左右。花芽生理分化主要是积累组建花芽的营养物质以及激素调节物质、遗传物质等共同协调作用的过程和结果，是各种物质在生长点细胞群中，从量变到质变的过程，这是为形态分化奠定的物质基础，没有形态的变化，为花诱导期。花诱导期，生长点易受内外条件影响而改变代谢方向，或向营养生长方向发展形成叶芽，或向生殖生长方向发展形成花芽。据此，改变环境因子或采取对应栽培措施，可使经济林木生育过程向着人们期望的方向发展。为提高花诱导效果，应在生长点对内外条件反应都敏感的时期(花芽分化临界期)进行诱导。

花诱导期间，生长点内部会发生一系列生理生化变化，为形态分化提供物质、能量及内源激素等支持。第一，与叶芽相比，1个花芽的形成需要更多的营养和结构物质，如碳水化合物、各种氨基酸、蛋白质及一些矿质盐类等的合成积累。且这些物质大多在叶内合成，然后向芽中运输，最后在生长点内部迅速积累并维持在一个较高的水平上。第二，在花诱导期间芽内磷的含量增加，三磷酸腺苷(ATP)即能量物质的合成能力加强，含量上升。第三，花诱导期间，生长点内核物质脱氧核糖核酸(DNA)、核糖核酸(RNA)的含量提高，表明花器官组织的原基发生及进一步的分化受遗传基因的表达控制。第四，酶特别是氧化酶的活力加强，呼吸强度增加，这也是花芽与叶芽形成的重要区别。第五，发生花诱导的生长点内与营养生长点内的内源激素，尤其是细胞分裂素(CTK)和赤霉素的变化动态存在很大差异，一般情况下，生长点内相对较高水平的细胞分裂素，对成花诱导起着重要作用，而赤霉素的含量较低。其中，不同激素间的平衡，较其绝对含量更为重要，说明多种激素参与花芽分化与形成。

(2) 形态分化

生理分化完成后，在植株体内的激素和外界条件调节影响下，叶原基的物质代谢及生长点组织形态开始发生变化，逐渐可区分出花芽和叶芽，这就进入了花芽的形态分化期，并逐渐发育形成花萼、花瓣、雄蕊、雌蕊，直到开花前才完成整个花器的发育。

在芽轴上，肉眼可以认出花或花序原基时，称花的发端，它标志着花芽形态分化的开始。判断花的发端，一般以生长点的外部形态变化为主要依据。花芽分化开始时，通常生长锥先伸长，其后生长锥表面积变大。生长锥的表面一层或数层细胞分裂加速，细胞小而原生质浓，而中部的一些细胞则分裂减慢，细胞变大，原生质稀薄，有的出现了液泡。由于表层的分生细胞迅速分裂使生长锥表面出现皱褶，在原来形成叶原基的地方形成花原基，在花原基上再分化出花的各部分原基。

一般在花芽形态分化初期，主要是花器官组织原基的发生与定形，其后才是花各器官组织的进一步发育。在第1阶段，花各个器官组织原基依次出现；在后一阶段，随着器官组织内的特殊组织的分化，包括性细胞的分化，各种器官组织进一步发育。

芽内不再继续分化新的花器官，表明花芽形态分化结束，此时称为花芽形成。不同经济林树种，其花芽形态分化阶段和分化标志有所不同。

①两性混合芽。如山楂、苹果、花椒的花芽。在正常情况下，从花序开始分化到花原基分化成花，一般要经历6个阶段：

花序分化阶段：花序分化时，茎尖顶端细胞分裂加快，茎尖横径加宽呈半圆形，并在其基部周围出现一些花原基(花蕾原始体)的小突起。

花原基分化阶段：生长点继续生长，自下而上逐步形成一个花的原始体，基部左右着生两个苞片。进一步发育，顶端变平。

萼片原基分化阶段：花原基膨大后，四周产生5个萼片原基突起。接着花原基下部的花梗伸长，以后随着花原基的继续增大，萼片原基逐渐伸长分开。

花瓣原基分化阶段：在萼片原基的内方，相继出现5个花瓣原基突起。

雄蕊原基分化阶段：在花瓣原基内侧出现两轮雄蕊原基的突起。

雌蕊分化阶段：生长锥中央逐渐向上突起，形成雌蕊原基。

②两性纯花芽。以桃、李、樱桃、扁桃等为例，其形态分化和进程大体与混合花芽相同，所不同的是花芽内无叶原始体和花序形成阶段，分化初期即为花蕾原始体形成期。

③单性花。单性花为雄花或雌花。具单性花的经济林树种有柿树、银杏、阿月浑子、猕猴桃等。由于种类的差别，雄花芽及雌花芽的形态分化存在较大差别，但共同的特点是，它的形态分化与两性花比较都不完整，多数没有萼片或花瓣的分化，而仅有苞片或花被的分化，雄花没有雌蕊的分化，而雌花没有雄蕊的分化或雄蕊退化。

在形成分化中要注意性别的分化。所有花器官原基发生完毕，并不等于花芽分化过程彻底终结。而花器官进一步发育和器官组织内特殊组织的分化以及性细胞的形成，才标志1朵具有生殖能力的完全花真正形成。

雄蕊原始体继续发育并在其顶端形成花药，花药内的孢原组织壁细胞外层形成纤维层，包围着整个花药，其壁细胞的中间层和绒毡层形成4个花粉囊。花粉囊内的造孢细胞形成花粉母细胞，每一花粉母细胞经过减数分裂形成4个花粉粒，花粉粒形成后继续发育，由1个核分裂成4个核，1个为营养核(管核)，1个为生殖核。到开花时，双核的成熟花粉从花药内散出，进行授粉。花粉在柱头上萌发后，双核进入花粉内。

雌蕊原始体的中心发育形成子房，先在子房胎座上形成小突起——珠心，随珠心增大，外部形成两层珠被，顶端形成珠孔，即成胚珠。同时，珠心内孢原细胞形成胚囊母细胞，它先减数分裂形成四分体，但只有最里面一个发育成单细胞胚囊，经连续分裂3次，形成8核后胚囊成熟。

(3)影响花芽分化的因素及其调控

①影响花芽分化的因素。

一是树种自身遗传特性。不同树种以及同一种类不同种间花芽分化早晚，花芽数量及质量均有较大差别。如柿树、板栗等花芽形成较困难，易形成大小年；而杏、扁桃等因每年均能形成足量的花芽，故大小年现象不明显。

二是树体内积累的营养物质（特别是碳氮水平）和树体内激素。一般来讲，花芽分化在新梢生长缓慢后进行，没有停止生长的新梢不能形成花芽。这说明在新梢旺盛生长时期，对营养物质消耗大，不利于花芽形成，营养物质的积累是形成花芽的重要条件。在营养物质中，碳氮比对花芽的形成极为重要。碳氮比适宜，花芽分化良好，结果也好；碳多、氮少，花芽形成虽多，但因长势弱，结果不良；碳少、氮多，营养生长旺盛，花芽形成少；碳少、氮少，根本不能形成花芽。植物激素及植物生长调节剂的调节，是花芽形成的关键，赤霉素、生长素对花芽的形成具有抑制作用，而一些植物生长调节剂，如多效唑、B_9、矮壮素、乙烯利等可通过调节抑制激素与促花激素的平衡，促进花芽分化。

三是环境条件。影响花芽分化的外部因素主要有光照、温度和水分。光照是影响花芽分化的重要因素，它不仅影响有机物的合成与积累，而且对果树内源激素也起强化作用；温度影响植物一系列生理过程，也影响激素平衡；水分与花芽的形成有密切的关系，在花芽形成之前适当控水，可抑制营养生长，有利于有机物积累，促进花芽分化。

②花芽分化的调控。针对不同树种花芽分化的特点，合理调控环境条件，采取对应的栽培技术措施，调节树体营养条件及内源激素水平，控制营养生长与生殖生长平衡协调，从而达到调控花芽分化与形成的目的。通过不同栽培措施控制营养生长，使养分流向合理，是调控花芽分化的有效手段。特别对大小年现象较为明显的树种，在大年花诱导期之前疏花疏果，能增加小年的花芽数量。采用适宜的整形修剪技术及施肥，保证营养丰富，枝条充实，是经济林木促进花芽分化的重要技术环节。此外，合理使用植物生长调节剂能控制花芽的数量和质量。如花诱导期喷施赤霉素能抑制花芽分化，而使用多效唑类生长延缓剂能促进花芽分化，增加花芽数量。

2) 开花与授粉

(1)花的开放

花的开放是一种不均衡运动，多数树种的花瓣基部有一条生长带，当它的内侧伸长速率大于外侧时，花就开放。某些植物的花瓣开闭是由细胞膨大变化引起的。开花的过程可分为初花期（几朵至20%花开放）、盛花期（25%~75%花开放）、末花期（75%的花脱落）、终花期（正常的花全落）。

温度与光照是影响花器开放的关键环境因子。晴朗和高温时开花早，开放整齐，花期短；阴雨低温，开花迟，花期长，花朵开放参差不齐。研究表明，花期多在10~14h。枣树的部分品种在夜间开放。不少植物花开放要求一定的日照条件，但大多数经济林木花朵开放与日照长短关系不大。

年周期中花朵开放要求一定的积温。同一树种或品种的花期受当年气候条件影响很大,所以不同地点、不同年份的开花日期差异较大,但所要求的温度值基本相同(表1-3)。

表1-3 不同种类经济林木开花温度与日期

种类	日平均气温(℃)	开花期	地点
山桃	9.5	3月中旬	陕西杨凌
杏	8.0	3月下旬	河北保定
樱桃	10.3	3月下旬	陕西杨凌
李	11.0	4月上旬	河北保定
柿树	18.4~20.9	5月上中旬	河北保定
枣	23.4~25.1	6月上中旬	河北保定
核桃	16	4月下旬	日本

注:引自曲泽洲等(1988)出版的《果树生态》。

对于经济林树种,花期是生产上重要的物候期之一。花期的长短主要受气候的影响,而开花早晚、整齐度与树体营养状况密切相关,营养状况好及贮藏营养物质多,树体开花早、整齐。对同一株树,开花早的往往果实较大,开花晚的果实则相对较小。但是,在晚霜发生的年份,开花晚的通常能避开霜冻害,可以补充早花霜冻害导致的产量不足。开花期还受到诸如施用植物生长调节剂、灌水、地上部喷水等栽培措施的影响。因此,了解和预测经济林花期,对于诸如选择合适的授粉树、采取适当的栽培措施避免霜冻害等具有重要的意义。

(2)授粉与受精

①授粉与结实(图1-5)。

自花授粉与异花授粉:花粉从花药传到柱头上的过程叫授粉,也叫传粉。授粉的方式有自花授粉和异花授粉。同一品种内的授粉称自花授粉,一个品种的花粉传到另一个品种的柱头上则称为异花授粉。通常在花朵开放以后发生授粉,但也有的经济林树种在花朵未开放时已经授粉,如有些葡萄品种,在花冠展开前花药已开裂,已经完成授粉,称为闭花授粉,是自花授粉的一种特殊的例子。

授粉亲和性与结实:授粉亲和性是对授粉后能否受精结籽能力的描述,能受精结籽的称为亲和,否则为不亲和。结实指子房或子房及其附属部分发育成果实的现象。自花授粉后能正常结果,并能满足生产上对产量的要求,称自花亲和,即自花结实,桃、葡萄和柑橘等树种的大多数品种都是自花亲和性好的品种。大多数经济林品种是自花不亲和的,如甜樱桃、油橄榄等大多数经济林品种,这类树种自花授粉后不能达到生产上要求的产量,需要进行异花授粉。异花授粉后结果良好,并能满足生产上的要求的,叫异花亲和。并不是所有的品种间授粉都是亲和的,有些品种之间相互授粉不亲和,为异花相互不亲和,也有的相互之间某方作母本时表现为不亲和,但作父本时则表现亲和。因此,称为异花部分不亲和。

受精与种子的生活力:雄配子(精子)与雌配子(卵子)融合形成合子(受精卵)的过程

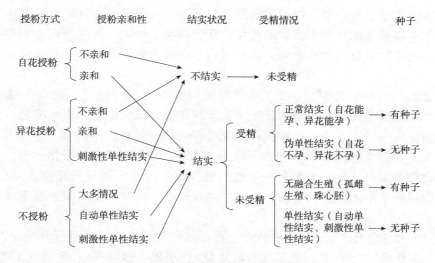

图 1-5 授粉与结实状况

叫受精。经济林树种的成熟花粉通常含有两个精子，除一个精子与卵子结合外，另一个精子与胚囊中央的两个极核细胞融合(以后发育成胚乳)，称为双受精。授粉后结实，并产生具有生活力的种子叫能孕，否则为不孕。根据花粉的来源可分为自花和异花两个类型。

单性结实和无融合生殖：子房未受精而形成果实的现象叫单性结实，单性结实的果实因未受精通常没有种子。受精后胚败育形成的无籽果(如无核白葡萄)则为伪单性结实或称种子败育型结实，如无花果单性结实的果实内有无胚种子。单性结实又分为自动单性结实和刺激性单性结实两类。无须授粉和任何其他刺激，子房能自然发育成果实的为自动单性结实，大多数单性结实的经济林树种属于这一类，如香蕉、柿树、无花果等树种。刺激性单性结实需要授粉或其他的刺激才能结实，如西洋梨在子房受冻或在暖地栽培能单性结实，会形成无籽的果实。未经受精能产生具有发芽力的胚(种子)的现象叫无融合生殖，也称无配子生殖，如湖北海棠的卵细胞不经受精可产生具有生活力的种子(属孤雌生殖)，柑橘由珠心和珠被细胞形成珠心胚。

②有效授粉期。胚囊发育成熟后胚珠具有一定的寿命。亲和的花粉落到柱头上到实现精子与卵子结合，需要一定的时间，短的十几分钟，长的几个月甚至一年，但通常为 10~48h，如桃 20~24h，番木瓜 10d，欧洲榛 3~4 个月。胚珠的寿命与授粉到实现精子与卵子结合所需时间之差为有效授粉期。有效授粉期的长短直接影响坐果，长则受精的机会多，坐果好。如果在有效授粉期后柱头才得到授粉，当花粉管进入胚囊时卵子已经死亡，则不能实现受精。经济林树种有效授粉期通常是一定的，但也受到树体的营养状况、花芽本身状况及温度和湿度等环境因素的影响。发育健壮的花的胚囊寿命长，花粉管生长速度快，有效授粉期也长。合适的空气湿度有利于花粉发芽，合适的温度条件下花粉管生长速度也快。

③影响授粉与受精的因素。

内在因素：包括树体自身的遗传特性、年龄、营养状况及花本身的状况等。从遗传上看，有些树种和品种的花粉或胚囊在发育过程中退化和停止发育，另外有些三倍体品种产生的有活力花粉少；老年树的花粉发芽率低，幼年树的花粉具有更强的生命力；衰老树和大年树容易形成发育不正常的花芽，即使是正常的花，其受精能力也差。不同年龄的枝条上花芽质量有很大的差异；花在树冠上所处的部位及花序上的部位也影响受精能力。

外在因素：主要有温度、湿度、风等环境因素及修剪、施肥、灌水等栽培技术措施。温度和湿度影响有效授粉期的长短，花前和花期过低的温度能产生冻害；花期低温和大风影响昆虫的活动，从而影响授粉；花粉管的萌发具有集体效应，柱头上的花粉密度和数量大有利于花粉的萌发和生长。因此，林地放蜂有利于授粉受精。硼、锌、氨基酸等营养物质有利于花粉管的萌发与生长，氮、磷的缺乏可能导致胚停止发育。因此，花前或花期根外施用上述肥料有利于受精。过重修剪、过多施肥与灌水或干旱也不利于受精与结实。

④生产上自花不结实现象。生产上存在自花不结实现象，其主要原因有雌雄异株（银杏、杜仲、猕猴桃等），雌雄搭配不当；雌雄异熟（板栗、核桃等）；雌雄蕊不等长（如雌蕊高于雄蕊）；营养、自然环境条件影响花粉萌发；花粉无活力；花粉不能正常发育或发育后花粉管不能进入心室或不能进入胚珠。

主要措施是：配授粉树，一般雌雄株8∶1或4∶1(~2)；喷激素，如赤霉素；施微量元素，如硼、钙；施肥，增加基肥，进行花前追肥；改善温度、通风状况、湿度等环境条件。

3) 果实生长发育

经授粉受精后，子房膨大发育成幼果，称为坐果。从开花坐果到成熟采收，果实的生长期多为80~40d。例如，樱桃40d左右，但夏橙果实生长期可长达400d以上。在此生长期间，果实的体积会增大几百倍甚至几十万倍。例如，无籽葡萄体积增大300倍，油梨体积增大30万倍。这种果实体积在短时间内发生巨大变化的生物学基础是细胞分裂、细胞体积膨大和果实体内空隙增加。

(1) 果实生长的细胞学基础

①果实细胞分裂。果实是由许多细胞组成的。一个160g的"小元帅"苹果有5×10^7个细胞，一个重430g的苹果有1.156亿个细胞。多数果实的细胞分裂在开花前已经开始，并且持续到坐果后的幼果生长期。Pearson和Robertson(1953)发现苹果果实细胞数目在开花前增长21倍，开花期间停止增长，开花后幼果生长期3~4周内再增长4~5倍。葡萄果实细胞数目花前增加17倍，花后仅增加1.5倍。苹果、葡萄和甜橙果实在果实全发育期完成15%~20%时停止细胞分裂。草莓和油梨果实细胞分裂活动一直持续到果实成熟。果实最终的大小主要取决于细胞数目的多少。还有一些树种，开花后幼果的细胞分裂活动就完全停止，如醋栗、树莓等，花后果实体积增大主要依靠细胞体积膨大。

②果实细胞体积膨大。果实细胞分裂之后体积不断膨大，到果实成熟时细胞体积可增加到几十倍、数百倍，甚至近万倍。石榴果实成熟时，外种皮细胞长度可达2mm，其体积增大了约1万倍。葡萄果实花后细胞数目增加2倍而细胞体积增大了300倍以上。果实细胞体积迅速膨大，大多数发生在果实发育的中后期。如果细胞数目一定，收获时果实的大小主要依靠细胞体积增大。樱桃、醋栗等果实的体积大小和细胞体积的关系密切。果实细

胞体积增大速率取决于细胞和细胞壁的特性。细胞壁的特性是可变的。糖分积累、充分供水、改变细胞壁的结构特性有利于促使细胞体积增大，进而增大果实体积。果实体积增大与细胞体积增大有相似之处。把果实整体看作一个细胞，其外皮相当于细胞壁，果实的体积增长与果实膨压和外皮特性密切相关。葡萄浆果转熟后体积膨大生长动力的形成，与果实糖分积累和外皮松弛导致的总水势降低有关。

③果实体内空隙增加。果实成熟时，细胞体积增大，细胞间隙也增大，空隙增多，果实体积密度会降低。这也是果实增大的一个重要因子。枣果实成熟时细胞间隙增大十分明显，果肉变疏松。大果的空隙比小果的多，体积密度低。多数果实生长发育后期，体积增大速率超过质量增加速率而密度降低。

（2）果实的生长动态

①果实生长的整体进程。可分为两类，一类是有一个生长高峰，早期生长缓慢，中期生长较快，后期生长又较慢，核桃、香蕉、栗、榛等果实的生长进程属于此类。另一类是有两个生长高峰，生长过程可分为3个阶段，从开花后开始进入果实迅速生长期，此期主要是果实内果皮体积迅速增大，该期过半时，果实细胞分裂活动停止；生长中期，果实体积增加缓慢，内果皮木质化变硬；果实恢复生长，再次进入果实迅速生长期，此期中果皮的细胞体积增大，果实体积迅速膨大，如杏、枣、树莓、醋栗、越橘、柿树、阿月浑子等均属此类。

②果实生长的昼夜变化。果实生长基本上是昼缩夜胀，净增长是两者的差值。一天内果实的净增长量，不完全取决于水分供应状况，还要看营养物质流向果实的情况。例如，由于环剥提高了果实细胞液的浓度，因而上午的果实缩小程度减少了，但是环剥同时也会削弱光合作用，减少光合产物形成，所以一昼夜内的总生长量与对照差异不大。摘叶虽然减少了蒸腾作用的面积，从而缓和树体内可能出现的水分亏缺，但摘叶同时也减少光合产物，不利于果实增大。由此可见，果实的增大受果实和叶子细胞渗透压差别的影响，但叶面积的大小、光合产物的多少也对果实的增大起着重要的作用。在干旱后阴雨天，果实不见有收缩现象，但随后净增长下降，这也是由于光合产物减少的缘故。这种一昼夜内果实生长的变化，因不同品种和果实不同生长阶段而异，环境因子如大气湿度、温度、光照强度等也影响这种变化。

（3）影响果实生长的因素

果实的生长除受到细胞的数量、体积等因素影响外，还受其他因素影响。

一是有机营养，幼果发育靠上年贮藏的养分，中后期主要是叶片制造的养分；二是无机养分，如氮、磷、钾等大量元素及微量元素；三是水分，水果内水分占80%~90%，不能缺水；四是温度、光照、昼夜温差，温度适宜、光照时间长、光照强度大、昼夜温差大，有利于营养物质的制造与累积；五是激素，果实生长发育受多种内源激素的调控，种子是合成激素的主要场所，有些是子房合成激素。

水果类果实色泽发育的影响因素主要有：可溶性碳水化合物积累；光照，直射光、紫外光可刺激诱导花青素形成；矿质元素，其中的氮不利于色泽发育；空气湿度，水分适宜、空气较干燥，果实着色好；温差，昼夜温差大有利于色泽发育；植物生长调节剂，如萘乙酸、乙烯利于着色。

(4)果实的分类

果实可分为三大类：单果、聚合果和复果。

①单果。指一朵花中仅有一个雌蕊形成的果实。可分为干果和肉质果。

干果：果实成熟时果皮干燥。根据果皮成熟时开裂与否，分为裂果与闭果。裂果有蓇葖果（花椒、梧桐、芍药等）、荚果（槐树、黄檀等）、角果、蒴果（木槿等），闭果有瘦果、颖果、坚果（板栗、栎、榛子、松子等）、翅果（三角枫、臭椿、榆、杜仲、白蜡等）、分果。

肉质果：果实成熟后，肉质多汁。可分为浆果（葡萄、柿等）、柑果（柑橘、柚等）、核果（桃、杏、枣等）、梨果（梨、苹果等）、瓠果（葫芦科）。

②聚合果。由一朵花中多数离心皮雌蕊的子房发育而来，每个心皮都形成1个独立的小果。

分为聚合蓇葖果（八角等）、聚合瘦果（蔷薇、草莓等）、聚合核果（悬钩子、茅莓等）。

③复果。由整个花序发育形成的果实，又叫聚花果。

有的是花序中每朵花形成独立小果（悬铃木等），有的是花轴肉质化（桑葚、菠萝、无花果、构树、波罗蜜）。

任务实施

1. 实施步骤

1）观察与识别根

经济林木是由细胞、组织、器官构成的一个复杂的系统，我们看到的只是地上部分，树木同时有庞大复杂的地下部分。根有固定支持树体、吸收水分和矿物质、合成氨基酸和激素等作用（图1-6）。

图1-6　树体的地上及地下部分

观察图 1-7 中 3 个根系的特性，分别标出根系的类别(图 1-7)。

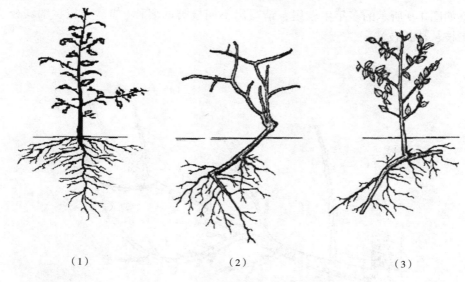

图 1-7　根系的类别

(1)_____根系；(2)_____根系；(3)_____根系。

2)认识树体结构

图 1-8 是树体结构，请辨认地下根系、地上树体结构，写出不同种类根的名称(如侧根、主根、须根)、不同结构枝干的名称(如主干、中心干、主枝、侧枝)。

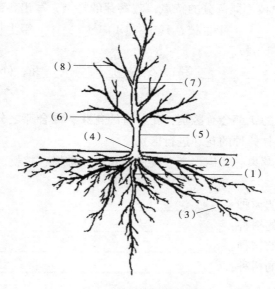

图 1-8　树体结构

(1)_____；(2)_____；(3)_____；
(4)_____；(5)_____；(6)_____；
(7)_____；(8)_____。

3) 观察与认识枝

观察如图 1-9 所示的多年生枝组,请写出不同枝类的名称(如营养枝、细弱枝、叶丛枝、结果枝、徒长枝)。

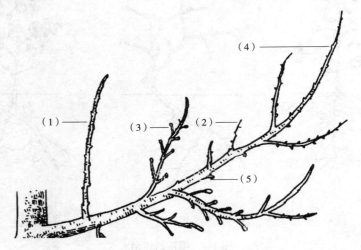

图 1-9　不同枝类的特征

(1)_____枝;(2)_____枝;(3)_____枝;
(4)_____枝;(5)_____枝。

4) 鉴别枝芽

仔细观察图 1-10 中枝不同部分的特点,观察芽的特点,写出各部分的名称。

图 1-10 中的枝是_____年生枝,其中,(1)是_____年生枝;(2)是_____年生枝;(3)是_____年生枝。

图 1-10 中的(4)是_____芽;(5)是_____芽;(6)是_____芽。

5) 辨别花芽

不同的经济林树种的花芽会有区别,花芽有纯花芽、混合芽之分,花有单性花、两性花之分。请对下面经济林树种的花芽进行区别。

树种:桃、山楂、苹果、花椒、李、樱桃、扁桃、柿树、核桃、银杏、阿月浑子、猕猴桃。

(1)花芽为混合芽的树种:_____。
(2)花芽为纯花芽的树种:_____。
(3)花芽为两性花的树种:_____。
(4)花芽为单性花的树种:_____。

6) 测定叶面积指数

叶面积指数(LAI)是指单位土地面积上的叶面积,是反映植物群体生长状况的一个重要指标,其大小直接与最终产量高低密切相关。

选择一片苹果园,在果园中选定一棵树冠大小中等的树,测定叶面积指数。叶面积指

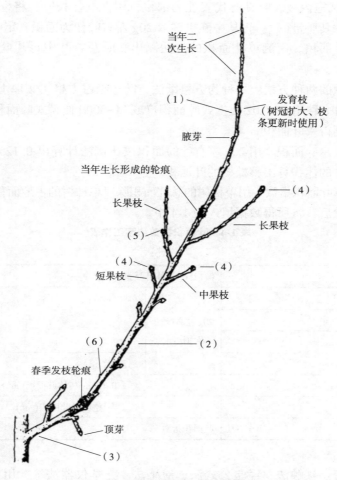

图 1-10 枝的不同部分及芽的特点

数的测定有直接测定法与间接测定法。

（1）直接测定法

第一步：测树冠体积。

半圆形树：
$$V = \pi \times \frac{D^2}{8} \times L \tag{1-1}$$

扁圆形树：
$$V = \pi \times \frac{D^2}{6} \times L \tag{1-2}$$

圆锥形树：
$$V = \pi \times \frac{D^2}{12} \times L \tag{1-3}$$

式中　V——体积；

　　　D——冠径；

　　　L——树高。

体积求出后扣除光秃带体积。

第二步：取叶样。用 8 号铁丝制作一个长宽高各为 0.5m 的相互挂钩折叠式立方体（体积为 0.125m³），选冠内枝、叶具有代表性的部位，用框框住枝叶，将框内叶片全部摘下作为样叶，立即称其质量（g），再从中随机称取 20g 左右叶作为面积测定叶。

第三步：测叶面积。用测单叶面积的方法测出 20g 左右叶中每片叶的面积，求出总面积。

测量单叶面积的两种方法：一种为方格纸法，叶边缘占方格 1/2 以上的按 1 格算，不足 1/2 的不算；另一种用 CI-202 便携式叶面积仪或 LI-3000 便携式叶面积仪、AM-300 手持式叶面积仪等测得单叶面积。

第四步：计算总叶面积。用 20g 左右叶的面积按比例法计算出 0.125m³ 体积中叶的总面积。再根据树体的体积算出整株树的叶面积。

第五步：计算叶面积指数。用单株树的总叶面积除以单株树的占地面积（株距×行距）。

完成以上步骤后，将所得数据填入表 1-4 中。

表 1-4 叶面积指数测定工作表

地点：　　　　　　　　　　　　　　　树种：

编号：	0.125m³ 树体叶质量（g）：
树冠形状：	单叶（m²）
冠径（m）：	20g 左右叶的准确面积（m²）：
树高（m）：	
总体积（m³）：	总面积（m²）：
光秃带体积（m³）：	0.125m³ 树体叶面积（m²）
树体体积（m³）：	整株树叶面积（m²）
单株占地面积（m²）：	叶面积指数：

（2）间接测定法

间接测定法有点接触法、经验公式法、遥感法、光学仪器法等。用比较简单的 LAI-2200 植物冠层分析仪（光学仪器法）测定，可直接测出园地的叶面积指数。

LAI-2200 植物冠层分析仪用"鱼眼"光学传感器（垂直视野范围 148°，水平视野范围 360°）测量树冠上下 5 个角度的透射光线，利用植被树冠的辐射转移模型计算叶面积指数。仪器包括主机（LAI-2270）、光学传感器（LAI-2250）、连接线、遮盖帽等（图 1-11）。

第一步：将电池装入主机和光学传感器。将 LAI-2250 连接到主机 X 通道。按开关键，等待屏幕进入实时显示界面。

第二步：将光学传感器（LAI-2250）"鱼眼"镜头上的全遮盖帽取下，按 4 个方向键（箭头键），在实时显示界面检查 X_1、X_2、X_3、X_4、X_5 这 5 个天顶角检测器有无响应（有无显示值），若有数值，可以开始测定。

第三步：设定时间，在主机上按"MENU"按钮进入主菜单，如图 1-12 所示，选择子菜单："Menu→Console Setup→Set Time→OK"。采用 24 小时制，在设置界面用上下箭头和左右箭头设时间和区域。

第四步：设置提示，在每个文件建立过程中，可以设定两个提示，如"测什么"和"在哪测"。通过"Menu→Log Setup→Prompts, Prompt1 = what; Prompt2 = where"。

项目1 经济林识别

图1-11 LAI-2200植物冠层分析仪

第五步：记录设置。设置"Menu→Log Setup→Colltrolled Sequence→Use=No"。设置为"No"表示手动顺序操作，按光学传感器（LAI-2250）上的"A/B"键切换A和B（A是冠层上部，B是冠层下部）；设置为"Yes"表示控制顺序操作，自动切换A、B值，需要设定重复次数和操作顺序。

第六步：测定准备。选择合适的遮盖帽，再按主机上的"Start/Stop"键，建立一个文件夹，选择"New File"，输入文件名，再添加两个提示，如"Prompt1=apple tree；Prompt2=TianShui"。再按"OK"键进入记录模式。

第七步：记录数据。确保光学传感器探头与地面平行，按主机上的"LOG"或光学传感器上的"LOG"都可记录数据。一般一次测量，在树冠以上测1个A值，在树冠下层等距均匀选6个以上点，在同一高度测6个以上B值。图1-13是两次重复测量。注意查看记录模式界面，若字母"X"后的字母为"A"，或光学传感器"ABOVE"灯亮，要在冠层上方测量记录；相反，字母"X"后的字母为"B"，或光学传感器"ABOVE"灯灭，则要在冠层下方测量。手动顺序操作时，按光学传感器（LAI-2250）上的"A/B"键切换A和B。

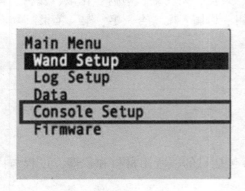

图1-12 主菜单

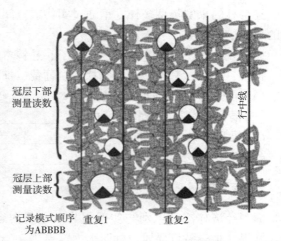

图1-13 两次重复测量的选点记录

· 31 ·

第八步：保存数据及关闭文件夹。A值、B值均测量完，按"Start/Stop"键保存数据并关闭文件夹。

第九步：数据查看与传输。选择"Menu→Data→Console Data→Select Data File"可以查看叶面积指数。连接数据线，使用应用软件FV2200下载数据。

将测量结果记录在表1-5中：

表1-5 测量结果记录表

地点：	树种：
测量A值个数：	测量B值个数：
叶面积指数：	叶面积指数标准误：

7）观察花期

一棵树上的花并不是同时开放的，花的开放有一个过程，温度与光照是影响花期的关键环境因子。请观察当地主要经济林树种的开花情况，查询天气预报气温和空气湿度，完成表1-6。

表1-6 主要经济林树种开花情况记录表

树种	花期	平均气温（℃）	空气湿度（%）

8）分类果实

经济林的果实类型多样，请通过实物或查阅图片观赏，掌握果实的特征，并对下列树种的果实进行分类。

树种：八角、蔷薇、草莓、悬钩子、悬铃木、桑葚、无花果、构树、花椒、槐树、黄檀、板栗、榛子、三角枫、榆、杜仲、葡萄、柿树、柑橘、桃、杏、枣、梨、苹果。

（1）果实为干果（属单果）的是：_____。

（2）果实为肉质果（属单果）的是：_____。

（3）果实为聚合果的是：_____。

（4）果实为复果的是：_____。

2. 结果提交

编写经济林器官识别与实践报告。主要内容包括目的、所用材料和仪器、过程与内容、结果，报告装订成册，标明个人信息。

思考题

1. 简述植物的生长发育。
2. 根系的来源有哪几类？根系有哪些组成部分？
3. 影响根系生长的因素有哪些？
4. 芽的类型有哪些？芽的特性有哪些方面？
5. 枝条有哪些方面的生长特性？
6. 什么是叶面积指数？
7. 花芽分化包括哪两个阶段？花芽有哪些类别？
8. 生产上自花不结实的主要原因及措施有哪些？
9. 根据果实细胞分裂的知识，分析花芽质量及开花坐果期管理的重要性。
10. 影响果实生长的因素主要有哪些？

任务 1-3　经济林环境识别

任务导引

经济林生长发育受遗传基因控制，同时受到外界环境条件的重要影响。经济林栽培技术的一个重要任务是要从树种自身的生物学特性出发，适地适树或改地适树。本任务将学习影响经济林生长的环境因子、如何影响经济林生长、怎样的环境因子才有利于经济林木生长发育呢。通过本任务的学习应能够正确认识并掌握环境因子状况，并能按经济林木的适宜环境要求，调节各环境因子，满足名优经济林发展、生产和管理要求，从而实现经济林的产品质优、丰产、低成本、高效益目标。

任务目标

能力目标：

(1) 能测定光照强度的大小，能测定树冠透光率。
(2) 能判断温度对萌芽、开花及坐果的影响。
(3) 能判断不同经济林的水分需求和水分供应状况。
(4) 能依据不同地形进行光照、水分、温度、土壤等状况的评价。
(5) 能判断经济林开发对温度变化的要求。
(6) 能正确判断对经济林有害的主要微生物、植物、动物。

知识目标：

(1) 掌握光照对经济林的影响。
(2) 掌握提高光能利用率的方法。
(3) 掌握温度对经济林生长影响的相关知识，掌握极端温度对经济林的危害。
(4) 掌握干旱、水涝对经济林的危害。

(5)掌握土壤厚度、质地、理化性质对经济林生长的影响。
(6)掌握土壤污染和忌地性相关知识。
(7)掌握地形因子对经济林生长的影响。
(8)掌握经济林与其他生物间的关系。

素质目标：
(1)培养自主学习、发现问题和解决问题能力。
(2)培养观察能力。
(3)培养吃苦耐劳精神。

任务要点

重点：对经济林生长环境中光照、温度、水分、土壤、地形、生物等因子的认识与判断。各环境因子对经济林生长发育的影响。

难点：经济林生长环境中各因子适宜程度的判断，有关因子的测量。

任务准备

学习计划：建议学时6学时。其中知识准备4学时，任务实施2学时。

工具(材料)准备：照度计、LAI-2200植物冠层分析仪、手持卫星定位仪、土壤养分速测仪、土壤紧实度测定仪、有关记录表格、A1坐标纸(1cm×1cm)等。

知识准备

生态环境又称自然环境，是由各个环境因子(或称生态因子)组合起来的综合体。经济林的生态环境，是指经济林所生存的地点(包括地上与地下两部分)周围空间一切因素的总和，包括气候因子(光照、温度、水分、大气、风、雨、雷电等)、土壤因子、地形与地貌因子、生物因子等。经济林木与生态环境是一个互相密切联系的辩证统一体，生态环境影响着经济林的分布、生长和发育；反之，经济林也能影响它的环境。掌握经济林的各环境因子，处理好经济林与生态环境的关系，是实现经济林优质高产的关键，也是经济林栽培的核心问题。

1. 光照

1)光照对经济林的影响

光对经济林的生长发育和光合作用等起着重要的作用。光照影响经济林的产量，又制约着经济林的开花、结果、休眠和养分贮存等生命活动过程。提高光能的利用，是经济林增产优质的主要途径。

(1)光照直接影响经济林光合作用

光是经济林木叶片进行光合作用的能量来源。经济林木叶片光合速率受光照强度的影响，并存在着光饱和点和光补偿点。它们因树种、品种、叶片的生理特点及综合生态环境而变化。根据不同树种的光饱和点与补偿点高低不同，可以判断其喜光或耐阴的程度，光补偿点与光饱和点高的树种，较为喜光。

作用于经济林的光有两种类型，即直射光和漫射光。在一定范围内，直射光的强度与光合速率呈正相关，超过光饱和点时，则光的效能反而降低。据王海光等（2002）研究，晴天的上午，光照强度随着时间的推移而逐渐增强，10:00~11:00，当光照强度升至$1150\mu mol/(m^2 \cdot s)$时，次郎柿的光合速率达最大值，为$6.5\mu molCO_2(m^2 \cdot s)$；以后光照强度继续增加，在14:00左右达最大值，为$1400\mu mol/(m^2 \cdot s)$，此时光合速率出现低谷，即表现"午休"现象；14:00以后，光照强度又逐渐降低，16:00当光照强度降为$900\mu mol/(m^2 \cdot s)$时，光合速率降为$22\mu molCO_2(m^2 \cdot s)$。通常漫射光对树体的作用随纬度增加而增大。

经济林木光合作用存在明显的季节性变化，这与叶龄及光的强弱相关。柿树在4月、5月，为展叶不久的幼叶，呼吸量比光合作用量大，纯光合速率低，净光合速率为零。6月以后，树叶长大成熟，光照强度也大，光合作用最旺盛的时期主要集中在6~10月，其中以7月、8月、9月同化效率最高。10月降低到6月的水平。

（2）光照影响经济林营养生长

光照强度和光质影响经济林枝芽的生长。光照强时易形成短枝密集和树冠开张的树形，芽体发育饱满，枝条粗壮。光照不足时枝条细长且直立，生长势强，表现为徒长，叶黄，枝细，芽体瘦小。喜光树种在光照不足时易徒长，表现为加长生长明显，节间变长，枝的干物质却降低。

光照强度也影响根系的生长。当光照不足时对根系生长有明显的抑制作用。根的伸长速率降低，新根发生量减少，甚至根系停止生长。因根系生长所需的有机营养来自地上部的同化物质，同化产物首先供给地上部使用，然后才运到根系，光照不足时地上部同化产物减少，供给根的营养就少。阴雨季节对根系的生长影响很大，耐阴树种形成了低的光补偿点以适应其环境条件。

光照过强会引起日灼，尤以大陆性气候地区、沙地和昼夜温差剧变下更易发生。日灼的发生与光强、树势、树冠部位等密切相关，枝干裸露更易发生日灼，因此需利用树冠内枝叶保护枝干，以降低由光照过强而造成的日灼。

光质也影响经济林的生长，可见光中的蓝光、紫光、青光能抑制树体生长，树体较矮小。在高山地带栽植的经济林木常表现出树体矮、侧枝多、枝芽健壮。相反，远红光等长波光，则能促进营养生长，使枝梢节间伸长。

（3）光照影响经济林生殖生长

光照与花芽形成关系密切。光照不足直接影响经济林的花芽形成和发育。高大树冠经济林木，其花芽多发生在树冠外围光照充足部位，光照不足的内膛结果量很少。良好光照条件下，花芽多，坐果率高，果个大，产量高；而在弱光下，产量显著低。

花期和幼果期光照不足易引起落果，原因是光合作用下降，使胚和胚乳营养不良而发育停止。故在该期阴雨时间长，会造成严重落果。

光对果实品质有明显影响，光影响果实着色，影响果实内糖、酸、淀粉、脂肪、蛋白质等营养成分的积累，影响果实贮藏品质。在光照条件好的树冠外围，果色较佳，糖和维生素C含量较高，酸度降低，果实耐贮性增强。

(4)光周期影响经济林生长

植物对自然界昼夜长短规律性变化的反应,称为光周期现象。这是植物对一天中光照长度的反应。光周期现象不仅与花芽分化、开花有关,还诱导了植物的落叶、休眠、地下营养器官的形成、种子萌芽等一系列生长发育过程。按植物开花过程对日照反应的不同,一般分为长日照植物、短日照植物、中日照植物和中间型植物4种类型。经济林多数属中间型植物类型,只有少数种类已确定为长日照植物,如茶藨子属、越橘属植物,而华盛顿脐橙是短日照植物。

2) 经济林对光的适应性

经济林对光照的适应性与树种、品种、原产地的自然条件等有密切关系。根据对光强和光质的适应性分为喜光树种(阳性树种)、中性树种、耐阴树种。

各个树种对不同光强的适应能力,则决定于它们的耐阴程度,即所谓耐阴性。经济林对光强的反应,与各树种的原产地有密切关系。原产于干旱和荒漠地区的树种,如无花果、杏、扁桃、阿月浑子、沙棘等最喜光;而生长在低纬度、多雨高温地区的亚热带树种,如香榧、柿树、猕猴桃等,对光的要求则略低于生长在高纬度、温带的落叶树种。同样是温带落叶树种,如核桃、山楂等,则较耐阴。一般认为,以生产果实(种子)为目的的树种,比以生产木材为主要目的的树种喜光。当然,这与其他因子也有关系,如干旱地区的树种比多雨地区的更喜光。

树种的耐阴性也不是固定不变的,随着树龄及环境条件而变化,如香榧为半耐阴性树种,苗期和未结果期的幼树,宜在凉爽阴湿的立地上生长,培育幼苗需搭棚遮阴,但成年结果的香榧,喜阳光充足,生长在向阳通风的坡地,结果多,且品质优。耐阴树种由于适应光强度范围较广,故在弱光下也能生长。一般认为,在较低光照强度下而能达到最大光合作用,而且光补偿点也低的,多是耐阴树种,这在树种和品种之间都有差异。

3) 提高光能利用率的途径

经济林产量、品质的形成,主要是由叶片等光合器官吸收来自太阳辐射的光能,同化二氧化碳(CO_2)和水(H_2O),合成有机物质作为物质基础。因此采取农业技术措施,调节光合作用过程和光合产物的分配、利用,提高光能利用率,就成为增产、增质的重要途径。

(1)育种

培育或筛选出高光合效能和低呼吸消耗的丰产种、品种或砧穗组合。不同树种、品种其光合强度、光饱和点、光补偿点、呼吸消耗等不同。通过育种或选种,培育出高光效、低呼吸消耗的品种,可从根本上提高光能利用率,从而大幅度提高产量。

(2)提高光照利用率

栽大苗,合理密植,乔灌草相结合。减少作业道及合理整形修剪等都可明显提高早期单位面积截光率和叶面积指数,使园地郁闭度达70%,叶面积指数达到3~6,增加光能利用率。在年周期中,前期促进叶幕形成,后期适当延迟落叶,地面覆盖反光膜等,也有利于提高光能利用率,从而提高产量和品质。

(3)改善土、肥、水和通风条件

选择和改善对光合作用有利的其他环境条件,首先要"适地适作",即选择优良的小气候和土壤条件。其次要合理施肥、灌水和排水,合理防治病虫害,改善通风和二氧化碳供应等,通过改善其环境和生理状态,以提高光合效率。

(4)改善树体内光照条件

进行矮化密植,整形修剪,打开光路,使树冠内透光良好,树冠下透光率达到30%左右,减少无效光区,降低无效叶比例,增加光合产物量,协调叶果矛盾,增加对果实同化养分的供应,提高经济产量。

2. 温度

温度是经济林生命活动最基本的生态因子,决定着经济林的自然分布,控制着经济林木的各种生理活动,对其生长发育产生重要影响。根据适生温度范围,将树种分为喜温树种、耐寒树种两类。

1)温度对经济林的影响

温度对经济林生长发育的影响,主要是通过对体内各种代谢活动的影响来实现的,如光合作用、呼吸作用、蒸腾作用等。每一树种对温度的适应都具有3个基点:即最低温度、最高温度和最适温度。在最适温度范围内生长发育最好,北方一般在10~30℃。超过其所能忍受的最低或最高温度范围,生长发育就停止,开始受到伤害,以至死亡。

(1)温度影响种子休眠和发芽

一般落叶树种的种子,采集后必须经过一定时期的后熟,才能萌发。种子在后熟过程中,需要一定的低温、水分和空气,一般3~7℃的低温最为适宜,山荆子、山梨需要0~5℃低温。种子发芽需要的温度,因树种不同而异,栗为10~12℃,野柿为14℃,君迁子在5℃时能显著促进发芽,而原产地在冬季比较温暖的种类,如美国柿和琉球豆柿,种子发芽要求较高温度,低于5℃对其发芽有抑制作用。

(2)温度影响根系生长

经济林根系没有休眠期,其生长与土温有密切关系。温带经济林上层根系,在冬季由于低温而停止生长了;地下深层的根系,由于土温较高,少数可终年不断地生长。不同树种根系生长要求的土温不同,柿树、栗根系生长最低气温是11℃,最适气温为22℃,最高气温为32℃;无花果最低气温为9℃,最适气温为22℃,最高气温为27℃。根据地上、地下活动情况,可分为:根系活动早于地上部,即2月开始的(杏、梅等);地上部与地下部几乎同时活动的,即4月上中旬开始的(无花果、枇杷等);根系活动5月开始,比地上部晚的(柿树等)。

(3)温度影响萌芽、开花、结实

在四季分明的温带和亚热带地区,经济林萌芽、开花的早晚,主要与早春气温高低相关。落叶经济林木通过自然休眠后,遇到适宜的温度就能萌芽、开花。温度越高,萌芽开花期越早。大部分经济林树种开花期的早晚,取决于盛花期前40d左右的平均气温或最高平均气温,气温越高,开花期越早。

开花期间的温度、湿度对授粉、受精乃至结实关系至为重要。在花期，花器仅遇几天的阴雨、低温或过高温度，就会影响授粉、受精，造成大量落花落果。开花期的低温不利于传粉昆虫的活动，往往降低坐果率。温度对开花结实的影响，具体表现在花粉发芽和花粉管的伸长及胚囊寿命上。低温不利于花粉发芽，抑制花粉管伸长；适当高温有利于授粉受精，但过高温度则会缩短胚囊寿命。不同树种花粉发芽最适温度不同，核桃的花粉一般在24~25℃时发芽最好，在20℃发芽率仅为5%；苹果在15.5~21℃发芽极好，但在26.6℃以上则显著不良。

(4)温度影响花芽分化

经济林木的花芽分化与温度关系密切。根据花芽分化的时期和对温度的要求不同，分为4种类型。

①夏秋型。包括多数落叶树种，常绿的枇杷、香榧等，其花芽分化喜较高的温度。

②冬春型。包括亚热带常绿树种龙眼、荔枝、黄皮等，以及热带的杧果，其花芽分化喜冬春一定的低温。

③一年多次分化型。包括多数热带、亚热带树种，如金柑、番木瓜、柠檬、四季橘，以及枣、无花果等，其花芽分化对温度无严格的要求，在亚热带条件下，周年温度都能满足要求。

④随时分化型。包括番木瓜、椰子、可可等热带树种，其花芽分化主要决定于植株的营养生长和积累程度，达到一定大小或叶片数，有足够温度，一年中随时都可分化，或周年开花结实，或一年内开花结实2~3次。

(5)温度影响果实发育和品质

一般认为，昼夜温度在适宜的范围内，气温日较差大(≥10℃)，有利于增强白天光合作用和减弱夜间呼吸作用的消耗，糖分积累高，进而利于提高产量和品质。

果实的品质和着色与温度有关，如生产优质甜柿应具备以下气象条件：年平均气温在13℃以上，4~10月(有叶期)在17℃以上，8~11月(果实成熟期)18~19℃。其中9月21~23℃，10月16~18℃，11月在12℃以上，年日均气温在10℃以上的日数为210~241d(王仁梓，1993)。

2)经济林的需冷量与需热量

(1)需冷量

落叶经济林木有自然休眠的特性，秋冬进入自然休眠期后，需要一定低温才能正常通过休眠期。如果冬季温暖，平均气温过高，不能满足通过休眠期所需的低温，常导致发芽不良，春季发芽、开花延迟且不整齐，甚至发生严重的落花落芽现象。核桃由于冬季温暖，可导致芽发育不良，开花延迟，花期延长，落花落果严重，最终影响产量。不同树种通过自然休眠所需低温及其时间的长短不同，通常以低于7.2℃的时数计低温量。

高东升等(2001)研究认为，以2.5~9.1℃为打破休眠最有效的低温范围，此温度下1h计1个冷温单位(chilling unit，缩写为cu)，他们用此标准(表1-7)在1996年、1998年、1999年测得了荷包、红玉、凯特、金太阳等14个杏品种，花芽需冷量为790~920cu，叶芽为790~910cu，花芽的需冷量略高于叶芽。杏的不同品种成熟期早需冷量低，成熟期晚需冷量高。

表 1-7　不同温度对应的冷温单位

温度(℃)	冷温单位(cu)	温度(℃)	冷温单位(cu)
1.4	0	12.5~15.9	0
1.5~2.4	0.5	16.0~18.0	-0.5
2.5~9.1	1.0	18.1~21.0	-1.0
9.2~12.4	0.5	21.1~23.0	-2.0

目前，对于休眠需要一定低温的生理原因和实质还不十分清楚。研究表明，在低温作用下，可使芽等器官组织内的 pH 增加，脂肪分解酶、淀粉酶、蛋白酶等活性增强，从而使其分解，提高细胞液浓度和渗透压，提高其越冬的抗寒力，加大根压，促进萌芽。同时，在低温情况下，芽内生长促进物质(赤霉素、细胞分裂素)增加，生长抑制物质(脱落酸、儿茶素、去氢黄酮酚等)减少或消失。由于生长抑制和促进物质对诱导或解除休眠有抵抗作用，因而，不同树种正是由不同的促进与抑制物质的平衡关系来抑制休眠过程的。

落叶树种需要低温才能解除休眠正常生长结果也不是绝对的，如葡萄在泰国(热带地区)已实现经济栽培，而成为常绿树了。即使像落叶栗，有的只需要通过短期低温，有的根本无须通过低温，通过高温、摘叶、喷石灰氮水溶液或生长调节剂等，代替全部或部分低温，也能通过休眠，达到生长结果的目的。

(2)需热量

每个树种都形成了自己所能适应的温度年变化模式。经济林生长需要一定的热量，表示热量状况的有年平均气温、有效积温和冬季最低气温，其影响着经济林的分布。

经济林木需要在一定的温度以上才能开始生长，引起萌芽的平均温度称为生物学零度。温带地区一般以 5℃ 为生物学零度，亚热带地区一般以 10℃ 为生物学零度，热带一般以 18~20℃ 为生物学零度。经济林木要完成其生活周期还需要一定的温度总量。将生物学零度以上的日平均温度累计称为有效积温。在气象学上一般用日平均气温≥10℃计算某一地区的积温。

如亚热带经济林树种金樱子，正常发育年平均气温在 15℃ 以上，而较抗寒的树种五味子则能耐 -37.2℃ 的极端低温，山杏能耐 -50~-40℃ 的极端低温等。亚热带的主要经济林木如油茶、油桐、樟树类、毛竹等要求年平均气温在 14℃ 以上，中心分布地区是 16~17℃，≥10℃ 的积温 5000~6000℃。热带经济林木，如椰子、油棕等，则要求年平均气温在 24℃ 以上，≥10℃ 的积温 8000~9000℃。另外如分布广泛的核桃、板栗、枣、柿树、漆树等年平均气温在 10℃ 以上，≥10℃ 的积温 1600℃ 以上就能完成其生育期(表 1-8)。当然温度因素的限制作用并非绝对不变的，人们通过选种育种、栽培驯化是可以逐步向南北方向推移的。如毛竹现已经北扩至河南、陕西、山东、山西、河北、辽宁、内蒙古等温带地区栽培。当然这是有一定前提和条件的，不能盲目引种。

3)极端温度危害

在自然界中温度随着昼夜和季节的变化表现出有规律的变化，这种有规律的变化称为节律性变温。每一种经济树木，由于长期适应的结果，随着温度的节律变化，表现出不同

表 1-8　不同果树开花和果实成熟时期的积温　　　　　　　　　　　℃

种类	开花积温	果实成熟积温
苹果	419	2500
梨（洋梨）	435	867
桃	470	1083
杏	357	649
洋樱桃	404	446
葡萄		2100~3700
柑橘		3000~3500

的物候相，即萌芽、发叶、抽枝、开花、结果、落叶、休眠等，顺利地完成年生活周期。当节律性变温遭受破坏，如温度突然降低或突然升高，出现非节律性变温，便会阻碍经济树木的生长发育，甚至死亡。经济树木的引种异地栽培，如果环境条件差异过大，骤然改变生态，也会带来损害。由于温度变化带来的损害，称为极端温度的危害。

（1）低温危害

①霜害。是气温降至0℃对树木产生的伤害，有早霜和晚霜。晚霜发生时，树液流动，开始发芽，甚至开花或形成幼果，危害最大。

②冻害。温度降至0℃以下造成的伤害。初春的冻害危害最大，冬季温度太低也会造成冻害，不同经济林木冬季耐低温有一定的限制，如柿树为-20℃，板栗为-28℃，枣为-33℃，核桃为-29℃。

③冻拔。土壤含水量大，土壤冻结膨胀连同根系一起抬起，翌春融化，土壤下沉而根裸露造成伤害。

④冻裂。主要是在春季，白天阳光变强，夜间温度急剧下降，树皮收缩引起开裂，以阳面树干为主。

强大的寒流以及夜间辐射降温引起的低温能严重阻碍经济林木生长发育，甚至导致植物的死亡。研究极限温度危害，还要考虑这些极限温度发生的形式和持续时间。温度突然降低比缓慢变冷的危害性大，长期的低温比短期的低温也要严重得多。例如，1969年2月广东北部的乐昌发生较严重的霜冻。1月28日以前日均温在19.8℃以上，最低气温在14℃以上。29日骤然降低至日平均气温2.3℃，最低气温0.7℃，30日最低气温-1.1℃，31日最低气温至-3.1℃，0℃以下气温延续至2月8日，前后长达11d。在公路两旁胸径30~40cm的大叶桉和窿缘桉行道树，遭受严重冻害，大叶桉全树冻死，叶子枯黄，无一幸免；窿缘桉较耐寒，仍留有少数枝条未冻死。据气象记录，乐昌曾在1951年1月13日出现过地面积雪0.5cm的记录，但很快气温就回升了。1955年1月有过8d冰日，但气温是慢慢逐渐降低的。因此，这两次低温均未对桉树造成严重冻害。

（2）高温危害

高温危害，首先是高温破坏了光合和呼吸作用的平衡，使呼吸作用大大地超过光合作用，其结果是植物因长期"饥饿"而死亡；高温也能促进蒸腾作用的加强，破坏水分平衡，使植物萎蔫、枯死；高温还能使蛋白质凝固（50℃左右）和有害代谢产物积累，使植物中毒。此外，突然高温会使树皮灼伤，甚至开裂，导致病虫害入侵。

如果冬季过于温暖，落叶经济树木的休眠就会推迟，代谢功能将受到干扰，对翌年春季的萌发、开花和结果，都会带来不良影响。减免高、低温对经济树木的危害，主要是从选种育种、改善小气候、改良栽培措施等方面着手。

3. 水分

经济林生存离不开水，水是植物体的主要物质之一，参与经济林木的各种生命代谢活动，如水是光合作用的原料，树体内各种生化反应离不开水的参与，土壤中养分的吸收以及各种营养物质的运转和分配都离不开水，水分使树体组织保持膨胀状态，通过蒸腾作用还可调节树体的温度。林地的水，以其热容量高、汽化潜热高的特性，调节树体与环境间的温度变动，从而保护树体避免或减轻灾害。总之，水与经济林的生长、结实、产量形成和品质密切相关。因此，在经济林生产中，调节经济林与水分的关系，满足对水分的需求，是实现高产优质的重要措施之一。

1) 水分对经济林的影响

（1）经济林的需水量

需水量是指生产1g干物质所需的水量，即经济林在整个生长期或某一发育阶段所吸收的水分总量与该时期所生产的干物质总量的比值。经济林需水量的变动很大，这是由于树种、品种、土质、施肥、地形和气候条件的差异而形成的。耐旱树种在自然降水条件下就可正常生长结实，如酸枣、枣、板栗、杜仲等；而不耐旱的树种如苹果、梨、葡萄等，在生长季干旱条件下需要及时补充灌水，才能保证正常生长结实。一般经济林树种生产1g干物质的需水量在212~1068g，北方多数落叶经济林的需水量在200~600g。

（2）干旱

水分平衡是树体水分收入（根吸水）和支出（生理代谢、叶蒸腾）的平衡。维持体内良好的水分平衡，树体才能正常生长发育。

干旱是一种严重的缺水现象。干旱时，叶片缺水气孔关闭，减弱了蒸腾消耗，但造成叶温过高，光合作用下降；叶片失水过多，原生质脱水，叶绿体受损，合成酶活性降低，分解酶活性增强。干旱引起体内水分重新分配，幼叶向老叶夺水，促使老叶死亡；叶片夺取果实的水分，引起果实的萎蔫和早落，果实受旱害后，果实直径明显减小，造成果小、低产、品质次。

有些树种具有较强的抗旱性（耐旱树种），如枣树就有组织坚硬、木质致密、不易失水、生长量小、增粗缓慢的抗旱生态特性。旱生结构使其在干旱条件下，能保持高的吸水、保水能力，减少水分蒸发，从而调节了体内水分平衡。抗旱能力强的树种有桃、扁桃、阿月浑子、沙棘、杏、石榴、枣、无花果、核桃等；抗旱力中等的树种有苹果、梨、柿树、板栗、银杏、樱桃、李、梅、柑橘等；抗旱力弱的树种有香蕉、枇杷、杨梅等。

在干旱生态区发展经济林，应注意：选栽抗旱性强的树种、品种和砧木；提高保水能力，如营造防风林、搞好水土保持、深翻压绿、深沟高畦、生草覆盖、雨季蓄水、冬季积雪等；减少水分蒸发、蒸腾，如雨后中耕、覆盖中耕、旱季除草割草和喷布抑蒸保湿剂等；提高水的利用率和效益，如采用滴灌、按需适量灌溉等。

(3) 水涝

水分过多，也会破坏树体内水分平衡，影响树的生长发育。在低洼、湿地或洪水积聚的情况下，因土壤积水或土壤过湿而通气不良，无氧呼吸造成经济林的伤害，称为涝害。经济林受涝害，表现为落叶、落果、部分枝叶干枯，甚至全株死亡。抗涝性主要取决于树种的遗传性和对生态条件的适应性。如原产或长期生长在湿润地带的椰子、越橘中的'艾朗'(盛夏淹水25d无恙)等，都具有极强的耐涝性。各树种(品种)对水涝的抗性也不相同，如柚>枣>柿树和葡萄>梨>无花果>桃和樱桃。

若受涝时间较短，应采取以下措施：排出积水，扶正歪倒的树体，设支柱防树摇动，清除根际淤泥，裸露根系培土，尽早使树体恢复原状。林地翻土晾晒，或刨树盘，促使土壤水分散发，促进新根生长，追施暖性肥料。受涝的经济林，树体受到一定程度的伤害，要加强树体保护，冬前树干涂白，防止冻裂，加重修剪，回缩复壮，疏花疏果，防树衰弱。

(4) 空气湿度

空气湿度对经济林的生长结果及果实品质等都有重要影响。空气湿度降低时，可使蒸腾作用和蒸发作用增强，甚至使气孔关闭，降低光合作用。若根系不能从土壤中吸收足够的水分进行补充，就会引起树木凋萎。当空气相对湿度由95%降至5%时，蒸腾作用可增大6倍。过强的蒸腾作用，易引起叶片凋萎，柱头干燥，抑制花粉发育，影响受精，加重幼果脱落。例如，枣耐湿、耐旱力均强，中国南方枣区年降水在1000mm以上，北方枣区多在400~600mm。但花期空气湿度不宜过低，如金丝小枣相对湿度低于40%时，花粉不能萌发；而果实成熟期，则要求干燥，否则裂果烂果。相反，若湿度过大，则不利于传粉，花粉会很快失去生活力；还有利于真菌、细菌的繁殖，常引起许多病害的发生。

不同树种，对空气湿度的要求不同：要求湿度较低的有阿月浑子、扁桃、杏、枣、无花果、花椒、沙棘、枸杞、文冠果、刺五加、辽东楤木等；要求湿度较高的树种有枇杷、梅、南方柿、南方栗、金樱子、余甘子、油橄榄、槟榔、腰果、乌饭树、椰子等。

2) 经济林木对水分的适应

经济林木在系统发育中形成了对水分不同要求的生态类型，因而它们在栽培中表现适应一定的降水条件并有不同的需水量，对水分的要求或忍耐力是不同的，即具有不同的抗旱或耐涝能力，在旱或涝的条件下不仅能维持正常的生命活动，而且能维持正常的结实和生产能力。经济林木根据其水分适应性划分为湿生树种、旱生树种和中生树种。

4. 土壤

土壤是地球表面具有肥力特征的疏松层，是经济林栽培的基础。经济林木生长发育所需的水分和矿质元素(大量元素氮、磷、钾及微量元素锌、硼、铁、钙等)主要通过根系从土壤中吸收，土壤条件对经济林木有多方面的影响。对经济林影响较大的是土壤肥力状况。土壤肥力状况是土壤对经济树木发育所需水分、养分供给墒情的综合评价指标，包括：土壤质地、结构、厚度、通透性、温度、水分等物理性状，胶体、酸碱度等化学性状，土壤有机质、腐殖质及其他各种成分含量等营养状况，土壤微生物及活动状况等。

1）土壤对经济林的影响

（1）土层厚度

土层厚度与岩石风化、立地条件和耕作管理等有关。经济林根系分布和生长情况，除与树种及砧木类型有关外，主要与土层厚度、土壤质地、土壤结构及其理化性质有关。土层深厚，根系分布深，吸收养分和水分的有效容积大，水分和养分的吸收量多，树体健壮，有利于抵抗环境胁迫（如水分胁迫，营养胁迫，高温或低温胁迫等），为丰产优质提供了有力保证。据河北农业大学调查，核桃根系分布的深度和广度随立地条件、土层厚度变化而变化，垂直分布在一定范围内随土层加厚而分布加深，水平分布则当土层薄时分布较窄。

（2）土壤质地和结构

土壤质地是组成土壤矿质颗粒各粒级组成含量的百分率。土壤中的矿质颗粒根据粒级不同而分为砂粒、粉粒和黏粒3种粒级。由各类粒级所占不同百分率组成质地不同的土壤，如砂质土、壤质土、黏质土、砾质土等，其对经济林生长发育有不同的影响。

①砂质土。含砂粒超过50%，土壤疏松，通气透水力强，保水保肥力差；有机质分解快，热容量较小，昼夜温差大，属热性土；适于桃、枣、梨等经济林木生长。

②壤质土。由大致等量的砂粒、粉粒及黏粒组成，或黏粒稍低于30%。这类土壤质地较均匀，松黏适度，通透性好，保水保肥力比砂质土好，土性温暖，是栽培经济林木较为理想的土壤。黏质土的砂粒含量较少，黏粒及粉粒较多，黏粒含量常超过30%。这类土壤质地黏重，结构致密，土壤孔隙细小，透气性、透水性差；有机质分解较慢，含有机质较多，热容量大，昼夜温差较小，为冷性土；比较适于栽植苹果、酸樱桃、李、柚等树种，不宜栽植桃、扁桃等树种。

③砾质土。含石砾较多，特点与砂质土相似，在其他条件适宜时也可栽植经济林木，如新疆吐鲁番的葡萄沟是世界闻名的葡萄产区，葡萄是在石砾很多的土壤上栽培成功的。

土壤结构是指土壤颗粒排列的状况，如团粒状、柱状、片状、核状等，其中以团粒结构最适于经济林木生长。团粒结构能协调土壤中水分、空气、养分的矛盾，保持水、肥、气、热等土壤肥力诸因素的综合平衡。适宜的土壤管理及耕作制度如生草、种植覆盖作物及免耕，有利于增加土壤腐殖质含量，促进团粒结构形成，为经济林创造优质丰产的土壤条件。

（3）土壤的理化性质

①土壤温度。不仅直接影响根系活动，影响对水和无机元素的吸收，同时对土壤水分、土壤空气的运动，对土壤微生物的活动、各种盐类的溶解速度和有机物的分解转化有制约关系。土壤温度对经济林根系生长起主导作用，根系开始生长的土温因树种而异。大多数经济林木根系开始生长的土温为 $1 \sim 5$℃，桃树为7℃，柿树、葡萄为 $11 \sim 12$℃，枣则需15℃以上根系才开始生长。根系生长的最适温度多数经济林在 $20 \sim 25$℃。土温过高时对根系生长有抑制作用，甚至受伤致死。冬季地温降低到一定程度时，根系会遭受冻害。土壤温度受太阳辐射能的制约，也与土壤的质地结构及土壤含水量有关。

②土壤水分。水分是土壤肥力的重要组成因素，土壤养分的转化、溶解及树体吸收利

用都必须在有水条件下进行。经济林最适土壤湿度,因土壤和树种而异。据森田义彦(1952)用砂质土对各树种盆栽观测,其最适土壤湿度,柿树、君迁子等为30%~40%;栗、梅等为20%~40%。笃斯越橘喜水,绝大部分生长在积水的沼泽草甸,根部浸在水中也能生长发育。一般经济林在土壤水分为15%以下或50%以上,则不能正常生长。据试验,在土壤水分减少时,连续测定蒸腾、同化和呼吸三者的消长,结果是,在萎蔫之前蒸腾量减少到正常的65%,同化减少到55%,与此相反,呼吸作用却增加62%,从而对果实着色和品质等均造成不良影响。例如,柿树在连续长期干旱的年份,不仅抑制柿树根系和地上部生长,影响当年产量,同时也不能正常分化花芽。

③土壤通气性。土壤通气性主要指土壤空气以及其中氧和二氧化碳的含量。土壤空气中氧的含量对根系正常生长、呼吸作用、养分和水分的吸收具有重要作用。如果土壤通气不良,土壤中含氧量由于根系和土壤微生物的呼吸消耗而下降,二氧化碳含量增高,直接影响根的正常生长和生理代谢,无氧呼吸产生有害物质,进而影响经济林木生长和结果,严重时造成根系伤害,直至死亡。各项有利于改善土壤深层通气性的措施(如园地深耕熟化、利用砂质土或砾质土、山地建园时修筑梯田、草地穴灌等),都对经济林生长结果有良好效果。

④土壤酸碱度及土壤含盐量。土壤酸碱度不仅影响经济林的生长发育,也影响其分布。土壤酸碱度影响土壤养分的有效性。植物生长随其体内含钙百分率与酸碱度的增加而增长。碱性土壤中,钾的有效性通常较好,铁、锰通常是缺乏的,磷和硼因钙的作用也趋向无效。锌和铜在强酸和强碱性土壤中有效性都降低。对大多数树种而言,当土壤酸碱度为6.5时,养分的有效性良好。在酸性土壤中,易发生磷、钙、镁等缺乏症,而锰、铁、铝的有效性最好,但过剩又往往引起对树的毒害作用。因不同树种对某些养分有偏爱,这就引起了不同树种对土壤酸碱度的适应性和要求的不同。土壤含盐量主要指钠盐和氯化物,其中以碳酸钠危害最大,其他较为普遍的是硫酸钠和氯化钠。各种经济林木的耐盐能力不同。

2)经济林木对土壤的适应

多年生经济林种类多,对土壤的要求及对土壤的适应能力有不同的特点,主要表现在:经济林及其砧木的根系分布较深,要求有深厚的土层;不同树种和砧木根的呼吸强度不同,对土壤质地的要求不同;根系的耐盐碱能力不同,对土壤的酸碱度和含盐量要求不同;根系扩展和吸收能力不同,对土壤构造和土壤肥力的适应能力不同。

如核桃喜山丘地,土层深厚的壤土或沙滩冲积土、黏重板结的土壤或过于瘠薄的砂土地不利于核桃的生长发育。核桃为喜钙植物,在石灰性土壤上生长结果良好。板栗喜微酸性土壤,以成土母质为花岗岩、片麻岩风化的砾质土、砂壤土为最好,偏碱土壤生长不良,如河北省燕山山区、太行山区的板栗生长良好,品质最佳。枣、柿树对土壤的适应性强,在砂土或黏质土中均能正常生长结实。银杏、花椒喜通气良好、保水性较强的砂壤土。杏树在土层深厚、排水良好富含石灰质的砂壤土或砾质土中均能生长良好,品质优良。扁桃较耐干旱,在砂性较强的土壤甚至沙砾中也能生长,在较黏性土壤中则生长慢且结果少。

3）土壤污染和忌地性

（1）土壤污染

土壤污染是指由于现代工农业生产的发展和人类生活活动，使大量的工业和生活废弃物、农用化学物质等有毒有害物进入土壤中，当其数量超过土壤本身的自净能力时，就导致土壤质量的下降，使经济林产量下降，品质变差或受毒物的污染，通过食物链影响人类健康。土壤污染主要是由大气污染和水污染造成的，污染物的种类甚多，数量很大。土壤污染可分为：①水体污染型（一般集中于土壤表层）；②大气污染型（主要是重金属、放射性元素和酸性物质等），它们主要沉降和集中于土表至20cm深度的土层以内；③农业污染型（化学合成农药与重金属、化学肥料、除草剂及人工合成激素等），分布于土壤表层及耕作层；④生物污染型（外来物种入侵、垃圾、厩肥等）；⑤固体污染型（废物废渣及大气扩散或降水淋滤等）。

土壤一旦被污染，很难净化。防治土壤污染的途径有：①严格控制污染源，采用净化措施。②严格监测，设立监测站，通过各种手段监测污染物情况。经济林生产上可利用指示植物监测，如核桃、苜蓿对二氧化硫，枣、桃对氟化氢，花生对臭氧，石竹对乙烯均非常敏感。③选栽抗性强的树种，如无花果抗二氧化硫、氟化氢、氯气；银杏抗二氧化硫、臭氧、氧化氮；枣抗二氧化硫、氯气等。④选用净化空气效果好的树种，如银杏、栗、桑、山楂、沙枣、核桃、黑核桃、蒲桃等。⑤按照国家有关标准，合理施用化学肥料、化学农药和人工合成激素等，生产无公害经济林产品，强调狠抓生产的全过程。

（2）忌地性

在同一林地连续重茬栽种同一树种，再植树往往表现生长不正常、生长慢、结果晚，严重的则早衰甚至死亡，这种现象称为忌地性。具有明显忌地性的种类有无花果、桃、枇杷、核桃等。

引起忌地性的主要原因有：土壤养分的消耗；土壤反应的异常状态；土壤的物理性退化；毒素；微生物等。引起忌地现象的物质，究竟是生物体分泌渗出的物质直接显活性，还是分泌渗出的物质在土壤中分解后生成的活性物质呈阻碍作用，有时难以区分。在强忌地性树种无花果的绿叶及根皮中，发现有补骨脂内酯，一般认为，它能抑制铁卟啉系呼吸酶或β-淀粉酶的作用，被认为是无花果的忌地物质。桃的强忌地性，据推测是根、叶中含的苦杏仁苷的分解产物氢氰酸、苯甲醛或苯甲酸等物质对新树根系起毒害作用，并强烈抑制根的呼吸。

忌地还与土壤质地有关。壤质土中，忌地性表现严重；而在砂质土条件下，则表现轻。为克服忌地性，在前作的旧址上，可先种植1~2年农作物或绿肥（黑麦、玉米、苜蓿等），使之吸收和分解残毒；避开前作的栽植穴；将旧栽植穴更换新土；增施有机肥、绿肥，深翻深耕，增加土壤通气性，促使残毒分解；对已经有忌地表现的树木，采取多次灌水排毒的方法，淋洗残毒等。

5. 地形

地形是指陆地表面各种各样的形态，即地表以上分布的固定物体所共同呈现出的高低起伏的各种状态，地形主要有平原、高原、丘陵、盆地、山地五大地形。地貌是地表起伏的形态面貌，侧重于成因，根据地表形态规模的大小，有大地貌、中地貌、小地貌和微地貌之分，大陆与洋盆是地球表面最大的地貌单元。小地貌有重力地貌、喀斯特地貌、黄土地貌、雅丹地貌、丹霞地貌、海岸地貌、风沙地貌、冰川地貌、流水地貌。微地貌如流水和风力作用下形成的沙垄和沙波等。地形因子主要有坡向、坡度、坡位和海拔。地形因子，通过对光、热、水、气、土等生活因子的再分配，深刻影响着小气候条件和植物的生长。中国疆域辽阔，经纬度差异巨大，地形复杂多样，自然资源丰富多彩，使中国成为世界上经济林种类繁多、性状功能独特、分布最广泛复杂的国家。

1）坡向与坡度

山地坡度（gradient）、坡向（aspect of slope）会引起太阳照射条件和辐射收支的巨大差异，造成水热状况的不同，形成不同的小气候特点。

（1）坡向

坡向分为东坡（半阴坡）、南坡（阳坡）、西坡（半阳坡）、北坡（阴坡）、平地。接受太阳辐射量的顺序为：南坡＞平地＞西坡＞东坡＞北坡，相应地出现气温高低的相似分布。由于温度的高低直接影响着空气湿度，所以，南坡空气相对湿度最小，而北坡相对湿度最大。

南坡、背风坡或高山深谷的东西沟（谷），比北坡、迎风坡或南北沟（谷）的太阳辐射强、日照好、气温和土温高、气温日较差大、降水少、湿度小、土壤蒸发较强而较干燥、风速小、霜冻较轻较少，表现早暖，多呈旱生景观。喜光、喜干燥和温暖的树种（如核桃、栗、杏、石榴等），生态反应良好，表现为树体强健，生长结实良好，产量高，品质优，病虫害较少，冻害较轻，而日灼加重。在北坡、迎风坡或南北沟（谷），多呈阴湿茂盛植被景观，树的生态反应多不良，特别是喜光、喜干燥的树种，表现为树体生长瘦弱或徒长，成花结实较差，产量和品质皆较差，易患病害，冻害加重，而日灼减轻。较耐阴喜湿的树种，则生长发育良好。北半球的东坡、西坡的生态环境，基本上介于南坡、北坡之间。

（2）坡度

坡度除与坡位一起对气候产生影响外，主要还影响土层厚度、含石量及保水、保土和保肥能力等。一般坡度越大，土层越薄，冲刷作用越强烈，含石量高，保水、保土和保肥能力越差，林区规划时，应注意选择缓坡、土层厚的坡地。通常3°~15°的坡度适合栽植经济林木，尤以3°~5°的缓坡最好。15°~30°的山坡上可以栽植耐旱和根系深的树种，如仁用杏、核桃、板栗、石榴等。

2）坡位

在相同的坡向和坡度条件下，山坡又相对地分为坡底、下坡、中坡、上坡、坡顶。不同坡位的温湿状况、土壤条件不同，一般来说，从坡底到坡顶，湿度由高到低，土层由厚变薄，土壤由肥变瘠，植被由茂变稀。

坡地温度变化较为复杂，高山随坡位升高，气温下降；中小山地山坡，受地面日间增温、晚间冷却影响较大，形成白天的上山风与晚间的下山风，交换使气温日较差小；凹地则相反，气流不流畅，白天在强烈的阳光下，气温急增，夜间冷气流下沉，谷底和盆地速冷，气温日较差大。在山地和丘陵地发展经济林，其栽植地的地形对其生长发育有直接的影响，春季开花较早的经济林树种，在林地选择时要避开谷地、低洼和通气不良的地方。冷空气自山丘顶部进入谷地，如冷空气不能及时从林中排泄出去，易发生霜冻。山地的迎风坡、风口地带、易发生山洪的谷口，也不适宜栽植经济林木，以防发生风害和水涝。

3) 海拔高度

海拔高度对经济林的生态作用，主要是通过对光、热、水、土等生态因子的再分配而起间接、重要的生态作用。

在山地，一般随海拔的升高，太阳直达辐射、总辐射和辐射差额都增大，而散射辐射则减少。这主要是由于随海拔高度的增大，大气层变薄，空气密度减少，空气中尘埃、水汽等含量减少，透明度增加。光照强度一般海拔每升高100m，增加4%~5%，紫外光增加3%~4%。太阳可照时间，随海拔变化不大，但在山地变化复杂。一般实际日照时数，在山的下部，尤其是低洼的山谷和盆地中，日照减少；在山的上部和背风向阳坡上，日照较多。空气越潮湿对日照影响越显著。

海拔高度对气温呈现有规律的影响，一般随海拔的升高，空气湿度降低，无霜期缩短。不同海拔高度气温日较差随地形而异：一般在高原、盆地随海拔升高而增大；在凸出的山顶、风向坡，则随海拔升高而减少。一般均在0.4~0.5℃/100m。在四川省山地，由于夏季多云，气温日较差随海拔高度变化是冬季大，夏季小。在四川省山地海拔500m以下，无霜期变化较小；海拔500~2500m，无霜期随高度增加递减率为4.3d/100m；在海拔2500m以上变化最大，海拔每升高100m，无霜期平均缩短14d。

海拔高度的变化导致降水量和相对湿度的变化，在山的向阳坡，降水量一般是开始时随海拔升高而增大，到一定高度达最大之后，又随海拔高度增加而递减。最大降水量的分布高度，随地区和季节而异。一般气候越潮湿，大气越不稳定，其最大降水量的分布也越低。如干燥的新疆在2000~4000m；川西山地在1500m左右；皖南山地在1000m左右。相对湿度在山地随海拔的变化，取决于绝对湿度和温度的变化情况，尤其在很大程度上取决于云雾情况。一般多云雾的地方相对湿度大，少云雾的地方则小。

与海拔高度引起的气候因素垂直变化相适应，山地的经济林也呈垂直分布。随山地海拔的升高，一般是需热量高的树种被需热量低的树种代替，常绿树种逐渐被落叶树种代替，呈现出与水平的纬度地带一样的热带—亚热带—温带—寒温带树种的垂直分布带。例如，青藏高原主要经济林分布的海拔高度跨度范围，1500~5000m垂直分布极为显著(表1-9)。

表1-9 青藏高原主要经济林树种分布的海拔高度

属种	海拔(m)	属种	海拔(m)
树莓属	1600~4270	西藏木瓜	2000~2400
石榴	1600~3000	板栗	2500左右
西藏光核桃	1700~4200	李属	2700~3000
柿属	1700~3000	毛叶杏	2700~4100
核桃	1700~4100	毛樱桃	3100~3700
梅	2000~2300	高山树莓	3800~4700

注：根据张光伦、段盛良(1998)调查资料整理。

在经济林垂直或水平分布带中,最适宜经济林生长发育和产量、品质形成的地带,称为经济林生态最适带。各树种的垂直分布带及其中的生态最适带,在各地所处的海拔及带幅不同。其内因主要在于树种品种的遗传性、生态价值的高低;外因主要在于水平地带和地形气候条件等。海拔对树体大小有影响,通常随海拔升高树体矮化,新梢生长量小,节间短。主要原因是气温逐渐降低,光照强度增大,蓝紫光和紫外线增多,对细胞伸长产生抑制作用。海拔对植物的呼吸作用和光合作用也产生明显影响,在一定的海拔内,随海拔增高,光合作用增强,这一高度范围正是经济林生长的最适带。但海拔继续升高,光合作用和呼吸作用也随之下降。海拔对果实品质有明显作用,一般随海拔升高,果实着色更浓艳。

经济林的建议应按不同树种生态最适带来选择树种、规划林地,并采用科学的栽培方法,以获得最佳的生产效益。

6. 生物因子

所谓生物因子,包括微生物、植物和动物(含人为因素)。经济林群落(包括野生群落)中的各种生物因子,不是孤立存在的,每种有机体不仅处于无机环境中,也被其他有机体所包围。经济林木与各种生物因子相互影响、相互作用,协调经济林木与生物因子的关系,也是经济林生产获得优质、高效的重要内容。

1) 微生物

土壤中有依赖有机残屑为生、种类繁多、数量庞大的微生物群落。他们不仅是土壤整个有机质复合体的一部分,也是影响经济林的重要生态因子之一。

(1) 有益作用

①多种土壤微生物能分解矿化有机物质和提高难溶性无机物的溶解性,增加土壤有效养分,供树吸收利用。据安田道夫(1986)报道,经济林一年中吸收的氮,20%直接来源于施肥,30%~50%则是肥料先被微生物同化为细胞物质,然后经微生物解体后释放出来。故提高土壤微生物数量的效果较好。

②土壤微生物不但进行有机质分解,也进行有机质合成,形成特殊的有机质——腐殖质,它是营养的贮藏库,能经常不断地供应和调节经济林所需的养分。有些经常不施有机肥的干旱砂性土壤,即使矿质养分充足,经济林木仍生长不良,而施有机肥后,则大有改变。

③土壤中有一部分真菌能与经济林木的幼根共生,形成特殊的菌根结构。主要有内生菌根、外生菌根、内外生菌根。内生菌根以丛枝状菌根为主。菌根吸收经济林提供的碳水化合物等营养,同时菌丝以强大的吸收能力,为经济林提供水分(抗旱)和无机盐类,菌丝还分泌酸性物质和酶,以分解根系分解不了的有机质和矿物质,再运进根内,从而促进经济林的生长并改善抗逆性。果松、华山松及云南松等松类,如无菌根共生,往往生长不良;咖啡、可可等,如无菌根共生就无法吸水。研究表明,菌根可促进板栗、苹果、葡萄、柑橘、银杏等多种经济林木的生长和抗逆性。土壤中还有一些微生物与经济林木共生固氮,如弗兰克氏菌属的放线菌,能在杨梅等许多木本双子叶植物根上形成根瘤并固氮。联合固氮(又叫共栖固氮)是自生固氮与共生固氮体系间的过渡类型,但不形成特异的共生

组织，如根瘤。联合固氮还发生在湿热带的可可、咖啡与危地马拉草等植物叶面上，叶面固氮细菌的生活与固氮量受气候条件影响很大。

(2) 有害作用

①有些土壤微生物能产生对树体生长发育有害的毒素，如无芽孢杆菌、芽孢杆菌、假单胞菌等。在厌氧条件下，微生物腐解有机物，产生大量的乙酸、丙酸、丁酸等饱和脂肪酸，也影响根的伸长和养分吸收。

②土壤中有不少病原菌（主要是真菌，其次是细菌）能使根系发生病害，如由土壤中尖镰孢菌、腐皮镰孢菌及弯角镰孢菌等侵染引起的圆斑根腐病，由镰刀菌、丝核菌、疫霉、腐霉等引起的根腐和立枯病等。

③微生物经常寄生于经济林木地上部分，通过它们所产生的毒素引起植株发病，造成严重的后果。例如，枣疯病对枣树危害极大，使枣树大量死亡；板栗干枯病（又称栗疫病、腐烂病）常使板栗成片发生，树皮腐烂，甚至全株死亡，造成很大损失。

2) 植物

(1) 有益作用

①良好的伴生树种。有些植物可促进经济林木的生长，如日本大隅半岛属亚热带气候，在该岛以蚊母树为首的天然林中发现，在凹形坡面上，其与日本鳄梨一起长势好；在瘠薄山脊樱杜鹃林床上的杨梅生长好。在温带，山毛榉位于司马利越橘（深红色越橘）与伏生日本粗榧中间时，生长良好。槭树和杨树能促进苹果和梨的生长，增强其耐寒力。在美国，栎属-山毛榉属群丛包含如下3个群丛：栎属-美国栗群丛，山毛榉-糖槭群丛；栎属-山核桃属群丛。在每一群丛中两者互相促进，长势皆佳，均占优势，即形成两个优势种。

②改善生长环境。植物可改变经济林生长环境，如林下植物可减少水土流失，保持肥力，在炎热的夏天可降低地温，有利于根的生长。当土壤湿度过大时，林下植物可通过蒸腾加快水的散失。

(2) 有害作用

①寄生及传播病虫害。寄生或半寄生于经济林树体上的植物，往往对其造成很大危害。如菟丝子寄生在各种温带经济林木上，其组织深入寄主体内，吸取养分。若大量发生能使幼树受到伤害，同时由于菟丝子的搭桥作用，可把杂草和作物上的病毒转给寄主；同样，也可把经济林上的病毒传给杂草或作物。桑寄生植物的种子，由鸟类传播到栗、枣、柿树、石榴、槲和黄楠树上，发芽生长成一簇常绿植物，称为桑寄生，被害植物树势衰退，严重者被桑寄生危害处的上部枝条都枯死。一些植物还是经济林病虫害的中间宿主，可加重经济林病虫害，如柏树是锈病冬季的宿主，在仁果类经济林周围有柏树时，锈病发生严重。

②产生对经济林有抑制作用的物质。某种植物向体外排出特定的生物化学物质，直接或间接地抑制或促进附近的同种或他种植物生活的现象，称为植物异株克生。植物间的异株克生现象，是生物界中相当普遍的现象，主要是克生物质的作用。H. B. Tukey（1969）指出，产生异株克生的物质，影响周围植物的途径是：叶、茎或其他部位落在地上，经风化和微生物的分解，产生各种代谢产物，其二次生成物影响附近的植物；植物体中放出的挥

发性成分(如二氧化碳、乙烯或萜类等),影响其他植物生长发育;由根系分泌物产生化学变化后影响他种植物;植物地上部分所含的物质经雨水洗出,流入土壤中而发挥作用。异株克生的阻碍物质,可大致分为阻碍异种植物的生长、阻碍排出物质的植物本身的生长两种。

人们常会看到,同种植物密集生长发育和繁殖,形成近于纯群落状态的外貌,这可用来说明植物的群体防卫作用。也能观察到一种植物群落侵略到其他植物区域并进一步扩展其势力,或出现阻止异种植物群落侵入的现象。例如,核桃属植物的叶、果皮及根中含有的核桃醌,能显著抑制其周围植物生长,甚至死亡,如核桃抑制苹果、苜蓿生长,黑核桃抑制马铃薯、番茄、辣椒生长。铁核桃(漾濞核桃)树下的杜鹃花不红,呈病态。栗树叶含有单宁,能显著抑制白芥和独行菜发芽。番石榴树冠下无草,其根系分泌物能抑制莴苣和狗尾草的生长。

③对土壤中水肥、光照和空间的竞争。在降雨少、空气干燥、土壤含水率低的情况下,林下的其他植物会消耗大量水分,加重干旱。在土壤肥力不足的情况下,同样其他植物会吸收大量养分,减少肥力的供给。其他植物的生长也会占据空间,遮挡阳光等。在栽培中,可通过高矮树种搭配,深根系与浅根系树种搭配,喜光与耐阴树种搭配等,调节不同树种间关系。可对经济林地进行生草、压绿肥措施,利用草本植物,增加土壤有机质和氮素量。

3) 动物

动物是经济林群落的重要组成部分,它与经济林的关系密切而复杂,动物的作用往往是主动的,其作用的性质有直接和间接、有益和有害之分。

(1) 有益作用

①传粉作用。经济林的很多树种是虫媒花,主要依赖于传粉昆虫的传粉活动来实现树种的繁衍。访花的昆虫主要种类是膜翅目(蜜蜂、花蜂、壁蜂等),其次为双翅目(蜂蝇、家蝇、岛花虻等),还有蚊、甲虫等。鳞翅目昆虫的授粉作用不大,金龟子科和象鼻虫科的昆虫还对花有害。蜜蜂、小野蜂对传播花粉是最有用的,可为枣、山楂、石榴、苹果、梨、桃、杏、猕猴桃等多种经济林木授粉。在以色列,番荔枝是由露尾虫为其授粉,每个花朵有4头以上时,结出的果实优且形状对称;巴西的可可,由阿兹特克蚁(*Azteca chartifex*)增加授粉;在马来西亚油棕林散放喀麦隆甲虫传粉,能增产20%~53%;无花果则具有特殊的虫媒现象,由榕小蜂为其授粉。

②传播种子。在经济林群落中,许多树种的种子需要动物传播,一些浆果类或肉质果实的小乔木或灌木,如山定子、悬钩子属、石榴等种子都有厚壳,可经过鸟类的消化道而不受损,在经过一段距离之后,再排泄出来,称作体内传播。沙棘依靠鸟类(如石鸡、斑翅山鹑和雉等)采食、排泄传播种子,使沙棘分布得以扩展。一些大粒种子,如果松、栎类,多靠鼠类、䴉等搬运。但有些昆虫、鸟类和啮齿动物除传播种子外,本身又以种子为食而消耗大量种子。

③改良土壤。土壤中动物种类多(无脊椎动物种类达500多种),数量庞大(每平方米森林土壤中有线虫、蜱螨、跳虫、蚯蚓等$15×10^4$~$600×10^4$个)。它们的最大功用就是造粪,对枯枝、落叶、落果、脱落的树皮等起着粉碎的作用,还有搅拌混合的作用(粪与土壤相混合)。Kucera(1967)指出,微生物分解枯枝落叶的量只有5%,而有动物

的情况下分解量高达10%。Sharpley(1979)等研究表明,有蚯蚓的土壤,可溶性无机磷、氨态氮和硝态氮在表土运输比没有蚯蚓的土壤快4~8倍,有效镁多3倍,有效钾多11倍。由此可见,土壤肥力因蚯蚓的活动而得以改善,间接促进经济林的生长。动物是经济林群落的"寄生者",它们直接或间接地从群落中取得营养,它们对经济林群落也有不可忽视的作用。

(2)有害作用

兽类、鸟类、昆虫(含螨类)对经济林的危害主要是取食作用,对经济林造成的直接和间接损失很大。昆虫、螨类、线虫等常是病毒的传播者,病毒性病害是对经济林危害极大的病害。据山东省果树研究所报道,中国拟菱纹叶蝉可传播由类菌原体(MLO)引起的枣疯病。核桃黑斑病主要借昆虫(蚜虫、蚂蚁、蜂、举肢蛾等)、风、雨传播到果实和叶片上,常使核桃生产病变造成巨大损失。

对害虫的控制手段中,巧妙地利用生物间的竞争进行生物防治的方法,日益为人们所重视和采用。其途径为:

①利用植物驱赶害虫。如茶藨子和醋栗易遭受螟蛾危害,间种薄荷,则驱赶螟蛾,减少危害;种植矮生法国万寿菊2~3个月,其分泌物起类似熏蒸作用,可降低根腐线虫的危害;金鸡菊能抑制根腐线虫。

②保护和利用天敌。如南方种植藿香蓟,利用其花粉作为捕食螨的食料,从而减少红蜘蛛的危害;野艾蒿上有很多捕食性瓢虫和蓟马,可控制红蜘蛛的危害等。

③利用食虫鸟类。鸟类啄食昆虫,以昆虫中的双翅目、半翅目、直翅目、鞘翅目和蚁等为主,特别是双翅目幼虫作雏饵很重要。毛虫是小杜鹃的美食,树干幼虫是啄木鸟类的美食,树皮及树梢上小型昆虫及其卵等是山雀类的美食,飞行昆虫是鸻类的美食,叶部害虫是柳莺类的美食,大型甲虫等是小型鸥鹬类的美食。经济林区,应严禁狩猎鸟类。当然,鸟类也会给经济林造成危害,如雀类喜啄食悬钩子、龙眼、石榴等的种实;鸟类还喜食樱桃、柿树、越橘等成熟果实,危害甚大。所以,应根据不同经济林树种,对鸟类采取诱集或驱赶的措施,或在果实成熟期利用防鸟网等预防。

○ 任务实施

1. 实施步骤

1)观测光照对经济林生长的影响

在一片经济林园中,用照度计测量树体不同方位、树冠内不同垂直位置的光照强弱,同时,观察小枝枝条生长的粗细与健壮情况、芽体的大小、树叶的大小、果实的大小等情况。将测量和观察结果记录在表1-10中,总结光照对生长的影响。

2)测量树冠透光率

果园中要充分利用光照,一方面要有高的郁闭度,增加单位面积上的树冠量;另一方面要有较大的树冠透光率,使树体内有良好的光照。下面通过树冠透光率测量认识光对经济林木生长的影响。

表1-10 不同光照强度下树体各部位生长情况

姓名：　　　　　　　　　　　　　　　　　　　　　　日期：
树种：　　　　　　　　　　地点：　　　　　　　　　天气状况：

树体部位	光照强度（lx）	最末级枝条的粗细、皮色等特征	芽体大小、饱满程度等特征	树叶大小、颜色、薄厚等特征	果实大小、颜色等特征
西面与南面外部					
东面与北面外部					
冠内上部					
冠内下部					

综合以上观测(察)结果：总结光照对树体生长有怎样的影响？

方法一：方格纸法(在晴天中午进行)。

第一步：准备A1坐标纸(1cm×1cm)，一边长大于0.5m的薄板。将坐标纸裁成0.5m×0.5m，用图钉固定于板上，防皱褶。

第二步：在晴天中午，选择目标树，观察树体内外、上下生长情况及树冠透光情况。在树冠下不同方位选择有代表性的4个点，放置方格纸，用照相机拍下阴影图。

第三步：在计算机上调出阴影图，标记数出4张图上每张图白光超过1半格子的格子数 m 。

第四步：计算透光率

$$p = \frac{1}{4}\sum_{i=1}^{4}\frac{m_i}{2500} \tag{1-4}$$

第五步：结合对园地中植株生长状况的观察，分析透光率是否适宜。

方法二：植物冠层分析仪测量法。

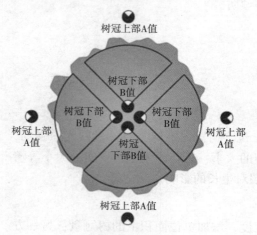

图1-14 透光率测量位

可用LAI-2200植物冠层分析仪测定，具体方法见"任务1-2 经济林器官识别"中叶面积指数测量。单株树透光率的测量属孤立树测量，在测A值与B值时，测量位置如图1-14所示。

测B值时，探头紧贴树干放置于地面，用90°的遮盖帽减少测量面积，避免邻树进入视野，防止树干出现在探头视野，人体不能进入视野。测得的DIFN即为探头可视天空部分，即透光率，值为0~1。

3) 认识经济林萌芽开花与气温的关系

春季，落叶经济林木通过自然休眠后，遇到适宜的温度就能萌芽、开花。但此时往往发生晚霜，对花、幼果造成危害。掌握不同经济林萌芽、开花时的气温,对经济林栽培和防霜冻有重要的作用。

第一步:在春季观察本地经济林的开花时间,按花蕾期、初花期(几朵至20%花开放)、盛花期(25%~75%花开放),通过查询当地气象预报,在表1-11中记录每天的日平均温度、日最高温、日最低温。

表1-11 花期气温记录表

姓名:　　　　　　树种(品种):　　　　　　年份:　　　　观察地点:　　　省　　市　　县

花蕾期				初花期				盛花期			
日期	日平均气温(℃)	日最高气温(℃)	日最低气温(℃)	日期	日平均气温(℃)	日最高气温(℃)	日最低气温(℃)	日期	日平均气温(℃)	日最高气温(℃)	日最低气温(℃)
月 日				月 日				月 日			
月 日				月 日				月 日			
月 日				月 日				月 日			
月 日				月 日				月 日			
月 日				月 日				月 日			
月 日				月 日				月 日			
月 日				月 日				月 日			
月 日				月 日				月 日			
月 日				月 日				月 日			
月 日				月 日				月 日			

第二步:计算花蕾期、初花期、盛花期3个时期日平均气温、日最高温、日最低温的平均值,将结果填入表1-12。

表1-12 花期气温总计算表

姓名:　　　　　　　　　　　　　报告日期:　　年　　月　　日
树种(品种):　　　　　　　　　　观察地点:　　　省　　市　　县
经度:　　　　　　纬度:　　　　　　海拔:

		花蕾期日平均气温(℃)	日最高温(℃)		日最低温(℃)	
花蕾期	月 日 至 月 日		花蕾期平均	极值	花蕾期平均	极值
		初花期日平均气温(℃)	日最高温(℃)		日最低温(℃)	
初花期	月 日 至 月 日		初花期平均	极值	初花期平均	极值
		盛花期日平均气温(℃)	日最高温(℃)		日最低温(℃)	
盛花期	月 日 至 月 日		盛花期平均	极值	盛花期平均	极值

4）调查经济林树种的抗旱性和耐涝性

北方经济林树种比较耐旱，但水分不足会影响营养生长和花果的发展、降低产量与品质，同样的，土壤水分或空气湿度太大，也会对根系造成伤害，易发生病害。观察选取的经济林树种的生长环境、生长状况，访问栽培管理者，掌握不同树种的抗旱性和耐涝性，完成表1-13的记录。抗旱性包括抗旱力强、抗旱力中、抗旱力弱；耐涝性分为耐涝、不耐涝。空气湿度要求分为湿度较低、湿度较高。

表1-13　经济林树种的抗旱性和耐涝性

姓名：　　　　　　　　年份：　　　　　　　　观察地点：　　省　　市　　县

调查树种	抗旱性	耐涝性	空气湿度要求	结论来源

5）观测地形因子对经济林的影响

地形因子通过对光、热、水、气、土等生活因子的再分配，深刻影响着小气候条件和经济林木的生长。选择广泛栽培的一种经济林树种进行生长环境及生长状况调查，认识地形诸因子对经济林不同树种生长的影响，完成表1-14。利用手持GPS测定海拔，土壤颜色分为白黄(红)色、灰色、深灰色、黑色，土壤紧实度用土壤紧实度测定仪测量，生长状况包括生长健壮程度、结实状况等。

表1-14　地形因子与经济林不同树种生长情况

姓名：　　　　　　　　年份：　　　　　　　　观察地点：　　省　　市　　县
树种（品种）：

地形号	坡向	坡度	坡位	海拔高度	土层厚度	土壤颜色	土壤紧实度	生长状况
1								
2								
3								
4								
5								
6								
7								
…								

2. 结果提交

撰写经济林主要环境识别与实践报告。主要内容包括：目的、所用材料和仪器、过程与内容、结果(分 5 个方面)。报告装订成册，标明个人信息。

思考题

1. 光照对经济林的影响主要有哪些方面？
2. 经济林对光强和光质的适应性分为哪几类？
3. 提高经济林光能利用率的途径有哪些？
4. 温度对经济林的影响包括哪些方面？
5. 极端温度对经济林的危害有哪些？
6. 干旱是如何影响经济林生长发育的？
7. 土壤的理化性质包括哪些方面？
8. 土壤污染有哪些类型？如何防止污染？
9. 坡向如何影响经济林的生长？
10. 微生物的有益作用与有害作用分别有哪些方面？
11. 动物的有益作用与有害作用分别有哪些方面？

项目 2　经济林苗木繁育

经济林苗木繁育是发展经济林木生产的重要内容之一。良种壮苗是经济林早产、丰产、优质的前提。苗木质量的好坏、品种的优劣，不仅直接影响其栽植后的成活、生长发育，也将影响产量、品质和经济效益。因此，要掌握好经济林木育苗技术，提高苗木质量。本项目包括5个学习任务：苗圃建立、种子育苗、营养繁殖、组织培养育苗和苗木出圃。

任务 2-1　苗圃建立

○ 任务导引

良种壮苗是经济林丰产的重要物质基础之一，而苗圃是专门培育优良苗木的基地和场所。本任务将学习生产实践中苗圃地的选择、合理规划和科学管理。这些直接影响到苗木产量、质量和育苗成本。通过本任务的学习应学会选择适宜的育苗基地、能够进行科学的规划和管理，为苗木生长创造良好环境。

○ 任务目标

能力目标：
（1）能根据所学知识和建圃要求进行苗圃的选择和规划建设。
（2）会进行圃地土壤耕作、土壤处理和苗床制作。

知识目标：
（1）掌握苗圃地选择要求。
（2）掌握苗圃规划与建设的流程。
（3）掌握圃地整理知识。

素质目标：
（1）培养自主学习、发现问题和解决问题能力。
（2）培养动手能力。
（3）培养实践能力和吃苦耐劳精神。

○ 任务要点

重点：苗圃地选择。

难点：苗圃地区划。

任务准备

学习计划：建议学时 4 学时。其中知识准备 2 学时，任务实施 2 学时。
工具（材料）准备：肥料、农药、锄头、铲子、地形图、钢卷尺、皮尺、绘图铅笔等。

知识准备

1. 苗圃地的选择

苗圃按其使用年限的长短，可分为固定苗圃和临时苗圃。固定苗圃是长期经营苗木的，一般面积较大，具有一定的基本建设投资，培育苗木的种类较多，除了完成一定的育苗任务外，还承担试验研究和技术推广等示范任务。临时苗圃是为了完成某一地区一定面积的栽培任务而临时设置的苗圃，一般设置在预定造林地点的附近，只培育栽植所需要的苗木，因此，面积小，使用年限较短，培育的苗木单一；临时苗圃培育的苗木能较适应造林地的条件，栽植后成活率较高，而且可以节省运输和包装费用，降低育苗成本，所以临时苗圃被广泛采用。

苗圃地的选择主要考虑经营管理方便和自然条件适宜。

1）经营条件

应选交通方便的地方，以利苗木运输和育苗所需物资材料的供应。应选靠近造林地的地方，这样，能使培育的苗木适应造林地的环境条件，有利于提高栽植成活率，同时也能减少苗木长途运输，节省开支。为了确保育苗所需的劳动和水、电供应，以及机具的维修方便，苗圃地还应尽可能选在靠近居民点的地方。

2）自然条件

（1）地形

固定苗圃应设在排水良好的平地或 1°～5°的缓坡地。如在山地丘陵地区，因条件所限，也应尽量选在山脚下的缓坡地，坡度较大时，应修筑水平带。圃地切忌选设在易于积水的低洼地，或寒流汇集、风害严重、光照条件弱的山谷，或密林间的小块空地及山区雨季易发生山洪、泥沙堆积的地段和平原雨季易积水或过水地带。

（2）坡向

坡向对光和热起再分配的作用，从而影响水分以至养分，因此坡向对苗木生长发育的影响较显著。在山地选设苗圃，宜东南向、东向、东北向，一般不选西向，因为西向阳光直射，土壤干燥，幼苗容易枯萎。在高山地区，因空气湿度大，土壤水分条件较好，选择向阳的东南向为宜，而西北向、北向、东北向则因光照过弱，温度较低，不宜选作苗圃。

（3）土壤

土壤是苗木生长的基础，土壤质地、土壤结构、土壤肥沃度对幼苗生长的影响很大。苗圃也应选择通气性、透水性良好，温湿条件适中，有利于土壤微生物活动和有机质分解的团粒结构的土壤或土层深厚、疏松、排水良好的砂质壤土和轻黏壤土。不宜选择砂土和盐碱土。如果因条件限制，只能在砂土、重黏土和盐碱土上建立苗圃，则必须进行土壤改良。

土壤的酸碱度对苗木生长的影响，因树种而异，如油茶、桉树等树种可以在较强的酸性土壤中生长，而油橄榄、核桃在酸性较强的土壤上则生长不良，它们喜欢在中性偏微碱性的土壤中生长。多数热带、亚热带的经济林树种以弱酸性至中性土壤为宜。选择圃地时，要注意土壤的酸碱度应与所培育的苗木的适应能力相适应。

(4) 水源

苗圃的附近应有充足的优质水源，便于自流灌溉或设置喷灌，这在干旱地区尤为重要。苗圃可选在靠近河流、池塘和水库的地方，但不宜设在它们的边上，因为这种地方地下水位太高，往往会使苗木贪青生长，以至秋季不能很好木质化而遭受冻害，圃地适宜的地下水位因土壤质地而异，一般砂壤土的地下水位以 1.5~2.0m 为宜，轻黏壤土宜在 2.5m 以下。

(5) 病虫害

在选择圃地时，应进行土壤病虫害调查，尤其应查清白蚁、蝼蛄、地老虎、金龟子等主要害虫和立枯病、根腐病等病菌的感染程度。如危害严重，应避免选作苗圃或在建圃时采取有效措施加以防治。在农耕地育苗，不可选用前茬作物易导致苗木感染病害和地下害虫严重的土地。

新建苗圃和原有苗圃圃地不符合上述条件的要逐步平整和进行土壤改良。

2. 苗圃面积和区划

苗圃面积包括生产用地和非生产用地。直接用于育苗的土地，称为生产用地，用于设置必要的道路、沟渠、房屋、晒场、篱棚及防护林的土地，称为非生产用地。

1) 苗圃面积确定

生产用地的面积一般不得少于苗圃总面积的 75%~80%，在生产用地中可以根据育苗需要划分成若干生产区，每个生产区的用地面积可根据育苗的种类、数量、年龄及单位面积的产苗量来计算（以亩为单位面积计算）。

撒播育苗面积可用下列公式计算：

$$S=\frac{N\times A}{n} \tag{2-1}$$

式中　S——某树种所需的育苗面积（亩）；

　　　N——每年该树种的计划产苗量（株）；

　　　n——某树种单位面积产苗量（株）；

　　　A——苗木培育年龄。

条播育苗面积可用下列公式计算：

$$S=\frac{N\times A}{m\times n'} \tag{2-2}$$

式中　m——每亩播种沟的总长度（m）；

n'——每米长播种沟上的产苗量(株)。

上述公式的计算结果是理论数字,实际上苗木在抚育、起苗、贮藏和运输过程中,将有部分损失,所以计划产苗量应适当增加3%~5%,育苗面积也需相应地增加。

所有生产区内各个树种所占的育苗面积总和,即为生产用地面积。

苗圃中的非生产用地不应超过总面积的20%~25%,与生产用地面积相加,可得苗圃总面积。

2) 苗圃区划

苗圃地选定后,应绘制平面图,在图内注明地势、水文、土壤等情况。然后根据育苗生产规划和充分利用土地、合理布局的原则,做好区划。

(1) 生产用地的区划

为了便于管理,应根据地形和机械化程度,把生产用地划分为播种区、无性繁殖区、移植区和采穗区等几个大区。区划时,要注意充分利用原有主要道路作为界线。坡地苗圃,应按等高线区分,以利水土保持和引水灌溉。

①播种区。是培育实生苗的生产区。应设在圃地中地势平坦、土壤肥沃、便于灌溉、便于管理的地方。

②无性繁殖区。是培育扦插、嫁接、压条、分蘖等苗木的生产区。无性繁殖区应根据各种经济林树种的特性来区分育苗地段,生根困难的树种需要建立保护地进行繁殖。

③移植区。是培育年龄较大的移植苗或从播种区、无性繁殖区移植到移植区再培育的苗木。一般可区划在土壤条件中等的地段。

④采穗区。育苗材料的来源区,是培育无性繁殖所需种条的地方,一般应设在圃地的边缘地段。

(2) 非生产用地的区划

非生产用地包括道路系统、排灌系统、防护林及管理区建筑用地等。设计时既要满足生产需要,又要尽量少占土地。我国一般要求生产用地占70%~80%,非生产用地占20%~30%。

①道路系统设置。道路系统设置占整个苗圃面积的5%~10%。

道路系统设置要保证车辆、机具和设备的正常通行,以便于生产和运输为原则,并与排灌系统和防护林相结合。

主道:6~8m(大型苗圃);3~4m(小型苗圃)。设在苗圃的中心地带,是对外联系的主要道路。

副道:2m,沿作业区长边,与主干道垂直。

临时步道:1~1.5m,通往各耕作区,一般与副道垂直。

周界圃道:3~4m(大型苗圃),小苗圃视具体情况而定。

②灌溉系统设置。占整个面积的1%~5%。

水源:包括地面水和地下水。地面水指河流、湖泊、池塘、水库等,以无污染的地面水灌溉比较理想(地面水温度较高,水质较好,而且有部分养分)。地下水指泉水、井水等,水温较低,最好用蓄水池存水,以提高水温。

提水设备:一般用高于5kW的高压潜水泵提水。

引水设施：一般采用自流灌溉。分明渠引水和暗管引水。明渠引水分一级渠道（主渠）、二级渠道（支渠）、三级渠道（毛渠）。土筑明渠有许多缺点，现在多在水渠沟底及两侧加设砖或水泥结构，也有的采用管道供水。主渠顶宽1.5~2.5m，支渠顶宽1~1.5m，毛渠一般宽1m左右。主渠、支渠应高于地面，毛渠不宜过高。暗管引水一般用于喷灌和滴灌，埋暗管以不影响正常的机械耕作。

③排水系统设置。占整个面积的1%~5%。

排水系统由大小不同的排水沟组成，分明沟和暗沟两种。目前，多采用明沟排水。大排水沟：深0.5~1.0m，顶宽1.0~1.5m；中小排水沟：深0.3~0.5m，顶宽0.5~1m。

排水沟设置与下列因素有关：土质、雨量、出水口、地形。有些苗圃为防止外水进入，排除内水，在苗圃四周设宽而深的排水沟，效果较好。

④防护林和绿篱设置。占总面积的5%~10%。在冬季严寒、地势开阔、易遭风害和冻害的地区，圃地周围应考虑营造防风林或设置防风屏障。绿篱一般用有刺的植物比较好。

⑤建筑及晒场设置。占总面积的1%~2%。包括办公室、食堂、仓库等建筑设置。大型苗圃设置在中间，便于苗圃经营管理，中小型苗圃一般设置在土质较差的地方。晒场一般设置在干燥的地方。

3. 苗圃管理

1）苗圃耕作制度

（1）整地

苗圃地在播种前或移植以前，必须进行整地。通过整地，可以起到翻埋杂草、作物残茬、混拌肥料及一定程度上消灭病虫害的作用，更重要的是疏松了耕作层的土壤，可以改善土壤的结构和理化性质，促进土壤微生物活动，使有机物质不断分解，从而提高土壤肥力。同时，提高了土壤的通透性，提高了蓄水保墒、保暖、抗旱的能力，有利于苗木根系的呼吸和对养分的吸收。

整地包括翻耕、耙地、平整、镇压等技术工序。要求做到深耕细整，清除草根、石块，地平土碎。在一般地区，耕地深度为20cm左右，在干旱地区耕地深度为25~30cm。如果秋耕时圃地湿润或土壤黏重，则可不耙地，让土块越冬风化，到春季再进行耙地。耕地耙地的次数视土壤情况和种粒大小而定，如土壤黏重或播小粒种子，应耕耙2~3次；土壤疏松、结构良好或播大粒种子，可耕耙1~2次。整地的工具有双轮双犁、双轮单铧犁、新式步犁和机引多铧犁及畜力单犁等。

根据苗圃地不同的地类和前作情况，以及不同的气候、土壤条件，整地的时间、方法和要求也不完全相同。杂草不多的生荒地，宜在秋季翻耕、耙地，翌春育苗；杂草繁茂的生荒地，一般第一年常不育苗，先种一年豆类、绿肥或青饲料等作物，秋季进行整地，待来年春开始育苗。撂荒地有新、老撂荒地两种。新撂荒地多长蒿草，或烧荒后就可以进行整地育苗，而老撂荒地因禾本科杂草繁茂，形成紧密的草根盘结层，整地方法与上述生荒地相同。开垦采伐迹地或灌木林地育苗，应于清除灌木草丛后再清除树根和草根（临时性苗圃中，大树根可不挖去），并进行平坑填洼，使地面平整，秋季翻耕，春天播种。山地育苗地，应在主要杂草种子成熟前开垦好，于育苗前整地。利用农地育苗，需在农作物收获后，先浅耕灭茬再整地。原苗圃地如在秋季起苗，要抓紧进行秋耕；春季起苗的需及时进行春耕，春耕最迟应在播种前半个月进行。

（2）土壤处理和改良

育苗前要根据圃地的具体情况，分别采取药剂消毒、烧土等方法进行土壤处理。土壤处理的常用药剂见表2-1。

表2-1 土壤处理常用的药剂

名称	使用方法	备注
硫酸亚铁（工业用）	每平方米用30%的水溶液2kg，于播种前7d均匀地浇在土壤中	灭菌
福尔马林（工业用）	每平方米用60mL，加水6~12L，于播种前7d均匀地浇在土壤中	灭菌、浇水后用塑料膜覆盖3~5h，翻、晾无气味后播种
五氯硝基苯（75%）	每平方米用2~4g，混拌适量细土，撒入土壤中	灭菌
代森锌	每平方米用3g，混拌适量细土，撒入土壤中	灭菌
辛硫磷（50%）	每平方米用2g，混拌适量细土，撒入土壤中，表土覆盖	杀虫

圃地土壤瘠薄的要逐年增施有机肥料；土壤偏砂的可混拌泥炭土；偏黏的可混沙；偏酸的则施石灰、草木灰等；偏碱的可混拌生石膏或泥炭土。

2）施基肥和菌根菌接种

（1）施基肥

基肥是播种前施入土壤的肥料，施足基肥既有利于持续供给苗木整个生长期的养料，又能改良土壤。

基肥以有机肥为主，为了调节各种养分的适当比例，也可以施无机磷、钾肥和少量无机氮肥。苗圃要广开肥源，常年积肥和种植绿肥。堆肥、厩肥、饼肥、人粪尿等有机肥料必须经过充分腐熟才能施用。基肥的用量应视土壤性质、苗木需肥情况和肥料种类而定。一般亩施饼肥100~150kg，或厩肥4000~500kg，或塘泥12 500~15 000kg。通常，经营水平高，肥料用量相应增大。

施基肥的方法有撒施、局部施和分层施等。一般可结合翻耕，把撒施的基肥均匀地埋入深土层中，但对于土壤瘠薄或培育需肥较多的树苗，可在翻耕时施入大部分，留少部分在作床（垄、畦）时，施入上层土壤中。如移植大苗时，应将基肥与种植穴的土壤混拌均匀，再行移植。

种肥也是基肥，种肥多用以磷为主的颗粒肥料，使用时和种子均匀混拌在一起，或用微量元素的稀薄溶液浸种（条、根）。但是必须注意：催过芽的种子不可与种肥混拌，应先将种肥施于播种沟内。使用过磷酸钙作基肥时，应与其他有机肥混合沤制后施用，这样可以减少过磷酸钙与土粒的直接接触，从而避免有效磷被土壤固定。

（2）接种菌根菌

菌根菌是寄生于高等植物根部，与根系形成共生关系的真菌。菌根菌与植物根系形成的特殊结构(共生体)称为菌根。

3) 作业方式

苗圃整地后,应根据圃地条件和育苗的不同要求确定作业方式。作业方式分床作、垄作、畦作和平作(图2-1)。

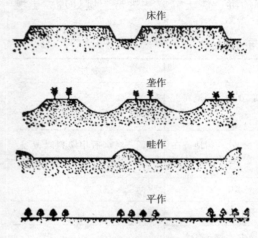

图2-1 床作、垄作、畦作和平作

(1) 床作

我国南方多用高床育苗。一般床面要高出步道15～30cm,砂壤土低些,黏壤土高些。床宽1.0～1.2m。手工作业的苗床长10～20m;机械作业的可达数十米。床间步道30～50cm,苗床的长边以东西走向为宜。坡地苗床长边与等高线平行,以利于水土保持。高床的主要优点是能提高土壤温度,增加肥土层厚度,促进土壤通气,便于利用步道排水和侧方灌溉。

(2) 垄作

苗垄规格一般为垄高15～20cm,垄底宽60～70cm,垄面30～35cm,垄间步道30～50m,垄长可根据地形确定。垄作育苗有利于苗木充分利用阳光,苗木通风条件良好。垄距相等,垄台通直,便于机械作业。但步道比床作增多,土地利用率稍低。

(3) 畦作

苗畦的畦面要低于畦埂(也作步道)15～20cm,宽1～1.2m;畦埂宽30cm;畦长10～20m。畦作有利于保蓄土壤水分,便于灌溉,利于抗旱,畦埂还利于防风。

(4) 平作

整地后,将圃地整平后即进行育苗称平作。平作育苗要多带播,带间留出30～50cm步道即可,培育大苗也可不留步道。因此,平作能提高土地利用率和苗木产量,但灌溉和排水都不太方便。

气候湿润、多雨地区和水源充足、灌溉条件好或地下水位高的苗圃,宜采用床作或垄作;气候干旱地区或水源不足、灌溉条件差的苗圃宜用畦作或平作。

苗床、苗垄、苗畦要在播种(扦插、移植)前做好,要求达到土粒细碎,表面平整。

4) 苗圃地轮作

在同一块土地上,用不同树种的苗木或苗木与农作物、绿肥,按照一定顺序轮换种植的方法称为轮作,也称换茬。在同一块土地上连年培育同一树种苗木的方法称为连作。

为了培育优质壮苗,提高苗木的产量和质量,圃地应实行轮作。连作育苗往往会使土壤中某种元素过分缺乏,影响苗木正常生长,而另外一些营养却没有被利用,致使不能充分发挥土壤营养元素的作用;另外,连作同一树种有相同的病虫害,容易引起某些病虫害的加剧发生。而轮作不同树种,苗木可以充分利用土壤中的各种养分,如果同农作物轮作，尤其是与豆科植物轮作，不仅可以增加土壤中的有机质，还可以使土壤形成团粒结构，改善土壤肥力条件；通过轮作，改变了病虫和杂草的生活环境，使它们失去原来的生存条件，有利于减少病虫的危害和杂草滋生。轮作方式有：

①树种间轮作。应将无共同病虫害的、对土壤肥力要求不同、耐阴条件也不同的树种进行轮作。在育苗树种多时，常采用针叶树种与阔叶树种、豆科树种与非豆科树种、深根性树种与浅根性树种轮作。

②树种与农作物轮作。应尽可能选豆科植物，因豆科植物根系有根瘤菌，固氮能力强，可以增加苗木营养。南方还有实行苗木与水稻轮作的，有利于大量消灭苗圃地下害虫和旱生杂草等。但是树种与农作物轮作时，忌选用易感染病虫害的植物，如各种蔬菜，以免苗木受害。

③树种与绿肥、牧草等轮作。苕子、苜蓿、紫云英等都可以增加土壤有机质，改善土壤结构，对苗木生长具有良好作用。

另外，圃地休闲是"养地"，不是"抛荒"。圃地休闲期间应多次翻耕土壤，以消灭病虫害和杂草，减少土壤水分蒸发，促进土壤风化，达到土壤改良的目的，即实现"养用结合"。

5）苗圃档案管理

苗圃要建立基本情况、技术管理和科学试验各种档案，积累生产和科研数据资料，为提高育苗技术和经营管理水平提供科学依据。

苗圃基本情况档案的内容包括：苗圃位置、面积、自然条件、圃地区划和固定资产、苗圃平面图、人员编制等。如情况发生变化，应随时修改补充。

苗圃技术管理档案的内容包括：苗圃土地利用和耕作情况；各种苗木的生长发育情况及各阶段采取的技术措施；各项作业的实际用工量和肥料、农药、物料的使用情况。

苗圃科学试验档案的内容包括：各项试验的田间设计和试验结果、物候观测资料等。

苗圃档案要有专人记载，年终进行系统整理，由苗圃技术负责人审查存档，长期保存。

○ 任务实施

1. 实施步骤

1）苗圃地调查

（1）资料收集

调查前对当地气象资料、地形图等资料进行收集。

（2）踏勘

到实地进行现地踏勘和调查访问，了解苗圃地的历史、现状、地势、土壤、植被、水源等，提出改造各项条件的初步意见。

（3）实地调查

实地进行测量，绘出1∶1000~1∶500的平面图，注明地形、地势、水文等情况。

对现地自然条件（包括地形地势、土壤、植被、病虫害等）、经营条件（位置、交通等)进行实地详细调查。

2) 苗圃规划设计

(1) 苗圃区划

根据外业调查结果,进行资料整理和分析,然后进行苗圃生产用地和辅助用地的区划及面积计算,对道路系统、排灌系统等进行设计,绘制苗圃规划平面图。

(2) 编制苗圃规划设计书

包括圃地调查资料、区划图、年度育苗技术设计表格、人员编制及配置的设备和工具、苗圃建设投资概算说明等,并附相关材料。

3) 苗圃地整地

(1) 翻耕地

关键是要掌握好适宜的深度。先从地头边缘挖起,逐渐向前推移,随翻随打碎土块,要全部翻到,耕地深度一般地区20cm左右,干旱地区30cm左右,培育大苗时可深些。整地要求平整,达到平松、匀、细,并达到一定深度。要避免漏耕和重耕,对于两端未耕到的地段,应再进行横耕。

(2) 耙地

要及时耙地,保墒和细碎土壤。用圆盘耙或钉齿耙先与耕地成垂直方向横耙,或用对角线法反复进行2~3次耙地,深度要达到8~12cm,耙后用六齿耙分段平地,清除杂草、苗根和石块等。耙地不能在土壤过湿时进行。

4) 施基肥

根据苗圃土壤情况和育苗要求,选择厩肥、饼肥等有机肥,配合施用少量化肥,根据用量要求,结合圃地情况撒施入土中。基肥要充分腐熟、捣细捣碎,并要求将肥料均匀地撒到苗地上,撒开后要立即深翻。

5) 土壤灭菌消毒

根据苗圃土壤病虫害调查结果,选择适宜的化学药剂,如福尔马林、辛硫磷等,按照要求用量进行土壤灭菌消毒。

6) 作苗床

(1) 高床

先从经营区的一边按上述规格定点画线,在步道的位置上用锄或犁把土壤翻到床面上,使床面高出步道15~25cm,并用锄把床边切成45°,然后拍紧,再用六齿耙耙碎床面土块,耙出杂草、苗根和石块,最后将床面搂平,修好步道。

(2) 低床

根据规格定点画线,用锄将床面两侧的心土堆成床埂,使床面低于步道15~25cm,并用锄把床边切成45°。筑埂时要分2~3次填心土,每填一次土就要踩实一次。最后将床面耙平。

(3) 平床

作床时要根据规格定点画线,用锄将床面耙平,床面与步道平齐。

2. 结果提交

编写实践报告。主要内容包括：目的、所用材料和仪器、过程与内容、结果。报告装订成册，标明个人信息。

思考题

1. 建立苗圃时，对地形和土壤条件有哪些要求？
2. 怎样进行苗圃地区划？
3. 什么是轮作？轮作的方式有哪些？
4. 苗床有哪几种类型？各应如何建造？
5. 苗圃土壤处理有哪些方法？怎样进行？
6. 苗圃基肥有哪些种类？如何施基肥？

任务 2-2　种子育苗

任务导引

采用种子育苗在经济林苗木生产中占有一定比例，特别是用作砧木的砧木苗是通过实生种子繁育而来的。通过本任务的学习应掌握种子选择、采集处理、育苗地准备、苗木管理等生产环节，为经济果树生产提供合格的实生苗木，并能根据种子特性，结合育苗地的地势、地形及土壤特性选择不同类型的苗床，采取相应的处理方式和恰当的播种方法，实现高质量苗木生产。

任务目标

能力目标：
（1）会进行实生种子的采集、处理、播种。
（2）会进行苗期管理操作。

知识目标：
（1）掌握实生种子的特性、经济林生长与发育的相关知识。
（2）掌握经济林木种子的播种期和播种方法。
（3）归纳实生苗繁殖的技术要点和苗木管理方法。

素质目标：
（1）培养自主学习、发现问题和解决问题能力。
（2）培养观察能力。
（3）培养实践能力。

任务要点

重点：经济林木种子的采集、处理、播种。

难点：实生苗繁殖的种子处理和苗木管理。

任务准备

学习计划：建议学时 6 学时。其中知识准备 4 学时，任务实施 2 学时。

工具(材料)准备：当地几种经济林木的种子、农药、肥料；布袋、枝剪、锄头、铲子、喷壶等。

知识准备

经济林木的苗木繁殖法通常可分为实生繁殖和营养繁殖两大类。利用种子播种培育成苗木的方法，称实生繁殖法，又称有性繁殖；实生繁殖培育出的苗木，称为实生苗。

实生繁殖育苗的优点主要表现在：种子体积小、质量轻，便于采集、运输和贮藏；种子来源广，播种方法简便，便于大量繁殖；实生苗根系发达、生长旺盛、寿命较长；对环境条件适应能力强，并有免疫病毒的能力。实生繁殖育苗的缺点有：种子繁殖后代易出现性状分离，优良性状遗传不稳定，果实外形和品质常不一致，影响商品价值；实生苗需经过童期才具有开花潜能，进入结果期较晚；实生树木通常树体高大，管理不便，影响产量。因此，在经济林栽培中，实生繁殖主要是用于培育砧木和杂交育种，除少数树种外，不宜使用实生苗造林，提倡使用无性繁殖苗造林。

1. 种子采集、调制、检测与贮藏

1) 种子采集

(1) 母树选择

采种时应选品种纯正、类型一致、生长健壮、无病虫害的成年植株。用于实生繁殖的树种应选优质、丰产、抗性强的单株，并将其固定为采种母株。

(2) 种子采集

采集种子时间应在形态成熟后，果面和种皮颜色成为充分成熟后的固有色泽时进行。主要经济林树种及砧木种子采集时间见表 2-2。多数经济林木种子是在生理成熟后进入形态成熟。只有银杏等少数树种，是在形态成熟后再经过较长时间，种胚才逐渐发育完全。采种方法可根据树木高低、种子大小、有无果肉包被等，从地面收集或者从树上采收。

表 2-2 主要经济林树种采集时间和处理方法

种类	采种时间	出籽率(%)	处理方法
核桃	9 月	25~30	堆积沤去青皮，冲洗干净晾干
栓皮栎	9~10 月		阴干裂开，拣取种子
山核桃	10~11 月	20~25	去果皮，拣拾种子
油橄榄	10~11 月	20	去果皮，洗净阴干
油桐	10~11 月	25~30	堆积，沤去果皮，拣取种子
油茶	10~11 月	25	阴干，裂开，取种子
板栗	10~11 月	28~33	堆积脱蓬，挑种子

(续)

种类	采种时间	出籽率(%)	处理方法
柿树	9~10月		阴干取种
酸枣	9月	25~60	去果皮，洗净，阴干
杜仲	10~11月		去果皮，漂洗，阴干
乌桕	11~12月	65~80	日晒裂壳，拣取种子
山杏	7月	25	去除果肉，晾干
山楂	10~11月	20~30	去果肉，洗净，晾干
杜梨	9~10月	3~6	去果肉，洗净，晾干

2) 种实调制

种实调制是指从经济林树种的球果或果实中取出种子，清除杂物，使种子达到适宜贮藏或播种的程度。根据树种和果实特性的不同，采取相应的脱壳取种的方法，如油茶和油桐均为蒴果，但脱除果壳的方法完全不同。油茶榨油用种子通常采取阳光下暴晒、果壳自然开裂后拣取种子的方法取种，但作为播种用的种子不可在烈日下暴晒，只可采用室内自然干燥裂果后取种的方法；油桐则采用先堆沤、果皮腐烂后再拣取种子的方法取种。银杏的取种则是先堆沤、后去皮、再漂洗。果实堆沤应常翻动，控制温度不超过45℃。淘洗出种子后应阴干，忌强光暴晒。根据不同树种的要求控制含水量，干燥后的种子应按照标准要求进行精选和分级，使种子的净度达到99%以上，做好种类、品种、产地、质量、水分、纯度等标注。

3) 种子质量检测

种子质量是种子优劣程度的各项指标的统称，可从种子含水量、种子净度、千粒重、种子发芽力和种子生活力几个方面进行测定。新种子生活力强，播种后发芽率也高，幼苗生长健壮；陈年种子则因贮藏条件和年限不同，而失去生活力的程度也不一样。因此，播种前必须经过种子质量的检验和发芽试验。

种子质量应依据《林木种子检验规程》（GB 2772—1999）的方法进行取样和检测。

(1) 种子净度

$$种子净度(\%) = 纯净种子质量/供检种子质量 \times 100 \qquad (2\text{-}3)$$

(2) 种子含水量

$$种子含水量(\%) = (干燥前种子质量 - 干燥后种子质量)/干燥前种子质量 \times 100 \qquad (2\text{-}4)$$

(3) 千粒重

千粒重是指1000粒种子的质量（单位：g/千粒），用来衡量种子大小与饱满程度，也是计算播种量的依据。

(4) 种子发芽力

种子发芽力包括种子发芽率和发芽势，用发芽试验来检测。发芽试验一般方法：将无休眠期或已解除休眠的种子，均匀放在内有滤纸的培养皿中，种子上面也用湿纱布盖好，并给予一定水分等处理，在20~25℃温度条件下促其发芽，计算发芽百分率，判断种子发芽力，为确定播种量提供依据。

种子发芽率是在最适宜发芽的环境条件下，在规定时间内（时间依树种而异），发芽种子占供检种子总数的百分率。

$$发芽率(\%) = 规定时间内发芽种子粒数/供试种子粒数 \times 100 \quad (2-5)$$

发芽势是指种子自开始发芽至发芽最高峰时的发芽粒数占供试种子总数的百分率。发芽势高即说明种子萌发快，萌芽整齐。

$$发芽势(\%) = 自开始发芽至发芽最高峰时发芽种子粒数/供试种子粒数 \times 100 \quad (2-6)$$

（5）种子生活力

种子生活力是在适宜条件下种子潜在的发芽能力，大部分经济林种子采集后处于休眠状态，难以直接用发芽试验来判断种子生活力。快速测定种子生活力的方法有：目测法、靛蓝染色法和 TTC 法。

①目测法。直接观察种子的外部和内部形态，凡种仁饱满、种皮有光泽、剥皮后胚及子叶呈乳白色、不透明并具有弹性，为有活力种子；如种皮发皱、破损、色暗、种仁呈透明状或变色为失去活力。

②靛蓝染色法。将种子在水中浸 10~24h，使种子吸水膨胀，种皮软化，小心剥去种皮，浸入 0.1%~0.2%的靛蓝溶液（也可用 0.1% 曙红，或 5%的红墨水）中染色 2~4h，取出用清水冲洗后观察，完全不上色者为有生活力种子，染色或胚着色者是无生活力种子。

③TTC 法。取种子 100 粒剥皮，剖为两半，取胚完整的一半放在器量中，加入 0.5% TTC（氯化三苯基四氮唑）溶液淹没种子，置于 30~35℃黑暗条件下 3~5h，胚芽及子叶背面染色者，子叶腹面染色较轻，周缘部分色深，为有生活力；无发芽力的种子腹面、周缘不着色，或腹面中间部分染色不规则，呈交错斑块。

4）种子贮藏

种子是活的有机体，即使在完全成熟尚未脱离母体以前，虽已进入休眠状态，但并未停止其生命活动，仍然进行着微弱的呼吸作用、蒸腾作用和营养物质的转化分解作用。采收的种子，若任其放置，不加适当管理，易丧失生命力，而且许多经济林树种的种子，须经过一段时期的后熟作用，才能用来播种，所以为了确保有足够数量和质量的种子用于育苗造林，必须进行种子贮藏。贮藏期间，种子生命活动的强弱与种子本身含水量、贮藏的温度、湿度和通气条件有关。适宜贮藏的种子一般含水量应低于 15%以下，贮藏的温度应维持在 0~5℃。大量贮藏种子时，还应保持种子堆内有一定的通气条件。

种子贮藏方法因树种不同，有干藏法和湿藏法两种。

（1）干藏法

干藏法是将充分干燥的种子贮藏在干燥的环境中，常用的有普通干藏法和密封干藏法。短期贮藏种子，可采用普通干藏法，即用一般容器盛装，放在较阴凉的室内，如秋天采集供春天播种用的种子。需要长期保存种子，以及用普通贮藏法易丧失生命力的种子，可采用密封干藏法，即把种子装入不透气的容器内，加盖密封。为了防止种子受潮，可在容器内放入干燥剂，如氧化钙、石灰粉、木炭块等。

（2）湿藏法

湿藏法是将种子贮藏在保持湿润、低温、通气的环境中。凡含水量较高和失水后易丧失发芽率的种子，均采用湿藏法，如板栗、油桐、油茶、核桃等。湿藏法常用的方法有室内堆藏和露天坑藏。室内堆藏，就是选择干燥、通风、阴凉的房间或地下室，先在地面上铺一层厚约10cm的干净湿沙，然后一层种子一层沙交错放置，或种子和沙混合堆放，高度50~60cm；每隔1m左右，竖立一束草把，以便空气流通。露天坑藏，就是选择地势高燥、排水良好的地方挖坑，宽1~1.5m，深0.8~1m，长度视种子量而异；坑底铺上一层石子或粗沙，然后将种子和沙混合（种子1份，沙2~3份）堆放在坑内，或一层种子一层沙相互交错堆放，每层厚5cm左右，直到种子堆高距坑沿10~20cm时为止，其上盖湿沙，再覆土堆成屋脊形；为有利于空气流通，在贮藏坑内每隔1~1.5m竖插从坑底至坑顶外面的草把一束；在坑的四周挖排水沟，防止坑内积水或湿度过大。

2. 种子处理

用于播种的种子，其遗传品质必须经过鉴定，其播种品质必须经过检验合格。生产上禁止直接从作为经济林产品的混杂商品种子中取用播种用种子，以免影响苗木的产量和质量。为了使种子发芽迅速、整齐，提高场圃发芽率，方便后期管理，培育优质壮苗，播种前必须做好种子的精选、分级、消毒、催芽等工作。

1）精选

种子精选又称净种，是清除种子中的杂质和不合格种子，如空瘪籽、不饱满种子、霉变种子、机械损伤种子、破口或发芽种子等，从而获得纯净种子的工作。常用方法有风选、筛选、水选、粒选。

风选和筛选分别是以风力和筛子的筛孔大小进行种子筛选；水选是利用液体浮力进行种子筛选，通常种子放入25%浓度的盐水中，充分搅拌后静止片刻，除去浮在水面上的不饱满种子或空瘪籽，留下沉在水中的种子。可根据种子特性和夹杂物特性采用适宜的精选方法，大规模选种可由专用精选设备完成，如大粒种子可人工粒选，即手选。

2）分级

种子精选后，应按种子大小、形状、色泽、种仁质量和综合因子进行分级。根据树种种子质量分级标准，Ⅰ级、Ⅱ级种子，可用于播种；Ⅲ级种子为不合格种子，不能用于播种。

3）消毒

为了防止种子和幼苗感染病虫害，在催芽和播种前应进行种子消毒。种子消毒可杀死种子所带病菌，并保护种子在土壤中不受病虫危害。常用方法有药粉拌种和药液浸种。

（1）药粉拌种

将药粉与种子充分混合，使种子表面附着一层药剂，杀死在种子表面的病菌，播种后还可防止土壤中的病菌侵染。常用的药粉有多菌灵、退菌特、赛力散、谷仁乐生、敌克松等。例如，敌克松拌种一般是于播种或催芽前20d，以种子质量0.2%~0.5%的敌克松粉剂与药重10~15倍细土配成药土，与种子充分搅拌，使每粒种子表面都蘸到药土，拌种后须密封24h以上，使药粉发挥杀菌作用。

（2）药液浸种

将药剂按所需浓度配制成溶液，药液浸种后应即播或湿沙催芽。常用方法有：1%硫酸铜，浸种 4~6h；10%磷酸三钠，或 2%氢氧化钠，或 0.15%甲醛（1 份福尔马林浓度 40%原液+260 份水稀释而成）浸种 15~30min，捞出密闭 2h；0.5%高锰酸钾浸种 2h，捞出密闭 0.5h。药液浸种后一般应用清水洗去残药，将种子摊开阴干后，即可播种。

4) 催芽

种子休眠是具有生活力的种子，由于某些内在因素或外界条件的影响，使种子一时不能发芽或发芽困难的自然现象。种子的休眠特性是植物的一种重要适应现象，是保持物种不断发展和进化的生态特性。

（1）种子休眠的种类及其原因

种子呈休眠状态，通常有两种情形。一种是由于种子得不到发芽所必须具备的温度、水分和氧气，致使种子不能发芽呈休眠状态，称为强迫休眠；另一种是种子成熟后，不加特殊处理，即使处于适宜的发芽条件，也不能发芽，或须经过段较长的时间才能发芽，这类种子的休眠称为生理休眠，即种子深休眠，如银杏、山楂、漆树、乌桕、香榧等。通常所说的休眠，实际上是生理休眠，不易发芽的原因较复杂，主要有以下几种：

①种皮（果皮）引起的休眠。有的种子坚硬，致密或具蜡质、革质，使种皮不易透水、透气或产生机械的约束作用，阻碍种胚向外伸长，如核桃、漆树等。

②抑制物质引起的休眠。有些植物种子不能萌发，是由于果实或种子内有萌发抑制剂存在，如挥发油、生物碱、有机酸、酚、醛等。它们存在于种子的子叶、胚乳、种皮或果汁中，如成熟的油橄榄种子含有黏性的有机酸物质，抑制种子萌发。

③种胚尚未成熟引起的休眠。有的种胚未发育完全。如银杏、香榧种子的休眠，是因为胚的发育不完善，当种子在适宜的环境中，胚才能进一步发育完全。

种子贮藏可以根据种子的休眠特性，采取措施来延长种子的休眠。在播种时则要缩短种子的休眠，以期获得整齐一致的发芽率。

（2）催芽方法

通过人为措施，打破种子休眠，促进种子发芽的措施称为种子催芽。催芽可以使种子破除休眠，加速种子内部生理活动变化，使种皮软化，果胶物质转变为渗透性物质，增加吸收作用，脂肪转变为脂肪酸，蛋白质转变为氨基酸及其他可溶性蛋白，从而增加可溶性养分供给种胚生长，利于种子发芽。休眠期长的种子，如油橄榄、香榧等若不进行催芽处理，在播种的当年，不仅出苗晚，而且发芽率低，甚至不发芽，有的至播种后第二年春或秋冬才大量发芽，这样不仅造成苗床上苗木高矮不齐、分布不均匀、产量低、质量差，而且给苗圃管理带来极大的麻烦。催芽应根据种子特性和休眠原因的不同，分别采取层积催芽、浸种催芽和药剂催芽等。

①层积催芽。以河沙为基质与种子分层放置，称为种子沙藏层积处理。具体方法是：选择低温（0~10℃）、通气的室内，或选择地势高燥、排水良好、阴凉湿润的室外，挖深、宽各 1m 左右、长度不等的窖，底层铺 10cm 湿沙（泥炭、蛭石、珍珠岩等基质更佳），然后将种子和沙按 1:3 体积比例混合，均匀撒在沙层上，高度不超过 50cm，其上再覆沙 5~6cm，每隔 1m 放置通气笼，最后覆土成屋脊形，窖四周开好排水沟（图 2-2）。层积处理多在秋、冬两季进行，保持适宜的温度、湿度、通气条件，层积有效温度控制在-5~

17℃，基质持水量控制在 50%~60%，要求通气条件良好。如核桃、山核桃层积天数为 60~80d，板栗 100~180d，枣 60~100d，油桐 90~120d，油茶 140~180d。对于坚硬和不透水的种子应先机械破除种皮，再进行层积处理。经过贮藏的种子，特别是湿沙贮藏的种子，虽已有破除休眠和催芽作用，但在播种前仍要进行相应的催芽处理，温度控制在 18~25℃，覆盖湿麻袋、稻草等保湿，每日翻动 2~3 次，并适时适量喷水。如果采用秋播法，播后立即进入冬季，种子可以在土壤中通过休眠阶段，因此，秋播种子不需要层积处理；如果在春季播种，播后即进入夏季，没有种子休眠所需要的低温条件，因此，必须在前一年冬季进行层积处理。

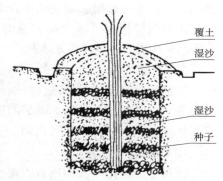

图 2-2 层积催芽示意

②浸种催芽。将种子放在冷水或热水中浸泡一定时间，使其在短时间内吸收水分，软化种皮，增加透性，除去发芽抑制物，加速种子的生理活动，缩短后熟过程，促进种子萌发。按水温分凉水浸种(25~30℃)、温水浸种(55℃)、热水浸种(70~75℃)和变温浸种(90~100℃，20℃以下)等。变温浸种适宜有厚硬壳的种子，如核桃、山桃等，可将种子在开水中浸泡数秒，再冷水浸泡 1~3d，待种壳有裂口者占 30%~50%时，即可播种。油茶变温浸种可消除油茶种子炭疽病，方法是：先用 30℃低温水浸种 12h，再用 60℃温水浸种 2h。小粒种子一般经冷水浸种一昼夜，即可播种。含水分太低的种子宜先在室内摊晾，使其吸潮增湿，再浸种催芽，以免因过干种子快速吸胀而损伤种胚。

③药剂催芽。用化学药剂(小苏打、浓硫酸等)、植物激素(赤霉素、吲哚乙酸、吲哚丁酸、萘乙酸等)和微量元素(硼、锰、锌、铜等)等溶液浸种，以解除种子休眠，促进发芽的方法。例如，种壳有油脂和蜡质的乌桕、黄连木、花椒、漆树等种子，用 1%的苏打水浸种 12h，可使油蜡融化并软化种皮；种皮特别坚硬的皂角、凤凰木、油棕等种子用 60%以上的浓硫酸浸种 0.5h，可腐蚀种皮，增强透性。处理时间要短，浸后的种子必须用清水洗干净。利用某些激素和微肥等化学药剂处理种子，可以起到促进发芽、补充营养、增强种子抗性等作用。

近年来，种子催芽处理技术又有了一些新的发展，如汽水浸种(将种子浸泡在不断充气的 4~5℃水中，使水中氧气的含量接近饱和)、渗透液处理(最常用的渗透液为聚乙二醇，简称 PEG)、静电场处理、稀土液处理等。

3. 播种

1）播种时期

适时播种是培育壮苗的重要环节，它关系到苗木的生长发育和对恶劣环境的抵抗能力。应根据树种特性(种子成熟期、发芽所需条件、幼苗的抗寒能力等)、苗圃的自然条件(土壤温度、湿度和生长期)来确定播种时期。

（1）春播

春季是最主要的播种季节，全国范围内播种均可。开春以后，雨量逐渐增多，气温也开始回升，土壤湿度、温度适中，适宜种子萌发，还可避免寒冷的危害。春播从播种到幼苗出土时间较短，可减少播种地的管理工作。在北方，雨量增多、气温回升，要延迟至4月底5月初，一般在春末播种。

(2) 夏播

夏播最适宜于华南地区。特别是3~6月种子成熟的树种，如枇杷、海南蒲桃、木棉、肉桂等。种子经过处理后，随采随播，发芽率高，出苗整齐。苗木在圃地管理及时，苗木经半年生长，当年冬季即可出圃。

(3) 秋播

秋播主要适用于我国南方，在土壤理化特性较好、温度适宜、冬季较短而不严寒的地区，宜采用秋播。因为种子能在田间安全通过后熟，开春出苗较早，苗木生长时间长，生长快而健壮，同时还可省去种子贮藏、催芽工序。一般适用于大、中粒发芽较慢的种子。如油茶、油桐、核桃、油橄榄等，宜采用秋播。

(4) 冬播

在华中地区最适宜冬播，特别是大、中粒种子。冬季气温低，雨水少，播种后种子并不萌发，代替了种子贮藏。翌年早春种子萌发时先长根，幼苗出土早，整齐，生长健壮，抗性强。

2) 播种方法

播种方法有点播、条播和撒播，应根据种子特性、苗木生长规律和对苗木质量要求合理选用。

(1) 点播

点播又称穴播，是按行距开沟后再按株距将单粒种子播在播种沟内，适用于核桃、板栗、桃、杏、银杏、油桐、油茶、龙眼、荔枝等大粒种子。点播距离一般为5~15cm，行距是20~35cm。点播苗木分布均匀，通风透光，生长势强，节约种子。点播时，应注意种子出芽的部位，一般种子出芽部位都在尖端，所以应横放，使种子的缝合线与地面垂直，尖端指向同一方向，使幼芽出土快，株行距分布均匀。若在干旱地区播种，也可使种子尖端向下，使其早扎根，以耐干旱(图2-3)。

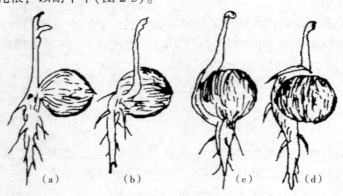

图2-3 核桃种子放置方式对出苗的影响
(a)缝合线垂直；(b)缝合线水平；(c)种尖向上；(d)种尖向下

（2）条播

条播是在苗床上按一定行距将种子均匀地播在播种沟内。适用于漆树、乌桕等中小粒种子，幼苗出土量适中，通风透光，生长健壮，便于嫁接和各种抚育管理，是经济林育苗应用较多的方法。条播的行距与播幅（播种沟的宽度），根据苗木的生长速度、根系特点、留床培育年限长短以及管理水平而定，通常采用单行条播，行距为20~25cm，播幅2~5cm，也可用宽窄行或加宽播幅。开沟深度依种子大小和覆土厚度而定，小粒种子可不开沟，浇水渗下后直接顺行撒种。

（3）撒播

将种子全面均匀地撒在苗床上的播种方法称为撒播。适用于小粒种子，畦面浇水渗下后，将种子均匀撒于苗床，用过筛细土覆盖。撒播省工，出苗量大，但通风透光不良，苗木长势弱，抚育管理不便。多用于培育需要移栽的幼苗。

3）播种深度

条播和点播时，播种沟要开得通直，以便于抚育管理，开沟深度要适当，而且要一致，以便为种子发芽出土整齐创造良好条件。播种沟开好后应立即播种，以免播种沟内土壤因长时间暴晒而过度干燥。

播种深度与出苗率有密切关系，依种子大小、萌发特性和环境条件而定。干燥地区比湿润地区播种应深些，秋冬季播种要比春夏季播种深些，砂土、砂壤土要比黏土深些。一般深度为种子横径的2~5倍，如核桃等大粒种子播种深为4~6cm，海棠和杜梨为2~3cm，香椿以0.5cm为宜。土壤干燥，可适当加深。种子萌发分为出土萌发（萌发后子叶出土）和留土萌发（萌发后子叶留土）两类，出土萌发的种子宜浅播。

4）苗木密度与播种量

苗木密度是指单位面积或单位长度播种行上的苗木株数。在一定育苗技术和圃地条件下，苗木品质的好坏和产量的高低主要取决于苗木密度。苗木密度过大，苗木生长弱，顶芽不健壮，且分化严重，易染病虫害，影响造林后的成活；但密度过小，不仅单位面积产苗量低，而且由于苗木间空隙大，杂草滋生，土壤干燥板结，既影响苗木生长，还增加了抚育管理成本。苗木密度是合理确定播种量的重要因素，要根据树种特性和圃地条件来确定。圃地水肥条件好的密度可适当大些，以便获得较高的产量。

单位面积内所用种子的重量称播种量。播种量计算公式为：

$$X = \frac{C \times N \times W}{P \times G \times 1000^2} \tag{2-7}$$

式中　X——单位面积播种量（kg）；

　　　N——单位面积产苗量，即苗木的合理密度，可根据育苗技术规程和生产经验确定；

　　　W——种子千粒重（g）；

　　　P——种子净度（%）；

　　　G——种子发芽率（%）；

　　　C——播种系数，或称损耗系数。

种粒大小、苗圃环境条件、育苗技术水平、地下害虫和鸟兽危害程度不同，种子发芽成苗率不同。通常种粒越小，损耗越大，不同种粒大小的 C 值大致如下：大粒种子（千粒重在 700g 以下）略大于 1；中小粒种子（千粒重在 3~700g）在 1.5~5.0；极小粒种子（千粒重在 3g 以下）在 5 以上，甚至 10~20。

5）播种技术要点

（1）覆土

覆土厚度对种子发芽和幼苗出土关系极为密切，播种后要立即覆土，以免土壤和种子干燥，影响发芽。覆土过厚，土壤通气不良、土温过低，不仅不利于种子萌芽，而且幼苗出土困难；覆土过薄，种子容易暴露，不仅得不到发芽所需水分，也易受鸟、兽、虫害。应根据种子发芽特性、圃地的气候、土壤条件，播种期和管理技术而定，一般覆土厚度以种子短轴直径的 2~3 倍为宜。覆土应均匀，使苗木出苗一致，生长整齐。

覆土材料可采用原床土，如果原床土黏重，则用细沙或腐殖土、锯屑等进行覆盖，对于小粒或极小粒种子，应用过筛的细土覆盖或者用疏松细碎的材料覆盖。

（2）镇压

覆土后要及时镇压。镇压是为了使种子与土壤紧密相接，以便供应种子发芽时所需要的水分。在比较干旱的地区镇压更加必要，但在黏土区或土壤过湿时，则不宜镇压，以免土壤板结，不利于幼苗出土。

（3）覆盖

覆盖就是用草类或其他轻型材料遮盖播种地。目的是保持土壤湿润，调节地表温度，防止表土板结和杂草滋生等，覆盖对覆土较薄的小粒种子更为重要。对于不需要覆盖幼芽能顺利出土的苗床，可不进行覆盖。

覆盖材料，一般用稻草、麦秆、茅草、松针、苔藓等。覆盖材料不要带有杂草种子和病原菌。覆盖的厚度要适宜，以不见地面为度。

覆盖后要经常检查，以防止覆盖材料被风吹跑。当幼苗出土达 60%~70% 时，要及时分期（一般分 2~3 次）撤除覆盖物。撤除时间，最好在傍晚或阴天，并注意勿伤幼苗。在条播地上，可先将覆盖物移至行间，直到幼苗生长健壮后，再全部撤除。

（4）喷水

播种后或者覆盖后，再用细雾喷头喷一次水，浇透，让种子与土壤和覆盖材料充分接触。

4. 苗期管理

苗期管理是指幼苗出土前后对圃地的管理，其目的是给幼苗创造良好的生长条件，培育苗壮的苗木。

1）遮阴

植物在幼苗期组织幼嫩，为避免烈日灼伤幼苗，必要时应采取遮阴措施，以降低育苗地的地表温度，使幼苗免遭日灼。

遮阴透光度的大小和遮阴时间长短，对苗木质量都有明显的影响。为了保证苗木质量，透光度宜大些，一般为 1/2~2/3。遮阴时间长短因植物和气候条件而异，原则上从气温较高、会使幼苗受害时开始，到苗木不易受日灼危害时停止。我国北方，在雨季或更早时间即可停止遮阴；而在南方，如浙江、广西秋季酷热，遮阴时间可延续到秋末。有条件的苗圃，可在10:00左右开始，17:00左右撤除，阴雨天和凉爽天气不遮阴。

遮阴一般用遮阳网等为材料搭设遮阴棚进行遮阴。方法可采用南侧或西侧进行侧方遮阴，或者在苗床或播种带的上方设荫棚进行上方遮阴，目前生产上多采用水平式上方遮阴，这种荫棚透光度均匀，能很好地保持土壤湿度，床面空气流通，有利于苗木生长。

但是遮阴会导致光照不足，降低苗木的光合作用，会使苗木质量下降，因此，能不遮阴即可正常生长的植物，就不要遮阴。对于需要遮阴的植物，在幼苗木质化程度提高以后一般在速生期的中期可逐渐撤除遮阴。

2）灌溉与排水

（1）灌溉

适时合理的灌溉对于苗木良好生长具有至关重要的作用。合理灌溉要根据树种生物学特性、各地气候和土壤条件进行。有的树种需水较少，有的树种需水较多，如落叶松、马尾松等需水较柳杉和杉木少；各树种在出苗期和幼苗期对水分需要量少但敏感，在速生期需水量较多，进入苗木硬化期，为加快苗木木质化，防止徒长，应减少或停止灌溉。气候干燥或土壤干旱时灌溉量宜多；反之宜少。

灌溉方法有侧方灌溉、漫灌、喷灌、滴灌等。侧方灌溉适用于高床和高垄作业，土壤表面不易板结，但用水量大；漫灌一般用于平床和大田平作，在地面平坦处进行省工、省力，比侧方灌溉省水，但易破坏土壤结构，造成土壤板结；喷灌与降雨相似，省水、便于控制水量、效率较高、土壤不易板结，但受风力影响较大，风大时灌溉不均；滴灌是新的灌溉技术，具备喷灌的所有优点，非常省水。后两者建设投资大，设备成本高。

（2）排水

要利用苗圃排水系统及时排除过多的雨水或灌溉后多余的尾水，达到外水不滞，内水能排，雨过沟干。

3）松土除草

在种子发芽和幼芽出土前后，如出现土壤板结和杂草，应及时进行松土、除草。在苗木旺盛生长期，杂草生长茂盛，为避免杂草与苗木争光夺肥，要及时铲除。

除草应掌握"除早、除小、除了"的原则，及时将杂草拔出，除草次数各地根据圃地杂草生长情况而定，除草一般结合松土进行。松土的深度取决于苗木根系生长的情况，初期应浅，为2~4cm，以后逐渐加深至6~12cm；为了不伤苗根，苗根附近松土宜浅，行间、带间宜深。

4）间苗、补苗

（1）间苗

由于播种量偏大或播种不匀，出苗不齐，造成苗木过密或分布不均，故需通过间苗调整苗木密度，同时淘汰生长不良的苗木。间苗应贯彻"早间苗，晚定苗"的原则。间苗应留优去劣、留疏去密，其对象为受病虫危害的、机械损伤的、生长不良的、过分密集的苗木。

间苗的时间主要根据幼苗密度和生长速度而定。一般是在苗木幼苗期，分1~3次进行。第一次在幼苗出齐后长到5cm时进行，以后大约每隔20d间苗1次。早期间苗，苗木扎根浅，易拔除，可减少水分和养分的消耗。定苗在幼苗期的后期或速生期初期进行，定苗量应大于计划产苗量的5%~10%。

间苗最好在雨后或灌溉后，土壤比较湿润时进行。拔除苗木时，注意不要损伤保留苗，间苗后要及时灌溉，使苗根与土壤密切结合。

（2）补苗

补苗应结合间苗进行，通常从较密的苗木处起苗补植于较稀处。起苗前要充分灌水，用锋利的小铲或其他工具掘苗，然后用小棒补植于较稀处，随即适当压实土壤，并浇水。补植在阴天或雨天进行。补苗后的苗木株数应达到计划留床苗的株数。

5）施肥

在苗木培育过程中，苗木不仅从土壤中吸收大量营养元素，而且出圃时还将带走圃地大量表层肥沃土壤和大部分根系，使土壤肥力逐年下降。为了提高土壤肥力，弥补土壤营养元素不足，改善土壤理化性质，给苗木生长发育创造有利环境条件，需进行科学施肥。

在施肥前，可以通过对植物外观和色泽判断、叶片分析、土壤测定等方法诊断植物是否缺少某种元素以及缺多少，从而确定科学的施肥方案。

（1）施肥的原则

合理施肥是减少养分损失，提高肥料利用率、经济效益和土壤肥力的一项生产技术措施。

①根据气候条件施肥。考虑育苗地区的气候条件，如苗木生长期中某一时期温度的高低、降水量的多少及分配情况等。温度的高低、土壤湿度大小直接影响营养元素状况和苗木对肥料的吸收能力。温度低时，苗木对氮磷吸收受到限制，而对钾的吸收影响少些；温度高时，苗木吸收的养分多，在气温正常偏高年份，苗木第一次追肥时间可适当提早一些。夏季大雨后，土壤中的硝态氮大量淋失，这时追速效氮肥效果较好，在下大雨前或雨天一般不宜施肥。在气候温暖多雨地区有机质分解快，可施分解慢的半腐熟的有机肥料，追肥次数宜多，但每次用量宜少；在气候寒冷地区，则宜用腐熟程度高的有机肥料，但不要腐熟过度，以免损失氮素。降雨少，追肥次数可少，但量可增加。

②根据土壤条件施肥。施肥时要根据土壤的性状，如土壤质地、结构、pH、养分状况等，确定合适的施肥措施，即"看土施肥"。在缺乏有机质和氮的苗圃地，应施大量厩肥、堆肥和绿肥，种植绿肥也有显著的效果。南方红黄壤、赤红壤、砖红壤以及侵蚀性土壤应注重施磷肥。酸性砂土要适当施用钾肥，在酸性或强酸性土壤中，磷易被土壤固定，不能被植物吸收，故应施用钙镁磷、磷矿粉以及草木灰等，氮素肥料选用硝态氮较好，可施用生石灰调节土壤酸碱度。在碱性土壤中氮素肥料以铵态氮肥（如硫酸铵或氯化铵等）效果较好，在碱性土壤中，磷易被固定，磷酸三钙残留于土壤中，不易被苗木吸收，选水溶性磷肥（如过磷酸钙或磷酸铵等），可增施硫黄或石膏等，调节土壤酸碱度。

③根据苗木特性施肥。苗木不同种类和生育阶段，对养分种类、数量及比例有不同的要求。不同的植物其营养特性不同，一般阔叶类植物对氮肥的反应比针叶类要好，豆科植

物、果树等对磷需要量大，橡胶树却要多施钾肥。一般苗圃里的幼苗，主要是营养生长，对氮的要求较高，对旺盛生长的苗木可适当补充钾肥；而在幼苗移栽的当年，根系往往未能完全恢复，吸收养分能力差，宜施用磷肥和有机肥。

④根据肥料特性施肥。要合理使用肥料，必须了解肥料本身的特性及其在不同的土壤条件上对苗木的效应。例如，磷矿粉生产成本低，后效长，在南方酸性红壤上使用很有价值，而北方的石灰性土壤就不适宜；钙镁磷肥的使用可适当集中（防止被固定）；氮素化肥应适当集中使用，因为少量氮素化肥在土壤中分散使用往往没有显著的增产效果；在苗圃中，使用磷、钾肥必须在氮素比较充足的基础上，才是经济合理的，否则会因磷、钾无效而造成浪费；有机肥料、饼肥、磷肥等，除当年具有肥效以外，还有较长时间后效，因此在苗圃施肥时也要考虑到前1~2年所施肥料的数量、种类和作用，以节约用肥，降低育苗成本。

⑤与其他措施配合。要使植物能良好地生长发育，各项技术措施应结合在一起配合进行。如灌溉排水、中耕除草、抚育管理、防治病虫害等措施常与施肥配合，这不仅能提高其他措施的效益，而且能更好地发挥肥料的作用。

（2）施肥方法

苗期施肥主要是追肥，追肥是在苗木生长发育期间施用肥料。追肥以速效肥料为主，常用的肥料有尿素、碳酸氢铵、氨水、氯化钾、腐熟人粪尿、过磷酸钙等。为了使肥料施得均匀，一般都要加几倍的土拌匀或加水溶解稀释后使用。施用的方法有如下几种。

①沟施法。沟施法又称条施法，在行间开沟，把矿质肥料施在沟中。苗根分布浅的施肥宜浅，分布深的施肥宜深。施肥后，必须及时覆土，以免造成肥料的损失。

②撒施法。撒施法是把肥料与干土混合后（数倍或十几倍的干细土）撒在苗行间。撒施肥料时，严防撒到苗木茎叶上，否则会严重灼伤苗木致使死亡。施肥后必须盖土或松土，否则会影响肥效。

③浇灌法。浇灌法是把肥料溶于水后浇于苗木行间根系附近。这种施肥方法比较省工。浇灌时要注意掌握安全浓度，浓度太高容易引起"烧苗"。

④穴施法。穴施是在植物的行、株间挖穴，将肥料施于穴内，然后覆土。该方法与条施的特点基本相同。

⑤根外追肥。根外追肥是将速效性肥料配成一定浓度的溶液，喷洒在植物的茎叶上的施肥方法。根外追肥避免了土壤对养分的固定，使肥料利用率得到提高。根外追肥浓度过高会灼伤苗木，甚至造成苗木死亡，磷、钾肥料1%左右为宜，最高不超过2%；尿素0.2%~0.5%为宜；硫酸亚铁0.2%~0.5%为宜等。喷溶液时宜在傍晚，应使用压力较大的喷雾器，使溶液成极细微粒分布在叶面上，利用肥料溶液很快进入叶部。根外追肥应进行多次才有较好的效果。根外施肥不宜在雨前或雨后进行。不能代替土壤施肥，只能是作为补充施肥的方法。

6）幼苗移植

通过幼苗移植，能培育根系发达、地上部分生长健壮、具有良好苗干和匀称苗冠的苗木，以满足造林、园林绿化等对大苗的需求。培育大苗，如不经过移植，留床培育效果不好，留床苗根系生长过深，起苗伤根多，影响栽植成活。如采用稀播育大苗，占地多，管理费用大，增加育苗成本，生产上一般不采用。

(1) 移植的季节

以春季移植为主，也可在雨季、秋季移植。

①春天移植。以早春为好，一般在植物开始生长、芽苞尚未展开前，移植容易成活，生长快。春季移植植物时应按各植物萌动先后决定移植的顺序，一般原则为：针叶树早于阔叶树，落叶阔叶树早于常绿阔叶树。

②秋季移植。秋天温暖湿润的地区可移植苗木，一般可到10月下旬至11月上、中旬。秋季苗木移植以后，根系在当年就能得到恢复转入正常，到翌年早春，苗木很快即能转入正常的生长(不需根系恢复期)，苗木的生长量比春季移植的大，同时秋季移植在劳力上也可得到保证。

③雨季移植。南方的雨季移植在5~6月，北方7~8月可进行苗木移植。主要用于当年播种、扦插的小苗或常绿植物，特别是珍贵植物苗木间苗以后，可充分利用，做到移密补稀。移植不可以在雨天或土壤泥泞时进行，最好选择在阴天或静风的清晨和傍晚进行，有利于成活。

(2) 苗木移植技术

①移植密度。移植的密度主要反映在株行距上，而株行距的大小又取决于苗木的生长速度、苗木培育的年限、苗木冠幅的大小和根系生长特性、抚育苗木时所用的机具。一般来说，阔叶植物株行距大于针叶植物，生长快喜光植物大于生长慢耐阴植物，机械抚育大于人工抚育，培育年限长大于培育年限短。

②移植前的准备。

苗木分级：在移植前要预先做好苗木分级，不同等级苗木分区栽植，可以减少苗木移植后分化现象，便于苗木的经营管理，促使苗木生长均匀、整齐。

修剪：移植前对苗木根系适当进行修剪，一般主根留20~25cm，凡是受病虫危害、机械损伤、过长的根系，应剪除；对常绿阔叶植物，如樟树，要修剪掉部分枝叶，减少水分蒸腾；对有病虫危害、机械损伤的枝条也应修剪，所有修剪切口要平滑。

③移植的方法。

孔移：按株行距锥成穴，放入小苗，使苗根舒展，防止苗根变形，适于幼苗或芽苗移植。

缝移：按照苗木株行距用工具开缝，将苗木放入缝内踩实，这种方法工效高，但移植质量较差，适于主根发达而侧根不发达的真叶树小苗。

穴移：移植时按株行距、苗木大小开适当的穴，这种移植方法工效较低，但质量较好，适于大苗和根系发达的苗木。

沟移：先按照行距开一浅沟，再按株距将苗木移植在沟内。

栽植必须做到苗木随起随栽，防止须根失水干枯；移栽时要做到扶正苗木、根系舒展、深浅适当、移后踩实。

7) 移植苗的管理

移植后应立即灌水，待土壤稍干时灌第二次水，灌水应灌足、灌透。后期的管理内容包括中耕除草、灌水、施肥、防治病虫害、抹芽去蘖等，可参照苗期管理有关部分。

5. 苗木保护

在冬季寒冷的地方，苗木在原地越冬常大量死亡，越冬保苗的方法很多，如土埋、覆草、设防风障和设暖棚等方法。春季播种或插条，当幼苗刚发芽时，如遇晚霜，幼苗易遭霜冻，可采取熏烟法或者在霜冻到来之前灌溉的方法保护幼苗。

苗木在生长过程中，常常会受到病虫的危害。病虫害防治必须贯彻"防重于治"的原则。如果苗圃的病虫害发展到严重的程度，不仅增加防治的难度，而且会造成无法挽救的损失。因此，在防治上要掌握"治早、治小、治了"。

任务实施

1. 实施步骤

1) 育苗地准备

根据苗圃地情况和所播种子，对育苗地进行土壤耕作、消毒和施基肥，并根据地势和要求，做好所需苗床（高床、低床、平床）。

2) 种子处理

①采种。根据种实是否表现成熟特征确定采种期，切忌采集未成熟种子。对于轻小、脱落后易飞散的种子及色泽鲜艳、易招引鸟类啄食的果实和需提前采集的种子，适用采摘法。对于大粒种子，如栎类、核桃等，适用地面收集法。上树采种必须佩戴安全带，注意安全。

②种实调制。对不同类型的果实，根据种实类型、水分含量高低等选用晒干法、阴干法、堆沤法进行种实脱粒，然后依据重量、大小、密度等差异选用风选、水选、筛选和粒选中的一种方法进行净种，再根据种子含水量高低、种皮结构、种粒大小等选择阴干法或晒干法进行种子干燥，最后进行分级。

③种子贮藏。对于要贮藏至下一个季度或第二年以后用的种子，需要采取合适的贮藏方法。根据种子安全含水量的高低选择普通干藏、密封干藏或者沙藏法进行贮藏。

④种子消毒。播种前根据种子情况，选择不同的药剂，按照说明对种子进行消毒，注意消毒的浓度和时间。

⑤种子催芽。对于短期休眠的种子，可以采用一定温度的水浸泡一定时间进行催芽；对于长期休眠的种子，采用低温层积催芽或者变温层积催芽。

3) 播种

①播种。根据种子大小选择撒播、条播或穴播进行播种。经过催芽的种子不能使胚芽干燥，播种时如土壤干燥应先灌水然后播种。控制好合理播种量，使种子播种均匀，出苗整齐，才能提高产苗量。条播时，开沟深度要适宜而一致，覆土厚度要适宜均匀。穴播时穴距和大小应均匀一致。

②覆土。播后按照种子短轴直径的 2~3 倍厚度，采用细土或疏松的腐殖土等材料进行覆盖。

③镇压。在干旱地或土壤疏松地适当进行镇压。

④覆盖。对于播种小粒种子的苗床地，用稻草、松针等材料进行均匀覆盖，厚度以不见土为宜。

⑤浇水。根据土壤湿度情况进行浇水。

4) 苗期管理

①遮阴。对于易发生日灼的幼苗需要采用遮阴措施，可根据情况选用苇帘、竹帘、茅草、遮阳网等材料进行侧方遮阴或者上方遮阴。

②灌溉与排水。在苗木生长阶段的出苗期和幼苗期要注意浇水，以量少次多为宜，保证出苗和幼苗生长，在速生期则次少量多，浇则浇足，苗木生长后期则减少浇水。注意在雨季排水，苗床不要积水。

③松土除草。在苗木生长旺盛期，有杂草时要及时铲除苗圃杂草，松土结合除草同时进行。

④间苗和补苗。在幼苗期要进行间苗，减掉生长细弱、病虫危害、机械损伤、生长不良、过分密集的苗木，分2~3次进行。在稀缺处补上间掉的生长良好的小苗。间补苗后及时浇水。

⑤施肥。在苗木生长期，根据苗木生长情况及时进行追肥，追肥以无机速效肥为主，选用沟施、穴施、撒施、浇施方法，可结合根外追肥（叶面追肥）进行。

2. 结果提交

编写实践报告。主要内容包括：目的、所用材料和仪器、过程与内容、结果。报告装订成册，标明个人信息。

○ 思考题

1. 简述一年生播种苗的年生长发育规律。
2. 什么是种子催芽？简述种子层积催芽的方法。
3. 试述春季播种的最佳时期。
4. 试述最佳播种量的计算方法。
5. 试述出苗前播种地的管理技术。
6. 简述播种技术要点。
7. 什么是种子休眠？种子休眠的种类及其原因是什么？

任务 2-3 营养繁殖

○ 任务导引

营养繁殖是目前经济林木繁育的重要手段，它能继承母树的优良性状，也是植物快繁的重要途径，在生产中应用广泛。掌握嫁接、扦插、压条等育苗方法，具有重要的现实意义。

任务目标

能力目标：
(1) 会进行嫁接繁殖、扦插繁殖、压条繁殖等操作。
(2) 能根据不同树种选择相应的繁殖方式进行育苗与管理。

知识目标：
(1) 掌握营养繁殖育苗的原理及影响成活因素。
(2) 掌握营养繁殖苗的管理技术要点。

素质目标：
(1) 培养自主学习、发现问题和解决问题能力。
(2) 培养观察能力和实事求是的科学态度。
(3) 培养动手能力和吃苦耐劳精神。

任务要点

重点：营养繁殖的育苗技术和苗木管理。
难点：营养繁殖育苗原理及影响因素的处理。

任务准备

学习计划：建议学时8学时。其中知识准备4学时，任务实施4学时。

工具(材料)准备：本地区常用采穗母树5~6种、砧木、生根粉或萘乙酸、乙醇、蒸馏水；修枝剪、嫁接刀、钢卷尺、盛条器、喷水壶、铁锹、平耙、烧杯、量筒、湿布、塑料绑带等。

知识准备

利用植物的营养器官，在适宜的条件下培育成新的个体的繁殖方法，称为营养繁殖，又称无性繁殖。用营养繁殖法培育的苗木称为营养繁殖苗或无性繁殖苗。营养繁殖方法主要有嫁接法、扦插法、压条法、分株法、埋条法、埋根法等。

营养繁殖主要是利用植物营养器官细胞的再生能力、分生能力以及营养体之间的接合能力来进行繁殖的，主要优点有：①保持母本优良的遗传性状，由分生组织直接分裂的体细胞形成新的个体，其亲本的全部遗传信息可以得以再现；②提早开花结实，苗木从发育阶段上来讲是母体营养器官发育阶段的延续，无须经历实生苗的童期，故能提早开花结实；③解决种子繁殖困难问题，一些树种或品种多年不开花结籽或种子少、胚发育不健全、打破种子休眠困难等，营养繁殖就成为其唯一或主要的繁殖方法。主要缺点有：①育苗技术相对复杂，繁殖材料来源受限；②营养苗的根系一般不如实生苗的根系发达，适应能力和抗逆能力下降，且寿命缩短；③某些树种长期营养繁殖，还会导致生长势减弱、品种退化、病毒或类病毒感染等现象。

1. 嫁接

嫁接又称接木，是将不同基因型植物的部分器官（芽、枝、干、根等）接合在一起，使之形成新个体的一种繁殖方法。用这种方法培育出的苗木称为嫁接苗，提供根系的植物部分称为砧木，嫁接在砧木上的目标枝或芽称为接穗。

嫁接是营养繁殖的重要方法，除了具有营养繁殖方法保持母本优良的遗传性状、提早开花结实等优点外，还具有独特作用：①可利用砧木的某些性状，如抗旱、抗寒、耐涝、耐盐碱和抗病虫等，增强栽培品种的适应性和抗逆性；②可利用砧木生长特性和砧穗互作效应，调节树势，改造树形，使树体矮化或乔化，以满足不同栽培目的和经营方式的需求；③可采用大树嫁接换冠，迅速更换品种，是低产林品种改良的重要方法；④采用一树多头、多种（品种）嫁接，提高经济树木的观赏性、经济性和授粉能力。

经济林树种嫁接繁殖也有一定的局限性：嫁接对砧木的选择严格，要求和接穗的亲和力强，一般限于亲缘关系相近的植物；某些植物由于生理上（如伤流）或解剖上（如茎构造）等原因，嫁接成活困难；嫁接苗寿命较短；此外，嫁接操作繁杂，技术要求高。

1) 影响嫁接成活的因素

(1) 砧木和接穗的亲和力

亲和力就是砧木与接穗通过愈伤组织愈合在一起的能力，它是决定嫁接成活的主要因素。一般亲缘关系越近，亲和力就越强，嫁接就容易成活。同种内同品种或品种间嫁接称"本砧嫁接"，嫁接亲和力最强，同属异种间嫁接亲和力次之，同科异属间成活比较困难。但嫁接亲和力的大小，不一定完全取决于亲缘关系。例如，梨和苹果亲缘关系虽近，但"苹果+梨"嫁接难以成活，而异属的"枫杨+核桃""杜梨+贴梗海棠"嫁接反而成活良好，温州蜜柑与同是柑橘属的酸橘嫁接反不如异属的枸橘嫁接亲和。

砧、穗不亲和或亲和力低的表现形式主要有：①愈合不良。嫁接后不能愈合，不成活；或愈合能力差，成活率低；有的虽然愈合，但是芽不萌发，或萌发后极易断裂。②生长结果不正常。嫁接后虽然可以成活，但枝叶黄化，叶小而簇生，生长衰弱，以致枯死；有的早期形成大量的花芽，或果实畸形，肉质变劣。③砧、穗接口上下生长不协调，造成"大脚""小脚"或"环缢"现象（图2-4）。④后期不亲和。有些嫁接组合接口愈合良好，能正常生长结果，但新陈代谢不协调，经过若干年后很易衰老死亡，如桃嫁接到毛樱桃砧上，进入结果期后不久，即出现叶片黄化、焦梢、枝干甚至整株衰老枯死现象。

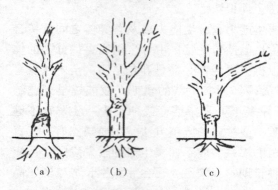

图2-4 嫁接亲和不良表现（引自《经济林栽培学》）
(a) 大脚；(b) 环缢；(c) 小脚

（2）砧、穗的生长状态及植物的生长习性

植物生长健壮，营养器官发育充实，体内贮藏的营养物质多，嫁接成活率高，一般来说，植物生长旺盛时期，形成层细胞分裂最活跃，嫁接容易成活。

此外，要注意砧木和接穗的物候期，植物不同，萌动的早晚不同，砧木萌动早的易于成活，因接穗易得到充分的养分、水分的供给。有的植物接口部分含松脂，有的枝条含单宁，有的伤流严重，都会影响嫁接的成活率。如桃、杏、樱桃嫁接时，往往因伤口流胶而阻碍了切口面细胞呼吸，妨碍愈伤组织的产生而降低成活率；葡萄、核桃室外春季嫁接时伤流较严重，对成活不利；柿含单宁物质较多，严重影响愈伤组织的产生，降低嫁接成活率。

（3）嫁接技术

嫁接技术水平的高低是影响嫁接成活的一个重要因素，体现在对嫁接要点的掌握和熟练程度两个方面。嫁接操作要牢记"平""齐""快""净""紧"五字要领。

（4）外界环境条件的影响

环境条件对嫁接成活的影响主要反映在愈伤组织形成与发育速度上，主要有温度、湿度、空气、光照等环境条件。

①温度。植物愈伤组织必须在一定的温度下才能形成，一般植物20~25℃为愈伤组织生长的适宜温度。不同植物愈伤组织生长的最适温度各不相同，在嫁接时要根据不同植物的物候期安排树种嫁接的顺序。

②湿度。湿度在嫁接成活中起决定性作用。湿度对愈伤组织的生长影响有两个方面：一是愈伤组织生长本身需一定的湿度条件，二是接穗要在一定湿度条件下才能保持生活力。嫁接部位包扎要严密，主要是为了保湿。空气湿度越接近饱和，对愈合越有利。

③空气。空气也是愈伤组织生长的必要条件之一。砧、穗接口处的薄壁细胞增殖，形成愈伤组织，都需要有充足的氧气，才能保持正常的生命活动。在低接采用埋土时，土壤含水量不宜过高。

④光照。光线对愈伤组织的生长有较明显的抑制作用，在黑暗条件下，接口上长出的愈伤组织多，砧、穗容易愈合，在光照条件下则相反。在生产实践中，嫁接后创造黑暗条件，采用培土或用不透光的材料包捆，有利于愈伤组织的生长，促进成活。

（5）嫁接时期

嫁接前要确定适宜的嫁接时间，不同树种适宜的嫁接时期和方法不一样。一般春季以枝接为主，在砧木树液开始流动时进行，落叶树宜用经贮藏后处于休眠状态的接穗进行嫁接，常绿树采用去年生长未萌动的1年生枝条作接穗。夏季、秋季以芽接为主。嫁接在生长季均可进行，应依植物的生物学特性差异，选择最佳嫁接时期。

2）砧木选择和培育

不同类型的砧木对气候、土壤环境条件的适应能力，以及对接穗的影响都有明显差异。砧木选择的主要依据是：①与接穗有良好的亲和力，为同种或同属植物；②对接穗生长发育有良好影响；③对栽培地区的环境条件适应能力强，如抗旱、抗寒、抗涝、耐盐碱等；④资源丰富，易于大量繁殖；⑤能满足特定的栽培需要，如矮化、乔化和抗病等。我国主要经济林常用砧木见表2-3。

表 2-3 我国主要经济林树种常用砧木

树种	砧木名称	简要特性	应用地区
核桃	核桃楸	抗寒、抗旱、适应性强、嫁接亲和力强	辽宁、山东、河北、山西、陕西、贵州、云南
	核桃	嫁接亲和力强,不耐盐碱,喜深厚土壤	河北、山东、陕西
	山核桃	适应性强、喜温暖多湿	贵州、浙江
	枫杨	抗涝、耐瘠薄、适应性强、结果早、嫁接亲和力强	山东、湖北、湖南
普通油茶	普通油茶	适应性强	湖南、湖北、浙江、江西、福建、广东、广西
油桐	千年桐	3年即可结果,抗性强	湖南、四川、贵州、广西
乌桕	乌桕	丰产、抗性强	浙江、湖南、湖北、广西
板栗	板栗	适应性强、耐瘠薄、亲和力强、结果早	河北、山东、河南、四川、贵州、浙江、江苏、广东、广西、湖南、湖北
	茅栗	抗旱、耐瘠薄、适应性强、结果早	山西、陕西、甘肃、河南、江西、四川、浙江、江苏、贵州、湖南
	锥栗	适应性强、土壤要求低	福建、浙江、湖南
	麻栗	耐湿、耐旱、耐瘠薄	山西、贵州、湖北
柿树	君迁子	适应性强、耐瘠薄、较抗寒、结果早、亲和力强	河北、山东、山西、陕西、河南、甘肃、四川、湖南
	普通柿	种子发芽率低,亲和力强,为南方柿主要砧木	浙江、江苏、福建、广东、四川、湖南
	油柿	有矮化作用、结果早、寿命短、暖地用砧木	浙江、福建、江苏
枣	酸枣	抗寒、抗旱、耐瘠薄、亲和力强	辽宁、河北、山东、山西、河南
	枣	适应性强	河北、山西、河南、湖南、陕西、内蒙古、新疆
银杏	银杏	适应性强	浙江、福建、广东、广西、江苏、湖南、湖北、河南、河北

砧木以生长健壮的实生苗最好,也可采用扦插、分株、压条等营养繁殖苗作为砧木。砧木茎粗以1~3cm为宜;生长快而枝条粗壮的核桃等,砧木宜粗;而小灌木及生长慢的茶、桂花等,砧木可稍细。为了提早进行嫁接,可采用摘心,促进苗木的加粗生长;在进行芽接或插皮接时,为使砧木"离皮",可采用基部培土、加强施肥灌溉等措施,促进形成层的活动,不仅便于操作又有利于成活。

砧木的年龄以1~2年生者为最佳,生长慢的树种也可用3年生以上的苗木作砧木。实生苗造林后就地嫁接的可适当延迟。野生林改造或挖野生幼树做砧高接换种的,一般砧龄为10年左右。植物生长健壮,营养器官发育充实,体内储藏的营养物质多,嫁接就容易成功,要选择生长健壮、发育良好的植株作砧木嫁接。

3) 接穗选择

接穗应根据品种区域化的要求，选择适合当地的品种。接穗一般应从母本园或品种园母株上采取。

(1) 母株选择

母株应是经过选择、鉴定，品种纯正、生长健壮、丰产稳产、无病虫的成年植株；若接穗来源缺乏，可在经过鉴定的性状稳定的良种幼树上采接穗，但要兼顾母株的生长。

(2) 枝条选择

选取树冠外围中上部生长充实、芽体饱满的当年生或1年生发育枝，细弱枝、徒长枝不能用作接穗。

(3) 采穗时间

春季嫁接用的接穗，最好结合冬季修剪采集，最迟要在萌芽前1~2周采取。采后每100枝捆成一捆，标明品种。生长季嫁接，最好随采随用。

(4) 接穗保护

接穗的含水量会影响嫁接的效果。如果接穗含水量过少，形成层就会停止活动，甚至死亡。一般接穗含水量应在50%左右。所以接穗在储藏、运输期间，不要过干或过湿，关键是防失水。冬剪时采集的春接穗条，用湿沙储藏，防止失水而丧失生活力，也可用石蜡液快速蘸封接穗。生长季嫁接采集的穗条要装入塑料袋置于阴凉处保湿。

4) 嫁接准备

嫁接方法不同，砧木大小不同，所用工具也不同。嫁接工具主要有嫁接刀、枝剪、砍刀、手锤等。嫁接刀又可分为芽接刀、枝接刀、单面刀片、双面刀片等。

绑扎材料有塑料薄膜、蒲草、麻皮、马蔺等。常用为塑料薄膜，根据砧木粗细和嫁接方法不同，选用厚薄和长短适宜者。用蒲草、马蔺捆绑，易分解，不用解绑。

可用接蜡或泥浆涂抹嫁接口作为保护材料，减少失水和防止病菌侵入。泥浆用干净的生黄土加水搅拌成黏稠浆状即可。接蜡有固体接蜡和液体接蜡，固体接蜡原料为松香4份、黄蜡2份、兽油或植物油1份配置而成，使用前加热融化。液体接蜡原料是松香或松脂8份、凡士林或油脂1份，两者一起加热，溶化后稍冷却放入乙醇，数量以起泡沫但不过高，发出"吱吱"声为宜，然后注入1份松节油，最后注入2~3份乙醇，边注边搅拌即可，液体接蜡易挥发，需用容器密封保存。

5) 嫁接方法

按照接穗利用情况分为芽接和枝接。按嫁接部位分为根接、根颈接、腹接、高接和桥接。以根段为砧木的嫁接方法叫根接；在植株根颈部位嫁接的方法叫根颈接；在枝条侧面斜切和插入接穗嫁接的方法叫腹接；利用原植株的树体骨架，在树冠部位换接其他品种的嫁接方法叫高接；利用一段枝或根，两端同时接在树体上的方法叫桥接。

按嫁接的场所分为圃接(或地接)和掘接。在圃地进行的嫁接叫圃接；将砧木掘起，在室内或其他场所进行的嫁接叫掘接。

（1）芽接

芽接法包括"T"形芽接、嵌芽接、套芽接、方形贴皮芽接等。

①"T"形芽接。"T"形芽接又叫盾片芽接。从当年生新梢上取饱满芽的芽片（通常不带木质部）作为接穗，在砧木上距地5cm左右粗度合适处的光滑部位开"T"形切口，长宽略大于芽片。芽片长1.5~2.5cm。取芽时要连芽内侧的维管束（芽眼肉）一同取下，将砧木切口皮层撬起，把芽片放入切口内，使芽片上部切口与砧木横切口密接，然后用塑料条绑严扎紧（图2-5）。

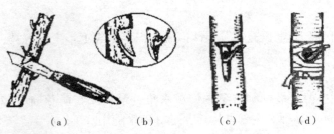

图2-5 "T"形芽接
(a)削取芽片；(b)取下芽片；(c)插入芽片；(d)绑缚

②嵌芽接。嵌芽接又称带木质部芽接或贴芽接。削取接芽时倒拿接穗，先在芽上方0.8~1cm处向下斜削一刀，长1.5cm左右，然后在芽下方0.5~0.8cm处斜切（呈30°下斜），深达第一刀切面，取下带木质的芽片。再在砧木的适当部位，切下和接穗芽片形状、大小相同的切口，使接穗正好嵌入切口，让两者的形成层对齐，如果砧木粗接穗细，接穗的皮层可和砧木的一边皮层靠对，然后用塑料条绑紧绑严（图2-6）。

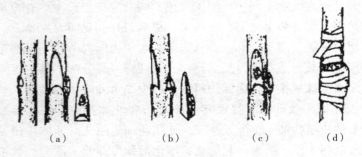

图2-6 嵌芽接
(a)削接芽；(b)削砧木接口；(c)插入接芽；(d)绑缚

③套芽接。选取接穗上饱满芽眼作接芽，在芽上下各1~1.5cm处环切一周，深达木质部，用拇指和食指捏紧芽体部分，左右扭动，待皮层滑动后，再将砧木在离地面10cm左右处切断，双手撕开约1.5cm长的皮层，然后从接穗枝上取下管状芽套，套合于砧木上，使两者紧密接合，再将撕开的皮层向上扶起，围绕住芽套下部即可，可不绑缚或轻绑。注意，在套接时选择的接穗与砧木的粗度应相等，使接芽套与砧木紧密贴合。另外，砧木也可不截头，只是芽套取时为开口的管状（图2-7）。

④方形贴皮芽接。先在砧木上切一方块，将树皮挑起，再按回原处，以防切口干燥；然后在接穗上取下与砧木方块大小相同的方形芽片，并且迅速镶入砧木切口，使芽片切口

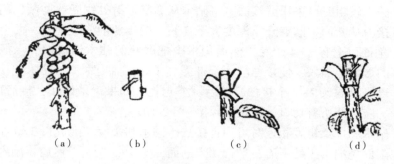

图 2-7　套芽接

(a)扭接芽；(b)接芽套；(c)砧木剥离皮层；(d)套上芽套

与砧木切口密接，然后绑紧即可。要求芽片长度不小于4cm，宽度2~3cm，芽内维管束（芽眼肉）保持完好(图 2-8)。

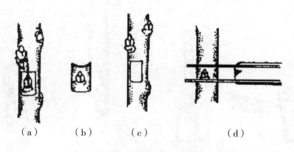

图 2-8　方形贴皮芽接

(a)削芽片；(b)取下的芽片；(c)砧木切口；(d)双刃刀取芽片

(2)枝接

枝接法包括切接、劈接、舌接、插皮接(皮下接)等。

①切接。砧木比接穗粗时可采用切接法。在砧木基部选圆整平滑处剪断，削平剪口。从砧木横断面处纵切一刀，深度大于3cm。再把接穗削成长面长2.5~3cm、短面长1cm的双削面接穗，削面上部留2~4个芽。然后按长削面向里、短削面向外垂直插入砧木切口，使接穗形成层与砧木形成层正对，最后用塑料布条绑扎。若近砧木基部嫁接，接后可埋土保湿；若在高枝嫁接，可用塑料薄膜包严接口，涂接蜡保湿(图 2-9)。

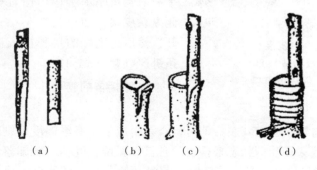

图 2-9　切接

(a)削接穗；(b)切砧木；(c)插入接穗；(d)绑缚

②劈接。砧木较粗时可采用劈接法。将砧木从圆整平滑处锯断或剪断，削平锯口，修平断面。用劈接刀从断面中间劈开，深度大于3cm。把接穗削成长楔形，两个削面的长度为3cm左右，削面以上有2~4个芽，然后用木楔把劈开的砧木切口撑开，把削好的接穗对准砧木皮部的形成层插入，使接穗削面上部露白1cm，抽出木楔，砧木把接穗夹紧。如果砧木较粗，可同时插入2~4个接穗，接后绑缚包扎。如果近地嫁接，接后可埋土保湿；如果高枝劈接，应包严所有切口，涂接蜡保湿(图2-10)。

③舌接。砧木和接穗粗度相近时可用舌接法。砧木和接穗均削成长3cm左右的马耳形削面，然后在削面先端1/3处下刀，平行切入削面，深1cm左右，然后将砧木削面与接穗削面相对，两切面的切口套合，使两者的形成层对准。接穗细时，只要一边对齐即可。对好后用塑料布条或其他绑缚物包扎(图2-11)。

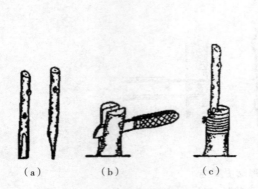

图 2-10 劈接
(a)削接穗；(b)削砧木；(c)接合与绑扎

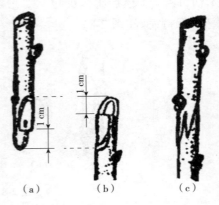

图 2-11 舌接
(a)接穗；(b)砧木；(c)接合状

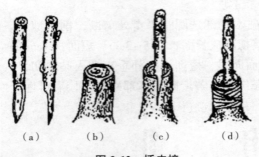

图 2-12 插皮接
(a)削接穗；(b)砧木开口；
(c)插接穗；(d)绑缚和埋土

④插皮接(皮下接)。插皮接是把削好的接穗插入砧木切口皮下，使其愈合并长成一个新植株的方法。选生长健壮、芽体饱满的1年生枝作接穗，用时可根据情况截取2~4个饱满芽。接穗削成切面长2~2.5cm的马耳形，要求削面平滑。再将砧木于适当位置剪断，选光滑的一侧纵切皮层，切口长2.5~3cm，将皮向两边撬开，然后将削好的接穗插入砧木皮内，用塑料条绑严绑紧(图2-12)。

6)嫁接苗的管理

(1)检查成活

大多数经济果树嫁接后15d左右即可检查是否成活，春季温度低则时间长些。生长期芽接的，一般可从接芽和叶柄状态来检查，凡接芽新鲜，叶柄一触即落的为已成活。枝接的一般20~30d后就可检查，凡接枝新鲜，芽眼开始萌动，证明已经成活。未成活的应及时补接。

（2）解绑、补接

在检查时发现绑缚过紧者应及时松绑或解除绑缚，以免影响加粗和绑缚物陷入皮层使接芽受损伤。接口的包扎物不能去除太早，芽接的一般在3周以后陆续进行解绑。枝接的大约50d解除绑缚物。在检查中发现不活时，可抓紧时间补接；秋接后来不及补接的可于翌年春季补接。

（3）剪砧、除萌

剪砧可分一次剪砧和二次剪砧。一次剪砧是春季萌芽前，在接芽上部0.2~0.3cm处剪断，剪口向接芽背面稍微倾斜，有利于剪口愈合和接芽萌发生长。二次剪砧是第一次在接口以上20cm左右处剪去砧木上部（核桃应在接口以上30cm左右有小枝处剪断，以防干枯）。保留的活桩可作新梢扶缚之用，待新梢木质化后，再进行第二次剪砧，剪去保留的活桩。苹果、桃等为使接芽迅速萌发生长，可改用折砧处理，即在接合部上方2~3cm处，接芽的上方，将砧木刻伤，折倒在接芽的背面，待接穗新梢木质化后，再全部剪除。剪砧后，要及时除去从砧木上萌发出的萌蘖。枝接苗萌发后，选留一个健壮的新梢，其余从基部除去，并及时抹去砧芽（图2-13）。

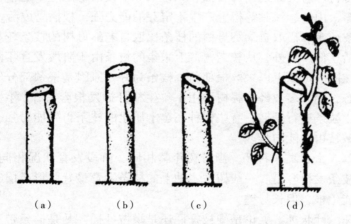

图2-13 剪砧、除萌与抹芽（引自《经济林栽培学》）
(a)剪砧正确；(b)剪口过高；(c)剪口倾斜方向不对；(d)除萌、抹芽

（4）立支柱

在春季风大的地区，为了防止接口或接穗新梢风折，要在新梢长到20~30cm时立支柱绑缚新梢。如果是地面嫁接，可将支柱插入土中，高嫁可将支柱绑缚于砧枝上。绑缚的新梢不宜过紧，稍稍拢住一点即可。也可以用砧木的枝干代替支柱。

（5）埋土防寒

新嫁接的果树苗因伤口初愈、抗逆性较弱，冬季易受冻害，故在寒冷地区于结冻前培土，应培至接芽以上6~10cm，以防冻害。春季解冻后应及时扒开，以免影响接芽的萌发。

（6）其他管理

嫁接苗生长前期要加强肥水管理，不断中耕除草，使土壤疏松通气，促进苗木生长。为使苗木生长充实，一般在7月底之后控制肥水，防止后期旺长，降低抗寒性。同时注意防治病虫害，保证苗木正常生长。

2. 扦插

扦插是切取植物根、茎、叶等营养器官的一部分，在一定条件下插入基质中，利用植物的再生能力使之生根、抽枝长成一个完整的新植株的方法。用扦插法培育的苗木称为扦插苗。在扦插繁殖中，生根促进剂等先进技术的应用，解决了插条生根困难树种的成活问题。扦插可分为硬枝扦插、嫩枝扦插、根插、叶插、芽插等，在育苗生产实践中以枝插应用最广，根插次之，叶插、芽插应用较少，仅在花卉繁殖中应用。

扦插繁殖可以经济利用繁殖材料，能进行大量育苗和多季育苗，既经济又简单；成苗迅速，苗木侧根较多；开始结实时间比实生苗早，在林业生产中得到广泛应用。扦插苗比实生苗根系浅，抗风、抗旱、抗寒能力相对较弱。

1) 影响扦插生根的因素

(1) 内在因素

①树种的遗传性。不同树种，其插条生根的难易程度有很大差别。而插条生根的难易与树种本身的遗传特性有关。葡萄、石榴、无花果等，枝条易产生不定根，扦插枝条易成活；苹果、梨、枣、山楂、海棠等根上产生不定芽的能力强，根插易成活。

②母树和枝条的年龄。取自幼龄母树的枝条比取自老龄母树的枝条较易生根成活。多年生枝条生根成活率低。另外，从较老树冠上采集的枝条由于阶段发育年龄较老，其生根能力也比较差；在同一母株上以采取根部萌蘖枝条为好，原因是根颈部分经常保持着阶段发育上的年幼状态，绝大多数经济林树种用1年生枝扦插发根容易，2年生次之，少数经济林树种用多年生枝条进行扦插，有些树种完全木质化的枝条再生能力强，但大多数树种则是半木质化的嫩枝再生能力强。

③枝条的部位及生长发育状况。当母树年龄相同、阶段发育状况相同时，发育充实、养分积储较多的枝条发根容易。一般树木主轴上的枝条发育最好，形成层组织较充实，发根容易；反之虽能生根，但长势差。

④扦穗上的芽、叶状况。无论是硬枝扦插还是嫩枝扦插，凡是插条带芽和叶片，其扦插成活率都比不带芽或叶的插条的生根成活率高。但留叶过多，蒸腾失水大，插条易干枯死亡，也不利于生根。插条长短因树种和扦插条件与方法的不同而有差异。温室扦插，插条长短对其生根率影响不明显。插条基部下剪口位置必须靠节处，这样有利于上部叶片和芽所制造的生根物质流入基部，刺激下剪口末端的隐芽，使其进一步活化，有利于末端的愈合和生根。

(2) 外在因素

①温度。温度对插条的生根有很大影响。一般生根的适宜温度是30℃左右。但不同树种插条生根要求的温度不一样。扦插后盖薄膜并遮阴，以保证温度在25~35℃。

②湿度。湿度包括土壤湿度和空气湿度。插条在生根前失水干枯是扦插失败的主要原因。扦插后必须注意保护管理，如遮阴喷水，以保持床面湿润，维持插条水分的动态平衡，若长期水分不足必然降低生根成活率，乃至使插条枯萎死亡；但土壤中水分过多，又易造成插条基部切口发霉腐烂，不利于插条生根。插条在形成愈伤组织阶段，空气相对湿度高达80%~90%，叶片上充满水汽，使叶片维持新鲜状态，利于插条生根。插条生根适

宜的土壤含水量，以不低于田间最大持水量的50%为宜、插床内空气的相对湿度以80%～85%为宜。

③光照。光照可以提高土温和气温，能促进生根。对带叶的嫩枝扦插及常绿树种的扦插，光照有利于叶子进行光合作用，制造养分和促进生长素的形成，有利于生根。但是光照又会使插穗干燥，温度过高，水分蒸腾加快而导致萎蔫。因此，在插穗生根前期应适当遮阴降温，减少水分散失，并通过喷水来降温增湿。但插穗开始长根后，应使插穗逐渐延长见光时间，加速根系生长。此外，如果能用间歇喷雾，可在全日照条件下进行扦插。

④通气。土壤中的通气状况，对插条生根有重要作用，但在插床的土壤中维持通气和保存水分常具有矛盾性，如何调整好二者间的矛盾，是扦插生根成活的关键。一般自扦插后至插条切口基部形成愈伤组织时期，土壤宜紧实；当插条进入大量发根阶段，土壤则宜疏松透气；在插条发根后期，宜进行翻床或轻微的松土，以增加土壤的透气性，但松土时以不松动插条为原则。

⑤基质。为提高插条生根成活率，插条土壤必须疏松、通气、清洁、温度适中、酸碱度适宜。在生产上还常采用石英砂、蛭石、水苔、泥炭、火烧土等作为插床基质，以创造一个通气保水性能好、排水通畅、含病虫少而兼有一定肥力的环境条件。

综上所述，影响插条生根成活的因素有内在因素和外部条件，其中内在因素起主导作用，而外部条件的改变则可以直接影响内在因素的变化，两者相互作用综合影响插条生根成活。

2)促进生根的技术措施

(1)机械处理

在生长季节，将经济果树植物的枝条刻伤、环状剥皮或绞缢，阻止枝条上部的营养物质向下运输，这种枝条上剪取的插穗容易生根。有些生根困难的树种，可在插穗基部表皮木栓层剥去一圈或用小刀在插穗基部刻伤5～6道纵伤口，深达韧皮部，利于不定根的产生。

(2)黄化处理

黄化处理也称软化处理。在新梢生长期用黑色纸、布或塑料薄膜等包裹基部遮光，在黑暗条件下生长，使叶绿素消失，组织黄化、软化，皮层增厚，薄壁细胞增多，生长素有所积累，有利于根原始体的分化和生根。处理时间必须在扦插前3周左右。这种方法适用于含有较多色素、油脂、樟脑、松脂的树种。

(3)浸水处理

扦插前，先把插穗浸入水中12h，每天早晚换水，保证水清洁，使插穗吸足水分，也可用温水(40℃)浸插穗基部30min，可促进根原始体形成，有利生根。

(4)加温催根

一般地温高于气温3～5℃时，有利于插穗生根。硬枝扦插多在早春进行，这时气温升高快，而地温仍较低，穗芽容易萌发，而不定根形成困难，以致插穗缺水枯死。所以有些地方采用土温床扦插，促使插穗下切口愈合生根，效果较好。具体做法是在插床底部填上一层酿热物，如马粪、厩肥、饼肥等，再在其上铺上一层插壤，然后扦插。这种土温床由于酿热物在腐烂过程中散发出热，能提高土温，从而促进插穗生根。现在大型温室采用电热丝来增加插壤温度或用热水管来提高土温，也有用塑料薄膜覆盖，吸收太阳能增加土温，促进生根。

(5) 植物激素处理

应用人工合成的各种植物生长调节剂对插穗进行处理，不仅可以大大提高生根率、生根数和根的粗度、长度等，而且还可缩短苗木生根时间，并且使生根整齐，是目前生产上常用的催根处理方法。常用的植物激素主要有 ABT 生根粉、萘乙酸（NAA）、吲哚乙酸（IAA）、吲哚丁酸（IBA）、2,4-二氯苯氧乙酸(2,4-D)等，主要使用方法如下：

①溶液浸蘸法。将植物激素配制成一定浓度的溶液，低浓度溶液 10~200mg/L，插穗基部 1~3cm 浸泡 1~24h；高浓度为 500~2000mg/L，浸泡 3~30s。树种不同，枝条发育阶段不同，要求的激素浓度、处理时间也不同。难生根树种浓度高些，易生根树种则浓度低些；硬枝扦插浓度高些，嫩枝扦插浓度低些。但浓度太高则起抑制作用，太低则会影响效果，要经过试验确定。生长素一般都不溶于常温水，配制溶液时先加少量乙醇或 70℃ 热水溶解，然后加水配成处理溶液，一般宜现配现用。

②粉剂处理。将 1g 生长激素和 1000g 滑石粉混合均匀配成粉剂，将剪好的插条下切口浸湿 2cm，蘸上配好的粉剂即插，扦插时注意不要擦掉粉剂。

(6) 化学药剂处理

用化学药剂处理插穗，能增强新陈代谢作用，从而促进插穗生根。常用的化学药剂有蔗糖、乙醇、高锰酸钾、醋酸、硫酸镁、二氧化锰、磷酸等。用 0.05%~0.1% 的高锰酸钾溶液浸泡硬枝 12h，不但能促进插穗生根，还能抑制细菌的发育，起到消毒的作用。

3) 扦插繁殖方法

(1) 硬枝扦插

硬枝扦插是指利用充分木质化的枝条进行扦插。

①扦插时间。春、秋两季均可进行扦插。春季扦插宜早，在萌芽前进行，北方地区可在土壤化冻后及时进行。秋季扦插在落叶后、土壤封冻前进行，扦插应深一些，并保持土壤湿润。一般情况下，我国北方不在秋季扦插，南方温暖地区普遍采用秋插。冬季硬枝扦插需要在大棚或温室内进行，并注意保持扦插基质的温度。

②插穗的采集与贮藏。选生长健壮、丰产性能优良、没有病虫害、品种优良的植株作采穗母树。采穗应在秋季落叶后至萌芽前进行，采集树冠外围中下部充分木质化、1~2 年生芽体饱满的枝条作插穗。最好采集主干或根颈部的萌条作插穗，或从发育阶段较为年轻的植株上采集。插穗剪制后，要将其按直径粗细进行分级，然后每 50~100 根扎成一捆，并使插穗的方向保持一致，下切口对齐。对秋、冬季节采集，在春季扦插的插穗，应进行贮藏，方法有室内堆藏和室外沟藏。室内堆藏是在室内铺一层 10cm 厚的湿沙，将一层插穗一层湿沙交替堆放，堆积层数以 2~3 层为宜，并保持室内通风透气和保持适当的湿度；室外沟藏是选地势高燥、背风阴凉处开沟，沟深 50~60cm，沟长依插穗多少而定，在沟底铺 10cm 厚湿沙，将成捆的插穗竖立排放于沟内，用干沙覆盖，喷水，顶部做成馒头状防水。

③插穗的剪制。插穗一般剪成 10~20cm 长，北方干旱地区可稍长，南方湿润地区可

稍短；粗枝稍长，细枝稍短；难生根树种稍长，易生根树种稍短；砂土地上扦插稍长，黏土地上扦插稍短。也有采用一芽一节扦插的，如山茶。插穗上剪口应距离芽顶1cm左右，以保护顶芽不致失水干枯，下剪口应位于芽的基部。也有在当年生枝条基部略带少许2年生枝条或一段2年生枝条，叫作带插或锤形插，应用于桂花、木瓜等效果较好。易生根的树种插穗上端、下端剪成平口，难生根的树种下端剪成小马耳形，可促进生根，但易形成偏根，如图2-14所示。

④扦插。按一定的株行距，将插穗斜插或直插于基质中（不易生根的树种用生根素、植物激素等处理后再插）。一般株距为10~20cm，行距为20~40cm。短插穗在土壤疏松的情况下应直插，长插穗在土壤黏重的情况下应斜插，斜插倾斜角度45°~60°。插条深入基质1/2~2/3，并使剪口芽的方向一致。为避免插穗基部皮层被破坏，可先用与插条粗细相仿的木棍打孔，再插入基质中，然后压实，使土壤与插穗紧密结合。干旱地

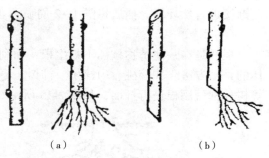

图2-14 剪口形状与生根示意
(a)下剪口平剪；(b)下剪口斜剪

区扦插应适当深一些，插条上切口可与地面平齐。有的树种扦插是把插穗基部先插在黏土捏成的小泥球中，再连泥球一同插入插壤中，目的是更好地保持水分，使插条不易干燥。

⑤扦插后的管理。扦插后应立即喷足第一次水，以后应经常保持土壤和空气的湿度，做好保墒及松土工作。对难生根和生根较长时间的树种要注意遮阴。若生根以前地上部已展叶，则应摘除部分叶片。当插穗开始生根时，要及时松土。每隔1~2周用0.1%~0.3%尿素随浇水施入扦插床。当新苗长到15~30cm长时，应选留一个健壮直立的枝，其余的除去。在温室和温床中扦插时，当生根展叶后，要逐渐开窗使空气流通，使新苗逐渐适应外界环境，然后再移至圃地。

(2) 嫩枝扦插

嫩枝扦插又称软枝或绿枝扦插。它是在生长期中应用半木质化枝条进行扦插繁殖的方法。由于嫩枝内含有丰富的生长素和可溶性糖类，酶的活性强，有利插穗愈合生根，适用于硬枝扦插不易成活的树种，如枣树、葡萄、无花果、石榴、山楂、桑树等。

①采条。一般在夏、秋早晚或阴天采条，选自采穗圃母树或其他幼年母树上生长健壮、半木质化的枝条。采后应注意保鲜，做到随采、随截、随扦插。

②制穗。嫩枝的插穗一般比硬枝的插穗短，多为2~4节，长10~15cm，上端剪口在芽上1~1.5cm处，下端剪口在芽下0.5cm处，剪成马耳形，以利生根。插穗留叶对生根有明显的效果，插穗上可留2~4片叶，并剪留1/2~2/3叶面积。

③扦插。多用生根素、植物激素处理后扦插。扦插时间最好在早晨和傍晚。通常采用低床。扦插密度以插后叶片互不拥挤重叠为原则，株行距一般为10cm左右，扦插深度为插穗长度的1/3~1/2。对生根困难的树种，不仅要用生根素处理，还应在温室和塑料棚内扦插，并且要采取遮阴措施。用蛭石、炉渣、河沙、泥炭等作插壤，且要严格消毒。有条

件的可安装全光自控喷雾设备。

④扦插后的管理。扦插苗发芽前要保持一定的温度和湿度，故扦插后每日喷水2~3次，如气温高每日3~4次，但每次水量要少，以达到降低气温、增加空气湿度，而又不使插壤过分潮湿的目的。扦插初期空气湿度应保持在95%以上，下切口愈合组织生出以后可降低至80%~90%。棚内温度控制在18~28℃为宜，超过30℃时应立即采取通风、喷水、遮阴等措施降温。插穗生根以后，可延长通风时间加大透光强度，减少喷水量，使其逐渐接近自然环境。插后每隔1~2周喷洒0.1%~0.3%氮磷钾复合肥。

（3）根插

根插是在一些植物枝插不易生根，而利用其根能产生不定芽和不定根，使之成为新个体的繁殖方法。如核桃、山核桃、柿树、枣树、漆树、桑树、文冠果、牡丹、香椿、玫瑰等树种都可用根进行扦插，如图2-15所示。

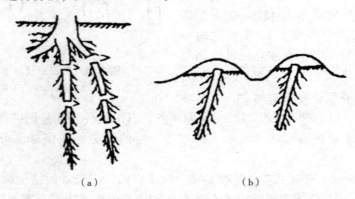

图2-15 根插（引自《经济林栽培学》）
(a)剪根段；(b)扦插

种根应在树木休眠时从青壮年母树周围挖取，也可利用苗木出圃时修剪下来的和残留在圃地中的根段。根穗粗0.5~3cm，长10~15cm。北方宜春插，南方可随挖随插。多用低床，也可用高垄。因根穗柔软，不易插入土中，通常先在床内开沟，将根穗倾斜或垂直埋入土中，上端与地面平，或露出1~2cm。为了防止倒插，扦插时应粗头朝上。为了区别根穗的上下切口，在制穗时可将上端剪成平口，下端剪成斜口。插后填压，随即灌水，并经常保持土壤适当的湿度。一般经15~20d即可发芽出土。有些树种根系多汁，插后容易腐烂，应在插前放置阴凉通风处存放1~2d，待根穗稍微失水萎蔫后再插。

此外，还有水插，即将插条插于水中，生根后取出移栽。有些园林花卉植物可用叶片、叶芽进行扦插，如秋海棠、豆瓣绿、虎尾兰等可用叶插，橡皮树、山茶、柠檬、桂花等可用叶芽插。

3. 压条

压条是将母株上的枝条压于土中或生根材料中，使其不定根产生后与母株分离而长成新的植株的繁殖方法。采用压条繁殖的苗木称为压条苗。扦插不易生根的果树常用此方法，如苹果和梨的矮化砧木苗、石榴等。压条分为地面压条和空中压条，地面压条又分直立压条、水平压条和曲枝压条。采用压条繁殖成活率高，并且可保持母株优良的性状，技术操作易于掌握，但其缺点是易造成母株衰弱。

1）直立压条

直立压条，又称培土压条。萌芽前，将母株枝条距地面15cm左右（矮化砧2cm）处短截促发分枝，进行第1次培土，待新梢长到20cm时，进行第2次培土，至高25~30cm、宽40cm，踏实。培土前先灌好水，培土后保持湿润，一般20d后开始生根，入冬前或翌春扒开土堆分离新生植株。苹果和李的矮化砧、李、石榴、无花果、樱桃等果树均可采用直立压条法进行繁殖，如图2-16所示。

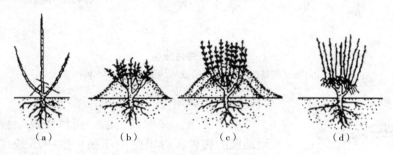

图2-16 直立压条

(a)短截促萌；(b)第1次培土；(c)第2次培土；(d)去土可见到根系

2）水平压条

水平压条，又称开沟压条，主要在萌芽前进行，有的树种如葡萄可在生长期进行绿枝水平压条。选取母株靠近地面的枝条，顺着生长的方向压入地面，并挖2~5cm深的沟，将压下的枝条放入沟内，覆盖少量松土，埋没枝梢，芽萌发后可再覆盖薄土，促进枝条黄化。新梢长到15~20cm、基部半木质化时再培土10cm左右。年末将基部生根的小苗自水平枝上剪下即成压条苗，如图2-17所示。

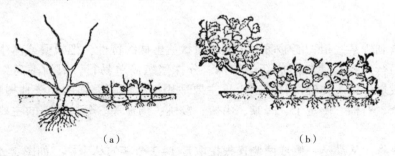

图2-17 水平压条

(a)1年生枝水平压条；(b)绿枝水平压条

3）曲枝压条

曲枝压条多在春季萌芽前进行，也可在生长季节新梢半木质化时进行。选择靠近地面的1年生枝条，在其附近挖坑。坑与植株的远近，以枝条的中下部能在坑内弯曲为宜。坑的深度为15~20cm。将枝条弯曲向下，靠在坑底，用枝杈固定，并且在弯曲处进行环剥。在枝条弯曲部分压土填平，将枝条上部露在外面。压土部位夏季即可生根，秋季与母株分离，即成新植株，如图2-18所示。

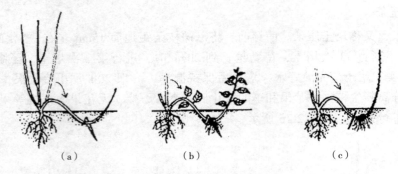

图2-18 曲枝压条
(a)萌芽前刻伤与曲枝；(b)压入部位生根；(c)分株

4）空中压条

空中压条，又称高压法。树体较高、枝条不易弯曲至地面的树种，可用空中压条。空中压条在整个生长季节都可进行，而以春季和雨季较好。将选好的1~3年生枝条，先刻伤表皮，刻伤部位以下，用塑料布围成圆筒，并且紧扎于枝上，筒内放入湿润肥沃的土壤，作为生根基质，浇水后将塑料筒上部也扎紧。注意经常保持生根基质湿润，待生根后即可与母株分离，继续培养成苗。空中压条成活率高，技术易掌握，但繁殖系数低，对母株损伤大。空中压条常用来培育盆栽果树，如葡萄等，如图2-19所示。

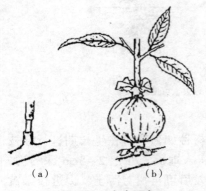

图2-19 空中压条
(a)环剥被压枝条；(b)压条苗剪离母株

4. 分株

分株是指利用某些植物能够萌生根蘖或灌状丛生株的特性，把根蘖或丛生株从母株上分割下来，另行栽植，使之形成新的植株。分株繁殖简单易行，成活率高，但繁殖系数小，不便于大量生产。在经济林育苗上，主要适用于根蘖能力强的经济林树种，如香椿、银杏、枣、李、石榴、山定子、海棠、山楂、樱桃、杨梅等。分株繁殖的主要方法有以下几种：

①灌丛分株。从灌丛一侧或两侧连根挖取带1~3个茎的丛生株，如图2-20(a)所示。
②根蘖分株。从母株上连根挖取根蘖，如图2-20(b)所示。
③掘起分株。将母株全部带根挖起，再分割成带1~3个茎的分株，如图2-20(c)所示。

此外，某些草本果用植物还可采用匍匐茎分株(如草莓等)、根状茎分株(如草莓、吊兰等)、吸芽分株(如香蕉、菠萝等)等方法。

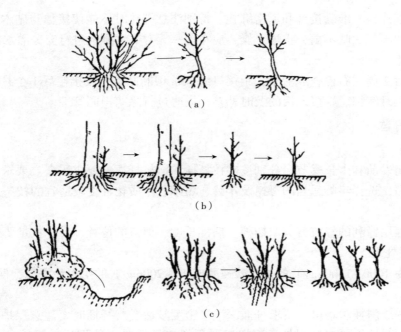

图 2-20 分株法（引自《经济林栽培学》）
（a）灌丛分株；（b）根蘖分株；（c）掘起分株

○ 任务实施

1. 实施步骤

1）工作准备

材料：本地常用采穗母树 5~6 种、砧木、生根粉或萘乙酸、乙醇、蒸馏水等。

工具：修枝剪、嫁接刀、钢卷尺、盛条器、喷水壶、铁锹、平耙、烧杯、量筒、湿布、塑料绑带等。

2）嫁接育苗

（1）接穗采集与处理

在北方，枝接多在春季 2 月下旬至 4 月中旬进行。种条应采自品质优良纯正、生长健壮、无病虫害的青壮年母树。从采穗母树的外围中上部，选向阳面、光照充足、发育充实、芽尚未萌动的 1~2 年生枝条作为接穗，或利用秋冬剪取经贮藏的枝条。

经低温贮藏的接穗，在嫁接前的 1~2d 放在 0~5℃ 的湿润环境中进行活化，经过活化的接穗，接前再用水浸 12~24h，能提高嫁接成活率。

芽接时，要随嫁接随采种条，要选生长健壮、无病虫害、性状优良的植株作采穗母树。剪取母树树冠外围中上部向阳面当年生枝作接穗。采穗后要立即去掉叶片，只留叶柄，注意保湿。

（2）嫁接操作

进行劈接、切接、插皮接、"T"形芽接、嵌芽接和方块芽接操作。要求按照操作要领切削砧木和芽片,并准确接合和紧密绑扎。特别注意绑扎时不能使接穗与砧木的形成层错位。嫁接前如天气久晴不雨,土壤干燥,应在前一天对砧木圃地进行充分灌水。

(3) 管理

芽接接后2周左右检查成活率,距接口约1cm剪断砧木,枝接接后1个月左右检查成活率,约1个月解绑。嫁接未活的及时补接,同时进行除萌田间管理。

3) 扦插育苗

(1) 选条

在春季萌发前和生长季节,分别按硬枝扦插和嫩枝扦插的要求采条。要求根据影响扦插成活的内因,选择年龄适当的母树及年龄、粗细、木质化程度较适宜的枝条。

(2) 制穗

在阴凉处用锋利的修枝剪剪取插穗。插穗长度、剪口的位置、带叶数量要适宜。

(3) 催根处理

用浓度为1000~1500mg/L的萘乙酸速蘸或10~200mg/L的生根粉浸泡,促进生根。

(4) 扦插

用直插法或斜插法均可。要求扦插深浅、密度较适合。扦插时要注意保护好芽,防止风干和损坏。剪插穗要在背阴处,剪切口要平滑,扦插时不能倒插。扦插的基质要求疏松、通气、保水能力好。

(5) 管理

扦插完毕立即浇透水。在生根期间,围绕防腐及保持基质和空气湿度做好喷水、遮阴、盖膜、制穗、消毒等工作。

4) 压条育苗

(1) 选条

从需要压条的母树上选择生长健壮、无病害、1年生或多年生枝条准备压条。

(2) 压条

根据树种枝条的柔软可弯曲程度及状态,选择普通压条、堆土压条、水平压条、波状压条或高空压条,按照操作要求进行。根据树种选择在春、秋季节进行压条。

(3) 管理

根据压条方式和气候等条件进行水分管理等工作。

2. 结果提交

编写实践报告。主要内容包括:目的、所用材料和仪器、过程与实践内容、结果。报告装订成册,标明个人信息。

思考题

1. 什么是嫁接?嫁接成活主要受哪些因素影响?
2. 如何提高嫁接成活率?
3. 试述硬枝扦插的方法步骤。

4. 怎样提高扦插育苗的成活率？
5. 插穗成活主要受哪些因素影响？
6. 切接、劈接和"T"形芽接各要掌握哪些技术要求？
7. 试述空中压条育苗的方法步骤。

任务 2-4　组织培养育苗

○ 任务导引

植物组织培养是利用植物体离体器官、组织、细胞及原生质体，如根、茎、叶，花、果实、种子、胚、胚珠、子房、花粉等，在无菌和适宜的人工培养基及光照、温度等条件下，诱导出愈伤组织、不定芽、不定根，最后形成完整植株的过程。本任务将介绍植物组织培养技术对植物种苗繁育、病虫害防治以及育种等领域的作用，以及组织培养技术具体实施流程。通过本任务的学习，应掌握培养基的配制、灭菌、接种、培养、炼苗、移栽等技术操作。

○ 任务目标

能力目标：

（1）能正确配制母液和 MS 培养基。
（2）能正确进行无菌操作。
（3）能根据林木组织培养育苗技术规程标准，进行试管苗的初代培养、继代培养和生根培养。

知识目标：

（1）掌握组培仪器、设备使用的基本知识。
（2）掌握常用培养基的种类、特点及组成成分。
（3）掌握外植体的选取原则和处理、接种知识。
（4）掌握解决继代培养、生根培养的相关知识。

素质目标：

（1）培养自主学习、发现问题和解决问题能力。
（2）培养动手能力。
（3）培养实践能力和精益求精的精神。

○ 任务要点

重点：外植体的选取和灭菌，母液和 MS 培养基配制，无菌操作，初代、继代和生根培养。

难点：母液和 MS 培养基配制，无菌操作。

○ 任务准备

学习计划：建议学时 6 学时。其中知识准备 2 学时，任务实施 4 学时。

工具(材料)准备：配制 MS 培养基所需的各种试剂、蒸馏水、乙醇、氯化汞；电子天平、烧杯、量筒、容量瓶、酸度计、高压灭菌锅、超净工作台、接种器械、培养瓶等。

○ 知识准备

1. 组织培养的特点与应用

1) 组织培养的特点

组织培养繁殖是指分离植物的器官、组织、细胞或原生质体，即外植体，按无菌操作程序接种在人工培养基中，培养成完整植株的繁殖方法。与常规的无性繁殖技术相比，这一技术有以下优点：

①所需材料少，繁殖系数高，可实现快速无性繁殖。许多快速繁殖工艺成熟的植物，1~2 个月可继代遗传，增殖 3~4 倍，1 个芽一年可繁殖 10 万株无性苗。

②可人为控制条件，实现周年繁殖，且苗木质量稳定、整齐。

③集约化、标准化程度高，可实现工厂化育苗。

2) 组织培养的应用

随着植物组织培养技术的日益完善，其应用也越来越广泛，主要应用领域有以下几个方面。

(1) 无性系繁殖育苗

无性系繁殖是植物组织培养应用的主流之一，若利用茎尖组织进行组培育苗，便可在短期内繁殖大量幼苗，为此组织培养又叫作快速繁殖或微型繁殖。此外，组培苗无性系的性状比传统无性系的性状更加整齐一致，可为用其营造的人工林在管理方面带来优越性。

(2) 植物育种

主要有胚胎培养、单倍体育种和培养细胞突变体等方面的应用。

(3) 植株脱病毒

长期用无性繁殖方法来繁衍的植物种类往往容易积累病毒病。植物不能通过种子途径去除病毒，用化学方法防治和高温处理往往成效不稳定。茎尖培养是获得无病毒植株的最好途径。

(4) 种质资源保存

无性繁殖的植物，若用组织培养方法，保存愈伤组织、胚状体、茎尖等组织，可节省大量人力物力。

(5) 工厂化育苗方面

组培育苗的技术特点决定了其有利于工厂化育苗。多年的实践表明，工厂化生产可以实现组培苗的快速繁殖，为林业生产快速建立优良品种或引进良种的特优单株的无性系。

2. 组织培养育苗的程序

植物组织培养根据培养所用材料的不同可分为器官培养、组织和细胞培养、原生质体培养和单倍体培养，其中以器官培养在育苗方面的应用最广泛。器官常以茎尖、茎段、叶片、芽等为繁殖材料。组织培养育苗应按以下技术程序进行。

1) 器皿的清洗

植物组织培养除了要对培养的实验材料和接种用具进行严格灭菌外，各种培养器皿也要求洗涤清洁，以防止带入有毒的或影响培养效果的化学物质和微生物等。清洗玻璃器皿用的洗涤剂主要有肥皂、洗洁精、洗衣粉和铬酸洗涤液（由重铬酸钾和浓硫酸混合而成）。新购置的器皿，先用稀盐酸浸泡，再用肥皂水洗净，清水冲洗，最后用蒸馏水淋洗一遍。用过的器皿，先要除去其残渣，清水冲洗后，用热肥皂水（或洗涤剂）洗净，清水冲洗，最后用蒸馏水冲洗一遍。清洗过的器皿晾干或烘干后备用。

2) 培养基的制备

（1）培养基成分

组培能否成功，选择适合的培养基极为重要。植物组织培养常用的培养基为 MS、ER、B5、N6、White、SH 培养基等。培养基的成分主要包括无机营养元素（大量元素和微量元素）、有机化合物（糖类、维生素类、氨基酸、肌醇或其他有机附加成分）。大量元素包括氮、磷、钾、钙、镁、硫等，微量元素包括铁、硼、锰、锌、铜、钼、氯等，它们在植物生长发育及细胞生命活动过程中起着重要作用。植物再生过程及再生方式通常取决于植物激素的种类和配比，因此要在培养基中加入适当的植物生长调节物质（生长素、细胞分裂素、赤霉素等），促进外植体的愈伤组织分化或根、芽的形成。固体培养基需要加入凝固剂（通常用琼脂，用量一般为 6~20g/L）。

（2）母液的配制

在组织培养工作中，为了称量方便，一般先配一些浓溶液，用时再稀释，这种浓溶液叫作母液。母液包括大量元素母液、微量元素母液、肌醇母液、其他有机物母液、铁盐母液等。母液按种类和性质分别配制，单独保存或几种混合保存。也可配制单种维生素、植物生长素母液。母液一般比配方规定量浓缩 10~100 倍。MS 培养基母液的配制方法见表 2-4。

将基本培养基按表配制成母液，放在冰箱中保存备用，用时按需要稀释。配母液应采用蒸馏水或去离子水。配母液称重时，用量少的药品用感量 0.01g 的天平，微量元素最好用感量 0.0001g 的分析天平称量。

植物生长调节物质也可单独配制成母液，储存于冰箱。母液浓度一般为 0.5~1mg/mL。生长素、萘乙酸、吲哚丁酸、2,4-二氯苯氧乙酸等生长调节剂，可先用少量 0.1mol/L 氢氧化钠或 95% 的乙醇溶解，然后再定容至所需体积。激动素（KT）和苄氨基腺嘌呤（BA）等细胞分裂素母液的配制时用 0.1~1mol/L 盐酸加热溶解，然后加水定容。

表 2-4　MS 培养基母液配制方法

母液编号	成分	称量（g）	配制方法	每配 1L 培养基的取量（mL）
大量元素母液	硝酸钾 七水硫酸镁 硝酸铵 磷酸氢二钾 二水氯化钙	19 3.7 16.5 1.7 4.4	将二水氯化钙溶于 300mL 水中，将其他 4 种盐都溶于 500mL 水中，再将上述 2 种溶液混合，定容至 1000mL	100
微量元素母液	四水硫酸锰 七水硫酸锌 硼酸 碘化钾 二水钼酸钠 五水硫酸铜 2六水氯化钴	22.3 8.6 6.2 0.83 0.25 0.025 0.025	将 7 种试剂先溶于 800mL 水中，然后定容至 1000mL	1
维生素母液	硫胺素 吡哆醇（醛） 烟酸 甘氨酸	0.05 0.05 0.05 0.2	将 4 种试剂先溶于 80mL 水中，再定容至 100mL	1
肌醇母液	肌醇	1.0	溶解并定容于 100mL	10
铁盐母液	乙二胺四乙酸二钠 七水硫酸亚铁	3.73 2.78	两种试剂分别溶解在 200mL 水中，分别加热煮沸。冷却后混合定容至 500mL	5

（3）培养基配制及灭菌

先确定培养基的配制量，再按比例称取琼脂，加一定量的水后加热，不断搅拌使之溶解，然后根据培养基配方中各种物质的需要量，用量筒或移液管从各种母液中逐项按量吸取加入，再加蔗糖，最后用蒸馏水定容至总量，再用 1mol/L 氢氧化钾或氢氧化钠将培养基的 pH 调到 5.6~5.8。然后将培养基分装在培养瓶中，封口并做好标记。液体培养基的配制方法，除不加琼脂外，其他与固体培养基相同。

培养基的灭菌一般采用高温高压消毒和过滤除菌两种方法。

①高温高压灭菌。将培养基放入高压锅灭菌在 121℃、压力 0.11~0.15MPa 下灭菌 15~20min。若灭菌时间过长，会使培养基中的某些成分变性失效。灭菌后放在无菌操作室内待用。

②过滤除菌。一些易受高温破坏的培养基成分，如植物生长调节剂，不宜用高温高压法灭菌，可过滤除菌后加入高温高压消毒的培养基中。过滤除菌一般用细菌过滤器，其中的 0.4μm 孔径的滤膜将直径较大的细菌等滤去，过滤除菌应在无菌室或超净工作台上进行，以免造成培养基污染。

3) 外植体的选择与消毒

(1) 外植体选择

外植体的取用与组织部位、植株年龄、取材季节以及植株的生理状态、质量有关，它们都对培养时器官的分化有一定影响。一般阶段发育年幼的实生苗比发育年龄老的栽培品种容易分化，顶芽比腋芽容易分化，萌动的芽比休眠芽容易分化。在组织培养中，最常用的外植体是茎尖，通常切块长 0.5cm 左右，太小产生愈伤组织的能力差，太大则在培养瓶中占据空间太多。培养脱毒种苗，常用茎尖分生组织部位，长度为 0.1mm 以下。应选取无病虫害、粗壮的枝条，放在纸袋里，外面再套塑料袋冷藏（温度为 2~3℃）。接种前切取茎尖和茎段并消毒处理。

(2) 外植体的消毒

外植体的消毒要在超净工作台进行，操作前要对接种室进行消毒。接种室的地面及墙壁，在接种后均要用 1∶50 的新洁尔灭湿性消毒。每次接种前还要用紫外线灯照射消毒 30~60min，并用 70% 的乙醇在室内喷雾，以净化空气。超净工作台台面消毒，可用新洁尔灭擦抹及 70% 的乙醇消毒。

植物组培能否取得成功的重要因素之一，就是保证培养物在无菌条件下安全生长。培养前必须对外植体进行严格的消毒处理，消毒的原则为既能全都杀灭外植体上附带的微生物，但又不伤害材料的生活力。因此，必须正确选择消毒剂和使用的浓度、处理时间及程序。目前，常用的消毒剂有次氯酸钙、氯化汞、次氯酸钠、过氧化氢、70%乙醇等。消毒前先用清水漂洗干净或用软毛刷将尘埃刷除，茸毛较多的用皂液洗涤，然后再用清水洗去皂液，洗后用吸水纸吸干表面水分，用 70% 的乙醇浸数秒钟，无菌水冲洗 3 次，然后用消毒液（如 0.1% 氯化汞）浸泡 5~10min，再用无菌水冲洗 3~5 次，用无菌纱布或无菌纸吸干接种。

4) 接种

接种是指把经过表面灭菌后的植物材料切碎或分离出器官、组织、细胞，转放到无菌培养基上的全部操作过程。整个接种过程均需无菌操作，在超净工作台上进行。具体操作过程是：将消毒后的外植体放入经烧灼灭菌的不锈钢或瓷盘内处理，如外植体为茎段的，在无菌条件下用解剖刀切取所需大小的茎段，用灼烧过并放凉的镊子将切割好的外植体逐段（或逐片）接种到已装瓶灭菌的培养基上，迅速封口，放到培养架上进行培养。培养脱毒苗需在双目解剖镜下剥离切取长度约 0.1mm 的茎尖分生组织。

5) 外植体培养

(1) 外植体的增殖

接种后的培养容器置放培养室进行培养，培养温度以 23~27℃ 为宜，光照度为 1000~3000lx，光照时间为 10~12h。在新梢形成后，为了扩大繁殖系数，还需进行继代培养，也称增殖培养。把材料分株或切段后转入增殖培养基中增殖培养 1 个月左右后，可视情况再进行多次增殖，以增加植株数量。增殖培养基一般在分化培养基上加以改良，以利于增殖率的提高。

(2) 生根培养

继代培养形成的不定芽和侧芽等一般没有根，要促使试管苗生根，必须转移到生根培养基上,生根培养基一般应用1/2MS培养基,因为降低无机盐浓度有利于根的分化。切取增殖培养瓶中的无根苗,接种到生根培养基上进行诱根培养。有些易生根的植物在继代培养中通常会产生不定根,可以直接将生根苗移出进行驯化培养;或者在未生根的试管苗长到3~4mm长时切下来,直接栽到蛭石为基质的苗床中进行瓶外生根,效果也非常好,省时省工,降低成本。

不同植物诱导生根时所需要的生长素的种类和浓度不同。诱导生根时所需要的生长素常用吲哚乙酸、萘乙酸或吲哚丁酸。一般在生根培养基中培养1个月左右即可获得健壮根系。

6)试管苗炼苗与移栽

(1)炼苗

已生根或形成根原基的试管苗从温度、光照、湿度稳定环境中进入到自然环境中,从异养过渡到自养过程,必须经过一个炼苗过程。首先要加强培养室的光照强度和延长光照时间,进行7~10d的光照锻炼,然后打开试管瓶塞放阳光充足处让其锻炼1~2d,以适应外界环境条件。

(2)组培苗的移栽

移栽的方法有常规移栽法、直接移栽法和嫁接移栽法。

①常规移栽法。炼苗后将苗木取出,洗去培养基,移栽到无菌的混合土(如砂子:蛭石或泥炭=1:1)中,保持一定的温度和水分,长出2~3片新叶时移栽到田间或盆钵中。

②直接移栽法。直接将组培苗移栽到田间或盆钵中。

③嫁接移栽法。选取生长良好的同一植物的实生苗或幼苗作砧木,用组培苗的无菌芽作接穗进行嫁接后移栽。组培苗的嫁接移栽法与常规移栽法相比,具有成活率高、适用范围广(嫁接移栽法不仅适用于壮苗,而且还适用于弱苗)、育苗时间短等优点。

任务实施

1. 实施步骤

1)配制培养基母液

准确称取各种试剂配制成母液,放在冰箱中保存,用时按需要稀释。

①大量元素母液。单独配制存放,一般浓缩20倍,每配制1L培养基取50mL。

②微量元素母液。配成混合母液,一般浓缩200倍,每配制1L培养基取5mL。

③铁盐母液。单独配制存放,一般浓缩100倍,每配制1L培养基取10mL。

④有机母液。包括各类维生素及氨基酸及肌醇。单独配制存放,一般浓缩100倍,每配制1L培养基取10mL。

⑤生长调节剂母液。各种生长调节物质需单独配制成母液,储存于冰箱。母液浓度一般为0.5~1.0mg/mL。

2)培养基配制

①移取母液。按照配方及培养基的体积,计算各母液的移取量。在1000mL的容量瓶

中加入 300mL 左右蒸馏水，将各母液用量筒或移液管移入容量瓶，再加蒸馏水定容至刻度线。

②加热熬制。将定容好的培养基倒入不锈钢锅中，在电磁炉上加热。按照 6～8g/L 和 30g/L 的用量分别称取琼脂粉和蔗糖，加入培养基中加热至 90℃ 以上，不断搅拌至琼脂完全溶解。

③调节 pH。用酸度计或 pH 精密试纸测定 pH，以 1mol/L 的氢氧化钠或 1mol/L 的盐酸调至 6.0～6.2。

④培养基分装。将培养基分装到培养瓶中，注入量约为每瓶 40～50mL。分装动作要快，培养基冷却前应灌装完毕，且尽可能避免培养基黏在管壁上。

⑤培养基灭菌。将培养基放到高压蒸汽灭菌锅中，在温度为 121℃、压力 0.11～0.15MPa 下灭菌 15～20min。待压力自然下降到零时，开启放气阀，打开锅盖，放入接种室备用。

3）外植体接种与培养

（1）接种前的准备

接种前 30min 打开接种室和超净工作台上的紫外线灯进行灭菌，并打开超净工作台的风机。

操作人员进入接种室前，用肥皂和清水将手洗干净，换上经过消毒的工作服和拖鞋，并戴上工作帽和口罩。

用 70% 的乙醇棉球仔细擦拭手和超净工作台面及其他需放到工作台上的所有用品。

准备一个灭过菌的搪瓷盘或不锈钢盘，接种工具应预先进行高压灭菌或灼烧灭菌，置于超净工作台的右侧。每个台位至少备 2 把剪刀和 2 把镊子，轮流使用。

（2）外植体的灭菌

将采回的枝条剪掉叶子（留一小节叶柄）剪成具有 2～3 个腋芽的枝段。

把外植体放于容器内，用流水冲洗几遍，用 70% 的乙醇擦拭外壁后放在超净工作台上备用。

将外植体放进 70% 的乙醇中，约 30s 后倒掉乙醇，用无菌水冲洗 1 次；然后用 0.1% 的氯化汞浸泡 5～10min，然后用无菌水冲洗 3～5 次。

（3）接种

用镊子将少许外植体夹到已灭菌的搪瓷盘或不锈钢盘中，将两端和叶柄剪去一小节。

将培养瓶倾斜拿住，先在酒精灯火焰上方烧灼瓶口，然后打开瓶盖，用镊子尽快将外植体下端插入培养基中。再在火焰上方烧灼瓶口，然后盖紧瓶盖。

每切一小批外植体，剪刀、镊子等都要重新消毒。

（4）培养

接种后将外植体放在 23～27℃、每日光照 12～16h 的条件下培养，光照强度从 1000～3000lx 逐渐过渡，培养室保持 70%～80% 的相对湿度。观察记录培养反应。

4）增殖培养

将经初代培养产生的无菌芽切割分离，进行继代培养，扩大繁殖，平均每月增殖一代。接种过程与上述外植体接种基本相同,接种时无须对接种材料进行灭菌处理。继代培养期间,培养室环境条件的控制与初代培养相同。

5)生根培养

当无菌芽增殖到一定规模时,选取粗壮的无菌芽(高约3cm)接种到生根培养基上进行生根培养。有些易生根的植物在继代培养中通常会产生不定根,可以直接将生根苗移出进行驯化培养。或者在未生根的试管苗长到3~4cm长时将其切下来,直接栽到蛭石为基质的苗床中进行瓶外生根。这样省时省工,可降低成本。

6)炼苗与移栽

(1)炼苗

将长有完整组培苗的培养瓶转移到半遮阴的自然光下,并打开瓶盖注入少量自来水,这样锻炼3~5d,以适应外界环境条件。

(2)移栽

洗净试管苗根部培养基,移栽到蛭石或珍珠岩、泥炭或河沙等透气性强的基质上。

移栽后浇透水,适当遮阴避免暴晒,并加塑料罩或塑料薄膜保湿。半月后去罩,掀膜。每隔10d叶面施肥1次。

将苗木移植到装有一般营养土的容器中栽培,同样加强管理。也可将洗净根部培养基的试管苗直接移植到容器中栽培。

2. 结果提交

编写实践报告。主要内容包括:目的、所用材料和仪器、过程与实践内容、结果。报告装订成册,标明个人信息。

思考题

1. 植物组织培养的一般程序是什么?
2. 植物组织培养技术的主要应用有哪些?
3. 植物组织培养技术的常见难题及防治方法有哪些?
4. 植物外植体的表面消毒剂有哪些种类?
5. 植物组织培养成功的关键是什么?
6. 培养基的成分有哪些?
7. 组织培养育苗的基本设施有哪些?

任务2-5 苗木出圃

任务导引

苗木出圃是育苗工作的最后环节。本任务将学习生产实践中苗木出圃时需注意的问题,以及应该进行的工作,以保证苗木出圃的质量。通过本任务的学习,主要掌握起苗、苗木分级、假植、检疫与消毒、包装等内容。

任务目标

能力目标：
（1）能进行起苗工作。
（2）能正确进行苗木分级管理。
（3）能完成苗木假植、消毒与包装等工作。

知识目标：
（1）掌握苗木出圃的准备、起苗相关知识。
（2）掌握苗木分级、假植等知识。
（3）了解苗木检疫与消毒、包装等相关知识。

素质目标：
（1）培养自主学习、发现问题和解决问题能力。
（2）培养动手能力。
（3）培养实践能力和吃苦耐劳精神。

任务要点

重点：苗木挖掘的时期和方法，苗木分级。
难点：苗木分级。

任务准备

学习计划：建议学时4学时。其中知识准备2学时，任务实施2学时。
工具（材料）准备：待出圃经济林苗木、挖苗工具（铁锹或起苗机）、修枝剪、石硫合剂等消毒剂、草绳、标签等。

知识准备

1. 苗木出圃前的工作

苗木出圃前的主要工作包括以下几项。
①做好苗木检疫工作，要先进行全面踏查，如发现检疫性和危险性林业有害生物，设立标准地或样方进行详查，应获得植保部门的检疫证明，具体按《林业植物产地检疫技术规程》(LY/T 1829—2020)执行。
②对圃地内苗木进行调查或抽查，核对苗木种类、品种，并依据树种苗木分级标准估算各级苗木的数量。
③根据供货和需货情况，做好起苗的用工准备和假植等保管计划。
④与用苗单位及运输单位密切联系，以保证及时装运、转运等，缩短运输时间，确保苗木质量。

⑤考虑天气情况是否会对起苗及运输工作造成影响。

2. 起苗

1) 起苗时期

起苗时期依据树种及地区不同而异。落叶树的起苗，原则上在苗木休眠期进行，即秋季落叶或春季萌芽前起苗。

(1) 秋季起苗

利用苗圃秋耕作业结合起苗，一般在早霜前后或秋梢充分成熟后进行，有利于土壤改良、消灭病虫害及减轻春季作业的繁忙。生长季节短的地区，苗木的成熟度较差，应适当提早挖苗，成熟良好的苗木可以在第一次霜降后挖苗。如桃、梨等苗木停长较早，可先挖；苹果、葡萄等苗木停长晚，可迟挖；急需栽种或远运的苗木也可以先挖，就地栽种或明春栽植的可后挖。秋季起苗可避免苗木冬季在田间受冻及鼠害危害。

(2) 春季起苗

各类经济林苗木均适于在春季芽萌动前起苗移栽，芽萌动后起苗则影响苗木的栽植成活率。因此，春季起苗要早，最好随起随栽。如要远距离运输，必须做好苗木的保护，严防失水。

2) 起苗方法

挖前应对苗木挂牌，标明品种、砧木类型、来源、苗龄等，避免不同品种混挖。土壤若干燥，应充分灌水，以免起苗时损伤过多须根。起苗的方法有人工起苗和机械起苗。人工起苗时，先沿苗行方向，距第一行苗20cm处挖一条沟，在沟壁下部挖一斜槽，根据起苗深度切断主根，再在两行中间用锄或锹切断根，然后把苗木推倒在沟中，轻轻取出苗木。机械起苗，则由拖拉机牵引床式（或垄式）起苗犁起苗，起苗质量好且工效高。

起苗分带土与不带土挖取两种方法。对于北方落叶树种苗木，休眠挖苗不带土对成活影响不大，但要做好苗木保护。

起苗时应注意：不能伤害苗木根系，保证苗木有一定长度和较多的根系；不要在大风天起苗，否则失水过多，降低成活率；在起苗前2~3d灌水，使土壤湿润，以减少起苗时根系的损伤，保证起苗质量；为提高成活率，应随起随运随栽，当天不能出圃的要进行假植或覆盖。

3. 苗木分级

苗木分级又叫选苗。生产上若使用未经分级的苗木栽植，势必造成林相不整齐，管理不方便，同时也不利于商品化销售。因此，起苗后应立即在庇荫无风处选苗，剔除没有达到出圃标准的Ⅲ级苗，或予以淘汰，或移植再培育。

在不同地区，由于土壤、气候等条件不同，对各种苗木的出圃规格也有不同的要求，为了加速实现经济林栽培良种化，需要做许多田间试验，来确定各种经济林木壮苗的出圃等级标准。《主要造林树种苗木质量等级》（GB 6000—1999）规定了我国主要造林树种苗木等级标准，并逐步发布了一些树种的苗木质量等级标准，可查询执行。

苗木在具体定级时，针叶树种苗高小于15cm和阔叶树种苗高小于20cm的，苗木等级由地径和苗高两项指标中最小值确定。苗木高度大于上述高度的，不分针阔叶树种，均以地径为主确定等级。如果苗高、地径不属于同一等级，以地径所属级别为准，但地径属Ⅰ级，苗高属Ⅲ级的，则为Ⅱ级苗。

在苗木分级过程中，应修剪过长的主根和侧根及受伤部分。同时还应结合统计工作，即分级统计苗木的实际产量，一般可按50~100株扎成捆计数。

4. 假植

假植是指将苗木的根系用湿润的土壤或沙进行暂时的埋植，以防干枯。有临时假植和越冬假植两种。

1）临时假植

起苗后不能及时栽植或包装运往栽植地的苗木，要立即临时假植，挖浅沟，将根部或连同茎下部埋入土中即可。

2）越冬假植

在秋季起苗后，通过假植方式使苗木安全越冬，以便在第二年春季进行栽植。

5. 检疫与消毒

苗木在起苗前要进行检疫调查和检疫，有检疫对象的苗木，禁止出圃外运，并进行消毒[具体见《林业检疫性害虫除害处理技术规程》(GB/T 26420—2010)]。北方地区列入国家对内检疫对象的病虫害的有苹果小吉丁虫、苹果棉蚜、葡萄根瘤蚜、苹果黑星病、苹果锈果病等。

有条件的最好对出圃的苗木都进行消毒，以便控制其他病虫害的传播。苗木消毒可采用3~5°Bé石硫合剂喷洒；也可以利用等量100倍波尔多液或3~5°Bé石硫合剂浸苗10~20min；或者用0.1%氯化汞溶液浸苗20min；还可以利用氰酸气熏蒸1h左右（表2-5）。

表2-5 氰酸气熏蒸树苗的药剂用量及时间（熏蒸面积100m^2）

树种	药剂处理			
	氰酸钾(g)	硫酸(mL)	水(mL)	熏蒸时间(min)
落叶树	300	450	900	60
常绿树	250	450	700	45

6. 包装与运输

苗木经消毒检疫后，外运者应立即包装。包装时大苗根部可向一侧，小苗则可根对根摆放，并且在根部加充填物（湿锯末或浸湿的碎稻草）以保持根部湿润状态。包裹之后用绳捆紧，把根部包严。每包株数根据苗木大小而定，一般30~500株。包好后挂上标签，注明树种、品种、数量、等级，包装好的苗木即可发运，在途中注意保持水分，以防苗木抽干。

任务实施

1. 实施步骤

1)苗木出圃时期和准备

落叶经济苗木在秋季落叶时进行,起苗前要做以下准备工作。

①核对经济苗木种类、品种,从苗高、地径上抽样估计总苗木及合格苗木的数量。
②苗圃地土壤较干时,应在出圃前几天灌水,以便于取苗木。
③做好起苗工具、劳动力及材料的准备。
④联系用苗或售苗单位,保证出圃后及时装运、销售和定植。
⑤做好对出圃苗木的病虫害检疫。

2)起苗

小型苗圃用铁锹起苗,大型苗圃用起苗机起苗。尽量避免伤根和碰伤苗木。落叶树苗木一般不需要带土起苗,对根系适当进行修剪,将根系中挖伤和劈裂的部分剪掉,并将不成熟枝梢剪掉。苗木如需带土,起苗后立即用塑料袋包扎固土。

3)苗木分级

根据具体树种,按国家或地方规定的苗木分级标准进行分级。分拣出的不合格的苗木,废弃或栽植继续培养。

4)苗木消毒

对苗木进行检疫和消毒是防止病虫害传播的有效措施。一般用喷洒、浸苗和熏蒸等方法在苗木包装前进行药剂消毒。

①喷洒。可用 $3\sim 5°Bé$ 石硫合剂。
②浸苗。可用等量式100倍波尔多液或 $3\sim 5°Bé$ 石硫合剂浸 $10\sim 20min$,或者用0.1%氯化汞液浸苗 $20min$,消毒后的苗木必须用水冲洗。
③熏蒸。用氰酸气熏蒸,每 $100m^3$ 用 $300g$ 氰酸钾、$450g$ 硫酸和 $900mL$ 水,苗木数量少可用熏蒸箱,熏蒸时间为 $1h$。苗木多时用专门的熏蒸房,熏蒸时将门窗关好,将硫酸倒入水中,然后将氰酸钾放入,$1h$ 后将门窗打开,待氰酸气散完方能入室内取苗。氰酸气毒性较大,处理者要注意安全。

5)苗木包装

按照每 $50\sim 100$ 株或 $25\sim 50$ 株为一捆用草绳捆好,登记标签,标明品种名称、等级、数量及出圃日期。短期内栽植的苗木,可将苗木装入草袋。

6)假植

秋天挖掘出的苗木,如不进行秋季栽植或不能及时运出,要将苗木假植。选避风、干燥、平坦地方,先挖一条假植沟,沟的方向一般为南北方向,沟的宽度一般为 $80\sim 100m$,深度为 $40\sim 50cm$,长度因假植苗木数量而定。然后,将苗木按不同品种分别放入假植沟中。苗向南 $45°$ 倾斜放入,一层苗木培一层土,覆土厚度以露出苗高的 $1/3\sim 1/2$ 为宜。如假植越冬，在严寒地区，最好用草类、秸秆等，将苗木的地上部分加以覆盖。在风沙危害较重的地区，可在假植苗木迎风面设置防风障。假植时应分区并进行位置登记，严防混杂，也便于取苗。苗木量少时，可利用菜窖或地窖储藏，温度控制在0~5℃，空气的相对湿度可保持85%~90%，同时还应注意防鼠、兔危害。

2. 结果提交

编写实践报告。主要内容包括：目的、所用材料和仪器、过程与实践内容、结果。报告装订成册，标明个人信息。

◎ 思考题

1. 什么是苗木假植？苗木假植的技术要点有哪些？
2. 苗木出圃前的准备工作有哪些？
3. 北方地区，生产上通常在什么时间进行起苗？
4. 起苗时应注意哪些事项？
5. 生产上怎样合理储藏苗木？

项目3 经济林建园

经济林建园是经济林栽培的一项重要基本建设,直接关系到经济林生产的成败及其经济效益的高低。经济林种植基地建设涉及生态学、植物学、林木育种学和经济学等多门学科的理论知识和专门技术,既要考虑经济林树种本身的遗传特性和环境条件的影响,又要考虑经济林产品市场容量和流通渠道。因此,建园的科学性是实现经济林优质、丰产、稳产、高效经营目标的基本要求。主要包括宜林地选择、基地规划设计、经济林栽植等方面的内容。

任务 3-1 宜林地选择

○ 任务导引

在生产中进行经济林的营建,往往从产业效益上考虑发展什么种类的经济林,但不同的经济林有不同的生态学特性,有一定的生长环境要求。只有使经济林树种与生长环境相适宜,才能达到丰产、优质、稳产的目标,同时,也会因树体生长良好,不需要专门环境改造,人为保护措施少、人工调节措施少,而能在较低的消耗下实现栽培目标,提高经济效益。由于环境较为稳定,不易人为改变,所以生产上主要是为既定种植地选择适宜的树种。此外,现代工业的发展,使部分种植地的空气、土壤、灌溉水受到污染,如果是生产绿色产品,就要考虑安全生产环境的选择。通过本任务的学习,应掌握在一定范围内,进行宜林地选择的原则及方法,并能完成相关报告编写工作。

○ 任务目标

能力目标:
(1)能通过调查确定主导环境因子。
(2)能完成立地类型的划分。
(3)能结合经济林种类完成营林区典型设计。

知识目标:
(1)掌握适地适树的理论。
(2)掌握立地类型相关知识。
(3)掌握立地类型划分的依据。

(4)掌握立地类型划分的方法。
(5)掌握经济林不同宜林地类型的特点。
(6)掌握食用经济林栽培地土壤、灌溉水、空气的质量标准。

素质目标：

(1)培养自主学习、发现问题和解决问题能力。
(2)培养实践能力。
(3)培养吃苦耐劳的精神。
(4)增强野外安全意识。

任务要点

重点：经济林在我国林业中的地位，经济林的分类，经济林分布。
难点：经济林的识别与分类。

任务准备

学习计划：建议学时 6 学时。其中知识准备 2 学时，任务实施 4 学时。
工具(材料)准备：铁锹、卫星定位仪、1∶1000(2000)地形图、记录纸。

知识准备

1. 适地适树

经济林宜林地选择的基本原则是适地适树。

适地适树就是使栽植的经济林树种生态学特性和栽培要求与栽植地的立地条件相适应，以充分发挥双方的生产潜力，达到该树种在该立地条件和现有经济技术条件下优质高产水平。一般经济林树种生态学特性与实现栽培目的对环境条件的特定要求是一致的，但一些具有多种经济林产品的树种往往有不同于生态特性的要求。例如，果、叶兼用的银杏、八角等耐阴树种，叶用时要求与生态特性一致的环境条件，果用时则要求光照条件好的环境。

适地适树中"地"的概念，不能单纯从技术角度只看土壤的种类和肥力。它应包括两个方面的内容：一个是自然环境条件，另一个是社会经济条件。自然环境条件主要考虑的是水热状况和具体的立地类型，对原有栽培分布的乡土树种主要考虑的是立地类型，社会经济条件应考虑该地区在历史上和当前经济林在各项生产上所占的比重，群众的生产经验和经营方式，国家对该地区的生产布局要求，全面权衡发展的前景。适地造树中"树"的概念，也包括两个方面的内容：一方面是在经济林树种中不仅考虑种，更重要的还要考虑品种及类型，考虑它们与营建地自然环境条件和立地类型之间的适应关系，是否适宜该树种或该品种的生长发育；另一方面是选择该树种的生产目的，是否能达到预期的经济产量与产品品质。

适地适树是经济林树种与环境相统一的高度概括，是经济林栽培应遵循的根本原则。真正做到适地适树，要进行科学的调查研究，深入分析"地"和"树"两方面的条件和要求。要掌握栽培地区自然情况和正确划分林地立地类型，并深刻了解所选择栽培树种的生物学特性，两者缺一不可。在北方盐碱地栽培油茶，在热带砖红壤上栽培油桐，在湖南和江西的低丘红壤地区种植核桃，湿润地区引种巴旦杏等都会出现生长发育不良的现象。这些违背适地适树原则的事例在经济林生产中屡见不鲜。

1) 适地适树的标准

虽然适地适树是相对的，但衡量是否符合适地适树要求应有一个客观的标准，这个标准要根据营建目的的要求来确定。对经济林来说，应该达到丰产、优质、稳产、低耗的要求。

衡量经济林适地适树的量化指标包括两个方面：一方面是某树种在各种立地条件下的不同生长状态，如树高、树姿、枝梢、发叶、生长势等，能够较好地反映立地条件与树体生长之间的关系。在生产实践中通过调查和比较分析，了解树体在各种立地条件下的生长状态，尤其是把同一树种在不同的立地条件下的生长状态进行比较，就可以比较客观地评价树种选择是否做到适地适树。另一方面是经济产量指标。某一经济林树种盛产期在相同经营技术水平条件下达到的平均经济产量指标，取决于所处的立地条件。因此，用营养生长、生殖生长和产量指标及其比例关系作为综合衡量适地适树指标比较可靠。

有些学者将定量指标分为产量指标和经济指标两种。产量指标即以一定的产量水平衡量某一经济林木在不同立地条件下适地适树的程度。若产量超过该树种最高产量的 2/3，则为适地适树；产量为最高产量的 1/3~2/3，则为基本适地适树；低于 1/3 则为没有做到适地适树。经济指标一般用单位面积林地上的纯收入来表示，用于衡量相同立地条件下不同经济林木适地适树的程度。若该树种的现实经济纯收入高于相同立地条件下经济林经营最高纯收入的 2/3，则为适地适树；现实经济纯收入为最高产量的 1/3~2/3，则为基本适地适树；低于 1/3 则为没有做到适地适树。经济林产品与用材林相比有显著差别，衡量适地适树的标准，尤其是定量指标，必须反映其经济产量、产值的高低和经济效益的优劣。

2) 适地适树的途径

达到适地适树的途径可以归纳为两条途径：一是选择途径，二是改造途径。

（1）选择途径

选择途径可以分为选树适地和选地适树。选树适地指的是为既定的种植地选择适宜的树种；选地适树指的是为既定的树种选择适宜的种植地。可解决经济林生产通常遇到的两种情况：

①当发展经济林作为某一地区农业产业结构调整和林业发展规划制定的决策时，生产者面临的任务是如何为该地区各种类型的种植地选择适宜的经济林树种，即如何为既定种植地选择适宜的树种。这是选树适地问题。

②某一地区在制定经济林发展规划时，通过对市场的调查和预测，结合当地现有的经济技术条件，确定了该地区应当重点发展的经济林树种。这时，生产者的任务是如何为既定的经济林树种选择适应的种植地，以保证早实、丰产和稳产。这是选地适树问题。

（2）改造途径

改造途径可以分为改树适地和改地适树。改树适地指的是在地和树之间某些方面不甚相适应的情况下，通过选种、引种驯化、育种等方法改变树种的某些特性，使它们能够相互适应。改地适树是指通过整地、施肥、土壤管理等技术措施在一定程度上改变种植地的生长环境，使其适合于原来不适应的树种生长。

①改树适地。生产上通过育种工作增强树种的耐寒性、耐旱性、耐盐性以适应在寒冷、干旱或盐渍化的种植地上生长。如茶为热带、亚热带树种，不耐低温，引种到山东以后常发生冻害，但经过3~4代实生繁殖建立的子代茶园，对低温的适应能力大大提高，受冻害的程度逐渐减轻。解剖发现，子代茶园经过长期驯化，叶片栅栏细胞由原来的1~2层增加到3~4层，这是属于改树适地的范围。

②改地适树。如在低洼地发展经济林，首先应整修台田、挖掘排水沟以提高台面，降低地下水位，在河滩地发展经济林要抽沙换土、增施有机肥，提高土壤蓄水保肥的能力，这属于改地适树的范围。

应当指出，在目前的技术经济条件下，改树或改地的程度是有限的，而且改树及改地措施也只有在地、树尽量相适的基础上才能收到良好的效果。改造途径需要的投入大，往往效果不是非常明显。在生产实践中，如何因地制宜地选择适宜的树种和品种，是经济林栽培的一个关键问题。

2. 宜林地选择

经济林宜林地的选择是从整体生境中，选择适宜经济林生长发育的小生境，如小气候、土壤类型、土壤的理化特性、小地形、海拔高度等。在小生境中的一个环境因素可以单独起作用，或几个因素共同起作用，影响着经济树木的生长发育，甚至决定经济树木的存亡，直接关系到经济林营造的成败。要使经济林健康、持续、有效地发展，必须明确经济林的特点和经济林立地条件的类型和特点，使二者在人为干预下有机结合。

经济林宜林地选择在栽培上采用立地类型划分的方法。

1) 立地类型划分相关概念

（1）立地类型相关概念

①立地和立地条件。立地是指造林地或林地的具体环境，即指与树木或林木生长发育有密切关系并能为其所利用的气体、土壤等条件的总和。构成立地的各个因子称为立地条件。

②立地分类。在自然界，立地条件总是千变万化的。严格地讲，地球上没有两块绝对相同的造林地或林地，总是有某些微小差别。但这种变化总还有一定的变化范围，而且在许多情况下还不足以引起树种选择及造林技术方面质的不同，完全可以将其界线划分出来。把立地条件及其生长效果相似的林地归并到一起，这就是通常所说的立地分类。立地类型就是将不同的环境因子分别进行组合，可以组合成不同的类型，即具有相同的生长环境条件小班的联合。立地类型不同，经济林生产能力就有差异，栽培技术也有所不同。

（2）立地类型划分

立地类型划分是指按一定原则对影响林木生长的自然综合体的划分与归并。在栽培学实践中，立地类型划分可从狭义和广义分类两方面来理解。

①狭义划分。立地类型划分即将生态学上相近的立地进行组合，也称为立地分类。把组合成的单位称为立地条件类型，简称立地类型（或称植物条件类型）。一般情况下，这种

狭义上的立地类型是土壤养分和水分条件相似地段的总称。

②广义划分。立地类型划分包括对立地分类系统中各级单位进行的区划和划分。

一般意义上的立地类型划分多指狭义分类。

(3)立地质量评价

立地质量评价就是对立地的宜林性或潜在的生产力进行判断或预测。立地质量评价的目的,是为收获预估而量化土地的生产潜力,或是为确定林分所属立地类型提供依据。立地质量评价的指标多用立地指数,也称地位指数,即该树种在一定基准年龄时的优势木平均高或几株最高树木的平均高(也称上层高)。

2)立地分类划分依据

《中国森林立地分类》仅就全国范围的森林立地提出了我国的森林立地分类系统。这个系统的一个特点是,它的分区和《中国林业区划》所划分的林区取得了协调的衔接,将立地区划和分类单位组成同一个分类系统。分类的级序是:立地区域、立地区、立地亚区、造林类型小区、立地类型组、立地类型。该系统的前3级,即立地区域、立地区、立地亚区是区划单位,我国经多年研究,已形成了一套完整的立地分类系统,全国共划分了8个立地区域、50个立地区、166个立地亚区。后3级为分类单位。

(1)造林类型小区

造林类型小区基本相当于全国林业区划三级区,也就是各省(自治区、直辖市)林业区划一级区,是立地类型分类系统的一级单位,主要依据中、小尺度的地域分异。根据《中国林业区划》,全国共划出了168个省级区,是根据各省(自治区、直辖市)大地貌特征、地带性气候(主要为纬向水热差异)和林业发展方向(即生态和社会要求)划分的。由于林业区划考虑的原则除自然地理要素外,还有林业的社会经济与技术因素,因此林业区划的高级单位在理论上不能等同于立地分类的高级单位,其地域界限也可能不吻合。

(2)立地类型组

立地类型组是根据山、塬、丘、滩、川、沟、坡向等中、小地貌类型划分的,基本上反映了各地类型中、小尺度上的地域分异规律,实质上也是若干相似立地类型的组合。

(3)立地类型

立地类型是立地分类基本单位,即根据影响水热条件变化的微域地形特征(地形部位、地面形态、坡度等)和土壤、植被、地下水位、土地利用性质等主导因子的宜林性质与技术措施的相似性进行划分的。

在西北广大干旱半干旱地区,水分亏缺是限制这一地区林业发展的主要障碍。因此,该地区在进行立地分类时,应以影响林木水分循环的主导环境因子为依据。例如,原西北林学院1981—1984年对渭北黄土高原刺槐人工林立地的调查表明,影响刺槐生长的主导因子是地形部位、土壤种类、海拔、坡形和坡度,并以此对渭北地区的刺槐立地类型进行划分。经过多年研究,西北地区在进行立地分类时,应以地形因子和土壤因子为主导因子。

地形因子虽然不是林木生长所必需的生活因子,但它通过对光、热、水等生活因子的再分配,深刻地反映着不同造林地的小气候条件,又强烈地影响着不同土壤水分状况,从而导致林木生长的显著差异,对整个局部生态环境起着综合决定性作用。

土壤因子是林木赖以生存的载体,它不仅是光、热、水分、植物等因子的直接承受者,而且是各个生态因子的综合反映者。因此，土壤因子也是划分立地类型时非常重要的因子。

在主要依据地形、土壤因子来划分立地类型的同时，并不否认植被因子的重要性，尤其是森林植被因子的作用。在条件许可的情况下，只要原始植被受破坏程度较轻，就可利用植被作为划分立地类型的补充依据。

3) 立地类型划分方法

立地类型具体的划分方法是采用主导因子等级法。

直接按环境因子的分级组合来划分立地类型，简单明了，易于掌握。但是，从另一个角度来看，这种做法又比较粗放、呆板，难于照顾到个别具体情况或难以全面地反映立地的某些差异，特别是采用的立地因子较少时，如仅采用坡向和土层厚度进行立地分类，坡向分为阴坡和阳坡两级，土层厚度分厚土和薄土，而不考虑坡度和坡位及土壤有机质含量等的影响，这样就可能造成同一立地类型的立地，却有不同的林木生长效果，造成一定程度的混乱。为了避免这些情况出现，应在划分立地类型时多吸收一些立地因子，但同时又要注意采用的因子不能过多，否则会造成类型数量多，类型命名过于复杂，而丧失本方法简单、易行的优点。

生态环境包含着气候、土壤、生物等许多因素，不可能全部参加划分，只能从中选择出主导因素，在主导因素中再分为不同的等级，从中相互组合。主导因素在不同的生态环境中是不同的，选择的主导因素不同，划分出的立地类型也自然不同。

立地类型的命名，一般用主导因子组合的方式来进行，要求通俗易懂，野外便于识别，如用地貌、地形、土壤为主导因子，地形因子中选取坡向、坡度、坡位，将立地类型组合为南山阴坡上部、北山阳向斜缓坡等（表 3-1）。

表 3-1 按主导因子组合划分立地类型

立地条件					立地类型名称	代号
地貌	坡向	土壤	坡度	坡位		
南山	阴坡	褐土	陡坡	上坡	南山阴坡上坡	Ⅰ
		褐土（部分红胶土）		下坡	南山阴坡下坡	Ⅱ
北山	阳坡	褐土	斜缓坡	下坡	北山阳向斜缓下坡	Ⅲ
		褐土（部分粗骨土）	陡坡	上坡	北山阳向陡坡上坡	Ⅳ
		褐土		下坡	北山阳向陡坡下坡	Ⅴ
高原	沟坡 阴坡	白土	陡坡	上坡	高原沟壑阴向上坡	Ⅵ
				下坡	高原沟壑阴向下坡	Ⅶ
	沟坡 阳坡	白土	陡坡	上坡	高原沟壑阳向上坡	Ⅷ
				下坡	高原沟壑阳向下坡	Ⅸ
	沟底	潮土	—	—	沟底	Ⅹ
	塬面	黄绵土	—	—	塬面	Ⅺ
	梁峁顶 迎风坡	—	—	—	梁峁顶、迎风坡	Ⅻ

划分出的立地类型是有差异的，面积大小也不一样，从中选择适宜的类型栽培相应的经济林树种和品种。主导因子的选择，以往多用多元回归筛选的统计方法，现在看来也有局限性。在一个县的范围之内，可以根据外业调查资料和以往的工作经验，综合考虑选择认定，也是准确的。在立地因子的选择中还应根据经济林的种类选择立地因子，如当前在生产经营中集约化程度较高的经济林树种，可增加土壤肥力和土壤水分等在选择中的重要性。

完成了立地类型划分，就可以将立地类型与经济林的生态学特性相结合，进行选地适树，或选树适地，达到适地适树。

3. 经济林宜林地类型

1) 平地类型

平地是指地势平坦或是向一方稍微倾斜且高度起伏不大的地带，平地由于成因不同，地形及土壤质地存在差异，可以分为冲积平原、山前平原、泛滥平原和滨湖滨海地等。

(1) 冲积平原

冲积平原是大江大河长期冲击形成的地带，一般地势平坦，地面平整，土层深厚，土壤有机质含量较高，灌溉水源充足，管理方便，便于使用农业机械。在冲积平原建立商品化经济林基地，树体生长健壮、目标经济产量高、品质好、销售便利，因而经济效益较高。但是，在地下水位过高的地区，必须降低地下水位(1m以下)。

(2) 山前平原

山前平原由几个山口的洪积扇连接起来形成，因沿山麓分布故又称山麓平原。山前平原出山口的扇顶物质较粗，坡度大；到扇的中、下部物质逐渐变细，坡度逐渐变小，面积逐渐变大；随着海拔的降低逐渐由山前平原向冲积平原过渡。山前平原在近山处常有山洪或石洪危害，不宜建立经济林基地。在距山较远处，土壤石砾少，土层较深厚，地面平缓，具有一定的坡降，故地面排水良好，水资源较丰富，可大力发展集约化生产的经济林基地。

(3) 泛滥平原

泛滥平原指河流故道和沿河两岸的沙滩地带。黄河故道是典型的泛滥平原，中游为黄土，肥力较高；下游是粉砂或与淤泥相间，砂层深度有时达数米或数十米，形成细粒状的河岸沙荒，故称沙荒地。沙荒地土壤贫瘠，且大部分盐碱化，土壤理化性状不良，加之风沙移动易造成植株埋根、埋干和偏冠现象，对经济林生长发育有不良影响。但沙地导热系数高，昼夜温差较大，有利于果实糖分积累。沙荒经济林地应注意防风固沙，增施有机肥，排碱洗盐改良土壤理化性状，并解决排灌问题。

(4) 滨湖滨海地

滨湖滨海地濒临湖、海等大水体，空气湿度较大，气温较稳定，比远离大水体的经济林基地受低温或冻害等灾害性天气危害较小。但滨湖滨海地对经济林木的生长也有不利的影响。主要表现为：春季回暖较慢，经济林萌芽迟；昼夜温差小，对经济林果的果实着色不利。靠近水面的地区，地下水位较高，土壤通气不良，最好采用高畦栽培；滨湖滨海地风速较大，树体易遭受风害。滨海地常因台风携带海水通过而受海水雨的"淋浴"，导致树体受到盐害。因此，在这类地区建立经济林基地，应营造防风林。

2）丘陵地类型

通常将地面起伏不大、相对海拔高差在200m以下的地形称为丘陵地。将山顶部与麓部相对高差小于100m的丘陵称为浅丘，相对高差100~200m者称为深丘。丘陵地是介于平地与山地之间的过渡性地形。深丘的特点近于山地，浅丘的特点近于平地。

与深丘相比，浅丘坡度较缓，冲刷程度较轻，土层较深厚，顶部与麓部土壤和气候条件差异不大，水土保持工程和灌溉设备的投资较少；交通较方便，便于实施相关栽培管理技术，是较为理想的经济林基地营建地点。

深丘具有山地某些特点，如坡度较大，冲刷较重，顶部与麓部的土层厚薄差异较明显，有时顶部母岩裸露，麓部则土壤深厚肥沃，土壤水分与肥力高于上部，营建水土保持工程费工，灌溉设备投资较高。由于相对高差较大，海拔与坡向对小地形气候条件的影响明显，实施栽培管理技术较为复杂，交通不便，产品与物资运输较为困难。

3）山地类型

我国是一个多山的国家，山地面积占全国陆地面积的2/3以上。山区发展经济林生产，对调整和优化山区的经济结构、改变山区贫困落后的面貌，具有十分重要的现实意义。按山地的高度可分为高山、中山和低山。海拔在350m以上的称为高山，海拔在100~350m的称为中山，海拔低于100m的称为低山。

山地空气流通，日照充足，温度日差较大，有利于碳水化合物的积累，尤其是有利于果用经济林果实着色和优质丰产。选择山地营建经济林基地时，应注意海拔高度、坡度、坡向及坡形等地势条件对温度、光、水、气的影响。坡度对营建经济林基地的影响主要表现在土壤侵蚀、整地、交通运输、灌溉和机耕等方面。地形起伏越小，对整地与机械化越有利。一般来说，坡度越大，台地平整的土石方也越大，高差在1~2m的地面微起伏容易平整，更大的起伏应考虑修筑梯地。自流灌溉通常要求较小坡度；喷灌和滴灌可容忍较大的坡度。坡度在8°以下时适宜机械化，8°~17°时尚可使用农业机具。一般在山地营建经济林基地或多或少都存在着缺水问题，要根据水资源分布情况和有无灌溉条件，合理规划树种和品种。

山地随海拔高度的变化而出现气候与土壤的垂直分布带。从山麓向上，出现热带—亚热带—温带—寒温带的气候带变化，这与水平方向从赤道—低纬度—高纬度而出现的气候带的变化一样。在栽培中，可以充分利用这一特点，选择与各气候带相适应的树种、品种进行经济林基地营建，提高山区土地资源开发利用的经济效益。云南省高黎贡山从潞江坝最低海拔640m开始，依次往上分布有香蕉、杧果、荔枝、龙眼、滇橄榄、柑橘、枣、柿树、梨、板栗、腾冲红花油茶、核桃等。

由于山地构造的起伏变化，坡向（或谷向）、坡度的差异，气候垂直分布带的实际变化常出现较为复杂的情况。如在同一海拔，某些地带按垂直分布带应属温带气候，实际近似亚热带气候，这种逆温现象与热空气上升积聚在该地带有关。相反，在同一海拔高度，某些地区按垂直分布带应属亚热带的地区，由于地形闭锁，冷空气滞留积聚却常常出现霜害或冻害，从而形成了山地气候垂直分布带与小气候带之间犬牙交错、互相楔入和经济林木分布异常的复杂景观。常常出现同一种经济林木在同一山地由于坡向与坡度不同其分布不在同一等高地带，有时错落竟达数百米高度。或者，分布在同一等高地带内，但生长势、

经济林栽培技术(北方本)

产量和品质出现明显差异,反映了经济林生态最适带的复杂变化。

小气候地带除在地形复杂的山地容易形成外,在有高山为屏障的山麓地带也较为显著。陕西城固由于秦岭的屏障作用,挡住了南下的冷气流,而能生产柑橘;四川茂县因九顶山的屏障作用挡住东来的湿润气流而能生产品质优良的苹果。

综上所述,山地气候变化的复杂性,决定了在山地选择经济林宜林地的复杂性。在山地营建经济林基地应充分进行调查研究,熟悉并掌握山地气候垂直分布带与小气候带的变化特点,对于正确选择生态最适带及适宜小气候带营建经济林基地,因地制宜地确定栽培技术具有重要的实践意义。

任务实施

1. 实施步骤

①在一个林场或一个农村社区范围内,根据经济林营建的初步计划范围,进行野外调查,在地形图上勾绘出营林范围。

②调查确定主导环境因子。西北地区在进行立地分类时,主要以地形因子和土壤因子为主导因子。对地形进行实地调查,获得坡向、坡度(最大、最小)、海拔、坡位等地形因子状况,结合植物生长状况,选择造成环境小气候有明显差别的因子。对土壤挖剖面进行调查,确定不同区域的土壤种类、质地(如砂质土、壤质土、黏质土、砾质土等)、土壤厚度等,选择造成土壤差异的主要因子。

③根据野外主导因子调查结果,对确定的各主导因子进行分级,组合得到所有立地类型。依实际环境状况,确定实有的立地类型,得到立地类型表,并进行编号。

④在现场,按照确定的立地类型、结合实际地物地貌,考虑经营管理便利与需求,在地形图上勾绘出各小班(小区)的分界线(常用对坡勾绘法),注明小区编号和立地类型名称,得到小班区划图。每个小班(小区)属于同一立地类型,每个小班的面积一般不小于 $0.4 hm^2$,最大 $15 hm^2$。

⑤计算出各区的面积。

提示:如果学习者掌握地理信息系统(GIS)、遥感(RS)技术,会使用实时动态测量技术(RTK),可用遥感影像图或矢量地形图进行立地类型划分。用 RTK 测量不同主导因子空间位置坐标值,直接在笔记本电脑或平板电脑上得到立地类型划分图。

2. 结果提交

按照实施步骤完成工作后,编写经济林宜林地选择设计实践报告。主要内容包括:目的、所用材料和仪器、工作过程及结果。报告装订成册,标明个人信息。

思考题

1. 试述适地适树的含义。
2. 经济林营建实现适地适树的途径有哪些?
3. 西北进行立地分类时,主导因子通常有哪些?

4. 你认为在山地营建经济林应考虑哪些立地因子？

任务 3-2　基地规划设计

任务导引

发展经济林不能盲目进行，否则会造成巨大的损失。首先要进行经济林生产基地的科学规划设计，主要包括基本情况调查、基地土地规划、树种（品种）配置、排灌系统和防护林设计等内容。依据设计方案营建经济林，方可为经济林按生产目标发展、良好生长、实现最大综合效益打下坚实基础。通过本任务的学习，应掌握基地规划设计的具体方法和实施步骤。

任务目标

能力目标：
（1）能进行经济林基地规划设计的外业调查、资料整理与分析。
（2）能完成经济林基地的土地规划。
（3）能进行基地的树种（品种）配置设计。
（4）能完成基本的排灌系统和防护林带设计。
（5）能完成规划设计报告的撰写。

知识目标：
（1）掌握经济林基地规划设计的内容与步骤。
（2）掌握基地土地规划的内容与方法。
（3）掌握基地排灌系统的设计知识。
（4）掌握基地防护林设计的知识。

素质目标：
（1）培养自主学习和总结能力。
（2）培养知识应用能力。
（3）培养动手能力和吃苦耐劳精神。
（4）培养逻辑思维能力。
（5）培养严谨的工作态度。

任务要点

重点：经济林的土地规划和树种（品种）选择。
难点：小区的划分、树种选配。

任务准备

学习计划：建议学时 6 学时。其中知识准备 2 学时，任务实施 4 学时。

工具(材料)准备：调查记录本、绘图纸、绘图笔、报告纸。如用CAD绘图，需配备计算机、彩色喷墨打印机或绘图机。

知识准备

1. 经济林基地规划设计内容与步骤

规划设计是经济林营建的基础工作，规划和设计是两个有区别又密切联系的工作，两者相辅相成，构成完整的营建规划设计体系。规划是对种植地长远的产品生产发展计划和对全局性工作的战略性安排，是设计工作的前提和依据。设计是规划的深入和具体体现，是根据营建规划的目的和要求，对营建工作所作的具体安排。经济林规划设计应有较详细的施工技术方案、方法和对物耗、用工、资金投入、投资回收期及投资效益等的预算，以指导经济林营建和经营管理，避免营建工作的盲目性、随意性，将营建和管理纳入科学、有序高效的轨道，确保经济林营建质量标准。

1) 规划设计内容

①通过调查分析，提出营建的依据、必要性及可行性；

②提出待建种植基地的经营方向、规模，评价待建经济林基地各种资源的利用价值及生产潜力；

③提出待建种植基地的区划、交通道路、排灌系统、防护设施、配套辅助设施的布局和建设计划，树种和品种选配，绘制规划图；

④作出整地方式及改土措施、种植形式及种植密度、种植季节及种植方法、种植材料及其规格和数量、抚育管理措施等技术设计，并分树种提出典型设计；

⑤编制各树种的面积、产期产量及效益预测统计表，资金概算及投资效益概算表；

⑥提出确保规划实施，达到经济林基地营建目标的建设进度、资金等保障措施等。

2) 规划设计步骤

经济林营建规划设计的实施，应在明确目的和任务的基础上，通过充分细致的调查研究，全面掌握规划设计地的自然条件、社会经济条件(即经营条件)、经济林生产状况等情况，遵循规划设计的基本原则，进行经济林地规划设计，产生规划设计文件(成果)，用于指导经济林营建和经营。

(1) 规划地区基本情况调查

①社会经济情况。经济林营建地区及其邻近地区的人口、劳动力数量和技术素质，当地的经济发展水平、居民的收入及消费状况、乡镇企业发展现状及预测，经济林产品贮藏和加工设备及技术水平，能源交通状况，市场的销售供求状况及发展趋势预测等。

②经济林生产情况。当地经济林栽培的历史和兴衰变迁原因和趋势，现有经济林的总面积、单位面积产量、总产量，经营规模、产销机制及经济效益，主栽树种和品种的种类、生产规模、经营方式、产销经验、加工程度及能力、产品市场及销售状况、经济效益及在当地经济中的地位、存在的主要问题等。

③气候条件。包括平均气温、最高与最低气温、生长期积温、休眠期的低温量、无霜期、日照时数及百分率、年降水量及主要时期的分布、当地灾害性天气出现频率及变化。

④地形及土壤条件。调查掌握海拔高度、垂直分布带、坡度、坡向与降水量、光照等气象因子和经济林分布的相关性。土壤条件应调查土层厚度、土壤质地、土壤结构、酸碱度、有机质含量、主要营养元素含量、地下水位及其变化动态、土壤植被和冲刷状况。

以上调查主要通过查取资料进行，调查后应写出基本情况调查分析报告。

(2)种植地地形测量并绘制大比例尺地形图

测绘比例尺1：1000或1：2000地形图，绘出等高线、地物，以地形图作基础绘制出土地利用现状图、土壤分布图、水利图等供设计规划使用。

(3)外业调查

通过对经济林规划林地的实地调查和社会调查，掌握其规划设计必需的资料。

①种植地的自然条件。包括地形地貌、气候、土壤及土地利用状况、植被及主要树种等。

②水利条件。主要包括水源，现有灌溉、排水设施和利用状况。

③经济林树种调查。主要经济林树种、品种，栽培效益与前景。

④社会经济技术条件。包括经济文化发展状况、人力资源及素质、市场发育状况、交通等。

为了获得较准确可靠的资料，同时又减少调查环节，实地调查在初步踏查的基础上，进行抽样详查，如土壤调查、经济林生长发育调查。调查结束之后，应及时对调查资料进行整理分析，对种植地的自然条件、社会经济技术资源及可持续发展潜力进行综合评价，并清绘出土地利用现状图、立地类型分布图。

(4)内业规划设计

在深入调查研究，充分掌握必需资料的基础上，首先对种植地进行总体规划，即根据适地适树原则及市场需求，制定种植地的发展规模、主栽树种及品种、经营方式、经营强度；小区划分、道路及排灌系统、防护林、辅助建筑物及其他辅助设施设计；树种和品种配置与面积、预计产期及产量、产品收获处理及销售等计划，资金筹集及经营效益预算。然后，根据总体规划进行营建技术设计，主要有整地及改土、种植形式及种植密度、种植材料及种植技术、投产前抚育管理等，形成经济林规划设计文件。

(5)规划设计的审定及实施

各种规划设计文件和图表产生之后，应组织同行专家进行评审，通过之后即可组织实施。各种规划设计文件和图表包括调查资料整理分析、规划设计指标制定、土地利用现状图、立地类型分布图、规划设计图、典型设计表、规划设计说明书等。

2. 基地土地规划

以企业经营为目的的经济林基地，土地规划中应保证生产用地的优先地位，并使各项服务于生产的用地保持协调的比例。通常各类用地比例为：经济林栽培面积80%~85%；

道路5%左右；防护林和辅助建筑物等15%左右。

1) 基地小区规划

经济林种植基地小区在森林资源管理上又称小班，为经济林基地的基本生产单位，是方便生产管理而设置的。小区的大小和形状将直接影响到经济林栽培所采用各项技术措施效果和生产成本。划分小区是林地规划中的一项重要内容。

①经济林种植基地小区划分的基本依据。第一是相同立地类型，一个小区配置相同的树种；第二是有利于水保、防止风害等建设；第三是小区常与基地干道相配合设置，要有利于道路建设。

②小区的大小。在平地或立地条件较为一致的种植基地，小区的面积可设为 $8 \sim 12 hm^2$；在地形复杂、立地条件差异较大的地区，每个小区可以设定为 $1 \sim 2 hm^2$；在地形极为复杂，切割剧烈或起伏不平的山地，小区面积可以缩小，但不应小于 $0.1 hm^2$。

③小区的形状与位置。小区的形状多采用长方形，长边与短边比例为 $2(\sim 5):1$。在平地种植基地小区的长边应与当地主要有害风向垂直，使林木的行向与小区的长边一致，防护林应沿小区长边配置，与经济林一起加强防风效果。山地与丘陵地经济林种植基地小区可成带状长方形，带状的长边与等高线走向一致，可提高农业机械运转和各种管理活动的效率，保持小区内立地条件一致，提高水土保持工程的效益。

2) 道路系统规划

经济林基地的道路系统是由主道、干道、支道组成。小型经济林基地为减少非生产占地，可不设主道与干道，只设支道。

(1) 主道

主道要求位置适中，贯穿整个种植基地，通常设置在栽植大区之间，主、副林带一侧，便于运送产品和其他生产资料。在山地营建经济林基地，主道可以环山而上，或呈"之"字形，纵向路面坡度不宜过大，在山地沿坡上升的斜度不能超过 $7°$。主道宽 $5 \sim 7m$，须能通过大型汽车。

(2) 干道

干道常设置在大区之内，小区之间，与主路垂直一般为小区或小班的分界线。干道宽 $4 \sim 6m$，须能通过小型汽车和机耕农具。须沿坡修筑，但要求有 3/1000 的比降。

(3) 支道

支道设置于小区内或环绕经济林基地设置，支道宽 $2 \sim 4m$，以人行为主或能通过小型运输车辆、大型机动喷雾器。山地经济林基地的支道可以根据需要顺坡筑路，顺坡的支道可以选在分水线上修筑，不宜设置在集水线上，以免塌方。山地支道也可沿等高线通过种植行行间，在修筑等高线台地时可以利用边埂作人行小路，不必另开支道。

3) 辅助建筑物规划

辅助建筑物主要是管理用房和生产用房及场地，包括办公室、贮藏房、车辆库房、农具室、肥料农药库、职工宿舍和休息室、配药场、包装场、晒场等。其中办公室、财会室、包装场、配药场、果品贮藏库及加工厂等，均应设在交通方便和有利作业的地方。在山区应遵循量大沉重的物资运送由上而下的原则，肥料库房与配药场应设在较高的部位，以便肥料，特别是体积大的有机肥料由上而下运至园地，或者沿固定的沟渠自流灌施，包装场、果品贮藏库等应设在较低的位置。

3. 主栽树种和品种的选择

1) 树种与品种选择

经济林种植基地营建时选择适宜树种、品种是实现经济林营建目的的一项重要决策。在选择树种和品种类型时应注意以下条件：

(1) 适应性

掌握拟栽培树种(品种)的生态学特性，依据立地类型划分，充分考虑树种对气候和土壤等环境条件的相适性，达到适地适树目标。

(2) 优良特性

在适宜的树种中选择优良的树种、品种，其应具有生长强健、抗逆性强、丰产、质优等较好的综合性状。木本油料经济林，如油茶需具有高产、出籽率高和含油率高的优良性状；果用经济林还必须注意其独特的经济性状，如果形、颜色、成熟期的早晚、种子有无或多少、风味或肉质的特色、加工特性等。

(3) 市场需求

树种、品种选择要根据市场的需要，使产品适销对路。应发展具有区域特色的名特优新经济林基地，提高经济林产业的附加值。但切忌一哄而上，盲目发展。

市场紧俏、经济效益高的树种、品种，有时可能不是最适应当地环境的树种和品种，此时就需要对环境进行改造及进行保护地栽培。

2) 授粉树配置

经济林果树如苹果、梨、李、柚、油橄榄、板栗、樱桃等有自花不亲和现象和自花不实现象，需要配置授粉品种。即使是能够自花结实的品种，结实率也低，不能达到商品生产的要求。例如，油橄榄中的贝拉自花授粉结实率约0.88%，用米扎的花粉授粉，结实率可提高至2.42%；油茶自花结实率很低或不孕，要靠异花授粉。

有些经济林树种，如杨梅、猕猴桃、银杏、香榧、千年桐等雌雄异株，应注意雌雄株按适当比例配置。核桃具有雌雄异熟的特性，也应配置授粉树。柑橘、荔枝、龙眼、桃等虽能自花结实，但进行异花授粉，则能显著提高产量。

(1) 授粉树要求

①授粉品种要与主栽品种花期相遇，且能产生大量发芽率高的花粉。

②与主栽品种同时进入结果期，且年年开花，经济结果寿命长短相近。

③与主栽品种授粉亲和力强，能生产经济价值高的果实。

④能与主栽品种相互授粉，两者的果实成熟期相近或早晚互相衔接。

⑤当授粉品种能有效地为主栽品种授粉，而主栽品种却不能为授粉品种授粉，又无其他品种取代时，必须按上述条件另选第二品种作为授粉品种的授粉树。

(2) 授粉树的配置

授粉树与主栽品种的距离依传粉媒介而异，以蜜蜂传粉的品种(如苹果、梨、柚等)应根据蜜蜂的活动习性而定。据观察，蜜蜂传粉的品种与主栽品种间最佳距离以50~60m为宜。杨梅、银杏、香榧等雌雄异株的经济林果木，雄株花粉量大，风媒传粉，且雄株不结实，多将雄株作为基地边界少量配置，在地形变化大的山地，也可作为防风林树种配置一定比例。

关于授粉树在经济林种植地中所占比例，应视授粉品种与主栽品种相互授粉亲和情况及授粉品种的经济价值而定。授粉品种的经济价值与主栽品种相同，且授粉结实率都高，授粉品种与主栽品种可等量配置；若授粉品种经济价值较低，在保证充分授粉的前提下，低量配置。大部分经济林木授粉树（或品种）一般可按2%~3%的比例，但配置时要注意均匀分散，同时注意风向、坡向和上下坡等。

4. 排灌系统设计

1) 灌溉系统

随着灌溉技术的不断改进，灌溉系统也在不断更新，各国运用的灌溉可分为浇灌、喷灌、滴灌三大类。

（1）水源

经济林地的灌溉水源主要是蓄水和引水。

①蓄水。主要是修建小型水库和蓄水池。有条件的地方宜在经济林地的上方山间长流溪水的出口处修建蓄水池，将自然流水就地拦蓄储存，既保证充足的集流水源，又有一定的自流灌溉压力，利用地形坡降度引流灌溉。西北干旱少水源的地区，也可进行雨水集流蓄水，要选在山坳地或排水渠旁以便蓄积水，如果选在分水岭处，难于蓄水。一般每公顷地修建一个30~50m³的蓄水池，有条件的地方最好每15~20hm²修建1~2个小型水库或池塘，同时建好相应的排水及灌溉系统。

②引水。从河中引水灌溉的经济林种植地，在林地高于河面的情况下，可进行扬水式取水。提水机器功率根据提水的扬程与管径大小核算。林地建立在河岸附近，可在河流上游较高的地方修筑分洪引水渠道，进行自流式取水，保证自流灌溉的需要。在距河流较远，利用地下水作灌溉水源的地区，地下水位高的可筑坑井，地下水位低的可修成管井。

（2）输水系统

输水系统有渠道灌溉、喷灌、滴灌方式。生产上常用的是渠道灌溉，其优点是投资小，见效快；缺点是费工，水资源浪费大，水土肥流失较严重，同时又降低地温。滴灌可以避免渠道灌溉的缺点，但一次投资大。喷灌的投资和效益介于渠道灌溉和滴灌之间。山地经济林种植地采用喷灌、滴灌可以不用造台地，平整土地，辅之其他水土保持措施，可节省非常大的投资。

①渠道灌溉。渠道包括干渠、支渠和毛渠（灌水沟）3级。干渠是将水引到林地内并纵贯经济林种植基地。支渠将水从干渠引到种植地小区。毛渠则将支渠中的水引至经济林树行间及株间。

渠道灌溉规划设计应考虑种植地地形条件，水源位置高低，并与道路、防护林和排水系统相结合。具体设计应注意以下原则：干渠应设在分水岭地带，干渠要短，最好用混凝土或石材修筑渠道；支渠也可沿斜坡分水线设置；与道路系统和小区界限相结合；渠道应有纵向比降，比降过大，易造成土质干渠冲刷，比降过小，流速小、流量低，一般干渠比降为1/1000，支渠的比降为1/5000。渠道灌溉的横断面，尽量采用半填半挖的形式，便于向下一级渠道分水，且修筑工程量较小。渠道断面横距差与竖距的比值，称为边坡比，黏土为1~1.25，砂砾为1.25~1.5，砂壤土为1.5~1.75，砂土为1.75~2.25。

②喷灌。喷灌是在一定压力下，把水通过管道和喷头以水滴的方式喷洒在树体上。喷头可高于树高，也可低于树高，水滴自上而下类似下雨。喷灌较渠道灌溉节约用水50%，并可降低冠内温度，防止土壤板结。喷灌的管道可以是固定的，也可以是活动的。活动式管道投资小，但用起来麻烦。固定式管道不仅用起来方便，而且可以用于喷药，起到一管两用的作用。即使喷药条件不具备，也可以用于输送药水。尤其是山地经济林种植地，在不加任何动力的情况下，就可以把药水输送到各个种植小区。

③滴灌。滴灌是通过一系列的管道把水一滴一滴地滴入土壤中，设计上有主管、支管、分支管和毛管之分。主管直径80mm左右，支管直径40mm，分支管细于支管，毛管最细，直径10mm左右，在毛管上每隔70mm安一个滴头。分支管每行树一条，毛管每棵树沿树冠边缘环绕一周。滴灌的用水比渠道灌溉节约75%，比喷灌可节约50%。

（3）水肥一体化设计

水肥一体化技术是将灌溉与施肥融为一体的农业新技术，是将可溶性固体肥料或液体肥料配兑而成的肥液与灌溉水一起，均匀、准确地输送到树体根部土壤，喷灌时可输送至叶片。水肥一体化灌溉施肥的肥效快，养分利用率提高，具有省肥节水、省工省力、降低湿度、减轻病害、增产高效的实施效果。由于水肥一体化技术通过人为定量调控，满足经济林木在关键生育期"吃饱喝足"的需要，杜绝了任何缺素症状，因而在生产上可达到产量和品质均良好的目标。

①水肥一体化的灌水方式，可采用管道灌溉、喷灌、微喷灌、泵加压滴灌、重力滴灌、渗灌、小管出流等。特别忌用大水漫灌，容易造成氮素损失，同时也降低水分利用率。

②在设计方面，要根据地形、地块、单元、土壤质地、种植方式、水源特点等基本情况，设计管道系统的埋设深度、长度、灌区面积等。

③施肥系统设计为定量施肥，包括蓄水池和混肥池的位置、容量、出口、施肥管道、分配器阀门、水泵肥泵等。

④肥料种类宜选液态或可溶固态肥料，如氨水、尿素、硫酸铵、硝酸铵、磷酸一铵、磷酸二铵、氯化钾、硫酸钾、硝酸钾、硝酸钙、硫酸镁等肥料。固态肥料以粉状或小块状为首选，要求水溶性强，含杂质少，一般不应该用颗粒状复合肥（包括中外产品）。如果用沼液或腐殖酸液肥，必须过滤，以免堵塞管道。

2）排水系统

排水的作用是减少土壤中过多的水分，增加土壤的空气含量，促进土壤空气与大气的交流，提高土壤温度，有利于好气性微生物的活动。具有下列情况之一的经济林地，最好设置排水系统：地势低洼，降雨强度大时径流汇集多，且不能及时宣泄，形成季节性过湿地或水涝地；山地与丘陵地，雨季易产生大量地表径流，需要通过排水系统排出；土壤渗水性不良，表土以下有不透水层，阻止水分下渗，形成过高的假地下水位；临近江河湖海，地下水位高或雨季易遭淹涝，形成周期性的土壤过湿；临近溢水地区，或林地由水稻田改造而来，土壤经过长期淹水，下层为还原性物质大量积累的潜育层。

(1) 明沟排水

明沟排水是在地面上挖掘明沟，排除径流。

山地或丘陵经济林种植地多用明沟排水。这种排水系统按自然水路网的走势，由等高沟与总排水沟以及拦截山洪的环山沟（又称拦山堰）组成。在修筑梯田的经济林地中，排水沟应设在梯田的内沿（即背沟），背沟的比降应与梯田的纵向比降一致。总排水沟应设在集水线上，走向应与等高沟斜交或正交。总排水沟宜用石材修筑，长而陡的总排水沟，宜修筑成阶梯形，每隔20～40m的斜距修筑一个谷坊，以减缓流速。总排水沟应上小下大，以利径流排泄，可与水库、水塘、蓄水池连接，以补给库、塘水源。

平地种植地的明沟排水系统，由小区或小班内的集水沟、小区或小班边缘的排水支沟与排水干沟组成。集水沟与小区长边和树行走向一致，也可与行间灌水沟合用或并列。集水沟的纵坡应朝向支沟，支沟的纵坡应朝向干沟。干沟应布置在地形最低处，使之能接纳来自支沟与集水沟的径流。各级排水沟的走向最好相互垂直，但在两沟相交处应成锐角（45°～60°）相交，以利水畅其流，防止相交处沟道淤塞。各级排水沟的纵向比降应大小有别：干沟为1/10 000～1/3000；支沟为1/3000～1/1000；集水沟为1/1000～1/300。

明沟的边坡系数因土质而有差别：黏土1.5～2.0；砂壤土1.5～2.5；砂土2.0～3.0。排水沟的间距和深度，应视降水量和地下水位而定。排水支沟的深度和宽度应大于小区水沟，排水干沟的深度和宽度应大于支沟，以利于排水通畅。干沟出路不畅的地区，可在干沟出口建立扬水站，进行机械抽水排水。

采用明沟排水，物料投入少，成本低，简单易行，便于推广。其缺点是土方工程量大，花费劳力多，明沟排水占地多，不利于机械操作和管理，而且易坍、易淤、易生杂草。

(2) 暗沟排水

暗沟排水是地下埋置管道形成地下排水系统，将地下水降低到要求的深度。暗沟排水可以消除明沟排水的缺点，如不占用经济林行间土地，不影响机械管理和操作。但暗沟的装置需要较多的劳力和器材，要求较多的物资投入，对技术的要求也较高。暗沟一旦发生淤塞，检修困难，国外多用高压水枪冲洗除淤。

暗沟排水系统和明沟排水系统组成基本相同。暗沟的深度取决于土壤的物理性质、气候条件及所要求的排水量。暗沟深度及沟间距离与土质的关系见表3-2。

暗沟有完全暗沟和半暗沟两种类型。完全暗沟可用塑料管、混凝土管或瓦管建成。半暗沟又称简易暗沟，多以卵石等材料建成。半暗沟的间距宜小，分布密度较大，才能克服其流水阻力大的缺点，提高排水效率。卵石暗沟下面填大卵石，上面填稍小的卵石，最上

表3-2 不同土壤与暗沟深度、沟距的关系

土壤种类	沼泽土	砂壤土	黏壤土	黏土
暗沟深度(m)	1.25～1.5	1.1～1.8	1.1～1.5	1.0～1.2
暗沟间距(m)	15～20	15～35	10～25	12

面填以碎瓦即可。

完全暗沟也有干管、支管、排水管之别，各级管道按水力学要求组合施工，可以使水流畅，防止淤塞，详见表3-3。

表3-3 暗管的水力学要求

管类	管径(cm)	最小流速(m/s)	最小比降
排水管	5~6	0.45	5/1000
支管	6.5~10	0.55	4/1000
干管	13~20	0.70	3.8/1000

5. 防护林设计

防护林对改善经济林基地生态条件，减少风、沙、寒、旱的危害，保证经济林的良好生长和丰产优质有明显的作用。主要作用：降低风速，减少风害；调节温度，提高湿度；保持水土，防止风蚀；减少春季风速，利于蜜蜂活动。

1) 防护林结构

防护林带可以分为稀疏透风林带及紧密不透风林带两种类型。林带结构不同，防护效益和范围有明显差别。

(1) 稀疏透风林带

这种林带可分为上部紧密下部透风(无灌木)及上下通风均匀的网孔式两种类型。适宜的林带透风度为35%~50%。透风度(或透风系数)是从与林缘成垂直方向观察时，林冠的孔隙面积(未被枝、叶、干所堵塞的间隙)合计与林带总面积的百分比。稀疏透风林带可通过一部分气流，使从正面来的风大部分沿林带向上超越林带而过；小部分气流穿过林带形成许多环流进入基地而使风速降低。稀疏透风林带对来自正面的气流阻力较小，且部分气流从林带穿过，使上下部的气压差较小，大风越过林带后，风速逐渐恢复。

稀疏透风林带比紧密不透风林带的防护范围大。据测定，稀疏透风林带向风面保护范围约为林带高的5倍，背面为高于林带高的25~35倍，但以距林带高10~15倍的地带防护林效果最好。根据有关调查资料，均匀适度的透风林带，北风面林带高度30倍以内地带，平均降低风速28%。稀疏透风林带还具有排气良好、冷空气下沉缓慢、辐射霜冻较轻、地面积雪积沙比较均匀等优点。

(2) 紧密不透风林带

紧密不透风林带是由数行或多行高大乔木、中等乔木及灌木树种组成，林带从上到下结构紧密，形成高大而紧密的树墙。因其上下郁闭，气流不易从林带通过，而使向风面形成高压，迫使气流上升，越过林带顶部后，气流迅速下降，很快恢复原来风速。这种林带虽防风范围较小，但在其防护范围内效益较好，调节空气温度、提高湿度的效果也较明显。由于透风能力低，冷空气容易在基地沉积而形成辐射霜冻，背风面容易集中积雪和积沙。因此，在山谷及坡地的上部宜设置紧密不透风林带，以阻挡冷空气下沉；而在下部则宜设置稀疏透风林带，以利于冷空气的排除，防止霜冻危害。

防护林降低风速的效果除与林带结构及林带高度有关外，林带内栽植行数不同，降风速的效果也有明显差别。在旷野风速为7m/s的情况下，经过4行毛白杨林带时，在林带高的20倍范围内平均风速为2.9m/s，比对照降低59%；而通过3行毛白杨林带时，平均风速为4.6m/s，比对照降低34%。10行树的林带比3~5行树的林带可降低风速23.3%。

2) 防护林树种选择

选择防护林树种是否适当，直接关系到林带的防护效益。

(1) 树种选择的条件

①适应当地环境条件能力强，尽可能用乡土树种。

②生长迅速，枝叶繁茂。乔木树种要求树种高大，树冠紧密直立，寿命长，防风效果好。灌木要求枝多叶密。

③抗逆性强。根系发达入土深，根蘖发生少，抗风力强，对树的抑制作用小。

④与种植的经济林树种无共同病虫害，也不是其病虫害的中间寄主。最好是经济林木病虫害天敌的栖息或越冬场所。

⑤具有较高的经济价值，可作架材、筐材、药材、建筑原木和加工材料，以及蜜源植物等。

(2) 常用树种

①乔木树种。加拿大杨、毛白杨、北京杨、小叶杨、银白杨、箭杆杨、旱柳、榆、泡桐、白桦、橡胶树、白蜡、臭椿、苦楝、侧柏、沙枣、皂角、马尾松、杉木、喜树、乌桕、麻栗、锥栗、板栗、石楠、合欢、枫杨、枫香、樟树、桉树、落叶松、蒙古栎、桤木、山定子、杜梨、柿树、杜仲等。

②小乔木和灌木树种。刺槐、柽柳、紫穗槐、荆条、胡枝子、酸枣、花椒、枸杞、女贞、油茶、胡颓子、木麻黄、丛生竹、杨梅、枳等。

3) 防护林营建

(1) 林带设置

防护林应全面规划，从当地自然环境出发，因害设防，适地适栽，早见效益。防护林带的防风效果与主林带同当地主要害风方向的交角有关。主林带的走向应与主要害风的风向垂直。如因地势、地形、河流、沟谷的影响，主林带的走向不能与主要害风的风向垂直，林带与风向之间的偏角在20°~30°，防风效果基本不受影响。但为增强防风效果，宜在与主林带垂直方向设副林带或折风线，形成防护林网。

经济林基地多建在山地，地形复杂，防护林的配置有其特点。山岭风常与山谷主沟方向一致，故主林带不宜跨谷地，可与谷向呈30°夹角，并使谷地下部的林带偏于谷口。谷地下部宜采用透风结构林带，以利于冷空气排出。

(2) 林带间距离

林带间的距离与林带长度、高度和宽度以及当地的最大风速有关。通常是风速越大林带间距离越短。防护林越长，防护的范围越大。在风向一致的条件下，从正面来的风，其防护范围是三角地段。林带的高度与防护范围密切相关。在一般情况下，背风面的有效防护范围为树高的25~30倍。某些防护作用可延伸到林带高的40倍以上。根据我国各地多年经验，主林带间的距离一般为300～400m，风沙较大及滨海台风地区可缩小到200～250m。副林带的距离在风沙较小的地区可为500～800m，风沙严重地区可减少到300m左右。如迎风坡林带宜密，背风坡林带宜稀。

（3）林带宽度

林带内行数与降低风速的效果有关，随林带内行数增加，降低风速的平均效果有逐步减少的趋势。因此，在设计防护林带的宽度时，必须与当地的最大风速相适应。如果过多增加林带的宽度，将减少生产用地，防风的效应也不能相应提高。国外农田防护林占地比率为被保护地区的1.5%～3.5%。

（4）营造技术

防护林的株行距可根据树种及立地条件而定。乔木树种株行距常为(1.0～1.5)m×(2.0～2.5)m。灌木类树种株行距为1.0m×1.0m。

林带内部提倡乔灌混交或针阔混交方式。双行以上的采取行间混交，单行可采用行内株间混交。有条件的也可采用常绿树种与落叶树种混交方式。

营造防护林宜在经济林木栽植前1～2年进行。生长快的树种，也可以与经济林木同时栽植。造林前应整地，栽植苗木的根系要健全，从起苗到栽植，保证每个环节都要保护好根系。

设置防护林要防止林带对经济林木遮阴及向基地内串根，要特别注意与末行经济林木间的距离。基地南部的要求距末行树在20～30m，基地北面的林带在15～20m。在此间隔距离内可设置道路或灌溉渠、排水沟，以经济利用土地。

任务实施

1．实施步骤

以"任务3-1 宜林地选择"实施结果为基础，进行基地规划设计。

1）进行外业补充调查

①规划区的水利条件。主要包括水源位置及水量，现有灌溉、排水设施和利用状况。

②规划树种调查。主要通过市场、有关经济林经营单位、管理部门，调查符合发展预期的各经济林树种、品种及其栽培效益、发展前景。

③社会经济技术条件。包括规划区的经济文化状况、人力资源及素质、市场发育状况、交通状况等。

2）基地土地规划

①种植小区划分。一个小区是一个经营区，要依据立地类型进行划分，一个小区配置相同的树种，要有利于水保、防止风害等建设，与基地干道建设相配合。

②道路系统规划。包括主道、干道、支道。

③辅助建筑物规划。辅助建筑物主要办公室、贮藏房、车辆库房、农具室、肥料农药库、职工宿舍和休息室、配药场、包装场、晒场等。

3）树种和品种的选择

①选择树种与品种。结合经济林树种调查，掌握不同经济林树种、品种的生态学特

性、商品价值，按适地适树的原则，同时，依据树种、品种发展的规模，为不同的种植小区选择确定适宜树种、品种。生物学特性主要要考虑对光照的需求、对热量的要求、年极端低温与极端高温、初春萌芽开花的温度、土壤的通透性、土壤pH、风的影响等。

②授粉树配置。在主栽树种、品种确定后，如果需要授粉树，选择确定授粉树种、品种。

4）排灌系统设计

①灌溉系统。包括水源规划、输水系统设计。

②排水系统。在需要时设计。

5）防护林带设计

①林带结构设计。

②树种选择。

③林带间距离和林带的宽度确定。

④营造技术设计。

6）完成规划图的绘制

在绘图纸上清绘设计图。如果具有CAD制图能力，可用CAD完成设计，并打印输出。

2. 结果提交

按照实施步骤完成工作后，编写经济林基地规划设计报告。主要内容包括：基地建设的必要性和可行性、基地的立地类型划分、基地土地规划、排灌系统设计、防护林带设计、规划设计图。设计报告应标明个人信息。

○ **思考题**

1. 试述经济林基地规划设计的步骤。
2. 经济林基地规划设计中，土地规划设计包括哪些方面？
3. 经济林基地规划设计中，树种（品种）如何选择？如何配置授粉树？
4. 经济林基地输水系统主要有几类？
5. 经济林基地在什么情况下需要设置排水系统？
6. 防护林有哪两种结构？哪种结构的防护范围大？

任务 3-3　经济林栽植

○ **任务导引**

经济林基地规划设计完成后，就要以种植小区为单位，准备经济林的栽植。栽植工作是一系列连续的过程，包括林地整理、栽培方式确定、栽植密度确定、栽植方式选择、栽培时间确定、定植穴开挖、苗木准备、肥料准备、定植及栽后管理等工作。经济林栽植是经济林基地营建的重要环节，必须运用相关专业理论，与基地环境条件、建设目标紧密结合，进行严密的设计和严格的实施，才能为经济林生产打下良好的基础。通过本任务的学习，将重点掌握从整地设计、栽培设计、栽植设计、整地与定植的全流程，并最终完成经济林栽植工作。

任务目标

能力目标：
(1) 能完成经济林基地整理设计与实施。
(2) 能进行栽培方式设计。
(3) 能完成栽植设计。
(4) 会整地和定植。
(5) 能完成设计报告的撰写。

知识目标：
(1) 掌握经济林基地的整地知识。
(2) 掌握经济林栽培方式。
(3) 掌握经济林栽植技术。
(4) 了解经济林基地营建成本与经济效益的估算知识。

素质目标：
(1) 培养自主学习能力。
(2) 培养动手能力和吃苦耐劳精神。
(3) 培养逻辑思维能力。
(4) 培养严谨的工作态度。

任务要点

重点：经济林基地的整地和栽植技术。
难点：栽植密度的确定和苗木定植技术。

任务准备

学习计划：建议学时6学时。其中知识准备2学时，任务实施4学时。
工具及材料准备：铁锹、报告纸。

知识准备

1. 林地整理

经济林基地完成规划设计后，要以种植小区为单位，根据原土地利用状况、地形等进行林地整理，以符合栽植和栽培管理要求。林地整理包括林地清理和整地。

林地清理，当经济林营建地为有茂密的杂草、灌木的荒山荒地，或为布满枝杈、伐根的采伐迹地时，需要先进行林地清理工作。林地清理可结合经济林栽植设计进行全面清理、带状清理或块状清理。林地清理在整地前进行，以便于整地；也可与整地相配合进行。

经济林种植地的类型多种多样，经济林树种对环境的要求多种多样，这就决定了经济林种植整地必须根据种植地的具体立地条件和种植树种自身的特性，采取灵活多样的方法和技术。同时，经济林树体高大，根系深，生长周期长，且连年要生产经济林产品，因此要尽量增大整地的作用效果，延长整地的作用时间。此外，整地工程量大，需劳动力多，必须经过科学认真的设计与规划，并组织施工和质量验收。

1) 整地的作用

经济林营建土地多种多样，总体表现为有效土层薄、土壤物理结构差、肥力水平低、水分状况不良等，种植后不利于苗木成活和幼林生长。种植前整地是改善种植地环境条件（主要是土壤条件）的一项重要工序。正确、细致、适时地进行整地，对提高经济林种植成活率、促进幼林生长、实现经济林的早实丰产具有重要作用。

经济林种植整地时要考虑以下几点：①种植地的类型多种多样，经济林树种对环境的要求多种多样，这就决定了经济林种植整地必须根据种植地的具体立地条件和种植树种自身的特征，采取灵活多样的方法和技术。②经济林生长周期长，树体高大，根系深，且要连年生产经济林产品，因此需要增强整地的作用效果，延长整地作用的持续时间。③经济林种植整地工程量大，需劳动力多，必须经过科学认真的设计与规划，并组织施工和质量验收。

（1）改善立地条件、提高立地质量

①改善小气候。通过整地清除杂草、灌木和采伐剩余物，可以直接增加林地受光量，满足不同幼林的需要。全面清除植被，可以使耐阴树种或幼年耐阴树种获得适度的光照和庇荫。整地还可以改变种植地的局部小地形，增加或减少受光量。例如，在南向坡面上，整出局部朝北的反坡。改变光线和地面的交角，使林地受光状况也相应发生改变。整地时清除自然植被，透光量增加，空气对流加强，白天地温和近地表层的温度比有植被覆盖时上升得快；夜间则与一般裸露地相似，降温也较快。整地还可以通过改善土壤物理机械性质，协调土壤中水分、空气的数量和比例。由于水的比热大大超过空气，在干旱条件下，整地后土壤含水量增加，地温上升较慢，也比较稳定。在湿润条件下，整地排出了土壤中的过多水分，土壤空气含量增加，地温上升比较快。整地还可以把原来倾斜的坡面整平，修成反坡，或把原来平坦的地面整出下凹或凸出的小地形等，以改变日光照射角度和土壤的通气、排水、蓄水状况，使地温得到调节。

②调节土壤水分状况。通过整地能使土壤变得疏松多孔，使土壤田间持水量增加，渗透能力及蓄水能力增加，有利于种植地更多地保蓄雨水。同时地表的粗糙度增加，可以减少地表径流，增加雨水下渗量，使土壤蓄水量增加。整地改善土壤水分条件的作用与所使用的方法和季节等有密切的关系，干旱时期整地不但不能很好地蓄水保墒，还会造成水分大量蒸发散失，使土壤变得更加干燥。

③促进土壤养分的转化和积蓄。整地不能直接增加土壤中的养分，但整地可以加速土壤风化作用，使土壤颗粒变细，促进可溶性盐类的释放和各种营养元素有效化，还可以使腐殖质及生物残体分解加快，增加土壤养分的转化和积蓄。同时，植被清除后，可以减少植物对养分的消耗，其残体还可以增加土壤中的有机质。山地土壤经过整地，还可以除去

石块，把栽植穴周围的表层肥土集中于穴内，使穴内的肥土层厚度增加，相对提高了土壤肥力。

④增强土壤气体交换。整地使土壤变得疏松、透气性增强，使土壤气体交换加强，有利于根系呼吸和微生物的活动。

(2) 提高种植成活率和促进林木生长

整地改善了林地的立地条件，栽植的苗木根系愈合快，产生的新根多，水分条件好，有利于苗木成活。整地后，土壤疏松，土层加厚，灌木、杂草及石块被清除，苗木根系向土层深处及四周伸展的机械阻力减小，因而主根扎得深，侧根分布广，吸收根密集。种植地的立地条件越差，越需要细致整地；相反，则可以适当降低整地的质量标准，甚至可以不整地。

(3) 保持水土和减轻土壤侵蚀

水土流失的治理措施有生物措施和工程措施两种。整地作为工程措施，首先可以改变小地形，把坡面整成无数个小平地、反坡或下凹地，使地表径流不易形成；其次它具有一定的积水容积，在坡面上构成许多"小水库""小水盆"，可以有效地聚集水流，并加以保蓄。同时，经过整地的土壤，渗透性强，水分下渗快，一时来不及渗透的水流，由于在坡面上停留的时间较长，可以蒸发重返大气，或慢慢地渗入土壤中，而不致汇集造成严重冲刷。但是，整地对自然植被的破坏和对土壤的翻耕可能加剧水蚀、风蚀，一定要方法得当，保证质量，使发生水土流失的危险降到最低限度。尽管营造经济林的主要目的是获得较高的经济效益，但只要经营措施得当，经济林本身也可发挥其巨大的水土保持作用。

(4) 便于种植和提高种植质量

整地是种植前的一个工序，主要是为种植、抚育创造条件，保证适当的种植密度，有利于种植点的均匀配置以及减轻灌木、杂草和病虫、鸟兽危害等。种植地经过认真清理和细致整地，可以排除种植施工的障碍，便于进行栽植、提高作业速度和质量。

2) 整地季节

整地季节是保证整地效果的重要环节，尤其在干旱地区更为重要。一般来说，春、夏、秋、冬四季均可整地，但冬季土壤封冻的地区除外。以伏天为好，既有利于消灭杂草，又利于蓄水保墒。

从整个种植过程来说，一般应做到提前整地。因为提前整地可以促进灌木、杂草的茎叶和根系腐烂分解，增加土壤中有机质，调节土壤的水分状况，在干旱地区可以更好地蓄水保墒，提高种植成活率，提前整地还有利于全面安排种植生产活动。提前整地，最好能使整地和种植之间有一个降水较多的季节。如秋季种植可以在雨季前整地；春季种植，可以在前一年雨季前、雨季或至少在秋季整地。要注意的是，如果整地后长时间不种植，立地条件仍会不断变劣，失去部分整地作用。

整地如果与种植同时进行，由于整地的作用尚未充分发挥就种植，苗木受益不多，而且还常因整地不及时，失去种植时机，一般效果不好，尤其在干旱地区效果更差。但是在土壤深厚肥沃、杂草不多的熟耕地上，土壤湿润、杂草、灌木覆盖率不高的新采伐迹地可随整随种。

在低洼地、盐碱地整地应和开挖排水沟或修筑台田结合进行。

3) 整地方法

（1）全面整地

全面整地是翻垦种植地全部土壤的整地方法。这种方法改善立地条件的作用显著，清除灌木、杂草彻底，便于实行机械化作业及进行林粮间作，苗木容易成活，幼林生长良好。但用工多、投资大，易发生水土流失，在使用上受地形条件（如坡度）、环境状况（如岩石、伐根及更新林木）和经济条件的限制较大。

全面整地只用于坡度较小的平原、缓坡地和沙地。北方草原、草地可实行雨季前全面深耕，深度 30~40cm，秋季复耕，当年秋季或翌春耙平；盐碱地可在利用雨水或灌溉淋盐洗碱、种植绿肥植物等措施的基础上深耕整地。

（2）局部整地

局部整地是翻垦种植地部分土壤的整地方式。局部整地又可分为梯级整地、带状整地和块状整地 3 种方法。

①梯级整地。梯级整地是坡地应用效果较好的一种水土保持方法。适合于坡度 25°以下的坡地。用半挖半填的方法，把坡面一次修整成若干水平台阶，形成阶梯。梯土由梯壁、梯面、边埂、内沟等构成。每一梯面为一经济林木种植带，梯面宽度因坡度和栽培经济林木的行距要求不同而异。一般是坡度越大梯面越狭。筑梯面时，可反向内斜，以利蓄水。梯壁一般采用石块和草皮混合堆砌而成，保持 45°~60° 的坡度，并让其长草以作保护，梯埂可种植胡枝子等灌木。

水平阶整地法：从山顶到山脚，每隔一定距离（按行距）沿山坡等高线，筑成水平阶。如图 3-1、图 3-2 所示。

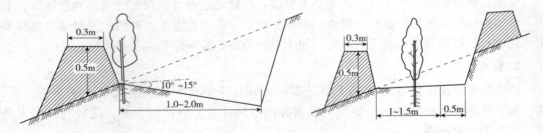

图 3-1 水平阶整地法

图 3-2 水平阶整地法（现场）

水平沟整地法：当坡度大时，沿等高线环山挖沟，把挖出的土堆在沟的下方，使其成土埂，在埂上或埂的内壁种植。如图 3-3 所示。

修筑梯土前，应先进行等高测量，在地面放线，按线开梯（表 3-4）。根据株行距的要求，在距离太大的坡面上，如果局部地形破碎，不可能每一条梯带都一样长，会出现长短不一的情况。

②带状整地。沿等高线方向呈长带状翻垦土壤，并在翻垦部分之间保留一定宽度原有植被（生土带）的整地方法，如图 3-4 所示。这一方法改善立地条件的作用较好，预防土壤侵蚀的能力较强，便于机械或畜力耕作，也较省工。一般用于坡度达 30°的地带。坡度虽陡，但适宜坡面平整的山地和黄土高原，以及伐根数量不多的采伐迹地、林中空地和林冠下的种植地。

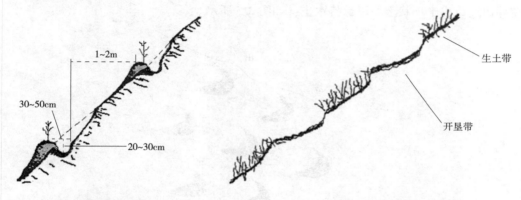

图 3-3　水平沟整地法　　　　　　　　图 3-4　带状整地

表 3-4　梯土设计

地面坡度 Q (°)	设计梯壁高度 H (m)	设计梯壁侧坡 (°)	可得梯面宽度 B (m)	梯埂地面宽度 b' (m)	梯面有效宽度 B' (m)	需要原地面宽度 L (m)	坡地有效面积损失 $L-B'$ (m)	坡地有效面积损失 $(L-B')/L$ (%)	每米长梯土的土方量 S (m³)	每米长梯土的土方量 W (m³)	每米长梯土的土方量 $S+W$ (m³)	每亩梯土长度 (m)	每亩梯土的土方量 V (m³)	每亩梯土劳力（工日）
10	1.0	70	5.31	0.6	4.71	5.75	1.04	18.1	0.663	0.135	0.798	125.7	100	25.0
10	1.5	65	7.80	0.6	7.20	8.62	1.42	16.5	1.464	0.135	1.599	58.5	133	33.3
10	2.0	60	10.20	0.6	9.60	11.50	1.90	16.5	2.550	0.135	2.685	65.4	145	36.3
15	1.0	70	3.37	0.6	2.66	3.85	1.19	28.1	0.421	0.135	0.556	98.0	110	27.5
15	1.5	65	4.90	0.6	4.33	5.77	1.47	25.5	0.918	0.135	1.053	136.0	145	35.8
15	2.0	60	6.30	0.6	5.70	7.70	2.00	26.0	1.578	0.135	1.713	106.0	183	45.5
20	1.5	65	3.42	0.6	2.82	4.40	1.58	35.9	0.641	0.135	0.776	195.0	151	37.8
20	2.0	60	4.34	0.6	3.74	5.85	2.11	36.0	1.085	0.135	1.220	154.0	188	47.0
20	2.5	55	5.12	0.6	4.52	7.30	2.78	38.0	1.590	0.135	1.725	130.0	224	56.0

山地进行带状整地时，带的方向可与等高线保持水平，或偶尔顺坡成行，带宽一般为1~2.5m，但变化幅度较大。带长应尽可能长些，但过长则不易保持水平，反而可能导致水流汇集，引起冲刷。带的断面形式可与原坡面平行，或构成阶状、沟状。

带状整地每隔3~5条种植带应开一条等高环山沟截水，以增加蓄水并防止大水冲刷种植带造成水土流失。

③块状整地。是呈块状翻垦种植地土壤的整地方法。块状整地灵活性大，整地比较省工，成本较低，同时引起水土流失的危险性较小，但改善立地条件的作用相对较差。

块状整地主要用于坡度较大、地形破碎的山地。山地应用的块状整地方法主要为穴状、鱼鳞坑、小平台等。鱼鳞坑整地是在与山坡水流方向垂直处，环山挖半圆形植树坑，使坑与坑交错排列成鱼鳞状。坑一般长1m，宽50cm，深25cm，由坑外取土，使坑面成水平，并在外边连筑成半环状土埂以保持水土，如图3-5所示。

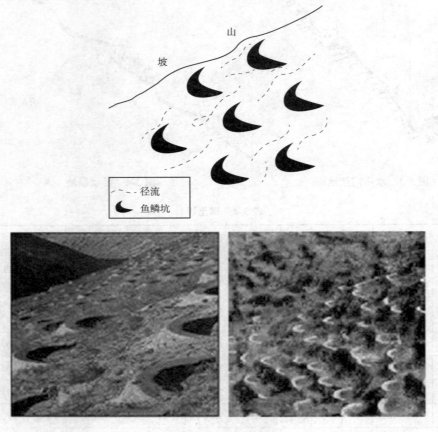

图 3-5　鱼鳞坑整地

2. 栽培方式

1）纯林栽培

经济林纯林是指由单一经济林树种构成的林分。当存在多个经济林树种时，其中有一个树种占整个林分的90%以上。纯林栽培个体之间的生态关系比较简单，易引起病虫害等的危害。但纯林栽培有利于实施栽培技术措施、标准化管理，达到速生、丰产、优质。

2）混交栽培

在同一块林地上栽培两种及两种以上的树种。营造混交林可以组成稳定的森林生态系统，增强抵御外界不良环境因素的能力，使森林的直接效益和间接效益发挥得更加充分。我国在经济林栽培中就有营造混交林的经验，如茶桐和杉桐的短期混交。但通常栽植经济林多为纯林，在一定的条件下才混交栽植。

3）复合经营

经济林复合经营又叫农林复合经营，是指树种、作物搭配，有与其相适应的栽培管理、经营的配套技术的一种栽培方式。它能达到功能多样、效益高的目的，在一定的范围之内具有普遍的推广应用价值。在同一土地上使用具有经济价值的乔木、灌木和草本作物共同组成多层次的复合人工林群落，达到合理地利用光能和地力，形成相对稳定的高产量、高效益的人工生态系统。

①间作。在经济林地短期或长期种植农作物（粮食、经济作物、药材等），以林为主，以耕代抚，长短结合。如油茶幼林期间种薯类、豆类、旱粮，成林后间种草珊瑚、紫珠等药材，以及牧草等。北方的枣粮长期间种，南方的竹林中栽培竹荪等食用菌、云南胶茶间种等。立体复合经营模式很多，因划分依据不同而异。

②混种。在较平缓坡的农耕地零星栽培经济林木，但应避免影响农作物的光照。农林混种，以粮为主，地上有粮，树上有果，农林并举。

4）矮化栽培

矮化栽培是利用各种措施促进经济林矮化，进行密植的栽培方式。它有利于提早结果，增加产量，改善品质，减少投入，方便管理，提高土地利用率。常用矮化砧、矮生品种、改变栽植方式和树形、控制根系、控制树冠、生长调节剂控制等措施。矮化栽培在苹果、梨树栽培上应用较多，也常用于银杏、红豆杉等枝叶用经济林树种栽培，已成为现代经济林集约栽培的重要方法。

5）保护地栽培

保护地栽培是在人工保护地设施所形成的小气候条件下进行的经济林栽培，又称经济林设施栽培。人工保护地设施是指人工建造的、用于栽培经济林或其他作物的各种建筑物（详见提质增效栽培相关内容）。

此外，非基地上的经济林栽培还有庭院栽培，这是在绿化庭园、道路、篱壁、凉台、屋顶等进行立体栽培经济林的一种方式。它能充分利用土地或空间，提高光能利用率，净化空气，减少污染，增加农产品收入。适于庭院栽培的经济林树种很多，可因地制宜加以选择。

3. 栽植技术

1）栽植密度

经济林的栽植密度指的单位面积种植苗木的株数。栽植密度关系着群体的结构、光能和地力及生长空间的利用，关系到经济树木的生长发育过程，对产量的高低及其变化动态、经济林产品的品质，以及树体的经济寿命及更新期等都有深刻的影响。

（1）确定密度的依据

确定栽植密度是一个复杂的问题。密植增加了单位面积上的栽植株数，提高了种植地覆盖率及叶面积指数，从而提高单位面积的生物产量和经济产量，使产量高峰期提前。但如果密度超过某一限度，随树体长大，将导致树冠及种植地群体郁闭，光照状况恶化，反而削弱了光能利用率，降低生物学产量和经济产量，导致树势早衰，缩短经济寿命。生产中合理的栽植密度，主要根据下列因素确定。

①树种、品种的生物学和生态学特性。不同的树种、同一树种的不同品种，其植株的高矮、树冠的大小和性状、分枝角度、根系的分布范围及其特点、对光照和肥水条件的要求等各不相同，因此种植时，必须根据具体情况确定密度。树体高大、树冠宽大开张、根系分布范围大、喜肥喜水、喜光不耐荫蔽的树种或品种，栽植密度应减少；反之，则应加大栽植密度。如枣树>板栗>苹果>柿树>核桃，板栗中'矮丰'>'石丰'>'金丰'>'华光'>'燕红'>'红栗'>'红光'。

②经营目的。一般而言，以生产果实或种子为目的的经济林，如核桃、板栗、柿树、枣树、花椒、石榴等，由于花芽分化、开花坐果及果实发育均需要充足的光照，因而栽植密度应该适当减小。以生产树皮、芽叶、汁液为目的的经济林，如茶树、香椿、竹子、漆树、杜仲等，其产量与株数、枝梢数关系密切，适当增大栽植密度有利于提高产量。有时，同一树种生产两种或两种以上经济林产品其栽植密度应根据具体目的确定。例如，银杏叶用林地的密度为3000株/亩，而果用经济林地的密度通常为25~60株/亩；又如，杜仲以采叶为目的栽植密度为600株/亩，以剥皮为目的的栽植密度为30~60株/亩。

③立地条件。同一树种或品种，在土层厚、土壤肥沃、水分状况良好、光照充足、温度适宜的种植地上，树体生长快、树冠迅速扩大，在这种种植地上应稀植，以防种群过早郁闭引起产量下降。在土层浅薄、干旱瘠薄的立地条件下，经济林种植后生长缓慢，林地长期不郁闭，种植时应增加密度。

④砧木类型。经济林的砧木类型可简单分为乔砧和矮化砧两大类。乔砧经济林没有矮化特性，种植时应稀植；矮化砧经济林具有一定的矮化特性，可适当加大栽植密度。

⑤土地资源及苗木来源。一般而言，土地资源丰富，生产成本构成要素中土地生产成本低，可以稀植；反之，土地紧缺，价格和承包费用昂贵，则只能利用有限的土地实行密植栽培。就苗木来源来说，若品种珍贵、苗木紧缺、价格昂贵，则应当稀植。

⑥经营方式。纯林栽培密度可大些，林农间作或林林混交则密度要小。

⑦栽培技术。如果栽培技术高，进行集约化管理，具有树体大小的调节控制能力，则密度可大些，否则，应小些。

经济林种类、品种繁多，气候、土壤条件复杂多变，栽植密度也应不同。表3-5是几种主要经济林树种适宜的栽植密度，可供参考。

表 3-5 主要经济林树种适宜栽植密度参考表　　　　　　　　　　　　株/亩

树种	密度	树种	密度
油茶	70~90	漆树	40~50
油橄榄	20~30	油桐	40~60
核桃	14~19	千年桐	15~25
云南核桃	10~15	乌桕	20~40
薄壳山核桃	15~24	板栗	14~27
香榧	20~40	枣树	20~40
文冠果	150~170	柿树	14~27
油棕	9~12	毛竹	20~30
椰子	10~14	棕榈	100~150
苹果（乔化砧）	28	葡萄（篱架）	170~250
苹果（矮化砧）	60~80	杏	18~28

（2）计划密植

计划密植是一种有计划分阶段的密植制度。定植时高于正常的栽植密度，以增加单位面积上的栽植株数，提高覆盖率和叶面积指数，达到早期丰产、早获经济效益的目的。在经济林营造初期，由于植株矮小、林地裸露、光能和空间利用率低，群体稳定性和抗御灾害的能力差，土地生产力低下，易发生水土流失等。因此，在营建初期，常常按一定的比例加大初植密度。

实施计划密植的要点是：栽植之前做好设计，预定永久株与临时株。在栽培管理中对两类植株要区别对待，保证永久株的正常生长发育，而对临时株的生长进行控制，促进早期结果。待种植地行间将郁闭时，及时缩剪临时株，直至间伐移出。

计划密植系数是指初植密度与永久密度的比值，其大小根据树种特性和经营目的而定。以生产果实和种子为经营目的的经济林，计划密植系数不宜过大，一般以 2~3 为宜，最大不超过 4；以生产树皮、树叶为经营目的的经济林，计划密植系数可适当加大。树体前期生长较慢的树种，也可适当提高计划密植系数，如银杏等。当实行计划密植，在计划密植系数较小时，应首先在行间密植，即在永久行间插入一行临时性植株，采用三角形配置；计划密植系数较大时，可在永久性行的株间插入临时性植株，如图 3-6 所示。

2）栽植方式

栽植方式决定经济林群体及叶幕层在经济林种植地中的配置形式，对经济利用土地和栽培管理有重要影响。在确定了栽植密度的前提下，可结合当地自然条件和经济林树种的生物学特性确定栽植方式。常用栽植方式有以下几种。

（1）长方形栽植

这是广泛应用的一种栽植方式。特点是行距大于株距，通风透光良好，便于机械管理和经济林产品的收获。在经济林果木栽培中，利用矮化砧木常常采用行距大于株距的 1 倍以上的宽行窄株的栽植方式，如缓坡地栽植油橄榄，株行距（2~3）m×（4~6）m，不但可以

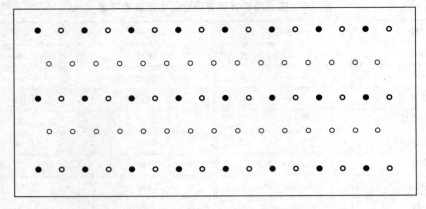

图 3-6　经济林计划密植模式示意
● 永久株　○第一次间伐(移)临时株　○第二次间伐(移)临时株

提高单位面积产量和品质,并且更有利于机械化管理等。栽植株数计算公式如下:

$$栽植株数 = 栽植面积 / (行距 \times 株距) \tag{3-1}$$

（2）宽窄行栽植

宽窄行栽植指采用宽行和窄行相间排列的栽植方式,属长方形栽植中的一种特殊方式。这种栽植方式有利于改善通风透光条件,植株封行晚,有利于中后期的田间管理。在高水肥地块采用这种方式,对增加种植密度,提高产量有利。如矮化苹果、油茶和矮林作业的经济林,宽窄行栽植适宜的密度可达 $1.5 \times 10^4 \sim 2.0 \times 10^4$ 株$/hm^2$。在欧洲,矮化果树的栽培中还采用两个窄行加一个宽行的栽植方式,以增加单位面积种植株数,提高早期产量。栽植株数计算公式如下:

$$栽植株数 = 2 \times 栽植面积 / (宽行距 \times 株距 + 窄行距 \times 株距) \tag{3-2}$$

（3）正方形栽植

这种栽植方式的特点是株距和行距的相等,通风透光良好、管理方便。若用于密植,树冠易郁闭,光照较差,间作不便,应用较少。栽植株数计算公式如下:

$$栽植株数 = 栽植面积 / (间距 \times 间距) \tag{3-3}$$

（4）三角形栽植

三角形栽植是株距大于行距,两行植株之间互相错开而呈三角形排列,俗称"错窝子"或梅花形。这种方式可提高单位面积上的株数,比正方形多11.6%的植株。但是由于行距小,不便管理和机械作业,应用较少。栽植株数计算公式如下:

$$栽植株数 = 栽植面积 / (株距 \times 株距 \times 0.866) \tag{3-4}$$

（5）带状栽植

即一个带内由较窄行距的 2~4 行树组成,实行行距较小的长方形栽植。两带之间的留带距,为带内小行距的 2~4 倍,具体宽度视通过机械的幅宽及带间土地利用需要而定。带内较密,可增强经济林群体的抗逆性(如防风、抗旱等)。带距过宽,可能会减少单位面积内的栽植株数。

（6）等高栽植

适用于坡地和修筑有梯田或撩壕的经济林种植基地,是我国经济林较常用的一种栽植方式。实际上是长方形栽植在坡地中的应用。栽植株数计算公式如下：

$$栽植株数 = 栽植面积/(株距×行距) \quad (3-5)$$

在计算株数时除按照式(3-5)计算之外，还要注意"插入行"与"断行"的变化。

(7) 丛植(丛状种植)

丛内按较小株行距密植成丛状，丛间距较大，丛间空旷，便于间作管理，丛内郁闭快，易形成群体小环境，可提高抗风性。

(8) 大树稀植

适用于山地种植高大乔木经济林，如核桃的栽植密度在 90~150 株/hm^2，没有固定或统一的株行距，可常年间种其他经济作物，达到增加早期收入和以短养长的目的。

3) 栽植季节

定植季节适宜与否，直接关系到定植成活与林木生长，应根据林木特性、自然条件、定植材料及劳力状况等进行综合分析，确定适宜的定植季节和时间。适宜的定植季节，应具有苗木生长所需的温度和水分等条件，有利于伤口愈合、促进新根生长、缩短缓苗时期。我国大部分地区，特别是南方冬季温暖地区，一年四季均可定植。

(1) 春季定植

春季是我国多数地区最适宜的定植季节。这时温度回升，土温增高，土壤较湿润，根系在地上部分未萌动以前即恢复正常生长，极利于维持水分平衡，种植成活率高；成活之后，生长季节长，生长量大，有利安全越冬。春季造林要在土地解冻后立即进行，落叶树种必须在发芽前栽植完毕。但在春旱、风大的地区，如云南等地，如无特殊措施(如容器苗)、灌溉条件、防风措施(塑料袋套苗)，不宜春季定植。

(2) 秋季定植

在春旱、夏热、冬暖的地区，可行秋季定植。秋季气温下降，土壤水分较稳定，苗木落叶，地上部分蒸腾减弱，根系尚在活动，栽后有利于水分平衡和恢复树势，来年苗木生根发芽早，有利于抗旱保苗。因此，乡土树种和抗寒力较强的树种，均可在秋初定植。但秋植要适时，若过早，树叶未落，蒸腾作用较大，苗木易干枯；若过迟，土壤冻结，不仅栽植困难，而且根系未完成生根过程，对成活不利。如果冬季温度太低或苗木不充实，地上易冻死或初春发生抽条。一些喜热和冬季有较强降温过程的地区，如在云南、华南热带区种植橡胶、咖啡等树种，不宜秋季定植，应抓紧在夏初定植，以获得最大生长量，安全越冬。

(3) 夏季定植

适用于降水集中于夏季的地区及常绿和萌芽力强的经济林树种。此时，土壤水分充足，空气湿季大，温度高，有利于苗木生长，但蒸腾强烈，定植之后若遇间歇性干旱(持续晴天)，苗木则难成活。因此，夏季定植特别要选好时机，一般应选在降雨过程初期阴天时定植。此外，为了提高定植成活率，还应适当剪叶修枝、切干(仅限于萌芽力强的林木)，尽可能带土保根和缩短起苗至定植的间隔，防止苗木在运输中失水。定植之后若遇持续晴天，应及时采取抗旱防晒措施，如淋水、搭遮阳网等。

(4) 冬季定植

我国南方大部分地区冬季温暖湿润，土壤不结冻或结冻期短，根系活动静止期短，利于水分平衡，又易安排劳力。这些地区从秋末到早春均可定植落叶树种。冬季定植，实际上是提前的春季定植和延迟的秋季定植。

无论什么季节，均以阴天定植最佳，晴天应避开烈日，于下午气温下降后定植。

4) 栽植前准备

（1）挖定植穴

整好地后，按预定的栽植设计，测量出经济林木的栽植点，按点挖栽植穴。栽植穴或沟应于栽植前一段时间挖好，使心土有一定的熟化时间，挖穴可结合整地同时进行，但地下水位高或湿地，不宜先挖栽植穴，应在改善排水的前提下再挖栽植沟，沟底应沿排水系统的水流走向设置比降，以防栽植沟内积水。挖穴时可人工挖掘也可用挖坑机挖掘。密植经济林种植地可不挖穴而挖栽植沟。无论挖穴或挖沟，都应将表土与心土分开堆放。穴深与直径、沟深与沟宽常依树种和立地条件确定，果树一般为0.8m×1m。

（2）苗木准备

经济林种植有植树、直播和分殖3种方法，以植树为主。

苗木包括主栽苗木与授粉树苗。要按密度计算出总用苗量，再按比例算出授粉树的数量。

自育或购入的苗木，均应于栽植前进行树种和品种核对、登记、挂牌。发现差错应及时纠正，以免造成品种混杂和栽植混乱。

进行苗木的质量检查与分级。合格的苗木应该具有根系完好、健壮、枝粗、节间短、芽饱满、皮色光亮、无检疫病虫害等条件，并达到国家或部颁标准规定的指标。对不合格、质量差的弱苗、病苗、畸形苗应严格剔除或淘汰，也可经过再培育达到壮苗后定植。

苗木成活的关键，在于保持体内的水分平衡。苗木从圃地起出后，在分级、处理、包装、运输、造林地假植和栽植取苗等工序中，必须加强保护以减少水分散失，防止茎、叶、芽折断和脱落，避免运输中大风吹干或发热发霉。经长途运输的苗木，检查有失水现象，应立即解包浸根一昼夜。暂时不栽的苗木，应及时选阴湿地方假植，随栽随取。栽植前应对苗木进行适当处理，对地上部分可截干、去梢、剪除枝叶等；对地下部分修根、蘸泥浆、蘸吸水剂、蘸生根粉、接种菌根菌等。

（3）肥料准备

在土壤条件差的经济林营建基地，为了改良土壤应增施一定量的优质有机肥。可按 50~100kg/株，40~70t/hm^2 的用量，分散堆放，便于分株施入。

5) 定植技术与栽后管理

（1）苗木定植

①裸根苗栽植。将苗木放进挖好的栽植坑之前，先将表土和肥料混合好。第一步，先填一半进坑内，堆成丘状，将苗木放入坑内，使根系均匀舒展地分布于坑内土丘上，同时校正栽植的位置，使株行之间尽可能整齐对正，并使苗木主干保持垂直；第二步，将另一半混肥的表土分层填入坑中；第三步，将苗木轻轻上下提动，使根系间充满土壤，根颈或嫁接口高于地面5cm左右，如果是矮化砧苗，则嫁接口要高于地面约10cm；第四步，将土轻踩，使土与根系密接；第五步，将堆放的心土填入，高度接近地面；第六步，将上层

土踩实。在进行深耕并施用有机肥改土的经济林地，用剩余土及周围土筑直径1m左右灌水盘。如果配授粉树，要注意授粉树的定植位置。栽后立即灌水，待水下渗后，封土保墒防板结。栽好后剪去较多枝叶，对苗木涂白、涂抹抗蒸腾剂或套条状塑料袋，可提高栽植成活率。

②容器苗栽植。将表土和肥料混合好先填入坑内，再开挖长、宽、深与容器苗相适宜的植苗穴，除去苗木根部的容器，将苗木放入植苗穴内，将生土回填，并踩紧压实。其他技术方法与裸根苗相同。

(2) 大树移栽

由于经济林栽植密度过稀或过密，将进入产出期的大树移入或移出，就是大树移栽。大树移栽的时期与前述栽植时期基本一致，但北方以早春解冻至发芽前为宜。具体技术要求是：在前一年春天，围绕树干挖半径为70cm、深度80cm的环沟，切断根系后，沟内填入表土，使环沟以内的土团里长出新根，称为"回根"。移栽前应对树冠进行较重修剪，以不伤及大的骨干枝为度，花芽花序要全部剪掉。移栽时在预先断根处的外方开始挖树。为了保护根系，提高成活率，最好采用大坑带土移栽。栽植时有机肥与表土混合，分层放入坑内并分层压实等与前述相同。栽植完毕，应灌足水，并设立支柱，以防风害。

(3) 栽植后的管理

为了提高栽植的成活率，促进幼树生长，加强栽植后的管理十分重要。主要管理措施有：

①及时灌溉。栽植后如遇高温或干旱应及时灌溉。水源不足，栽植并灌水后，立即用有机质、干草、禾谷类的秕壳、地膜等覆盖树盘，以减少土壤蒸发。

②幼树防寒。冬季严寒和易发生冻害或幼树抽条(冻旱)的北方地区，或南方亚热带经济林种植区有周期性冻害威胁的地区，应注意防寒。

③及时补植。栽植当年秋季，对苗木成活率和成活情况进行调查，及时用同龄苗木进行补植。

④其他管理。除上述之外，根据幼龄经济林种植地的管理技术规范进行施肥、整形修剪、病虫防治、土壤管理等，以提高成活率，加速生长，早期丰产。

○ 任务实施

1. 实施步骤

以"任务3-2 基地规划设计"实施结果为基础，进行栽植设计。设计时间为7月。拟在秋季或春季进行经济林苗木栽植。

1) 整地设计

①林地清理。如果需要清理，则要有林地清理计划，包括清理对象的种类、清理方法、清理时间。

②林地整地。整地的方法选择(全面整地还是局部整地)、技术方法、实施时间。如果基地上的立地环境差别大，尤其是地形变化大，则可分不同小区(小班)，采用不同的整地方法。

2）栽培设计

依据经济林生产目标、技术、资金等，选择纯林栽培、混交栽培、复合经营、保护地栽培。如果苗木为矮化砧苗或短枝型品种，可进行矮化栽培（与栽植密度相关）。对确定的栽培方式要进行具体说明，如混交栽培是哪些种或品种混交栽培，比例是多少；如果是复合经营，是哪几类复合；如果针对不同小区选择了不同的栽培方式，要分小区说明；在一个或几个小区进行保护地栽培，则要设计保护地的类型（塑料大棚、荫棚、温棚、防鸟棚、防雨棚）、面积。

3）栽植设计

①依据基地规划设计中选择的树种，进行密度设计、栽植方式设计。
②确定栽植季节及定植时间。
③确定定植穴的标准、开挖时间。
④根据规划的树种（品种）、密度设计，确定需要的苗木总量。再按授粉树（品种）的比例确定总数量中授粉树（品种）苗木数量。
⑤调查确定苗木采购单位、购入时间，苗木运输中的保护措施，苗木运达后的保护措施。
⑥肥料计划。包括有机肥总需用量、每小区需用量、肥料购入时间。
⑦苗木定植计划。包括定植前苗木处理，定植技术方法，定植后的主要管理措施。
⑧其他要求。如苗木质量的控制，定植完成时的质量检查等。

4）整地与定植

按设计的方法进行整地技术、定植技术实训。

5）经济林栽植

根据经济林栽植设计，当条件具备时，参与栽植实施工作。

2. 结果提交

按照实施步骤完成设计后，编写经济林基地栽植设计报告。主要内容包括：栽植设计的作用，设计内容，实训的技术收获。报告应标明个人信息。

○ 思考题

1. 经济林基地的局部整地方法有哪些？
2. 经济林栽植方式主要有哪些？
3. 经济林栽植前要做的主要准备工作有哪些？
4. 为什么经济林栽植技术中要先确定密度？
5. 你所在地区在什么季节栽植经济林苗木最好？
6. 试述经济林定植的主要技术。

项目 4　经济林土、肥、水管理

土、肥、水管理是经济林生产的基础,包括土壤耕作改良、施肥、灌溉和排水。经济林土、肥、水管理的目的是应用各种技术改良土壤结构、增加土壤肥力,使土壤中的水分和养分能及时地满足经济林优质高效的需求。本项目分为3个基本任务:土壤管理、肥料管理和水分管理,主要内容包括土壤质地、土壤结构及不同类型的土壤改良、土壤耕作,肥料的种类和特性、施肥时期、施肥量的确定和施肥方法,灌溉时期、灌水量和排水。通过学习,主要掌握土壤改良、土壤耕作制度、施肥时期的确定、施肥方式、合理灌溉技术等相关知识和技术,为实现经济林高产、优质、高效生产奠定基础。

任务 4-1　土壤管理

任务导引

土壤是经济林生存的基础,是经济林养分和水分的源泉。因此,经济林根系生长发育的好坏、根量、根系吸收和合成能力的高低都与土壤有密切关系。其中,土壤温度、透气性、土壤水分和微生物活动最为重要。一般土壤疏松、透气良好,则微生物活跃,土壤供肥能力强,有利于经济林根系生长。所以,加强土壤管理、改善根系生长环境是土壤管理的重要内容。通过本任务的学习,应掌握土壤管理的具体流程及操作方法。

任务目标

能力目标:
(1)能根据经济林地土壤的实际制定适宜的改良方法。
(2)能根据经济林的树龄、林地类型及生产管理水平制定合理的土壤耕作制度。

知识目标:
(1)掌握土壤质地改良、结构性改良及土壤耕翻的方法。
(2)掌握幼龄园和成龄园土壤耕作制度。
(3)了解化学除草剂的种类、性质和化学除草方法。

素质目标:
(1)培养自主学习、发现问题和解决问题能力。
(2)培养学生吃苦耐劳和爱岗敬业的精神。

(3)培养学生分析问题的能力和对问题的探究意识。

○ 任务要点

重点：土壤改良、土壤耕作制度、幼龄园间作。
难点：适宜的土壤改良方法和耕作制度的制定。

○ 任务准备

学习计划：建议学时4学时。其中知识准备2学时，任务实施2学时。
工具及材料准备：幼龄或成龄经济林园；草籽、镐、锹等工具及表格、笔。

○ 知识准备

1. 土壤改良

土壤条件包括土壤质地、土壤结构、土壤孔隙度及土壤耕性等物理性质和土壤pH、有机质含量、土壤养分状况等化学性质及土壤微生物。一般经济林要求土壤有机质含量在1.0%以上，土壤以质地较轻、透气保水性好为宜。不同经济林树种对土壤的理化性质有不同的要求（表4-1）。

表4-1 主要经济林树种适宜的土壤指标

树种	土壤pH	活土层厚度(cm)	总盐量(%)
苹果	6.0~7.5	≥60	<0.30
梨	6.0~8.0	≥50	<0.20
葡萄	6.0~7.5	80~100	<0.10
桃	5.5~6.5	≥50	<0.14
枣	5.5~8.4	≥50	<0.20
油橄榄	6.5~8.0	≥80	<0.10

1）土壤质地的改良

土壤质地直接影响土壤的通气性、保水保肥及土壤养分的有效性。采用适当的措施，可以使土壤质地都得到改善。改良土壤质地有以下措施：

（1）增施有机肥料

增施有机肥料可提高土壤有机质含量，既可以改良砂土又可以改良黏土，这是改良土壤质地比较简单有效的方法。有机质可以改变砂土的黏结力和黏着力，还可使土壤形成良好的结构体，提高砂土的保肥性，使黏土疏松。采用秸秆还田、翻压绿肥都能改善土壤板结。其中，稻草、麦秆等禾本科植物含难分解的纤维素较多，在土壤中可残留较多的有机质；而豆科绿肥含氮素较多，易于分解，残留在土壤中的有机质较少。因此，从改良土壤质地的角度来说，禾本科植物较豆科植物效果好。

（2）掺砂掺黏、客土调剂

如果砂土地（本土）附近有黏土、河沟淤泥（客土），可搬来掺混；黏土地（本土）附近有砂土(客土)，可搬来掺混，以改良本土质地，即为客土法。掺砂掺黏的方法有遍掺、条掺和点掺3种。遍掺是指将砂土或黏土普遍均匀地在地表盖一层后翻耕，这样效果好，见效快，但一次性用量大，费工多；条掺和点掺是将砂土或黏土掺在经济林木行间或穴中，用量少，费工少，但需连续几年方可使土壤质地得到全面改良。

(3) 翻淤压砂，翻砂压淤

有的地区砂土下面有黏土，或者黏土下面有砂土，这样可以采用表土"大揭盖"翻到一边，然后使底土和表土混合的方法来改良土壤质地。

2) 土壤结构体的改良

块状结构、核状结构、柱状结构与片状结构都不利于经济林根系的生长，最好的土壤结构体是外形近似球体、内部疏松多孔、大小在 0.25～10mm 的团粒结构。培养团粒结构主要通过合理耕作和施用土壤结构改良剂的方法来实现。

(1) 合理耕作

正确的土壤耕作可以创造和恢复土壤结构，耕、耙、耱、镇压等耕作，措施若进行得当，都会收到良好的效果。一般来说，较黏重的土壤通过施肥、锄草以及多翻、多锄、多耙，会对改善土壤结构起到良好的作用。

深耕与施肥对创造团粒结构的作用很大。耕作主要是通过机械外力作用使土破裂松散，最后变成小土团，但对缺乏有机质的土壤来说，深耕还不能创造较稳固的团粒结构。因此，必须结合分层施用有机肥，增加土中有机胶结物质。为了增加土与有机肥的接触面，应尽量使有机肥料与土壤混合均匀，促进团聚作用，同时必须注意要连年施用，充分地供应形成团粒的物质，这样才能有效地创造团粒结构。

合理灌溉、晒垡和冻垡灌溉方式对土壤结构影响很大。大水漫灌时由于冲刷大，破坏土壤结构，易造成土壤板结；沟灌、喷灌或地下灌溉较好些。另外，灌后要及时疏松表土，防止板结，恢复土壤结构。充分利用晒垡和冻垡干湿交替与冻融交替对结构形成的作用，可以使较黏重的土壤变得酥脆。

(2) 应用土壤结构改良剂

由于土壤结构在协调土壤肥力方面的作用很大，近几十年来一些国家曾研究用人工制成的胶结物质改良土壤结构，这种物质叫土壤结构改良剂或土壤团粒促进剂。它主要是人工合成的某些高分子化合物，目前已被使用的有水解聚丙烯腈钠盐、乙酸乙烯酯和顺丁烯二酸共聚物的钙盐等。土壤结构改良剂团聚土粒的机制是它们能溶于水，施入后与土壤相互作用，转化为不可溶态而吸附在土粒表面，黏结土粒成为有水稳性的团粒结构。在我国，应用较广泛的是胡敏酸、树脂胶、纤维素黏胶、藻酸等。但这些人工合成的结构改良剂由于价格昂贵，目前还得不到普遍施用和推广，仍处于研究试验阶段。近年来，我国广泛利用的腐殖酸(特别是黄腐酸)类肥料，可以在许多地区就地取材，利用当地生产的褐煤、泥炭生产。它是一种固体凝胶物质，能起到很好的土壤结构改良作用。

3) 盐碱土的改良

盐碱土是盐土、碱土及各种盐化土和碱化土的统称。不同经济林树种的耐盐能力不同。盐碱土可采用水利措施、耕作措施、化学措施等进行改良。

(1) 水利措施

水利措施主要通过排水把地下水位降到临界深度以下，地下水不能沿毛细管升至地表，切断土壤盐分来源。在地下水位较高而地下水矿化度较低的地区，可以多打机井，用机井进行灌溉，一方面可以逐步洗掉上部土层中的盐分，另一方面又可以使地下水位大大降低，起到较好的土壤改良效果；在地下水矿化度较高但排水系统完善的地区，可以用地表积累的淡水进行灌溉，从而达到灌溉洗盐的目的。

在某些盐土地区，由于水分状况较好，故可垦为水田。旱地垦为水田之后，田面存在经常性积水，盐分能不断地下移，从而起到治盐的目的。脱盐速度的快慢与土壤自身的渗漏程度有关。

(2) 耕作措施

耕作措施主要有：

①种植绿肥牧草。绿肥的种类很多，要因地制宜地选择。在较重的盐碱地上，可选用耐盐碱强的田菁、紫穗槐等，轻度至中度盐碱地可以种植草木樨、紫花苜蓿、苕子、黑麦草等；盐碱威胁不大的土地，则可种植豌豆、蚕豆、金花菜、紫云英等经济植物。

②增施有机肥。增施有机肥是增加土壤有机质、改良和培肥盐碱地的重要措施。不仅能改善土壤的结构，提高土壤的保蓄性和通透性，抑制毛细管水强烈上升，减少土壤蒸发和地表积盐，促进淋盐和脱盐过程，同时有机质分解过程中产生的有机酸既能中和碱性，又能使土壤中的钙活化，这些均可减轻或消除碱害，从而使盐碱地得到有效改良。

③化学措施。化学措施主要针对重盐化的土壤。可适当施用化学物质，如石膏、亚硫酸钙、硫酸亚铁（黑矾）、硫酸、硫黄，以及腐殖酸类改良剂、土壤保墒增温抑盐剂等。

此外，还可结合当地实际采取引洪放淤、客土压砂等措施，均可收到明显的防盐改碱效果。

4) 深翻松土

(1) 深翻作用

可以改善土壤结构和理化性质，提高土壤的孔隙度，增加土壤湿度，增高土壤温度促进土壤微生物活动，提高土壤肥力，为经济林根系生长创造良好的环境条件，促进根系向纵深伸展，加强根量及分布的深度，从而促进树体生长和结果。深翻与客土结合，则效果更好。

(2) 深翻时期

多在果实采收后的秋季、春季解冻萌芽前后进行，这时耕翻受伤的根系容易愈合，根系能旺盛生长，产生大量的新根。也可以在伏天雨季前后进行，此时根系前期生长高峰刚过，注意不要伤根太多，否则容易落叶。也可以冬季深翻，但北方一般不采用。

(3) 深翻深度

经济林地深翻的深度为80~100cm，在此范围内有石砾时必须清除、换土。如有黏重土壤，应掺入砂土。如有间隔层，应破碎间隔层。一般深翻一次，可维持3年的效应。

(4) 深翻的方式

根据具体的条件进行深翻，深翻的方法有扩穴深翻、隔行深翻和全园深翻。一般采用扩穴深翻，即以原定植穴为中心每年扩大定植穴，直至与相邻的定植穴连接时为止。也可以进行隔行(隔株)深翻,一般成年经济林地进行行间深翻时,先在树一边耕翻,翌年在树行的另一边耕翻。等高的坡地园和里高外低梯田园,第一次先在下半行进行较浅的深翻施肥,下一次在上半行深翻把土压在下半行上,同时施有机肥料。也可以全园深翻,将栽植穴以外的土壤一次性深翻完毕,利于平整土地和林地耕作。

经济林地深翻需结合施基肥进行,将腐熟的有机肥与土壤充分混合施入,有灌溉条件的,深翻后立即灌溉,可有利于有机质的分解。

2. 土壤管理

土壤是供给营养元素和水分的基础,为满足经济林生长发育的需要,要对土壤进行管理,根据经济林不同年龄时期的生长发育特点,经济林地的土壤管理可分为幼龄园土壤管理和成龄园土壤管理。

1) 幼龄园土壤管理

(1) 树盘管理

树盘是指在树冠垂直投影范围内的部分,是根系最集中的地方,对其必须加以管理。具体做法是:每年在春夏季节进行浅耕,深度一般5~10cm,可以提高温度,有利于坐果,还可以蓄水灭草,促果肥大。每年秋天对树盘浅翻,并结合施入有机肥,要尽量少伤根系。另外树盘覆盖和树盘培土也是幼龄园土壤管理的好方法,既可以保墒防冻,稳定土壤温度,也可以避免积水和保持水土,厚度一般为5~10cm。

(2) 行间间作

除了密植园外,一般密度园幼树栽植后,空地多,应合理间作。

①作用。增加土壤有机质和其他养分;抑制杂草,减少蒸发和水土流失;缩小地表温度变幅,改善生态条件,利于树体生长发育。

②间作物的选择。植株矮小,不具攀缘性,不同经济林木争光照;生育期短,与经济林木的需水临界期和吸收养分的高潮错开;最好能增加土壤有机质和土壤肥力,改良土壤;病虫害少,与经济林木无共同病虫,不能是该树种病虫害的中间寄主;适应性强,耐阴,耐踏压,枝叶产量高,覆盖厚;有一定的经济价值,能增加收益。

适于经济林园间种的作物主要有一年生豆科作物,如黄豆、绿豆、饭豆、豇豆、豌豆、蚕豆等;蔬菜及其他作物,如番茄、辣椒、白菜、甘蓝、大蒜、西瓜、甜瓜、油菜等;块根与块茎作物,如萝卜、马铃薯、生姜等;药用植物,如白术、芍药、麦冬、百合等。经济林园不宜间种高秆作物,如高粱、玉米、甘蔗、玉米、小麦、棉花、芝麻、烟草、向日葵等。

幼龄园土壤管理总的原则是以经济林为主,主次分明,以短养长。当树冠开始相衔接时应停止间作,间作物要限制在行间,距离树冠投影处30~50cm,间作物要轮作,以恢复土壤肥力和减少病虫害。

2) 成龄园土壤管理

经济林园的土壤管理,主要指土层表面的耕作管理。目标是最大限度地防止或减少水土流失,保证经济林木有足够的土层生长空间和肥力。成龄园由于树龄的增加,树冠不断扩大，根系吸收范围加大，对养分的需求不断增加。因此，此期土壤管理的任务应以提高土壤肥力为主，满足经济林木生长和结实所需的水分和营养物质。经济林成龄园土壤管理有如下方法。

(1)清耕法

每年不种作物，随时中耕除草，使土壤长期保持疏松无草的土壤状态。具体做法是：每年果实采收后结合施肥秋翻一并在经济林木生长期根据草的生长情况耙地2~3次，株距较小的经济林园要配合人工或化学锄草。

优点是土壤疏松、通气、提高地温，利于微生物活动，有机态氮增加；减少杂草、病虫；保水、保肥。缺点是长期清耕，有机质减少，土壤结构被破坏，山坡地冲刷严重。

(2)生草法

树盘内清耕或施用除草剂，行间播种禾本科、豆科等草种或实行自然生草的土壤管理法，并采用覆盖、沤制翻压等方法将其转变为有机肥。目前为大多数国家采用。

生草法适用于土壤水分充足(年降水量500mm以上的地区)、缺乏有机质、土层较厚、水土易流失的经济林园。经济林园生草后，除土壤管理省工外，还会形成良好的生态系统，改良土壤结构，有效保持水土，提高土壤肥力，增加综合效益。经济林园生草可分为全园生草、行间生草、株间生草3种方式。土层深厚肥沃、根系分布较深的经济林园宜采用全园生草法；土壤贫瘠、土层浅薄的经济林园，宜采用行间生草法和株间生草法。

草的种类可选白三叶草、扁茎黄芪、小冠花、鸭绒草、早熟禾、羊胡子草、野燕麦、黑麦草、百脉根以及豆科的苜蓿草、紫云英、草木樨、苕子等。豆科和禾本科混合播种，对改良土壤有良好的作用。

经济林园人工种草技术应抓好4个技术环节：一是播种。时间以春秋两季为宜，最好在雨后或灌溉后趁墒进行。播前应细致整地，清除园内杂草，每亩地撒施磷肥150kg，翻耕20~25cm，翻后整平地面。通常采用条播或撒播。条播行距为15~30cm，播种深度0.5~1.5cm，播后可适当覆草，遇土壤板结时及时划锄破土，以利出苗。二是幼苗期管理。出苗后应及时清除杂草，查苗补苗。干旱时及时灌水补墒，并可结合灌水补施少量氮肥。三是成坪后管理。成坪后可在经济林园保持3~6年，其间应结合经济林木施肥，每年春秋季用以磷、钾肥为主的肥料。生长期内，叶面喷肥3~4次，并在干旱时适量灌水。当草长到30cm左右时，应留茬5~10cm及时刈割。割下的草一般覆盖在株间树盘内，也可撒于原处，或者集中沤肥。四是草的更新。生草3~6年后，草层老化，土壤表层板结，应及时将草翻压，1~2年后再重新生草。采用自然生草时，当草成坪后可定期割草。

(3)覆盖法

经济林园覆盖管理是指在树冠下或稍远地表以有机物、地膜或砂石等材料进行覆盖。覆盖的材料种类很多，如厩(堆)肥、落叶、秸秆、杂草、锯木、泥炭、河泥、地膜及种植覆盖作物等。根据覆盖材料分为有机覆盖、地膜覆盖。

①有机覆盖。有机覆盖是在经济林园土壤表面覆盖秸秆杂草、绿肥、麦壳、锯末等有机物。它能防止水土流失，保湿防旱，稳定土壤温度，防止返碱返盐，增加土壤有机质，

有利于经济林木根系生长，改善果实品质。其缺点是易招致鼠害，加重病虫害，引起经济林园火灾，造成根系上浮。有机覆盖适宜在山地、旱地、沙荒地、薄地及季节性盐碱严重的经济林园采用。时间以春末至初夏为好，即温度已回升，但高温、雨季尚未来临时，也可在秋季进行。具体做法是：有条件的地方覆盖前先深翻改土，施足土杂肥并加入适量氮肥后灌水，然后在距树干50cm以外、树冠投影范围内覆草15～20cm厚，也可全园覆草。覆草后适当拍压，再在覆盖物上压少量土，以防风吹和火灾。以后每年继续加草覆盖，使覆盖厚度常年保持15～20cm。覆盖物经3～4年风吹雨淋和日晒，大部分分解腐烂后可进行一次深翻入土，然后再重新覆盖，继续下一个周期。经济林园覆盖后，应加强病虫害防治，草被应与经济林木同时进行喷药。多雨年份注意排水，防止积水烂根。深施有机肥时，应扒开草被挖沟施入，然后再将草被覆盖原处。多年覆草后应适当减少氮肥施用量。

②地膜覆盖。地膜覆盖具有增温保水、抑制杂草、促进养分释放和果实着色的作用，尤其适于旱作经济林园和幼龄园。具体做法是：早春土壤解冻后，先在覆盖的树行内进行化学除草，然后打碎土块，将地整平。若土壤干旱，应先浇水。然后用两条地膜沿树两边通行覆盖，将地膜紧贴地面，并用湿土将地膜中间的接缝和四周压实。同时间隔一定距离在膜上压土，以防风刮。树冠较小时，可单独覆盖树盘。

(4) 免耕法

免耕法也叫保护性耕作，是指对土壤基本上不进行耕作，用除草剂清除杂草，有全园免耕、行间免耕、行间除草株间免耕3种形式，这种方法的优点是：保持土壤自然结构，减少土壤团粒结构的破坏，减少犁底层厚度，节省劳力，降低成本，减少水土流失，降低了由于表土蒸发导致的水分消耗量，稳定土温。但长期免耕会使土壤有机质含量下降，对人工施肥的依赖性更强。

以上各种土壤管理制度，在不同的条件下各有利弊，应根据本地区的自然条件、经济林树种、经济林生长时期等因素因地制宜地选择一种或多种组合运用。

任务实施

1. 实施步骤

1) 调查制定土壤改良方法

在实训基地或周边找两个不同的经济林地，调查林地的土壤条件、树种和树龄、林地类型、管理水平，并制定适宜的土壤改良方案和土壤耕作制度，填写表4-2。

表4-2 土壤改良方法及耕作制度

序号	树种	土壤条件	林地类型	树龄	管理水平	土壤改良方案	土壤耕作制度
1							
2							

2) 土壤深翻熟化

以小组为单位,分区进行经济林园深翻,深翻的深度40~60cm。

①扩穴深翻。自定植穴起向外深翻,适宜幼龄树。

②隔行深翻。隔一行翻一行,适用成龄树。

③全园深翻。将定植穴以外的土壤一次深翻完毕,适用幼龄树。

3) 土壤管理实践

以小组为单位,在经济林园分区进行实践。

(1) 树盘管理

树盘,即树冠投影范围。树盘内的土壤采用清耕或清耕覆盖管理。树盘内中耕除草,使其保持疏松无草状态,深度不超过10cm,或中耕后覆盖秸秆。

(2) 幼龄园间作

根据所学间作物应具备的条件选择适宜的间作物,行间土壤耕翻后种植间作物,注意间作物与经济林树木的距离,并进行间作物后期的管理。

(3) 成龄园行间管理

管理的方法包括清耕法、生草法、覆盖法(薄膜、秸秆、砂石)、免耕法。现代经济林园多用生草法,生草法操作要点:

①种草。选择白三叶或黑麦草,于4~5月或在8~9月进行栽种,挑选降雨与灌溉后土壤墒情较好的阶段进行播种。地温为20℃时出苗最佳。在进行播种前整地,施加高磷复混肥80kg/亩左右。春天最适宜条播,行间距控制在30cm内;秋天最适宜撒播,栽种深度控制为1~2cm。播种带要在经济林行间中央,株间要留出1.5m的清耕带。每亩使用籽量1kg左右。

②杂草清除。草籽出苗后需要强化管理工作,在第一时间中耕,消除别的杂草,同时实时灌水,促使生草快速覆盖地面。可以采取人工以及喷洒除草剂进行除草。

③刈割。要合理把控草的长势,适当加以刈割,在草生长到30cm时进行刈割。通常一年刈割3~4次。刈割时留茬要控制在10cm内。刈割的草覆盖在树盘上,厚度控制为20cm左右,也可开沟深埋与土混合沤肥。

2. 结果提交

填写表4-2,完成实训报告,主要内容包括:目的、所用材料和仪器、工作过程及结果。报告装订成册,标明个人信息后上交。

○ 思考题

1. 土壤深翻熟化的目的是什么?有哪些方法?
2. 除草剂有哪些种类?使用注意事项有哪些?
3. 土壤耕作的意义和方法有哪些?
4. 优良的间作物应该具备哪些条件?

项目 4　经济林土、肥、水管理

任务 4-2　肥料管理

○ 任务导引

　　合理施肥是经济林优质高效生产的重要保障。正确的施肥方案应考虑经济林木对养分的需求特点、土壤中各种养分的含量状况、每种肥料的性质和特点等。因此，经济林施肥应在养分需要与供应平衡的基础上，坚持用地与养地相结合，坚持营养元素供给与微生物调节相结合，坚持经济林生产效益与环境效益相结合。通过本任务的学习，应掌握经济林肥料管理的具体实施步骤。

○ 任务目标

能力目标：
(1)能选择适合经济林园土壤施用的肥料种类。
(2)能确定合适的施肥时期。
(3)能确定合理的施肥量。
(4)能根据园地土壤条件、经济林树种、肥料性质和栽培方式制订施肥方案。
(5)能对肥料进行合理的混合。
(6)能采用正确的方法施肥。

知识目标：
(1)掌握各类经济林树种在不同时期的需肥特点及施肥时期。
(2)掌握各类肥料的特点及施肥方法。
(3)掌握施肥量的计算方法。
(4)了解生产绿色食品的肥料使用准则。

素质目标：
(1)培养自主学习、发现问题、分析问题和解决问题能力。
(2)培养观察能力。
(3)培养实践能力。
(4)培养学生吃苦耐劳、爱岗敬业的精神。

○ 任务要点

　　重点：经济林木需肥特点。经济林施肥时期、施肥量的确定。施肥的方法。
　　难点：施肥方案的制订，施肥量、施肥时期的确定。

○ 任务准备

　　学习计划：建议学时 6 学时。其中知识准备 4 学时，任务实施 2 学时。
　　工具及材料准备：幼龄或成龄经济林园；土杂肥、绿肥、厩肥、腐熟液肥、草木灰、硫

· 155 ·

酸铵、尿素、过磷酸钙、磷酸铵、硫酸钾、硼砂等肥料（以上肥料要因地制宜地选用）；镐、锹、水桶、喷雾器、运肥工具和其他施肥工具；钢卷尺、游标卡尺、铅笔、有关记录表格。

○ 知识准备

1. 经济林木需肥特点

1）经济林木营养的阶段性

经济林木属于多年生植物，不同年龄时期的发育方向不同，器官建造类型不同，对养分的需求量和比例也就不同，其一生的需肥特点具有较强的阶段性。成龄树木需肥量大于幼龄树木。幼树阶段的经济林木以营养生长为主，主要完成树冠和根系的发育，同时形成树体营养的积累，此时氮素是营养主体，钾肥能促进树体生长。结果期则转入以生殖生长为主，而营养生长逐步减弱，此时应增加磷素的供应量。衰老期提高氮素供应量能延缓其生长势的衰退，适当增加钾肥的施用量能增强经济林木的抗逆性；成年经济林木一年内的需肥特点也有较强的阶段性，大多数经济林木新梢旺长与花芽分化同时进行，此时需要氮、磷的供应，但供应量过大，则造成新梢过旺生长反而抑制花芽分化，因此，适量是解决其需肥矛盾的关键。

2）经济林生长的立地条件

经济林木根系分布的土层较深，根系稀疏，而且对养分的需求量较大，树体生长既取决于耕作层养分的供应状况，也取决于下层土壤的肥力高低。因此，需选择熟土层较深的土壤进行栽培。由于经济林木长期生长在同一地，加之长期按比例从土壤中选择吸收营养元素，必然造成部分营养元素的贫乏。因而在肥料供应上，必须以改善深层土壤结构为前提，增施有机肥料，追施富含多种营养元素的复合肥料，重施含有易缺元素的肥料，并适当增加施肥深度，提高肥料利用率。多数经济林木采用无性繁殖，不同砧穗组合直接影响经济林木的生长结果和对养分的吸收。选择高产优质的砧穗组合不仅可以缓解经济林木的缺素症，还可以节省肥料。

3）经济林木营养需求的个体差异

不同经济林树种的生理特点和根系分布不同，对各营养元素的需求量和需求比例不同，因此要根据经济林树种、树龄和土壤条件来确定正确的施肥方案。

2. 肥料种类

根据肥料的成分和生产工艺常将肥料分为有机肥、化肥、微生物肥料。根据肥料中养分被经济林木吸收的快慢将肥料分为速效肥料、缓效肥料、控释肥料。

1）有机肥料

有机肥料是指利用各种有机物质进行积制的自然肥料的总称。有机肥料资源极为丰富，品种繁多，几乎一切含有有机物质并能提供多种养分的材料都可用来制作有机肥料。目前，人们通过大规模堆积加工制成了具有商品名称的有机肥。根据其来源、特性和积制方法，有机肥料一般可分4类：第一类是粪尿肥，包括人粪尿、家畜粪尿及厩肥、禽粪、海鸟粪及蚕沙等；第二类是堆沤肥，包括堆肥、沤肥、秸秆直接还田利用及沼气池肥等；第三类是绿肥，包括栽培绿肥和野生绿肥；第四类是杂肥，包括泥炭及腐殖酸类肥料、油粕类肥料、泥土类肥料、海肥和农盐及生活污水、工业污水、工业废渣等。

（1）有机肥的特点

有机肥营养多而全，成本低，来源广；肥料分解慢，肥效长，养分不易流失，一般作基肥；由于含有丰富的有机质，因此施入土壤后能改善经济林木的有机营养，调节土壤微生物活动和改善土壤结构。缺点是运输比较困难。主要农家基肥的养分含量见表4-3。

表4-3　主要农家基肥的养分含量　　　　　　　　　　　　　　　　　　　　　%

种类	有机质	氮(N)	磷(P_2O_5)	钾(K_2O)
人粪尿(鲜)	19.8	1.30	0.40	0.30
猪粪	15.0	0.60	0.40	0.41
牛粪	14.5	0.32	0.21	0.16
羊粪	31.4	0.65	0.47	0.23
塘泥	—	0.83	0.39	0.34
棉籽饼	82.2	3.41	1.63	0.97
麦秆灰	—	—	6.40	13.60
黄豆饼	83.4	7.00	1.32	2.13
花生蔓	—	3.20	1.40	1.20

（2）发展有机肥料的意义

无论是有机农业还是无机农业均离不开有机肥料，因为，施用有机肥料不仅是不断维持与提高土壤肥力从而达到农业可持续发展的关键措施，也是农业生态系统中各种养分资源得以循环、再利用和净化环境的关键一环，有机肥还能持续、平衡地给作物提供养分从而显著改善作物的品质。因此，常有人将农业生产中的有机肥比作医药上的"中药"，虽然没有像化肥那样作用迅速，但有机肥医治和改善土壤环境的意义远比化肥更加重要。

2）化肥

化学肥料是由化肥厂将初级原料经过物理或化学工艺产生的肥料，简称化肥。其主要成分是无机化合物，也有化肥是以有机态形式存在的(如尿素)。

化肥按照其所含的营养元素的数量可分为单元素肥料和复合肥料。肥料中只含氮、磷、钾元素中的一种元素称为单元素肥料；肥料中含氮、磷、钾元素中两种或两种以上元素称为复合肥料。肥料中含有农药等其他成分的称为多功能肥料。

化肥多具有以下特性：养分含量较高，便于运输、贮藏和施用。施用少量，肥效就很显著。营养成分比较单一，单施一种无机肥料常会发现植物营养不平衡，产生"偏食"现象，所以应经常配合其他无机肥料和有机肥料施用。肥效迅速，但后效短，一般3~5d即可见效。因无机肥料多为水溶性或弱酸性溶性，故施用以后很快转入土壤溶液，直接被植物吸收利用，但正因为这样，它不仅易被经济林木利用也易造成流失，故肥效迅速，后效较差。

3）微生物肥料

微生物肥料是指人们利用土壤中一些有益微生物制成的肥料，俗称菌肥。它是以微生物生命活动的过程和产物来改善植物营养条件，发挥土壤潜在肥力，刺激植物生长发育，抵抗病菌危害，从而提高植物产量和品质的。它不像一般的肥料那样直接给植物提供养料物质。一般微生物肥料中含有大量有益微生物菌株，如芽孢杆菌、乳酸菌、光合细菌、酵母菌等。

（1）微生物肥料的作用

微生物肥料中的根瘤菌能同化大气中的氮气，把空气中的游离态氮素还原为植物可吸收的含氮化合物，增加土壤养分。生物菌肥中的钾细菌、磷细菌能够分解长石、云母等硅酸盐和磷灰石，使这些难溶性的磷、钾转化为有效性磷和钾，提高土壤养分的有效性，改善植物营养条件。微生物肥料还可以刺激作物生长，增强植物抗病和抗旱能力。微生物肥料的用量少，生产成本低，还可以减少化肥施用对环境造成的污染。

（2）常用微生物菌剂

①根瘤菌菌剂。根瘤菌菌剂是指含有大量根瘤菌的微生物制品。根瘤菌是一类可以在豆科植物上结瘤和固氮的杆状细菌，可侵染豆科植物根部，形成根瘤，与豆科寄主植物形成共生固氮关系。

②固氮菌菌剂。固氮菌菌剂是指含有好气性的自生固氮菌的微生物制剂。固氮菌也能固定大气中的游离态氮，但与共生固氮菌（根瘤菌剂）不同，它不侵入根内形成根瘤与豆科植物共生，而是利用土壤中的有机质或根分泌物作为碳源，直接固定大气中的氮素。它本身也能分泌某些化合物，如维生素 B_1、维生素 B_2 和维生素 B_{12} 及吲哚乙酸等，刺激植物生长和发育。

③磷细菌菌剂。磷细菌菌剂是指施用后能够分解土壤中难溶态磷的细菌制品。土壤中有一些种类的微生物在生长繁殖和代谢过程中能够产生一些有机酸（如乳酸、柠檬酸）和一些酶（如植酸酶类物质），使固定在土壤中的难溶性磷，如磷酸铁、磷酸铝及有机磷酸盐矿化成植物能利用的可溶性磷，供植物吸收利用。目前，主要研究和应用的解磷微生物有：土壤解磷微生物，包括细菌、真菌和放线菌等，如芽孢杆菌、巨大芽孢杆菌、蜡状芽孢杆菌及假单孢菌（如草生假单孢菌）。

④硅酸盐菌剂。硅酸盐细菌中的一些种在培养时产生的有机酸类物质能够将土壤中的钾长石矿中的难溶性钾溶解出来供植物利用，一般将其称为钾细菌，用这类菌种生产出来的菌剂叫硅酸盐菌剂。目前，已知芽孢杆菌属中的一些种，如胶质芽孢杆菌、软化芽孢杆菌、环状芽孢杆菌等能利用含磷、钾的矿物为营养，并分解出少量磷、钾元素。硅酸盐菌剂多应用于土壤有效钾极缺的地区。

⑤其他微生物菌剂。其他微生物菌剂还包括 VA 菌根菌剂、抗生菌菌剂、复合微生物菌剂。

（3）微生物菌剂的施用方法

微生物菌肥因是生物活体肥料，其特殊的成分决定了它必须有特定的使用条件。土壤环境条件会影响菌肥的使用效果，如温度、光照、土壤水分、酸碱度及使用方法等，所以在使用的时候需要考虑到这些方面。

①穴施。亩用量10~20kg，适用于苹果、梨树、猕猴桃、柑橘、葡萄、枣、桃、石榴等，在经济林木树冠垂直下方挖4~6个土穴或环形沟，深度见须根，撒入菌肥，浇水盖土即可。

②蘸根。亩用量1500~2000g，适用于育苗移栽的植物，将菌肥以1∶1同黄土拌匀兑少量水搅拌成糊状，蘸根后移栽。

③沟施。亩用量1000~1500g，也可以1∶1同黄土拌匀后沟施。

④撒施。亩用量20~50kg，也可以1∶1同黄土拌匀后撒施。加大施用量后，可以达到加快改善土壤环境的目的。

⑤浇施。亩用量1000~1500g，以1∶50兑水，适用于育苗后移栽的植物，移苗后浇定根水。

⑥追肥。按1∶100比例与农家肥、有机肥搅拌均匀，加水堆闷3~7d后施用，或者直接埋入果树根部周围。

（4）使用微生物菌肥时的注意事项

①应用微生物菌肥后通常不能再使用杀菌剂。因为微生物中的有益菌能够被用到土中的杀菌剂杀灭。所以，杀菌剂不能与微生物菌肥同时使用。

②调控好地温。一般菌肥中的微生物在土壤18~25℃时生命活动最为活跃，15℃以时生命活动开始降低，10℃以下时活动能力已很微弱，甚至处于休眠状态

③调控好土壤的湿度。土壤含水量不足不利于微生物的生长繁殖。但土壤在浇水过多透气性不良、含氧量较少的情况下，也不利于微生物的生存。因此，合理浇水也很重要。一般情况下，浇水应选在晴天上午进行，因为这段时间内浇水有利于地温的恢复。浇水后还应及时进行划锄，以增加土壤的透气性，促进微生物的生命活动。

④注意施足有机肥。微生物的功效是在土壤有机质丰富的前提下才能发挥出来的。如果土壤中的有机肥施用不足，微生物就会因食物缺乏而使用效果不良。如果土壤中的有机质供应充足，微生物菌肥中的益生菌就会大量繁殖，从而增强对有害菌的抑制。

⑤多种微生物菌肥不宜同时使用。应用微生物菌肥时最好只使用一种，不宜将含有不同有益菌的多种微生物菌肥同时使用，更不应经常更换使用不同种类的微生物，这是因为微生物菌肥要发挥作用需要有益微生物大量繁殖。

（5）微生物肥料的质量要求

一种好的微生物肥料在有效活菌数、含水量、pH、吸附剂颗粒细度、有机质含量、杂菌率及有效保存期等方面都有严格的要求。根据我国标准规定，液体微生物肥料每毫升应含5亿~15亿个活的有效菌。固体微生物肥料每克含活的有效菌为1亿~3亿个，含水量以20%~35%为宜，吸附剂细度在0.18mm左右，吸附剂的细度越细，吸附的有效菌就越多。pH为5.5~7.5，杂菌率低于15%~20%，不含致病菌和寄生虫，有效保存期不少于6个月。

3. 施肥量

确定经济林木施肥量是一个比较复杂的问题。正确地估算施肥量可以减少投资、提高经济效益。然而，一个比较合理的施肥量的估算还取决于经济林树种及计划产量水平、土

壤类型及其供肥能力、肥料品种及其利用率、气候因素及经济因素等的综合影响。所以，确定施肥量的最可靠的方法是在总结林农对经济林丰产施肥经验的基础上进行肥料的适量试验，通过多年的科学试验，找出产量与施肥的相应关系，作为科学施肥和经济用肥的依据。目前，我国正在进行一次施肥技术上的重大改革——配方施肥，它是综合运用现代农业科技成果，根据植物需肥规律，以及土壤供肥性能与肥料效应，在施用有机肥为基础的条件下，产前提出氮、磷、钾或微肥的适宜用量与比例，以及相应的施肥技术。施肥量的计算是配方施肥的一部分，而且其估算方法较多，如养分平衡施肥估算法、试验施肥法等。

1) 经验法

在长期的生产时间中，生产者积累和总结了施肥的宝贵经验。因此对当地经济林园施肥种类和数量进行广泛调查，对不同经济林园的树势、产量和品质等综合对比分析，总结施肥效果，确定既能保证树势，又能获得早实、丰产的施肥量，并在生产中结合树体生长结果反应，不断加以调整，使施肥量更符合经济林木的要求。这一方法很有实际意义，简单易行，是生产上很常用的方法。

2) 养分平衡施肥估算法

养分平衡施肥估算法是根据植物计划产量需肥量与土壤供肥量之差计算施肥量。计算式如下：

$$经济林木施肥量 = (目标产量所需养分总量 - 土壤供肥量) \div (肥料中养分总量 \times 肥料当年的利用率) \tag{4-1}$$

$$目标产量所需养分总量 = 目标产量 \times 每形成100kg果实产量需吸收养分量 \tag{4-2}$$

$$土壤供肥量 = 土壤养分测定值 \times 0.25 \times 校正系数 \tag{4-3}$$

$$每亩经济林施肥量 = (目标亩产量每形成100kg果实产量需吸收养分量 - 土壤养分测定值 \times 0.25 \times 校正) \div (肥料中养分总量 \times 肥料当年的利用率) \tag{4-4}$$

式中，肥量均以 N、P_2O_5 和 K_2O 计算。

从上式所列决定施肥量的各项参数来看，肥料中有效养分含量因肥料种类的不同而差异较大。一般在肥料外包装可以查找到。每形成100kg果实产量需吸收养分量、校正系数、肥料利用率三大参数按下面方法确定。

（1）形成100kg果实产量需吸收养分量

根据经济林木计划产量求出所需养分总量。不同经济林木在整个生长周期内，为了进行营养生长和生殖生长，需从土壤（包括所施肥料）中吸收大量养分，才能形成一定数量的经济产量。不同经济林树种由于其生物学特性不同，每形成一定数量的经济产量，所需养分总量是不相同的（表4-4）。

应当指出，若栽培管理不善，经济林经济产量在生物学产量中所占比重小，而每形成一定数量的经济产量，从土壤中吸收的养分总量相对却较多。因此，所列资料仅供参考。

（2）校正系数

通过土壤养分的测定，计算出土壤中某种养分的含量并不等于土壤当年供给经济林木该种养分的实际量，必须通过校正换算出土壤当年的实际供给量。

表 4-4 不同经济林树种形成 100kg 产量需从土壤中吸收的养分的大致数量　　kg

树种(品种)	N 吸收量	P_2O_5 吸收量	K_2O 吸收量
苹果('国光')	0.30	0.08	0.32
梨('二十世纪')	0.47	0.23	0.48
桃('白凤')	0.48	0.20	0.76
葡萄('玫瑰露')	0.60	0.30	0.72
枣('鲜枣')	1.8	1.3	1.5
油橄榄	0.9	0.2	1.0
柿树('富有')	0.59	0.14	0.54

校正系数＝空白区经济林木实际吸收量÷土壤测定含量＝空白区产量×
经济林木单位产量吸收量(养分测定值×0.25)　　　　　　　(4-5)

式中，0.25 为根据土壤厚度计算土壤质量的换算系数。

(3)肥料利用率

肥料利用率也叫肥料吸收率，是指一年内经济林木从所施肥料中吸收的养分占肥料中该养分总量的百分数。通过必要的田间试验和室内化学分析工作，按下式可求得肥料的利用率：

肥料利用率＝(施肥区树体吸收养分量－空白区树体吸收养分量)÷
(肥料施用量×肥料中该养分含量)　　　　　　　　　(4-6)

现在也可用同位素法，直接测定施入土壤中的肥料养分进入作物体的数量，而不必用上述差值法计算。常见肥料的当年利用率见表 4-5。

表 4-5 常见肥料的当年利用率　　　　　　　　　　　　　　　　　　　　%

肥料	利用率	肥料	利用率
堆肥	20~30	过磷酸钙	25
新鲜绿肥	30	钙镁磷肥	25
人粪尿	40~60	难溶性磷肥	10
铵态氮肥	60~70	硫酸钾	50
尿素	60	氯化钾	50
碳酸氢铵	55	草木灰	30~40

肥料利用率是评价肥料经济效果的主要指标之一，也是判断施肥技术优劣的一个标准。肥料利用率的大小与经济林树种、土壤性质、气候条件、肥料种类、施肥量、施肥时期和农业技术措施有密切关系。有机肥料是迟效性肥料，利用率一般低于化肥。有机肥料利用率在温暖地区或温暖季节高于寒冷地区或寒冷季节；瘠薄地上的利用率显著高于肥地；腐熟程度良好的有机肥料利用率高于腐熟差的。采用分层施肥和集中施肥，需肥临界期与最大效率期施肥都可提高利用率。无论是化肥还是有机肥料，用量越高，当季利用率越低。

土壤供肥量也可按下式计算：

$$土壤供肥量 = (空白区产量 \div 100) \times 形成100kg果实产量需吸收养分量 \qquad (4-7)$$

3）试验施肥法

根据不同土壤、树种、树龄进行不同比例和施肥量田间试验的结果，通过比较分析确定施肥量。在制订试验方案时，要根据试验实际施肥经验和经济林木的需肥特点，并结合土壤养分的丰缺来设计不同的施肥量。这种方法的优点是比较可靠，缺点是必须通过田间试验才能确定施肥量，而且地区差异较大。

4. 施肥时期

1）基肥

基肥以秋施为好。一般早熟品种在果实采收后，中晚熟品种在采收前，宜早不宜晚。秋施基肥，正值根系第 2 次或第 3 次生长高峰，伤根容易愈合，切断一些细小根，起到根系修剪的作用，可促发新根。寒冷地区经济林木落叶后至土壤结冻前施基肥，此时地温已降低，伤根不易愈合，且不发新根，肥料也较难分解，效果不如秋施。春施基肥，肥效发挥较慢，常不能满足早春根系生长需要，到后期往往导致枝梢再次生长，影响花芽分化和果实发育。

磷肥在土壤中移动性较差，经济林木对磷肥的吸收较慢，同时磷肥容易被土壤固定，因此，磷肥作为基肥效果较好。磷肥与有机肥混合施用，既能增加土壤有机质含量，又能减少磷肥的损失，提高磷肥的利用率。磷肥和有机肥配合时加入一定量的速效氮、钾肥，则效果更好，可以提高树体营养水平和细胞液浓度。秋季早施基肥，可以提高花芽质量，为来年生长结果做好准备，并增强经济林木的越冬性。

2）追肥

追肥又叫补肥。基肥的肥效平稳而缓慢，但当经济林木急切需要某种元素时，就应该及时补充，这就是追肥。追肥既是当年壮树、高产、优质的措施，又给来年生长结果打下基础，是经济林生产中不可缺少的技术环节。

经济林的树种、品种、基肥的施入量决定着追肥的次数和数量。一般高温多雨或砂质土，肥料易流失，追肥宜少量多次；反之，追肥次数可适当减少。幼树追肥次数宜少，随树龄增长，结果量增多，长势减缓，追肥次数也要增加以调节生长和结果的矛盾。目前，生产上对成年结果树一般每年追肥 2~4 次。但需根据经济林园的具体情况，酌情增减。

（1）花前追肥

在春季经济林木萌芽前后进行，以氮肥为主，配合少量磷、钾肥。经济林木萌芽开花需消耗大量营养物质，但早春温度较低，吸收根发生较少，吸收能力也较差，主要消耗树体贮存养分。如果树体营养成分低，此时氮肥供应不足，会导致大量落花落果，还会影响营养生长，对树体不利。生产上应注意这次肥料的施用。对弱树、老树、结果过多的大树，应加大施肥量，促进萌芽、开花整齐，提高坐果率，促进营养生长。若树势强，基肥数量又较充足，花前肥也可以推迟到花后。

（2）花后追肥

在开花后的 2 周左右进行，以氮肥为主，结合使用磷肥。这次施肥是在落花后坐果期进行，也是经济林木需肥较多的时期。幼果迅速生长、新梢生长加速，都需要氮素营养。此时追肥可以促进新梢生长，扩大叶面积，提高光合效能，有利碳水化合物和蛋白质的形成，减少生理落果。一般花前肥和花后肥可以互相补充，如花前追肥量大，花后也可以不追肥。但这次肥必须根据树种、品种的生物学特性，酌情施用，才能提高肥料利用效率和坐果率。

（3）果实膨大和花芽分化期追肥

在果实迅速膨大和花芽分化期进行，以氮、磷、钾肥配合施用。该时期部分新梢停止生长，果实迅速膨大，花芽开始分化，追肥可以提高光合效能，促进养分积累，提高细胞液浓度，有利于果实膨大和花芽分化。这次追肥既保证当年产量，又为来年结果打好基础，可以克服大小年。这次追肥，对结果不多的大树或新梢尚未停止生长的初结果树，要控制氮肥的施用量，否则容易引起二次生长，影响花芽分化。

（4）果实生长后期追肥

以氮、磷、钾肥配合施用为主，这次追肥主要解决大量结果造成树体营养物质亏缺和花芽分化的矛盾，对提高树体营养水平有良好作用。这次追肥比较晚，有些地区可以和秋施基肥同时进行。

各地的气候条件、经济林木自身条件、土壤条件等因素的不同，在追肥数量和次数上也存在着差异，各地应因地制宜灵活掌握。重点应该抓前期，每年至少追肥2~3次。

5. 施肥方法

目前生产上常用的施肥方法有两种，即土壤施肥和根外追肥。其中土壤施肥是主要的施肥方式。

1）土壤施肥

经济林木的基肥和大部分追肥都采用此法。将肥料施在经济林木根系集中分布区，或稍深稍远的地方，以利根系吸收和向深广处扩展。根系是经济林木吸收水分和养分的器官，其垂直分布可达数米，但吸收根分布在地表0~60cm处。根系的横向分布是树冠2倍左右，但吸收根主要分布在树冠投影的边缘。因此，一般有机肥深20~60cm，无机肥深10~15cm，范围在树冠投影线内外的各1/2处为宜。另外在施入有机肥时，一定要与土充分混合施入，以防烧根，同时可改良土壤。具体方法包括：

①环状沟施肥。幼年树以及肥料较少时常用此法。按照树冠大小，以主干为中心挖环状沟，沟深依根系分布深浅而定，一般深40cm，宽20~30cm。环状沟应在树冠外缘附近。这种施肥法具有经济用肥和简便易行等优点，但施肥面较小，且易伤根，如图4-1所示。

②条沟施肥。幼树和老树都可以采用，更适用于已经封行的成龄园。条沟施肥是在经济林行间和株间开条状沟，沟的深、宽各30~40cm，施肥后覆土填平。如肥料不足，可分年在行间或株间轮换开沟，如图4-2所示。

③放射沟施肥。此法比较适合初果期树。根据树冠大小，在树盘内挖放射状沟4~6条，沟宽30cm左右，近树干处宜浅，向外逐渐加深，深度从15cm逐渐加深到40cm。这种方法伤根少，不论施基肥或追肥都可采用，如图4-3所示。

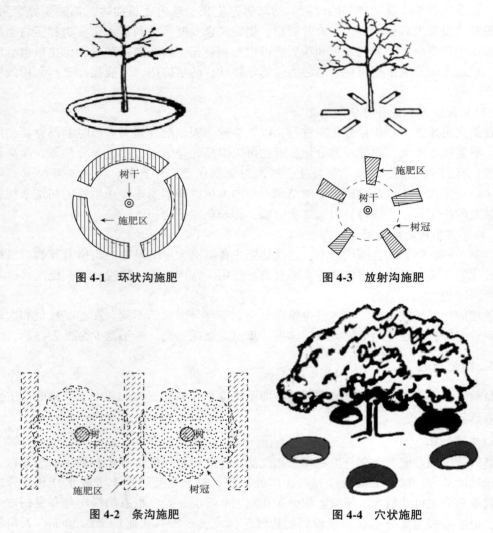

图4-1 环状沟施肥　　　　　图4-3 放射沟施肥

图4-2 条沟施肥　　　　　图4-4 穴状施肥

④穴状施肥。此法适合各年龄时期经济林木施肥。在树冠外缘地带均匀地挖穴4~8个，穴深40cm左右，宽30cm左右。肥料施入穴内，待下渗后再覆土。此法简便易行，伤根少，但肥料与根系接触面不大，适于施用人粪尿等液体肥料，如图4-4所示。

⑤全园施肥。此法比较适合根系已经布满经济林园的成龄园。先将肥料全园均匀撒布，然后结合秋末深耕把肥料翻入土中作为基肥。在秋旱季节，全园灌溉结合追施速效性氮肥时，采用此法效果也好。此法施肥面大，能使根系均匀地获得一定的养分，缺点是用肥量较多，不甚经济，且难以满足下层根系的需要，如长期使用，会使根系上浮。

⑥灌溉式施肥。结合树行、树盘灌溉施肥，多用速效性肥料。有条件的经济林园也可结合喷灌、滴灌施肥。此法具有省工、省力、省肥，肥料利用效率高，降低管理成本的优点。现代化经济林园有多种简易肥水一体化设备，如图4-5所示。

⑦穴贮肥水技术。适于丘陵山地、河荒滩地及干旱少雨地区。方法是：春季发芽前在

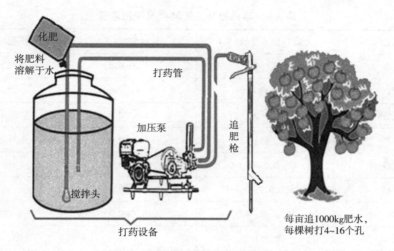

图 4-5　简易肥水一体化设备示意

树冠投影内挖 4~8 个直径 20~30cm、深 40~50cm 的穴，穴内放一个直径 15~20cm 的草把，草把周围填土并混施 50~100g 过磷酸钙，50~100g 硫酸钾，50g 尿素，再将 50g 尿素施于草把上覆土，每穴浇水 3~5kg。然后将树盘整平，覆地膜，并在穴上地膜穿一个小孔，孔上压一石块，在生长季节利用小孔追肥、灌水，如图 4-6 所示。

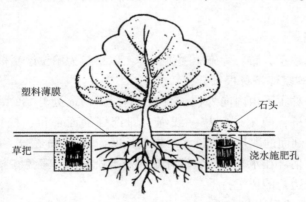

图 4-6　穴贮肥水技术

2) 根外追肥

根外追肥即叶面施肥。将化肥按需要浓度溶解于水，用喷雾器喷洒在经济林木叶片上，根外追肥吸收快，经 15min 到 2h，即可进入果树的体内，但要严格控制浓度，否则会造成药害。苹果根外追肥种类及使用浓度见表 4-6。

此法简单易行，用肥量小，发挥作用快，且不受养分分配中心的影响，可及时满足树体的需要，并可避免某些元素在土壤中化学的或生物的固定作用。但应注意的是，叶片背面比正面、幼叶比老叶吸收肥料效率高，因此叶面喷施时重点是叶的背面，而且要均匀一致。

表 4-6　苹果根外追肥种类及使用浓度

肥料名称	元素养分及含量（%）	使用浓度（%）	使用时间及作用
尿素	氮，46	0.3~0.5	开花到采前、落叶前
过磷酸钙	磷，12~18	1~3（清液）	新梢停长后
磷酸二氢钾	磷，24、钾，27	0.2~0.3	生理落果到采前
硫酸钾	钾，48~52	0.2~0.4	生理落果到采前
硫酸亚铁	铁，20	0.1~0.4	防黄叶病
黄腐酸铁	铁，0.2~0.4	0.3	防黄叶病
硫酸锌	锌，35~40	0.1~0.4	防小叶病
硼酸	硼，17.5	0.1~0.5	花期，提高坐果率
钼酸铵	钼，50~54、氮，6	0.1~0.2	生长期

任务实施

1. 实施步骤

1）根系分布调查

调查了解经济林根系分布，为施肥提供依据。以小组为单位绘制根系分布图。

（1）采用壕沟法观察经济林根系分布

用钢卷尺从经济林主干由内向外拉一直线，距主干 1m 处开始，每隔 1m 在钢卷尺两边各 30cm 处打小木桩，两木桩间拉一线绳，即挖掘剖面部位，挖掘宽 60cm、深 80~100cm 的土壤剖面，剖面的数量取决于水平根的长度，每隔 1m 挖宽 60cm 的剖面。挖掘剖面先从树冠最外围，估计在水平根的尖端开始向树干处挖掘。避免在相邻经济林木根系交叉处挖剖面，最好选边行的树进行。

（2）绘制经济林根系分布剖面图

挖出剖面修理平整，在剖面上每 10cm 纵横画线，分为若干个 10cm×10cm 的小方格，按方格自左向右、自上向下，根据根的断面粗度，用各种符号逐格标记在坐标纸相应位置，绘制成根系分布剖面图。根系标记的符号为："."表示 2mm 以下的细根；"○"表示 2~10mm 的根；"×"表示死根。

2）制订施肥方案

分组进行，完成后将初步拟定的方案提交到学习平台，小组互评，修改方案。

调查经济林园地的基本情况，包括经济林树种、树龄、根系分布等；制订施肥方案，包括施肥时期的确定、肥料的选择、施肥量、施肥深度、施肥方法。

3）经济林园秋施基肥实践

分组进行，示范法、集体指导法相结合，完成表 4-7。

表 4-7　经济林园秋施基肥实践工作表

树种	树龄（a）	根系分布范围		施肥深度（cm）	施肥方法	施肥时期
		水平(cm)	垂直(cm)			

①选择肥料种类。应以迟效的有机肥为主，配合施用速效性氮肥及磷、钾肥。有缺乏微量元素症状的经济林园，应有针对性地配施一定的微肥。有机肥应以堆肥、厩肥、垃圾肥、绿肥、秸秆等为主，也可适当掺入饼肥，以及人畜粪尿、草木灰等。

②抓住施用时机。施用期宜在经济林园采果清园后立即进行，宜早不宜迟，以使经济林木及时吸收养料，恢复生机。

③讲究施用方法。肥源充足的园地，应以改土肥田为目的，采取全园翻耕施肥法，翻入深度为 20~25cm。肥料不足，可采取环沟施或穴施肥料的方法，沟穴深度不能少于35cm，沟宽 50~60cm，穴半径 40cm，将有机肥与化肥混匀后埋入，然后覆土。

经济林园秋施基肥的方法因园地情况而异，常用的方法有以下 4 种。

①全园撒施。即把肥料均匀地撒布全园，结合秋季深耕翻入土。这种方法适合根系配布满全园的大树，以及密植园。

②环状沟施。在树冠垂直投影的外缘开沟施肥，沟深 20~45cm，宽 30~40cm。施肥时填入少量表土掺匀，最后覆土。此法常用于幼龄园。

③条状沟施。肥料较少时，第 1 年在南北两面开施肥沟，第 2 年在东西两面开施肥沟。宽行种植园，在行间开施肥沟，沟深和施肥方法与环状沟施相同。

④放射状沟施。即以树干为中心，在距树干 1~1.5m 处，开 4~8 条放射状施肥沟，沟底内浅外深，避免伤及大根；沟内窄外宽，以利根系吸收。施肥的深度和范围，应根据树龄、树势、肥料种类、土壤性质和施肥时期等灵活掌握。总的原则是减少伤根，避免肥害，提高对肥料的利用率。

4) 经济林园追肥实践

分组进行，示范法、集体指导法相结合。

(1) 春季追肥

根据经济林树种需肥特点，在萌芽至开花前进行，以氮肥为主，追肥量要大些，追肥后灌水。施肥方法可采用环状沟施肥、放射状施肥、穴状施肥。

(2) 夏季追肥

一般在幼果膨大期和花芽分化期进行追肥，以磷肥、钾肥为主，可提高果品的产量和品质，并可促进花芽分化。施肥方法可采用土壤施肥，也可采用根外追肥。

2. 结果提交

编写实践报告。主要内容包括任务目的、所用材料和仪器、过程与内容、结果，报告装订成册，标明个人信息。

思考题

1. 肥料的种类有哪些？
2. 有机肥有何发展意义？
3. 确定施肥量的方法有哪些？
4. 经济林木施肥的时期有哪些？
5. 施肥的方法有哪些？
6. 根外追肥的优点有哪些？为什么要着重喷在叶片背面？
7. 绿肥使用方法和注意事项有哪些？

任务 4-3　水分管理

任务导引

土壤水分是土壤肥力的重要指标，土壤水分含量决定土壤养分的移动速度、养分的有效性、土壤的通气性。水分为植物生命活动提供原料、调节树温、调节生长环境，水分不足会降低花芽分化与坐果，影响果实膨大，导致裂果，引起落果和果实品质下降。因此，经济林园的水分管理直接影响经济林木的产量和品质，关系着经济林园的经济效益，是经济林园管理的重要环节。本任务涉及知识点包括经济林的需水特点、灌溉时期、灌水量、灌水方法和排水。通过本任务的学习，将重点掌握灌水量计算，以及节水灌溉方案制定的具体方法。

任务目标

能力目标：

（1）能根据经济林木的需水特点确定灌溉时期。
（2）能计算经济林园的灌水量。
（3）能采用适当的灌溉措施。
（4）能采用合理的排水措施。

知识目标：

（1）掌握经济林的需水特点。
（2）掌握经济林园需水量的计算方法。
（3）掌握节水灌溉的方法。
（4）了解排水方式。
（5）了解节水栽培技术。

素质目标：
（1）培养自主学习、发现问题、分析问题和解决问题能力。
（2）培养节约意识和环保意识。
（3）培养吃苦耐劳精神。

任务要点

重点：经济林木需水特点，灌水时期和灌水量的确定，灌水方法。
难点：根据经济林木需水特点和土壤含水量确定适宜的灌水时期和灌水量。

任务准备

学习计划：建议学时 4 学时。其中知识准备 2 学时，任务实施 2 学时。
工具及材料准备：皮尺、钢制环刀、土钻、小铝盒、干燥器、天平、烘箱、环刀托、修土刀、小铁铲、水桶、水管等，有关记录表格。

知识准备

1. 经济林木需水特点

1）经济林木需水量

经济林木的需水规律取决于在系统发育中形成的对水分不同要求的生态型。一般而言，经济林木本身需水量少，并且具有旱生形态性状，如叶片小、全绿、角质层厚，气孔少而下陷的经济林木或具有强大根系的经济林木的抗旱性较强。按照抗旱能力和需水量的不同，经济林可分为以下 3 类：抗旱性强的桃、扁桃、杏、石榴、枣、无花果、核桃等；抗旱性中等的苹果、梨、柿树、樱桃、李等；抗旱性弱的香蕉、枇杷、杨梅等。

2）不同时期经济林木对水分的需求

经济林木在各个物候期对水分的要求不同，需水量也不同。

落叶经济林在春季萌芽前，树体需要一定的水分才能发芽。若此时期水分不足，常导致萌芽期延迟或萌芽不整齐，影响新梢生长。花期干旱或水分过多，常引起落花落果，降低坐果率。

新梢生长期温度急剧上升，枝叶生长旺盛，需水量最多，对缺水反应最敏感，为需水临界期。如果供水不足，则削弱生长，甚至早期停止生长。

花芽分化期需水相对较少，如果水分过多则削弱分化，此时在北方正要进入雨季，如雨季推迟，则可促使提早分化，一般降雨适量时不应灌水。

果实发育期也需一定水分，但过多则易引起后期落果或造成裂果，发生果实病害，影响产量及果品品质。

秋季干旱，枝条生长提早结束，根系停止生长，影响营养物质的积累和转化，削弱越冬性。

冬季缺水常使枝干冻伤。

2. 经济林木灌水时期

经济林木要求的土壤相对含水量为60%~80%，小于60%就应考虑灌水。经济林木需要水分，但并不是水分越多越好，有时适度缺水还能促进经济林根系深扎，提高其抵御后期干旱的能力，抑制经济林木的枝叶生长，减少剪枝量，并使树体尽早进入花芽分化阶段，使经济林木早结实，并提高产品的品质等。值得注意的是，给经济林木灌水应在其生长未受到缺水影响以前就进行，不要等到经济林木已从形态上显露出缺水时才灌水。如果出现果实雏缩、叶片卷曲等现象时才灌溉，对经济林木的生长和结果将造成不可弥补的损失。

经济林园一年中应保证以下4次关键灌水：

（1）春季萌芽展叶期适量水

在经济林木萌芽前后到开花前期，若土壤中有充足的水分，可促进新梢的生长，增大叶片面积，为丰产打下基础。因此，在春旱时期，萌芽展叶水能有效促进经济林木萌芽、开花和新梢叶片生长，提高坐果率。一般可在萌芽前后灌水，提前灌水则效果更好。水分不要过大，以免因水温低而延迟开花。

（2）新梢迅速生长期足量水

经济林新梢迅速生长期是需水临界期。此时经济林木的生理机能最旺盛，如果土壤水分不足，会影响枝梢的伸长生长，并使结果树的幼果皱缩和脱落，影响根系的吸收功能，减缓经济林木的生长，明显降低产量。因此，这一时期若遇久旱无雨天气，应及时灌溉。

（3）果实迅速膨大期保墒水

对以生产果品为目的的经济林木而言，此时正值果实迅速膨大及花芽大量分化时期，若遇干旱，会影响果实的增长和花芽分化，影响当年甚至是来年的产量，应及时灌水。

（4）秋后冬前防冻水（冬灌）

一般在土壤结冻前进行，提高地温，增强越冬能力，可起到防旱御寒作用。且有利于花芽发育，促使肥料分解，有利于经济林木次年春季生长。这次水要灌饱灌足。

经济林木在各个物候期内的灌水次数主要取决于各个时期的降水量和土壤水分状况。一般年份，上述各个灌水时期通常灌水一次即可满足经济林木该时期的水分要求。

3. 经济林木灌水量

合理灌水量的确定，一要根据树体本身的需要，二要根据土壤湿度状况，同时要考虑土壤的保水能力及需要湿润的土层深度。生产中可根据对土壤含水量的测定结果，或手测、目测的验墒经验，判断是否需要灌水。其灌水量可参考表4-8。

每次灌水以湿润主要根系分布层的土壤为宜，不宜过大或过小，既不造成渗漏浪费，又能使主要根系分布范围内有适宜的含水量和必要的空气。具体一次的灌水用量，要根据气候、土壤类型、树种、树龄及灌溉方式确定。核桃的根系较深，需湿润较深的土层，在同样立地条件下用水量要大。成龄树需水多，灌水量宜大；幼树和旺树可少灌或不灌。砂地漏水，灌溉宜少量多次；黏土保水力强，可一次适当多灌，加强保墒而减少灌溉次数。盐碱地灌水，注意灌水深度不能到达地下水。

表 4-8　单位灌溉面积不同土壤种类在水分当量附近的灌水量

土类	最低灌水量		理想灌水量	
	灌水量(t)	相当于降水(mm)	灌水量(t)	相当于降水(mm)
细砂土	18.8	29	81.6	126
砂壤土	24.8	39	81.6	125
壤土	22.1	34	83.6	129
黏壤土	19.4	30	84.2	130
黏土	18.1	28	88.8	137

注：单位面积为亩。最低灌水量：20cm 土层中含水量达到田间最大持水量的60%时的灌水量。理想灌水量：40cm 土层中含水量达到田间最大持水量的60%时的灌水量。

$$灌水量(t) = 灌溉面积(m^2) \times 土壤浸湿深度(m) \times 土壤容重(g/cm^3) \times (田间持水量 - 灌溉前土壤含水量) \qquad (4-8)$$

例如，某经济林园为砂壤土，田间持水量为36.7%，容重为1.62g/cm³，灌溉前根系分布层的土壤湿度为15%，欲浸湿60cm 土层，那么每亩经济林园灌水量应该为 140.6t，即灌水量 = 667m² × 0.6m × 1.62g/cm³ × (36.7% − 15%) = 140.6t。

4. 经济林木灌水方法

灌水应本着节约少用，提高水的利用率，减少土壤侵蚀的原则。具体方法有大水漫灌、盘灌、沟灌、穴灌、渗灌、滴灌、畦灌等，其中，穴灌、渗灌、滴灌和喷灌较省水，大水漫灌时水分浪费最大。

1) 盘灌

盘灌又称树盘灌水、盘状灌溉。以树干为圆心，在树冠投影以内以土埂围成圆盘，圆盘与灌溉沟相通。灌溉时水流入圆盘内，灌溉前疏松盘内土壤，使水容易渗透，灌溉后疏松表土，或用草覆盖，以减少水分蒸发。

盘灌的优点是用水较经济，但浸润土壤的范围较小，同时有破坏土壤结构、使表土板结的缺点。

2) 沟灌

在树冠外缘向里约50cm 处，挖宽30cm、深25cm 的环状沟或井字沟，通过窄沟将水引入沟内，经一定时间沟内水满为止，水下渗后，用土埋沟保蓄水分。

沟灌的优点是方法简单，节约建设管道系统的费用，但费时费工费水，水分利用效率较低，而且容易造成水土流失。

3) 穴灌

穴灌是在树冠投影的外缘挖穴，用移动运水工具将水灌入穴中，灌水后用土填埋的灌溉方法。一般穴的直径为30cm 左右，穴的深度以不伤粗根为度，灌水量以灌满为宜，穴的数量依树冠大小而定，一般树木株形较大的需要挖5~6 个穴，株形小的挖3~4 个穴即可。由于穴灌浸湿根系范围广大而均匀，不会引起土壤板结，灌水量小，简便易行，一般在严重缺水地区采用穴灌。

穴灌与施肥同时进行，能实现水肥一体化，提高水分和肥料利用率。劳动量大是穴灌的主要缺点。

4）渗灌

灌水方法为地下灌溉，是通过埋于地下一定深度的专用地下管道（一般是双层的，包括输水管道和渗管）将灌溉水输入田间，借毛细管的作用由下向上湿润经济林木根层土壤的一种灌溉方法。

（1）渗灌的主要优点

灌水后土壤仍保持疏松状态，不破坏土壤结构，不产生土壤表面板结，为作物提供良好的土壤水分状况；地表土壤湿度低，可减少地面蒸发；管道埋入地下，可减少占地，便于交通和田间作业，可同时进行灌水和农事活动；灌水量省、灌水效率高；能减少杂草生长和植物病虫害；渗灌系统流量小，压力低，故可减小动力消耗，节约能源。

（2）渗灌的主要缺点

表层土壤湿度较差，不利于植物种子发芽和幼苗生长，也不利于浅根作物生长；投资高，施工复杂，并且管理维修困难，一旦管道堵塞或破坏，难以检查和维修，故灌溉水要经过纱网过滤；易产生深层渗漏，特别是对透水性较强的轻质土壤，更容易产生渗漏损失。

5）滴灌

滴灌是滴水灌溉技术的简称。它是利用滴灌设备将水增压、过滤，通过低压管道系统与安装在毛管上的灌水器，将水和植物需要的养分一滴一滴，均匀而又缓慢地滴入植物根区土壤中的灌水方法。当需要施肥时，将化肥液注入管道，随同灌溉水一起施入土壤。水源与各种滴灌设备一起组成滴灌系统。滴头和输水管道多由高压或低压聚乙烯等塑料制成，干管、支管埋于地面以下。滴灌用水水源广，河渠、湖泊、塘、库、井泉的水源都可以用于滴灌，但不能用过脏或含沙量太大的水。

滴灌不破坏土壤结构，土壤内部水、肥、气、热经常保持适宜于作物生长的良好状况，蒸发损失小，不产生地面径流，几乎没有深层渗漏，是一种省水的灌水方式。滴灌的主要特点是灌水量小，灌水器每小时流量为 2~12L。因此，一次灌水延续时间较长，灌水的周期短，可以做到小水勤灌；需要的工作压力低，能够较准确地控制灌水量，可减少无效的株间蒸发，不会造成水的浪费；滴灌还能实现自动化管理。

6）喷灌

喷灌是利用喷头等专用设备把有压水喷洒到空中，形成水滴落到地面和植物表面的灌水方法。喷灌的优点如下：

（1）减少水分损失

由于喷灌可以控制喷水量和均匀性，避免产生地面径流和深层渗漏损失，所以可以使水的利用率大为提高。喷灌一般比地面灌溉节省水量 30%~50%，且节省动力，可降低灌水成本。

（2）可与施肥打药同时进行

喷灌便于实现机械化、自动化，可以大量节省劳动力。可取消田间的输水沟渠，不仅有利于机械作业，而且大大减少了田间劳动量。

（3）能够保持良好的土壤结构体

喷灌对土壤不产生冲刷等破坏作用，从而保持土壤的团粒结构，使土壤疏松多孔，通气性好，因而有利于增产。

5. 经济林木排水

我国北方，大部分雨量集中在7～8月。此时，经济林木因为水分过多会促使徒长，甚至发生涝害。尤其低洼或地下水位较高的经济林园在雨季易积水，使土壤排水不良，根的呼吸作用受到抑制。因为土壤中水分过多而缺少空气，迫使根进行无氧呼吸，引起根系生长衰弱以至死亡。当经济林园积水后，应及时排水。

平地经济林园和盐碱地经济林园要起高垄栽培，也可顺地势在园内及四周挖排水沟，把多余的水顺沟排出园外。水分排出后，应立即扒土晾根，松土散墒，以改善土壤通气条件。

○ 任务实施

1. 实施步骤

1）灌水量计算

分组选择不同树龄的经济林园，调查经济林树种、树龄、土壤含水量、土壤容重，将调查结果记录下来，利用式(4-8)计算出灌水量，完成表4-9。

表4-9 不同树龄经济林园灌水量计算记录表

树种	树龄(a)	灌溉前的土壤含水量(%)	土壤容重(g/cm^3)	灌水量(t)

（1）采用烘干法测定灌溉前的土壤含水量

测定方法如下：

①将铝盒擦净，烘干冷却，称重，记录。

②灌溉前用土钻在田间采取土样15～20g，装入已知重量的铝盒中，用0.1g精度的天平称取土样的重量，记作土样的湿重 M，在105℃的烘箱内将土样烘6～8h至恒重，然后测定烘干土样，记作土样的干重 M_s。

③计算结果。根据下列公式计算出土壤含水量。

$$土壤含水量=(烘干前铝盒及土样质量-烘干后铝盒及土样质量)\div$$
$$(烘干后铝盒及土样质量-烘干空铝盒质量)\times100\% \quad (4-9)$$

（2）用环刀法测定土壤容重

操作步骤如下：

①在经济林园选择挖掘土壤剖面的位置,然后挖掘土壤剖面,观察面向阳。挖出的土放在土坑两侧。

②用修土刀修平土壤剖面,并记录剖面的形态特征,按剖面层次分层采样,每层重复3个。

③将环刀托放在已知重量的环刀上,将环刀刃口向下垂直压入土中,直至环刀筒中充满样品为止。若土层坚实,可慢慢敲打,压环刀时要平稳,用力一致。

④用修土刀切开环刀刃周围的土样,取出已装上的环刀,细心削去环刀两端多余的土,并擦净外面的土。同时在同层采样处用铝盒采样,测定自然含水量。

⑤把装有样品的环刀两端立即加盖,以免水分蒸发。随即称重并记录。

⑥将装有样品的铝盒烘干称重,测定土壤含水量。或者直接从环刀筒中取出样品测定土壤含水量。

2)制定节水灌溉方案

分组根据树种、树龄、需水规律、园地经营管理水平、现有灌溉方法等制订节水灌溉方案。制订完成后,小组间讨论,修改方案后提交。

2. 结果提交

编写实践报告。主要内容包括:目的、所用材料和仪器、过程与实践内容、结果。报告装订成册,标明个人信息。

○ **思考题**

1. 经济林的需水有何规律?
2. 经济林灌溉时期有哪几个?
3. 如何确定经济林灌水量?
4. 经济林灌溉的方法有哪些?各有何优缺点?
5. 经济林节水栽培的技术要点有哪些?

项目 5　经济林整形修剪

经济林树种为多年生木本或藤本植物。自然生长的经济林，大多树冠高大，冠内枝条密生、紊乱而郁闭，光照、通风不良，易受病虫危害，生长和结果难于平衡，大小年结果现象严重，果品质量低劣，管理也十分不便。经济林整形修剪的主要目的是：建立科学合理的园地个体结构和群体结构，在充分利用空间的基础上，保持树冠通风透光，提高光能利用率，改善林内小气候，协调营养生长和生殖生长之间的矛盾，调节经济林产品主要器官的数量和质量，保证树木的正常生长发育，实现良好经济效益目标。通过学习，主要认识经济林树体结构和经济林的树形，掌握修剪的基本技术，能够综合运用修剪技术，实现整形修剪目标，为丰产优质奠定基础。

任务 5-1　认识树体结构

○ 任务导引

经济林树体由根、茎、叶组成，其生产上的树体结构包括群体结构和个体结构。树体结构是经济林生产的基本载体，关系着群体光能利用和劳动生产率，关系着个体和整个园地的经济产出。进行整形修剪，首先要认识并掌握树体地上的基本结构，群体的组成及影响因素。通过本任务的学习，应学会进行经济林地上部分基本结构识别，并能完成经济林群体结构的观察工作。

○ 任务目标

能力目标：

(1)能认识树体地上部的基本结构组成。

(2)能认识经济林树体的特征及在生产上的作用。

(3)会进行群体结构的设计与调节。

知识目标：

(1)掌握树体结构基本知识。

(2)掌握树体大小、树冠形状、树高与冠幅、干高、叶幕、骨干枝数目、主枝分枝角、骨干枝从属关系、结果枝组等基本特征、作用和要求等知识。

(3)掌握群体结构的影响因素。

素质目标：

（1）培养自主学习、发现问题和解决问题能力。

（2）培养理论结合实践的能力。

（3）培养吃苦耐劳精神。

◎ 任务要点

重点：经济林个体结构及特征识别。

难点：经济林个体组成部分对生长与生产的关系。

◎ 任务准备

学习计划：建议学时 4 学时。其中知识准备 2 学时，任务实施 2 学时。

工具及材料准备：经济林园地，记录纸、笔、测高器、围尺。

◎ 知识准备

1. 经济林个体结构

经济林的树体结构包括群体结构和个体结构。经济林个体结构包括单个树体大小、树冠形状、主高、叶幕、枝组数量、主枝分枝角度等诸多因素。经济林木的地上部结构包括主干和树冠两部分，根颈至第一主枝称为主干，主干以上为树冠，树冠由中心干、主枝、侧枝和枝组构成，其中，中心干、主枝和侧枝构成树冠的骨架，统称骨干枝（图 5-1）。

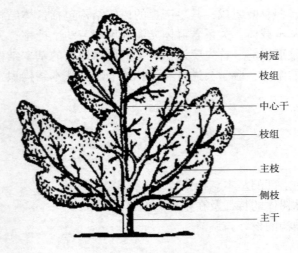

图 5-1　经济林骨干枝

树体结构影响群体光能利用和劳动生产率，通过整形修剪建造合理的树体结构，对经济林栽培具有重要意义。随着矮化密植技术的发展，树冠变小，骨干枝级次压缩，树体结构趋于简单。

1) 树体大小

树体高大，可以充分利用空间、立体结果和延长经济寿命，但树体成形慢，早期光能利用差；叶片、果实与吸收根的距离加大，枝干增多，有效容积和有效叶面积反而减少；同时，树冠大，一般影响品质和降低劳动效率。因此，在一定范围内缩小树体体积，实行矮化密植，已成为经济林栽培的主要方向。当然，树体不是越小越好，树体过小对空间的利用率降低，使结果平面化，光能利用率低，产出少，并带来用苗多、定植所需劳力多、造林费用增大等问题。

2) 树冠形状

经济林树冠外形大体可以分为自然形、扁形（篱架形、树篱形）和平面形（棚架形、盘状形、匍匐形）3类。在解决密植与光能利用、密植与操作的矛盾中，以扁形最好，群体有效体积、树冠表面积均以扁形最大，其次为自然形，平面形最小。因此，扁形产量高，品质较好，操作较方便。平面形树冠受光最佳，品质最好，可提早结果，也利于机械化修剪和采收等，虽然产量较低，在经济效益上有可能超过扁形。

3) 树高、冠幅和间隔

经济林树高决定劳动效率和光能利用，也与树种特性和抗灾能力等有关。从光能利用方面考虑，为使树冠基部在生长季节得到充足的光照，同时立体结果，多数情况下树高为行距的2/3左右。

冠幅和间隔与树冠厚度密切相关，采用平面形时，树冠很薄，光照良好，则冠幅不影响光能利用，其间隔越小，则光能利用越好，水平棚架在棚下操作，可不留间隔。经济林一般在树高约3m、冠厚约2.5m的条件下，冠幅2.5~3m为宜。行间树冠必须保持一定间隔，以便于管理作业。

4) 干高

主干低则树冠与根系养分运输距离近，树干消耗养分少，有利于生长，树势较强，发枝直立，有利于树冠管理，但不利于地面管理；有利于防风积雪保温保湿，但通风透光差。一般树姿直立，干可低些；树姿开展，枝较软的，干宜高些；灌木或半灌木经济林，干宜低；大冠稀植，干宜高；矮化密植，干宜矮；大陆性气候，一般干宜低；海洋性气候，干宜高，以利于通风透光，减少病害；实行机械耕作，干要适当提高。

5) 叶幕

叶幕结构和叶幕配置方式不同，叶面积指数和叶幕的光能利用差异很大。如叶片水平排列，其叶面积指数最多为1，若叶片均匀地分布在垂直面上，其叶面积指数为3；如这些叶片呈丛状均匀地分布在垂直面上，每丛叶面积指数可达3，整体叶面指数可达9。

树冠结构也影响经济林群体叶幕配置和光能利用。分层树冠的层间距与最终树冠大小呈正相关。如树冠矮小，光照充足，则无须分层。

6) 骨干枝数目

骨干枝构成树冠的骨架，担负着树冠扩大，水分、养分运输和承担果实重量的任务。因为它不直接生产果实，属于非生产性枝条，所以，原则上在能充分占领空间的条件下，骨干枝越少越好，可避免养分过多地消耗在建造骨干枝上。一般树形大，骨干枝相对多；树形小骨干枝要少。发枝力弱的骨干枝要多；发枝力强的骨干枝要少。

有中心干的树形可使主枝和中心干结合牢固，且主枝可上下分层，有利于立体结果和提高光能利用。有中心干的大冠树形，树冠容易过高，上部担负产量较少，影响光照，对改善果实品质不利。因此，要注意培养层性，并采取延迟开心措施，改善光照条件。在现代经济林栽培中，对果实品质要求越来越高，也可将有中心干的大冠树形改为单层的自然开心形。无中心干的开心形，树冠矮，光照好，对生产优质果实有利，但果量小，不利于机械化作业。在矮化密植的果园中，采用有中心干的纺锤形或圆柱形等，由于冠径小和树体矮，虽然有中心干也不明显分层，同样能合理利用空间，对提高果实品质有利。

7）主枝分枝角度

主枝与主干的分枝角度对结果早晚、产量高低影响很大，是整形的关键因素之一。角度过小，则树冠易郁闭，光照不良，生长势强，容易上强下弱，花芽形成少，早期产量低，后期树冠下部易光秃，影响产量，操作不便，且容易劈折。角度大，进入结果期早，但容易出现早衰。

8）骨干枝从属关系

各级骨干枝必须从属分明，结构牢固。一般稀植大冠树骨干枝粗与所着生枝粗之比不超过0.6，密植小冠树不超过0.3，如两者粗细接近，则出现竞争，使上级骨干枝衰弱。骨干枝上着生的枝组也是同样的要求。

9）骨干枝延伸

骨干枝延伸有直线和弯曲两种。一般直线延伸的，树冠扩大快，生长势强，树势不易衰，但开张角度小的，容易上强下弱，下部内部易光秃，不易形成大型枝组或骨干枝；弯曲延伸的，在弯曲部位容易发生大型枝组或骨干枝，树冠中下部生长强，不易光秃。

10）结果枝组

枝组又称单位枝、枝群或结果枝组。它是经济林叶片着生和开花结果的主要部分。在整形时，要尽量多留，为增加叶面积、提高产量创造条件。随着枝组的变大，相互遮光时，就要进行回缩或去除。

11）辅养枝

辅养枝是整形过程中，除骨干枝以外留下的临时性枝，幼树要尽量多留辅养枝。辅养枝一方面可缓和树势和充分利用光能和空间，达到早结果、早丰产的目的；另一方面可以制造养分，辅养树体促进生长。但整形时，要注意将辅养枝与骨干枝区别对待，随着树体长大，光照条件变差，要及时将辅养枝去除或改为枝组。

2. 经济林群体结构

经济林生产既是个体的生产，也是园地群体的生产。随着密植程度的提高，群体特性进一步加强，群体虽由个体组成，但它有自己的特点和发展规律，更有必要从经济林园地群体结构来考虑栽培措施。群体结构主要指栽植密度和群体的空间分布。经济林群体结构应考虑以下 3 个方面。

1) 适应环境条件

果园群体由于栽植地点、方式和树种特性的不同而表现不同类型，在整形修剪上要与之相适应。

坡地比平地光照一般较好，向阳的坡面光照更好。坡度越大，植株行间遮阴越少，因此，坡地果园可比平地果园多留枝。由于树冠背光面比向光面光照差，因此，背光面的主枝角度应比向光面小，平地果园单行栽植比成片栽植光照好，成片果园边行比内部光照条件好，因此，留枝可以多些，单行的树形也可高大些。

关于行向问题，根据实践，如从光能利用来说，以南北向较好，光能利用多，较均匀。但近年来对葡萄或树篱整形的果树试验结果表明，以东西向产量高、品质好，唯南北两面的品质和成熟期不一致。因此各地采用行向也应根据地点、树种、树形等条件有所区别。

2) 适应树体发展

要根据经济林群体的发展采取相应的整形措施，按动态的群体结构，使园地群体在一生中发挥最大的生产效能和经济效益。例如，幼年期植株间空隙大，光照充足，一般生长较旺，不易结果，因此，要多留枝，干性强的可留中心干，以充分利用光照，加速群体形成和提早结果。随着植株长大，则侧光与下部光逐步减弱，待植株封行后，甚至只剩下上部光，造成植株下部、内膛的枝叶逐步枯死，最后群体叶幕形成天棚形，有效叶面积减小，产量、品质下降。因此，为保证阳光充足和操作方便，随植株长大，要通过疏剪逐步减少外围枝量，控制树高，有中心干的树形要落头、分层，甚至减少层次，保证行间树冠间隔和合理的树冠覆盖率，一般乔化树的树冠覆盖率以 75% 左右为宜，篱栽树以 60% 左右为宜。

3) 适应栽植密度

乔化树在一般密度下，单株均匀栽植，以单株树来进行整形，注重水平方向和垂直方向空间的利用。丛栽的要把同一丛内几株树作为一个单位来进行整形；篱栽的则要以整行树篱或几行树合并作为一个整体来进行整形，蔓性树其群体结构依架式而定。

小树型密植是目前栽培主流，栽培管理中，通过矮化砧控制或用人工措施控制个体的大小。在密植条件下，除了个体结构的调整，还要注重以行为单元的管理。经济林群体的密度越大，封行越早，封行后不但操作不便，且由于自动调节的结果，其单位面积新梢数和叶面积指数大体相近，不再增加，又由于大枝比例增加，加上光照恶化，而使产量品质下降。针对这些特点，密植在减小株距的同时，还要保留适当的行距，采用密植树形修剪措施控制长势，以延缓封行，确保行间树冠间隔，保证群体必要的光照，同时便于行间管理机械通行。

对密植树，栽植时切断垂直根，幼树轻剪长放，骨干枝开角，促花保果，控制生长；减少单株骨干枝数，通过回缩主枝控制树冠直径，相邻树体间按整体考虑，使株间尽量利用且不交叠；采用先密后间伐办法，当行密接时伐一行；采取丛状形、篱栽篱剪、宽幅密植、矮化树形等措施，控制树高，保持群体行间后期必要的间隔；保证群体通风透光，便于园地生产管理。

任务实施

1. 实施步骤

1)识别经济林地上部分基本结构

根据给出的经济林个体的典型结构示意图(图5-2),识别出每部分的名称。依树体结构名称将编号填入表5-1中。

2)经济林野外自然生长树体认识

在村镇寻找几株自然生长的杏、核桃、柿树等经济林木,观察其枝干结构,识别主干、树冠、主枝、结果枝组、结果枝,描述并绘制草图。

3)经济林人工整形树体认识

①在附近经济林园地中,观察几株经人工整形的苹果、花椒、核桃、桃、梨、葡萄、大樱桃、柿树、石榴、板栗等经济林木,识别树体的主干、主枝、侧枝、中心干、枝组、辅养枝、结果枝等结构,描绘出结构草图。

②观察、测量并记录树体高、主干高、树冠形状(自然形、扁形、平面形)、树冠直径、主枝数量、主枝分枝角、主枝与中心干的直径比、中心干的延伸方式(直线、曲线)、第一主枝上结果枝组的数量、第一主枝上辅养枝的数量。将结果填入表5-2中(多株树可复制多张表填写)。

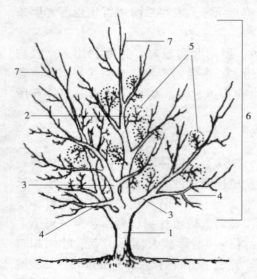

图5-2 经济林个体典型结构示意

4)观察经济林群体结构

①找一个采取整形修剪管理的进入盛果期的经济林园。观测园地的坡度、坡向,观察行向,测量株距和行距。

②观察株间枝条是否交接,有交接时枝条是否补空占位,不影响光照;观察行间枝条是否交接,无交接时行间无树冠空地距离为多少。

③整体观察树体内外是否通风透光,行间距是否适合机械管理。

表5-1 树体结构名称对照表

姓名: 　　　　　　　　　　　　　　　　　　　　　　日期:

结构名称	图中编号	结构名称	图中编号
主干		中心干	
主枝		侧枝	
树冠		结果枝组	
骨干枝		辅养枝	

表 5-2　树体测量记录表

姓名：　　　　　　　　　　　　　　　　　　　　　日期：
树种：　　　　　　　　　　　　　　　　　　　　　地点：

观察测量项目	结果	观察测量项目	结果
树高		树冠形状	
主干高		树冠直径	
中心干延伸方式		树冠分层情况	
主枝数量		主枝与中心干直径比	
主枝分枝角		第一主枝上辅养枝的数量	
第一主枝上结果枝组的数量		中心干上辅养枝数量	

试述：树体骨干枝是否分明，整体看枝条分布是否达到了骨干枝少小枝多、树冠内部多外部少、下部多上部少的良好结构。

2. 结果提交

按照实施步骤完成工作后，编写经济林树体结构识别报告。主要内容包括：目的、所用材料和仪器、工作过程及结果。报告装订成册，标明个人信息。

○ 思考题

1. 经济林树体地上结构包括哪些组成部分？
2. 经济林骨干枝的从属关系要求是怎样的？
3. 经济林园地群体结构应考虑哪些方面的因素？

任务 5-2　认识树形

○ 任务导引

经济林是多年生植物，放任生长的经济林，大多树冠高大，冠内枝条密生、紊乱而郁闭，光照、通风不良，易受病虫危害，生长和结果难于平衡，大小年结果现象严重，果品质量低劣，管理也十分不便。因此，生产中往往要通过整形修剪，建立科学合理的树体结构，形成一定的树形。由于不同经济林树种（品种）的生物学特性与生态学特性不同，在栽培中逐步形成了多种不同树形。这些树形，让经济林木在充分利用空间的基础上，保持树冠通风透光，提高光能利用率，改善林内小气候，协调营养生长和生殖生长之间的矛盾，调节经济林产品主要器官的数量和质量，保证树木的正常生长发育并实现良好的经济效益。通过本任务的学习，应掌握经济林树形的区分与选择方法，并能够绘制典型树形。

任务目标

能力目标：
(1) 能够区分不同的树形及类别。
(2) 能完成稀植树形的结构设计。
(3) 能完成常用密植树形结构设计。

知识目标：
(1) 掌握整形与修剪的概念。
(2) 掌握整形修剪的依据、原则等基础理论。
(3) 掌握整形修剪的作用。
(4) 掌握主要的树形及其结构特点。

素质目标：
(1) 培养自主学习能力。
(2) 培养知识应用能力。
(3) 培养吃苦耐劳精神。
(4) 培养普遍联系的观点。

任务要点

重点：经济林树形的分类、不同树形的骨干枝结构。
难点：不同树形的结构特点及适用树种(品种)。

任务准备

学习计划：建议学时4学时。其中知识准备2学时，任务实施2学时。
工具及材料准备：绘图纸、铅笔。

知识准备

1. 整形修剪依据和原则

整形又称整枝，是根据不同树种的生物学特性、生态学特性、不同立地条件、栽培制度、管理技术以及不同的栽培目的要求等，将树体通过修剪培养成在一定的空间范围内、有一定的骨架结构和外形、有效光合面积较大、能负载较高产量、生产优质产品、便于管理的树体结构。

修剪，是根据不同树种生长、结果习性的需要，在整形过程中及在整形任务完成后，通过截、疏、缩、放、伤、变以及化学抑制等技术措施培养或维持所需要的树形和结果枝组，以保持良好的光照条件、调节营养分配、转化枝类及组成、促进或控制生长和发育的技术。

广义的修剪包括整形，经济林幼龄期间，修剪的主要任务是整形；成形之后还要通过修剪维持良好的树形结构。狭义的修剪与整形并列，专指枝组的培养与更新、生长与结果、衰老与复壮的调节，以期获得早果、丰产、稳产、优质、低耗和高效的效果。整形是通过修剪实现的，修剪是在一定树形的基础上进行的，所以，整形和修剪是密不可分的，是使经济林在适宜的栽培管理条件下，获得优质、高产、低耗、高效必不可少的栽培技术措施。

1）整形修剪依据

（1）树种和品种的特性

树种、品种不同，其生物学特性各有差异，对光照、温度等环境因子的需求有差异。根据不同树种和品种的生长结果习性、光照需求和通风等，采取有针对性的整形修剪方法，做到因树种和品种进行修剪，是经济林整形修剪最基本和最重要的依据。

①顶端优势。强壮直立枝顶端优势强，随枝条角度增大，顶端优势变弱；枝条弯曲下垂时，处于顶部弯曲部位处发枝最强。顶端优势强弱与剪口芽质量有关，留瘪芽对顶端优势有削弱作用。幼树整形修剪，为保持顶端优势，要用强枝壮芽带头，使骨干枝相对保持较直立的状态；顶端优势过强，可加大角度，用弱枝弱芽带头，还可用延迟修剪削弱顶端优势，促进侧芽萌发。

②芽的异质性。剪口下需发壮枝可在饱满芽处短截；需要削弱时，则在春、秋梢交接处或1年生枝基部瘪芽处短截。夏季修剪中的摘心、捋枝等方法，也能促进营养积累，改善部分芽的质量。

③萌芽率和成枝力。萌芽率和成枝力强的树种和品种，长枝多，整形选枝容易，但树冠易郁闭，修剪应多采用疏剪缓放。萌芽率高和成枝力弱的，容易形成大量中、短枝和早结果，修剪中应注意适度短截，有利于增加长枝数量。萌芽率低的，应通过拉枝、刻芽等措施，增加萌芽数量。修剪对萌芽率和成枝力有一定的调节作用。

④层性。层性明显的树种，一般需光量大，在采用大、中型树冠时依其特性分为2～3层（如疏散分层形）；在矮化密植中，树矮冠小，也可不分层（如纺锤形）。

⑤芽的早熟性和晚熟性。具有芽早熟性的树种，利用其一年能发生多次副梢的特点，可通过夏季修剪加速整形、增加枝量和早果丰产，同时也可通过夏季修剪克服树冠易郁闭的缺点。一些树种的芽不具有早熟性，但通过适时摘心、涂抹发枝素，也能促进新梢侧芽当年萌发。

⑥芽的潜伏力。芽的潜伏力强，有大量潜伏芽，有利重剪促萌，发挥更新复壮作用；潜伏力弱则反之。

⑦结果枝类型。不同树种、品种，其主要结果枝类型不同，即短、中、长果枝不同。如油茶以中短梢侧芽结果为主，核桃以1年生长枝顶芽结果，花椒以1年生中、长枝上部的顶芽和侧芽结果为主，樱桃主要以中短枝基部芽结果或花束状结果枝结果为主。不同果树的成花枝龄不同，如桃、杏1年生新枝形成花芽，而苹果中的元帅往往在4年枝上形成花芽。不同树种花芽的种类不同，如混合芽、纯花芽、顶花芽、侧花芽，在修剪时进行区别保留或去除部分花芽。

⑧连续结果能力。结果枝上当年发出枝条持续形成花芽的能力，称为连续结果能力。连续结果能力差，修剪时要适当留预备枝。

⑨最佳结果母枝年龄。多数经济林结果母枝最佳年龄段为2～5年生，但不同树种会有所差异。枝龄过老不仅结果能力差而且果实品质也会下降，所以，修剪要注意及时更

新,不断培养新的年轻的结果母枝。

(2) 修剪反应的敏感性

修剪反应的敏感性即对修剪反应的程度差别。修剪稍重树势转旺,稍轻则树势又易衰弱,为修剪反应敏感性强。反之,修剪轻重虽有所差别,但反应差别却不十分显著,为修剪反应敏感性弱。对于修剪反应敏感品种,修剪要适度,宜进行细致修剪;对于修剪反应敏感性弱的品种,修剪程度较易掌握。修剪反应是修剪的主要依据,也是检验修剪量的重要标志。修剪反应不仅要看局部表现,即看剪口或锯口下枝条的生长、成花结果情况,还要看全树的总体表现,即生长势强弱、成花多少以及坐果率的高低等。修剪反应的敏感性与气候条件、树龄和栽培管理水平也有关系。西北高原,气候冷凉,昼夜温差大,修剪反应敏感性弱。一般幼树反应较强,随着树龄增大而逐步减弱。土壤肥沃、肥水充足,反应较强;土壤瘠薄,肥水不足,反应就弱。树种不同,对修剪的反应也不同。

(3) 树龄和树势

年龄时期不同,生长和结果状况不同,整形和修剪的目的各不相同,因而所采取的修剪方法也不一样。幼树至初产期,一般长势很旺,枝条多直立,结果很少,在整形修剪上,以整形为主,加速扩大树冠,生长中求结果,除骨干枝外修剪程度要轻,可长留长放。盛产期以后,长势渐缓,枝条多而斜生,开始大量结果,并达到一生中的最高产量,修剪的主要任务是保持健壮树势,维持营养生长与生殖生长的平衡,以延长盛果期年限,修剪程度应适当加重,并应细致修剪。随着树龄的增大和结果数量的增多,树势逐渐衰弱而进入衰老期,修剪的主要任务是注意更新复壮,促进营养生长,增强树势,维持合理的结果数量。

(4) 栽植密度和栽植方式

栽植密度和栽植方式不同,其整形修剪的方法也不同。栽植密度大的树种,单株空间小,应培养成枝条级次低、小骨架和小冠形的树形,修剪时要强调开张枝条角度,抑制营养生长,促进花芽形成,防止树冠郁闭和交接,以便提早结果和早期丰产。对栽植密度较小的树种,单株空间大,则应适当增加骨干枝的级次和枝条的总数量,以便扩大树冠,充分利用空间,增加产量。

(5) 立地条件

立地条件和栽培管理水平不同,经济林的生长发育和结果多少有差异,对修剪反应也各不相同。在土壤瘠薄、干旱的山地、丘陵地,营养生长弱,树体矮小,树冠不大,成花快,结果早,但单株产量低,对这种林地,在整形修剪时,要注意定干要矮,冠形要小,骨干枝要短,少疏多截,注意复壮修剪,以维持树体的健壮长势,稳定结果部位。反之,在土层深厚、土质肥沃、肥水充足、管理技术水平较高的林地,树势旺,枝量大,营养生长强于生殖生长,因而成花较难,结果较晚,整形修剪时应注意采用大、中型树冠,树干也要适当高些,轻度修剪,多留枝条,主枝宜少,层间距应适当加大;除适当轻剪外,还应注意夏季修剪,以延缓树体长势,促进成花结果。

2) 整形修剪原则

(1) 因树修剪,随枝造型

①因树修剪。是对整体而言,即在整形修剪中,根据不同树种和品种的生长结果习性、树龄和树势、生长和结果的平衡状态,以及园地立地条件等,采取相应的整形修剪方

法及适宜的修剪程度,从整体着眼,从局部入手。

②随枝造型。是对树体局部而言,在整形修剪过程中,应考虑该局部枝条的长势强弱、枝量多少、枝条类别、分枝角度的大小、枝条的延伸方位,以及开花结果情况。同时,必须在对全树进行准确判断的前提下,考虑局部和整体的关系,以形成合理的丰产树体结构,获得长期优质、稳产和高效。

因树修剪、随枝造型是经济林整形修剪中应首先考虑的原则。

(2) 有形不死,无形不乱

在整形修剪过程中,要根据树种和品种的生物学及生态特性,确定选用何种树形。但在整形实际应用过程中,由于个体生长的特点及小环境的变化,不能完全拘泥于某种树形的模式,不能生搬硬套,机械造型,而是应有一定的灵活性。对无法成形既定树形的树,也不能放任不管,而是根据生长情况,使其主、从分明,枝条类别不紊乱,良好占据空间,通风透光,有利于实现栽培目标。

(3) 轻重结合,灵活运用

轻剪为主,轻重结合,因树制宜,灵活运用。经济林整形修剪,毕竟要剪去一些枝叶,这对树体整体来说无疑是有抑制作用的。修剪程度越重,对整体生长的抑制作用也越强。在整形修剪时,应掌握轻剪为主的原则,尤其是进入盛产期以前的幼树,修剪量更不能过大。轻剪虽然有利于扩大树冠、缓和树体长势和提早结果,但从长远着想,还必须注意树体骨架的建造,因此,必须在全树轻剪的基础上,对部分延长枝和辅养枝进行适当重剪,以建造牢固的骨架,形成合理的结构。由于构成树冠整体的各个不同部分,其生长位置和生长状态有不同程度的区别,因而,修剪的轻重也就不可能完全一样。

(4) 平衡树势,主从分明

①平衡树势。指整形修剪时,要使树冠各个部分的生长势力保持平衡,以便形成圆满紧凑的树冠。生长势力保持平衡主要指以下3方面。一是同层骨干枝之间的生长势力要基本平衡,以保证树冠均衡发展,避免偏冠,如对强主枝的延长枝适当短留,多疏枝,加大开张角度,多留花果以削弱生长;对弱主枝的延长枝在留壮芽带头的前提下适当长留,少疏枝,提高角度,少留甚至不留花果,以促进生长。二是上下层骨干枝之间的生长势力要均衡,即上层骨干枝要弱于下层骨干枝,如出现上强下弱,则要通过修剪控上促下,恢复平衡;但上部骨干枝也不能过弱,如上层太弱,则要控下促上,以充分利用上层空间结果提高产量。三是树冠内外枝条的生长势力要均衡,防外强内弱,如树冠外围枝条生长过强,内膛枝条过弱,需控制外围枝生长势力,外围多疏枝、轻剪、缓和势力,内膛枝短截、回缩、促使复壮;反之,如外围枝过弱,内膛枝过强,则要控制内膛枝,促进外围枝,恢复平衡。

②主从分明。即中干要保持优势,以便于各层主枝的安排;主枝强于侧枝,以便安排侧枝、培养枝组和扩大树冠;侧枝要强于枝组,以便扩大树冠和在侧枝上安排培养枝组;骨干枝要强于辅养枝,否则会造成树冠结构紊乱。总体要保持合理的枝干比。

(5) 统筹兼顾,长远安排

整形修剪是否合理,对幼树生长快慢、结果早晚、产量高低以及盛果期能否高产稳产、经济寿命长短均有重要影响。通过整形修剪,必须做到使幼树加快营养生长,培养好合理的树体结构,为将来的高产稳产打好基础,要安排辅养枝、缓小枝,做到整形结果两不误。短期利益和长期利益应相结合,片面强调早结果而忽视合理树体结构的建造,以及只强调整形而忽视早期产量的提高都是错误的。进入盛果期后,同样要做到生长和结果兼顾,片面强调高产而忽视维持健壮的树势,会造成树势衰弱,导致大小年现象严重,缩短经济寿命。在加强土、肥、水综合管理的基础上,通过修剪,使结果适量,维持树势强健,才能长期丰产,延长经济寿命。

2. 经济林整形

经济林在长期的栽培实践中,逐步发展形成了多种树形(图5-3、图5-4)。

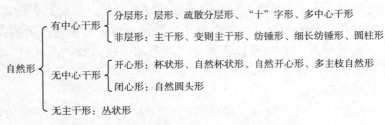

图 5-3 主要树形分类

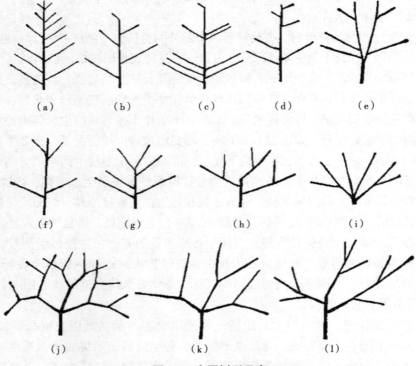

图 5-4 主要树形示意

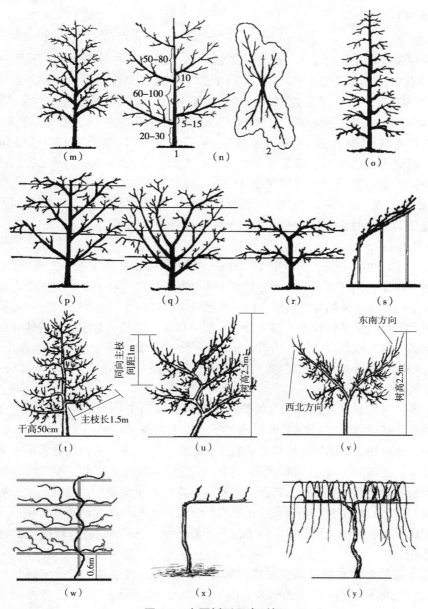

图 5-4 主要树形示意(续)

(a)主干形;(b)变则主干形;(c)层形;(d)疏散分层形;(e)多中心干形;(f)"十"字形;(g)自然圆头形;(h)主枝开心圆头形;(i)丛状形;(j)杯状形;(k)自然杯状形;(l)自然开心形;(m)细长纺锤形;(n)自然扇形(1.侧视图;2.顶视图);(o)圆柱形;(p)斜脉形;(q)棕榈叶形;(r)双层栅篱形;(s)棚架形;(t)纺锤形;(u)折叠扇形;(v)倒"人"字形;(w)篱架形;(x)单干形;(y)双臂形

1)树形分类

随着大密度集约栽培的运用,树形由大变小,由单株变群体,树体结构向简单化、省力化、利于机械化方向发展。由自然形变为扁形、骨干枝由多变少、由直变弯、由斜变平;由分层变为不分层,由无支架变为有支架。

2）稀植树形

（1）疏散分层形

疏散分层形又叫主干疏散形，适于土层深厚、土质肥沃的稀植大树。干高一般为 50~70cm。全树有主枝 5~7 个，分 2~3 层。第 1 层 3 个主枝邻接或邻近，相距在 20~40cm，并在 1~2 年内选定；主枝基角为 60°~70°。基部 3 主枝各配备侧枝 2~3 个，第一侧枝距主枝基部 60~70cm，第二侧枝距第一侧枝 50cm，并着生在第一侧枝对面。第 2 层 1~2 个主枝，第 2 层主枝（第四主枝）距第 1 层主枝（第三主枝）的层间距为 120~150cm，插入第一层主枝在垂直方向的空当。第 3 层 1 个主枝，距第 2 层 60~70cm。第 2、3 层主枝可配备 1 个侧枝或不配备侧枝。树高控制在 4~5m，冠径控制在 5~6m。疏散分层形从定干开始，需 5~6 年完成。此形符合有中心干的大型经济林树种的特性，如核桃、苹果，主枝数适当，造型容易，骨架牢固。在大型机械化管理种植园，可以提高干高。

（2）自然开心形

此树形主干高 30~40cm，整形带 15~20cm，整形带内错落着生 3 个主枝，3 主枝间的平面夹角 120°，尽量使第三主枝朝正北方伸延，主枝呈仰角 45°~50°。主枝先端直线延伸，每主枝上留 3 个侧枝，向外侧方向延伸，同一级侧枝选留在各主枝的同一侧方。树冠中心保持空虚。此树形符合核果类树种的生物学特性，整形容易。主枝结合牢固，树体健康长寿。树冠开心，侧面分层，结果立体化，结果面积大，产量高。此形符合干性弱、喜光强的树种，如桃树、花椒树。树冠开心，光照好，容易获得优质果品，但不利于大型机械作业。

（3）自然圆头形

自然圆头形又称自然半圆形。自然圆头形没有明显的中心干，树高 3.5m，干高 60cm，在主干上着生 5~6 个主枝，插空错开排列，各主枝上每隔 50~60cm 留一个侧枝，侧枝上配有结果枝组，也可用大型结果枝组代替侧枝。侧枝上、下、左、右自然分布成均匀状。这种树形修剪量小，定植后 2~3 年即能成形，过去管理粗放的柿树、杏、枣、栗等树种常用此形。往往当中心干上有几个主枝，长至一定高度后将中心干截断后，任其自然分枝，疏去过多的骨干枝，适当安排主枝、侧枝和枝组，自然形成圆头形。此形修剪轻，树冠构成快，造型容易，但内部及下部枝光照较差，骨干枝下部易光秃，结果部位外移较快，影响品质。

（4）棚架形

主要用于蔓性经济林树种如猕猴桃、葡萄等。棚架形式很多，依大小而分为大棚架和小棚架。通常把棚架长 6m 以上的称为大棚架，6m 以下的称为小棚架。依倾斜与否分为水平棚架和倾斜棚架。在平地，无须埋土越冬的常用水平棚架和大棚架；在山地，需要埋土越冬的常用小棚架和倾斜棚架。棚架整形常用树冠向一侧倾斜的扇面形、四周平均分布的"X"形或"H"形等。扇面形造型容易，可自由移动，架面容易布满。有利于修理棚架，在旱地也便于防寒。"X"形、"H"形等，由于主蔓向四周分布均匀，主干居于树冠中央，所以养分输送较扇面形方便，树冠生长势较强。

3）密植树形

（1）小冠疏层形

该树形结构与疏散分层形相似，是疏散分层形的缩小版。干高 50~60cm，树高 3m 左右，全树有 5~6 个主枝，分 2~3 层排列，第 1 层 3 个，第 2 层 1~2 个，第 3 层 1 个(或无第三层)。第 1、2 层间距 70~80cm，第 2、3 层间距 50~60cm。第 1 层的层内间距 10~20cm，第 1 层主枝上有 1~2 个小侧枝(也可没有侧枝)。第 2 层以上各主枝上不留侧枝，只保留较大的枝组。没有第 3 层时，可适当加大层内和层间距。

(2)纺锤形

该树形适用于有主干密植栽培。树高 2.5~3m，冠幅 3m 左右，在中心干四周培养 10~12 个小主枝；主枝排列方式可采用基部 3~4 个为一层，层内距 30~40cm，分枝角 80°~85°，主枝上配备 2~3 个侧枝；以上水平小主枝不分层，单轴延伸，螺旋式均匀插空排列，无侧枝，直接着生结果枝组；主枝下大上小，下长上短，形成纺锤状。适用于多数树种。它修剪轻，结果早。在此基础上又发展了细长纺锤形，与自由纺锤形相似，只是第一层主枝上不配备侧枝，主枝短于自由纺锤形，其整形的关键是开张主枝角度。适用于宽行密植机械化管理的种植园。

(3)圆柱形

具有中央干，在中央干上一般留主枝 30~50 个，各主枝螺旋状向上排列，主枝长度差异不大，主枝上直接结果，1 个主枝相当于 1 个结果枝组。圆柱形由纺锤形演变而来，与纺锤形的不同之处是：把主干上的枝拉至水平或微下垂。水平或微下垂的枝易形成花芽结果，所以投产快，但易冒条，背上枝控制难度大。密植苹果、梨树、桃等整形多采用此树形。

(4)折叠扇形

该树形适宜于矮砧高密度栽植。株行距 1.5m×2m 或 1.5m×3m，树冠顺行向呈扁平状，全树 4~5 个主枝，同侧主枝间距 1m 左右，树高 2.5m，树冠厚 1.5m 左右。

(5)倒"人"字形

该树形适宜于高密度栽植，株行距为 1m×3m、1.5m×3m，干高 50cm，南北行向，两个主枝分别伸向东南和西北方向，呈斜式倒"人"字形。主枝腰角 70°，大量结果时达到 80°，树高 2.5m。

(6)篱架形

常用于蔓性经济林树种，整形方便，且可固定植株和枝梢，促进植株生长，充分利用空间，增进品质。不过需要设置篱架，费用、物资增加。

(7)双层栅篱形

主枝两层近水平缚在篱架上，树高约 2m，结果早，品质好，适于在光照少、温度不足处应用。

(8)单干形

单干形又称独龙干形，常用于旱地葡萄栽培。全树只留一个主枝，使其水平或斜生，其上着生枝组，枝组采用短截修剪。此形整形修剪容易，适于机械修剪和采收，但植株旺长时难于控制。

(9)双臂形

双臂形又称双龙干形，与单干形基本相似，不同之处是单干形只有一个主枝，双臂形有两个主枝向左右延伸，其用途和优缺点与单干形相似。

(10)丛状形

丛状形适用于灌木经济林树种，如榛子、蓝莓、树莓等。无主干或主干甚短，贴地分生多个主枝，形成中心郁闭的圆头丛状形树冠。整形容易，主枝生长健壮，不易患日灼病或其他病害；修剪轻，结果早，早期产量高。但枝条多，影响通风透光和品质，无效体积和枝干增加，后期也会影响产量提高。

○ 任务实施

1. 实施步骤

1）经济林主要树形分类

经济林的主要树形有：层形、疏散分层形、"十"字形、自然扇形、倒"人"字形、单干形、双臂形、双层栅篱形、棕榈叶形、"Y"形、斜脉形、水平棚、倾斜棚、多中心干形、主干形、变则主干形、纺锤形、杯状形、自然杯状形、自然开心形、多主枝自然形、自然圆头形、丛状形、自然树篱形、扁纺锤形、扇形匍匐形、细长纺锤形、圆柱形等。请查阅资料，对以上树形按表5-3进行分类。

表5-3 树形分类表

姓名：　　　　　　　　　　　　　　　　　　　　　　日期：

类别	树形
有主心干形	
无中心干形	
无主干形	
扁形	
平面形	

2）不同栽培密度下的经济林树形选择

经济林不同的树形适合的栽植密度有区别。请对以下主要树形依相适的栽培密度进行分类：疏散分层形、折叠式扇形、丛状形、自然开心形、自然圆头形、双层栅篱形、棚架形、小冠疏层形、纺锤形、圆柱形、倒"人"字形、篱架形、单干形、双臂形。完成表5-4。

表5-4 栽培密度分类表

姓名：　　　　　　　　　　　　　　　　　　　　　　日期：

类别	树形
密植树形	
稀植树形	

3）树形绘制

请通过查阅资料、实地观察树体，在纸上用铅笔绘出以下树形简图：疏散分层形、自然开心形、纺锤形、圆柱形。

2. 结果提交

按照实施步骤完成工作后,编写树形认识报告。主要内容包括:目的、所用材料和仪器、工作过程及结果。报告装订成册,标明个人信息。

○ 思考题

1. 什么是经济林整形?
2. 什么是经济林修剪?
3. 经济林整形修剪的依据是什么?
4. 经济林整形修剪的原则有哪些?
5. 试述经济林的树形分类。
6. 请说出 10 种主要的经济树形。
7. 请画出纺锤形和圆柱形树形结构图。

任务 5-3　修剪基本技术应用

○ 任务导引

经济林树体结构的形成是通过修剪实现的,在树体生长过程中,可以通过截、疏、缩、放、伤、变以及化学抑制等技术措施培养或维持所需要的树形和结果枝组,以保持良好的光照条件,调节营养分配,转化枝类及组成,促进或控制生长和发育。不同经济林的生产目标、生产环境和存在的问题有区别,因而对不同修剪时期、修剪程度和修剪方法的反应也不一样。通过本任务的学习,应掌握修剪的基本技术方法熟练应用修枝剪,并能选择良好的修剪时期。

○ 任务目标

能力目标:

(1) 能正确地运用长放、短截、戴帽剪、疏剪、缩剪、拉别枝等休眠期修剪方法。

(2) 能正确地运用环剥(环割)、捋枝、扭梢、摘心、剪梢、抹芽、除嫩梢、目伤等生长期修剪方法。

(3) 能够在一年中的不同时期运用相适应的修剪方法。

知识目标:

(1) 掌握长放、短截、戴帽剪、疏剪、缩剪、目伤、抹芽、除嫩梢、摘心、剪梢、扭梢、捋枝、环剥、拉别枝的基本知识和主要应用季节。

(2) 掌握休眠期修剪、生长期修剪、秋季修剪的时间及主要修剪方法。

素质目标:

(1) 培养自主学习、发现问题和解决问题能力。

(2) 培养理论联系实际的能力和动手能力。

(3) 培养吃苦耐劳精神。
(4) 培养遵守操作规范、安全生产意识。

任务要点

重点：经济林修剪的基本方法。
难点：经济林修剪方法的正确运用。

任务准备

学习计划：建议学时6学时。其中知识准备2学时，任务实施4学时。
工具及材料准备：修枝剪、钢锯条、嫁接刀、园艺手锯、拉枝绳、防水标签若干、小毛刷、树体涂抹保护膏若干盒、记录纸。

知识准备

1. 修剪的基本方法

(1) 长放

长放又称甩放、缓放(图5-5)，即对枝条任其连年生长而不进行修剪。枝条长放留芽多，抽生新梢较多，因生长前期养分分散，有利于形成中短枝，而生长后期得以积累较多养分，促进花芽分化。因此，可以使幼旺树、旺枝提早结果。营养枝长放后，增粗较快，可用以调节骨干枝间的平衡，但运用不当，会出现树上长树的现象，并削弱原枝头生长。

(2) 短截

短截又称短剪，即剪去1年生枝梢的一部分，是冬季修剪常用的一种基本方法。短截可增加新梢和枝叶量，减弱光照，有利于细胞的分裂和伸长，从而促进营养生长。短截可以改变不同类别新梢的顶端优势，调节各类枝间的平衡关系，增强生长势，降低生长量。因短截程度、部位不同，又分为轻短截、中短截、重短截、极重短截几种(图5-5)。

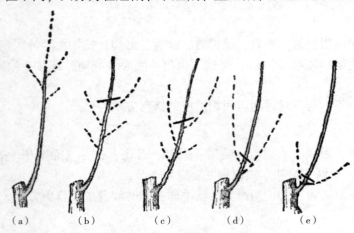

图5-5 短截
(a)长放；(b)轻短截；(c)中短截；(d)重短截；(e)极重短截

①轻短截。只剪去1年生枝条顶部一小段，为枝长的1/4~1/3。
②中短截。在1年生枝条中部饱满芽处短截，剪去枝长的1/2左右。
③重短截。在1年生枝条中下部次饱满芽处短截，剪截长度约为枝长的2/3。
④极重短截。在枝条基部留几个弱芽的短截为极重短截。

短截时一般使剪切口与保留芽体的上部齐平（图5-6）。剪口芽的方向不同，新枝发展方向不同（图5-7）。

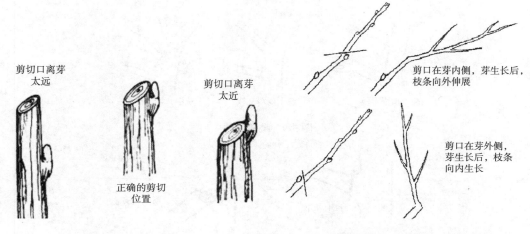

图5-6　短截口位置　　　　　　图5-7　剪口芽的位置与来年新枝的方向

（3）戴帽剪

在单条枝的年界轮痕或春、秋梢交界轮痕处盲芽附近剪截（图5-8）。这是一种抑前促后，培养中、短枝的剪法，多用于小型结果枝组的培养。戴死帽就是从轮痕处剪，抑制作用大，往往在剪口下发几个短弱枝，容易成花。戴活帽就是在轮痕上留2个芽剪，成枝较强。

（4）疏剪

疏剪又称疏删、疏除，是将1年生枝或多年生枝从基部剪去，或拿手锯将较粗的多年生枝锯掉，要求伤口要平、小、不留橛（图5-9）。疏剪包括冬剪疏枝和夏剪疏梢。疏除可减少枝叶量，改善光照条件，利于提高光合效能。疏剪有利于成花结果和提高果实品质。重度疏剪营养枝可削弱整体和母枝的生长量，但疏剪果枝可以提高整体和母枝的生长量。疏剪对伤口上部的枝梢

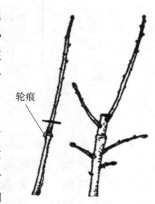

图5-8　戴帽剪

有削弱作用，而对伤口下部的枝梢有促进作用，疏枝越多，对上部的削弱和对下部的促进作用也就越明显。因此，可以利用疏剪的办法控制上强。

大枝疏除时用锯截法。大枝通常枝头沉重，锯切时易从锯口处自然折断，将锯口下母枝或树干皮层撕裂，为防止出现这种现象，从待剪枝的基部向前约30cm处自下向上锯切，深至枝径的1/2，再向前3~5cm自上而下锯切，深至枝径的1/2左右，这样大枝便可自然折断，最后把留下的残桩锯掉（图5-10）。

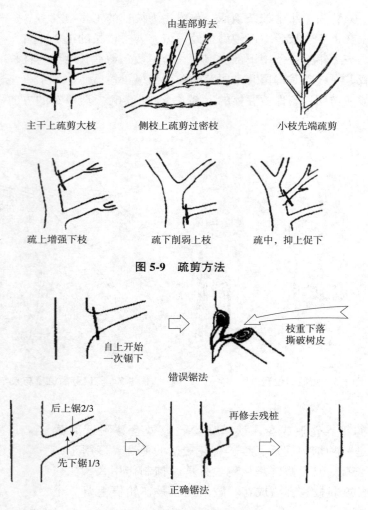

图 5-9 疏剪方法

图 5-10 大枝锯除方法

(5) 缩剪

缩剪又称回缩,是将多年生枝剪除或锯掉一部分,如图 5-11 所示。一般修剪量大,刺激较重,有更新复壮的作用,多用于枝组或骨干枝更新、控制辅养枝等。回缩后的反应强弱,取决于缩剪的程度、留枝强弱以及伤口的大小和多少。缩剪后伤口较小,留枝较强而且直立时,可促进生长;缩剪后所留伤口较大,留弱枝、弱芽,或所留枝条角度较大,则抑制营养生长而有利于成花结果。所以,缩剪的程度,应根据实际需要确定,同时还应考虑树势、树龄、花量、产量及全树枝条的稀密程度,而且要逐年回缩,轮流更新,不要一次回缩过重,以免出现长势过强或过弱的现象,影响产量和效益。

(6) 目伤

目伤又称刻芽。春季萌芽前,在 1 年生冬芽上方或下方 0.5cm 左右处,用刀或小钢锯条刻伤皮层深达木质部。通过目伤造成的伤口,对芽的作用有抑制与促进两种结果。伤口

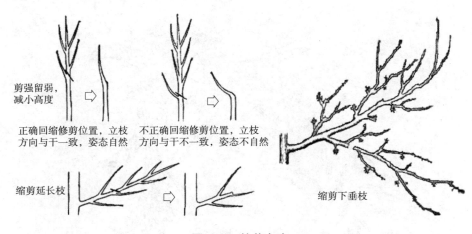

图 5-11 缩剪方法

对芽有抑上促下的作用，即在芽上方刻伤促进芽萌发，在芽的下方刻伤能抑制芽的萌发与生长。

(7) 抹芽、除嫩梢

抹芽也叫掰芽。在发芽后，去掉多余的萌芽，以便集中营养，使保留下来的芽能够更好地生长发育。如果未及时进行抹芽，在新梢长约 10cm 以内，大约在 4 月下旬至 5 月上旬采取除嫩梢措施，即从嫩梢基部用修枝剪剪去或直接用手掰去多余的嫩梢。

(8) 摘心和剪梢

摘除幼嫩新梢先端部分称为摘心（图 5-12）；当新梢已木质化时，剪截部分新梢称为剪梢。摘心和剪梢一般在新梢旺长期，当新梢长达 20cm 左右时进行。其主要作用为：增加枝量，扩大树冠；控制营养生长；利用背上枝培养结果枝组；花期或落花后，对果台枝及邻近果枝的新梢进行摘心，可提高坐果率，特别是对于果台枝生长旺盛的品种，效果更好。

(9) 扭梢

扭梢是于 5 月上旬，新梢尚未木质化时，将背上的直立新梢、各级延长枝的竞争枝，以及向里生长的临时枝，在基部 15cm 左右处轻轻扭转 180°，使木质部和韧皮部都受轻微损伤，但不能折断（图 5-13）。扭梢后的枝条长势大为缓和，不但可以愈合而且很可能形成花芽，即使当年不能形成花芽，翌年一般也能形成花芽。扭梢过早，新梢尚未木质化，组织幼嫩，容易折断，叶片较少，难以成花；扭梢过晚，枝条已木质化，脆而硬，较难扭曲，用力过大又容易折断，或造成死枝。

(10) 捋枝

捋枝也叫拿枝或枝条软化，是控制 1 年生直立枝、竞争枝和其他旺盛生长枝条的有效措施（图 5-14）。其方法是在 5 月间，从枝条基部开始，用手弯折枝条，听到有轻微的"叭叭"的维管束断裂响声，以不折断枝条为度。如枝条长势过旺、过强，可连续捋枝数次直至枝条先端弯成水平或下垂状态，而且不再复原。经过捋枝的枝条，削弱了顶端优势，改变了枝条的延伸方向，缓和了营养生长，有利于形成花芽。

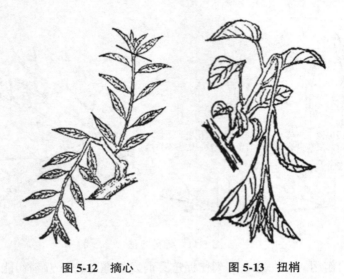

图 5-12 摘心　　　　图 5-13 扭梢

(11) 环剥

环剥是将皮层环状剥去一段或整圈剥去的方法(图 5-15)。环剥在树皮愈合前可中断有机物质向下运输,增加环剥以上部位碳水化合物的积累,并使生长素含量下降,从而抑制当年新梢的营养生长,促进生殖生长,有利于花芽形成和提高坐果率。环剥的时间,一般以春季新梢即将停长、花芽分化期以前比较合适;环剥带一般不宜过宽也不要过窄,以枝直径的 1/10 左右为宜。环剥一般用于愈合能力强的树种,主要在强枝或树体营养生长过旺的主干上应用。为了防止伤口不易愈合带来的负面影响,可用环割、绞缢、倒贴皮代替,尤其以倒贴皮效果较好。

(12) 拉别枝

拉别枝,即调整枝条的开张角度是整形修剪工作中的主要措施之一,尤其在密植小

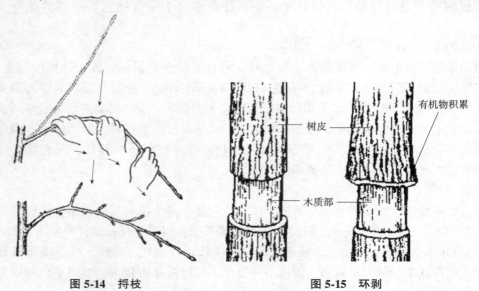

图 5-14 捋枝　　　　图 5-15 环剥

· 196 ·

冠树中运用广泛(图 5-16)。主要有撑枝、拉枝、别枝等方法。加大枝条的开张角度，可以减缓直立枝条的顶端优势，利于枝条中、下部芽的萌发和生长，防止下部光秃。直立枝拉平以后，可以扩大树冠，改善光照条件，充分利用空间。枝条的角度开张以后，碳水化合物的含量有所增加，营养生长缓和，促进花芽形成的效果比较明显。开张角度的适宜时期为春梢停长前后，此时为枝条加粗生长期，开张角度后容易固定；如果来不及也可在春季进行。拉枝时根据枝条的粗度、硬度选择合适的位置，保证所拉枝条平斜不弯腰。如果形成弓形，往往在弯曲部位背上冒条旺长。对 1 年生、2 年生枝可从基部开角，多年生枝约在枝长靠基部 1/3 处开角。为避免劈枝、断枝，要先揉枝，对多年生枝要在基部"三连锯"。

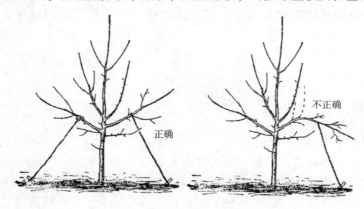

图 5-16 拉别枝

2. 修剪时期

修剪时期是指年周期内修剪的时期。就年周期来说，分为休眠期修剪和生长期修剪。生长期修剪也有细分为春季修剪、夏季修剪和秋季修剪的。过去强调休眠期修剪而忽视生长期修剪，随着对修剪作用的认识的加深，大多数经济林树种也开始重视生长期修剪。尤其对生长旺盛的幼树更为重要。

（1）休眠期修剪

休眠期修剪又称冬季修剪，是指在正常情况下，从秋季落叶到春季萌芽前所进行的修剪。经济林在深秋或初冬正常落叶前，树体贮备的营养逐渐由叶片转入枝条，由 1 年生枝转向多年生枝，由地上部转向根系并贮藏起来。因此，冬季修剪最适宜的时间是在经济林完全进入休眠以后，即被剪除的新梢中贮存养分最少的时候。修剪过早或过晚，都会损失较多的贮备营养，特别是弱树更应选准修剪时间。

（2）生长期修剪

生长期修剪是从春季萌芽至秋冬落叶前进行的修剪。生长期修剪一般又分为春季修剪、夏季修剪和秋季修剪，现分述如下：

①春季修剪。春季修剪也称春季复剪，是冬季修剪的继续，也是补充冬季修剪不足的修剪。春季短截、疏枝的时间在萌芽后至花期前后，可调节花芽量。除核桃等春季伤流量大的树种外，许多树种都可春剪。还可采取刻伤、抹芽、去嫩梢、扭梢、摘心等措施。春季修剪去枝量不宜过大，而且不能连年采用，以免过度削弱树势。

②夏季修剪。夏季可疏枝、摘心、拉枝、去新梢。夏季树体内的贮备营养较少，修剪后又减少了部分枝叶量，所以，夏季修剪对树体的营养生长抑制作用较大，因而修剪量宜轻，主要是去除过密枝，在幼、旺树上应用较多。夏季修剪，只要时间适宜，方法得当，可及时调节生长结果的平衡关系，促进花芽形成和果实生产。

③秋季修剪。秋季修剪的时间是在年周期中新梢停长以后，进入自然休眠期以前。此时树体开始贮藏营养，进行适度修剪，可改善光照条件，充实枝芽，复壮内膛枝条。秋剪时疏除大枝后所留下的伤口，第二年春天剪口的反应比冬季修剪的弱，有利于抑制徒长。秋季修剪对树体生长的抑制作用较夏季修剪弱，但比冬季修剪强。短截幼嫩旺长枝可防初春抽条。还可结合施基肥断根促萌。核桃、猕猴桃等伤流量大的树种主要在秋季落叶前修剪。

任务实施

1. 实施步骤

1）认识修剪基本方法

修剪在一年四季都能进行，其主要方法有长放、短截、环剥（环割）、捋枝、扭梢、摘心、戴帽剪、疏剪、环剥（环割）、捋枝、扭梢、摘心、缩剪、拉别枝、剪梢、抹芽、除嫩梢、目伤等。在掌握各技术方法基本知识的基础上，完成表5-5的填写。

表5-5 修剪方法选择表

姓名： 日期：

修剪方法限定	修剪方法
休眠期修剪可使用的方法	
生长期修剪可使用的方法	
只在春季使用的修剪方法	
只在冬季使用的修剪方法	
一年四季可使用的修剪方法	
有"促"作用的修剪方法	
有"抑"使用的修剪方法	

2）修枝剪使用练习

使用传统手动修枝剪进行练习。

（1）剪细枝

直径0.5cm以下的枝不需要双手配合即可剪去。先讨论如何卡枝，再进行卡枝练习（剪刀口卡住枝条时，保证切片面在枝条保留侧，墩片要在枝条去除侧）。在卡枝熟练的基础上，进行剪细枝练习，要求使用切面平整。此练习可用已经剪下的枝条反复练习。

（2）剪粗枝

对于活的枝条，如果剪口可卡住枝条，就可以双手配合剪去。一只手握住枝条准备剪掉的一端，一只手握剪刀卡在枝条上，在握剪刀的手用力的同时，另一只手要顺势向墩片方向用力压枝或拉枝。此练习可用杨树等枝条反复练习。

3) 修剪练习

联系一个经济林基地或利用整形修剪虚拟仿真教学系统进行修剪基本方法操作练习。分为休眠期修剪和生长期修剪两个实训。

(1) 休眠期修剪实训

在落叶后至发芽前进行。由老师现场指导练习。

①短截。包括轻短截、中短截、重短截、极重短截。用标签标记修剪方法，翌年观察并记录生长反应。

②戴帽剪。选择枝条进行戴死帽剪、戴活帽剪。用标签标记修剪方法，翌年观察并记录生长反应。

③疏剪。观察选择应去掉的1年生枝或多年生枝，进行疏剪。由老师选枝并指导学生使用手锯进行大枝疏除。

④缩剪。观察选择密集的枝组、严重下垂枝组或直立生长过旺的枝组，进行缩剪练习。

⑤拉枝。选择开放度小的主枝、侧枝或辅养枝，利用拉枝绳进行拉枝练习。对较细的枝也可使用土袋吊枝。拉枝要牢固，保证在1年内不松动。

⑥修剪伤口保护。对修剪后的伤口，用毛刷蘸取树体涂抹保护膏，均匀涂抹保护。

(2) 生长期修剪实训

在萌芽前至夏季进行。由老师现场指导练习。

①目伤。春季萌芽前进行，包括拟促生枝的刻芽、拟抑制芽生长的刻芽练习。用标签标记修剪方法，夏季观察并记录芽的生长反应。

②抹芽、除嫩梢。在春季芽萌发时进行，观察选择主干、主枝上的无用芽进行抹芽练习。在5月初进行除嫩梢练习，注意将主干、主枝上无空间嫩梢除去，有发展空间或需要枝条时须保留。

③扭梢。在新梢尚未木质化时（大约5月上旬），进行扭梢练习。用标签标记修剪方法，秋季观察并记录顶芽类型。

④摘心。在4月、5月新梢长20cm左右时，选择发展空间小、拟培养为小型枝组的枝条进行摘心。在7月对旺长的1年生枝也可进行摘心或剪去前端未木质化枝段以限制延长生长。

⑤捋枝。在5月，对直立1年生枝进行捋枝软化至水平或稍下垂。对2年生枝捋枝时要双手配合，保证枝条下部木质受伤不折断。

⑥环割。春季新梢即将停长、花芽分化期以前（北方地区一般5月下旬），选择整体强旺的幼树、初果期树，在主干进行环割；或选择强旺的主枝、背上枝组进行环割。

2. 结果提交

按照实施步骤完成工作后，编写经济林基本修剪技术实践报告。主要内容包括：目的、所用材料和仪器、工作过程、实训内容与方法。报告装订成册，标明个人信息。

思考题

1. 经济林修剪的基本方法有哪些？
2. 什么是短截？短截分为哪几种？
3. 什么是疏剪？如何进行大枝疏除才能防止劈裂？
4. 什么是目伤？简述不同目伤的作用。
5. 如何对较直立的枝条进行拉枝开角？
6. 一年中的修剪时期可分为哪几个时期？

任务 5-4　修剪技术综合运用

任务导引

经济林木是多年生植物，在其生长发育过程中，生长与结果、衰老与复壮同时存在，个体与群体间的矛盾比较突出，不同时期（不同年龄时期、不同物候期）、不同空间（个体及群体空间、同一个体不同部位）、不同器官（营养器官、生殖器官）间，存在不同的矛盾。若管理不当，会出现树形紊乱、园地封行、树冠密闭、光能利用率低、落花落果、大小年等不协调现象。按修剪原则，科学综合运用修剪技术措施，才能建立合理的骨干枝构架，调节不同类枝条的数量和生长，使树体结构合理、枝条稀密适度、叶幕微气候良好、生长与结果平衡，实现优质、高效益生产。通过本任务学习，应掌握修剪技术在枝条角度调整、枝量控制、花芽量调节、树体平衡调控等方面的应用。

任务目标

能力目标：

（1）能综合运用休眠期、生长期的不同修剪技术措施进行主要乔化稀植树形、矮化密植树形的培养。

（2）能够观察判断树体的生长势并进行调节。

（3）能够进行枝条角度、枝量、花芽量的调节。

（4）能够进行树体上下、内外不平稳的调控。

（5）能够完成大小年现象的调控。

知识目标：

（1）掌握分散疏层形、自由纺锤形、三主枝开心形、圆柱形等主要树形在不同龄期的整形修剪知识。

（2）掌握生长势调节相关知识。

（3）掌握枝条角度、枝量、花芽量调节相关知识。

（4）掌握树体上下、内外不平稳的调控相关知识。

（5）掌握大小年现象及调控相关知识。

素质目标：
(1) 培养自主学习、发现问题和解决问题能力。
(2) 培养理论联系实际的能力和动手能力。
(3) 培养吃苦耐劳精神。
(4) 培养学生遵守操作规范、安全生产意识。

○ 任务要点

重点：经济林修剪的基本方法。
难点：经济林修剪方法的正确运用。

○ 任务准备

学习计划：建议学时8学时。其中知识准备2学时，任务实施6学时。

工具(材料)准备：修枝剪、钢锯条、嫁接刀、园艺手锯、拉枝绳、小毛刷、树体涂抹保护膏若干盒、记录纸。

○ 知识准备

1. 主要树形的整形修剪

1) 分散疏层形

第1年修剪：苗木定植后于约80cm处定干，如苗木高度达不到定干高度或定干剪口芽太弱可采取二次定干，即第1年在苗木饱满芽处短剪，待第2年剪口所抽枝条达到定干要求后再进行定干。冬剪季修剪时，选择剪口下第1芽枝作中心干，于60cm处短剪。选择剪口下第2、第4芽枝作第1层第1、第2主枝培养，于50～60cm处短剪，并将角度拉到60°～70°。剪口下其余枝条不剪或部分轻短剪，同时将分枝角度拉到90°～120°，作辅养枝培养。

第2年修剪：夏季修剪时对辅养枝进行扭梢、拧枝、摘心等处理。冬剪时仍选择剪口下第1芽枝作中心干延长枝，于50～60cm处短剪。疏除延长枝竞争枝，再在下面枝条中选出第1层第3个主枝，于50cm处短剪。注意调整第3主枝方位角度，应与第1、第2主枝呈120°，角度不符合要求的，可采取拉枝处理进行调整。通常第1层主枝的基角、腰角、梢角分别是50°～60°、60°～80°、40°～45°。对上一年选出的第1、第2主枝于延长头50cm处短剪。主枝上在距中干40cm处选择1枝作第1侧枝，轻短剪培养侧枝。对于除主枝和侧枝外的其他枝条一律缓放不剪。疏除过密辅养枝和主枝背上直立旺枝。

第3年修剪：将主、侧枝外的其他枝条在夏季修剪时通过拉枝将角度拉至约90°，并采取拧枝、扭梢等方法处理，使之转化为结果枝。冬剪时，于主干延长枝50～60cm处短剪，对延长枝下的分枝如距第1层第3个大主枝的距离达到80cm以上可选1枝作第2层主枝培育。第2层大主枝分枝角度70°～80°，着生位置应与第1层主枝插空对生。如达不到80cm层间距长度，则在下一年选择第2层的两个大主枝。对余下的分枝除选择1枝轻短剪，作层与层之间的大辅养枝培育，其余的一律缓放，并拉至 90°以上，作结果枝培育。对上年所选出的主枝继续在延长头枝 40~50cm 处短剪。在第 2、第 3 主枝上的与第 1 侧枝对生的枝条中选择本主枝上的第 2 侧枝，并进行轻短剪。第 2 侧枝应距第 1 侧枝 20cm。其余枝条缓放不剪。疏除部分过密枝、背上枝、竞争枝。

第 4 年修剪：夏季进行捋枝、扭梢、摘心处理，培养结果枝。冬剪时，分别对中心干延长头、各主枝、侧枝延长头枝进行短剪。短截位置为 1 年生枝条上部 1/3 处。如上年没有选出第 2 层主枝的树，则在距第 1 层主枝 80~120cm 处选生长健壮的、着生位置与第一层主枝插空的新枝，于枝条前部 1/3 处短剪，并将分枝角度拉至 80°，作第 2 层的两个大主枝培育。第 2 层两枝条应呈对生，间距 20cm 左右。中干上其余新枝，均以缓放为主。可在第 1 层 3 个大主枝的分枝中距第 1 侧枝 60~70cm 处选第 3 侧枝，进行轻短剪。第 3 侧枝应与第 2 侧枝对向错开。其余枝条缓放。

第 5 年修剪：在夏季进行捋枝、扭梢处理，培养结果枝组。冬剪与第 4 年基本相同，各主枝、侧枝延长枝于枝条中上部短剪。其余枝条以缓放为主，轻剪为辅，加强夏季修剪，控制新枝旺长，培养结果枝组。疏除部分过密枝条、背上枝、竞争枝。按树形结构要求，应用拉枝等方法调整各主枝方位、角度。

2）自由纺锤形

第 1 年修剪：定植后于 90cm 处定干，进行刻芽，发芽后主干上距地面 40cm 以下的萌芽全部抹去。在整形带内，当年能抽生 3~5 个枝条，夏季捋枝、揉枝，与主干有 70°~80°的夹角，拉至 85°左右。第一年冬季，在中心干上选择生长直立、生长势旺盛的新梢作为中心干的延长枝，在饱满芽处短截，剪留长度 60cm 左右。在中心干延长枝以下，再选择 3~4 个侧生枝留作主枝，也在饱满芽处短截，剪口下第 1 芽要留外芽，使主枝向外继续延伸。

第 2 年修剪：春季在中心干延长枝上可以在需要主枝的地方，对芽进行目伤，促进芽的萌发。夏季继续将新留主枝拿平。第 2 年冬季，对中心干的延长枝，继续留 60cm 左右短截，在中心干上选留 2~3 个作为主枝，其他枝视空间的大小而定，有空间可以作为辅养枝留下，培养成结果枝组。对上年留下的枝条，如已无生长空间可以缓放不剪，如还有生长空间，则要继续短截，使树体尽快地充满空间。

第 3 年修剪：基本方法同第 2 年冬剪，再选留主枝 2~3 个，主要任务是继续缓放，促进枝条的转化，增加中、短枝的比例，夏剪促花，以便进入幼树丰产期。3~4 年完成整形任务，使主枝达到 10~15 个，树高达到 2.5~3m。

3）三主枝开心形

此树形主干高 30~40cm，整形带 15~20cm，整形带内错落着生 3 个主枝，主枝呈仰角 45°~50°，3 主枝间夹角 120°。

第 1 年春季修剪：春季发芽前定植的芽苗，直接在接芽上方嫁接口处剪砧即可。如果定植的时间早，为了防御冬、春季干燥风危害，定植时剪砧于接芽上 10~15cm 处，以免发芽前被风抽干嫁接芽。到芽萌动时再剪至接芽上方的嫁接口处。春季萌芽后要随时抹除砧木的萌芽，只留下嫁接芽生长。当树苗高 70cm 时，在 50~60cm 高处摘心，摘心处以下如有副梢可选留生长势、延伸方向合适的枝条作为主枝培养，也可多留 1~2 个枝条以备意外受损补充，到冬剪时再疏除多余的枝条。如果定植的是成品苗，若无副梢可在高 50～60cm 的饱满芽处剪截定干，春季新梢发出后选留主枝，主枝长度达 70cm 时在 60cm 处摘心，促发副梢选留侧枝。8～9 月枝条柔软，用撑、拉法开张主枝角度。

第 1 年冬季修剪：疏去徒长枝和直立旺枝，疏枝要彻底，不要留橛。在距主枝基部 60cm 处选下侧方枝条作第 1 侧枝。过密枝疏除，其余枝条按结果枝组要求修剪。无副梢的主枝延长枝修剪，要选外芽为剪口芽作主枝延长枝修剪，剪口下第 2 芽若不是外芽，要去除，以下面的外芽抽生新梢作延长枝培养。也可以用里芽外蹬法，冬剪时再剪除剪口枝，以下面的角度大的新梢作主枝。

第 2 年生长期修剪：及时疏除徒长枝和旺盛直立枝。当主枝新梢长 40cm 时，留外芽摘心，促发副梢，并有利于开张角度，侧枝新梢长度达 40cm 时也可摘心，促使萌发分枝。其余旺枝过密的疏除，有生长空间的可摘心。对于摘心后萌发的二次枝，密者疏除，留者超过 40cm 再摘心，控制生长增加分枝。

第 2 年冬季修剪：冬剪时首先疏除徒长枝、旺盛直立枝，其次剪截骨干枝。主枝延长枝有副梢的可利用副梢作延长枝，无副梢的剪留长度 50cm 左右。剪留过后，后部易光秃无枝，剪留太短，发枝旺长且影响树冠扩大。第 1 侧枝留 40cm 剪截。在距第 1 侧枝 40～50cm，与第 1 侧枝对侧方选留第 2 侧枝，侧枝基部应着生在主枝背侧方，侧枝与主枝的夹角为 40°～50°，侧枝剪留要比主枝短，过密可首先疏除细弱枝，其他枝按不同位置剪截不同程度，培养成各类结果枝组。

第 3 年冬季修剪：主、侧枝延长枝剪留长度是 1 年生枝条的 1/2～2/3。如果树势旺盛，此时已该选留第 3 侧枝，或剪留主枝延长枝时注意选留合适的芽作为抽生第 3 侧枝的芽。夏季如果控制不当，冬天树上仍有徒长枝，无利用价值的可疏除。对过密枝、交叉枝、重叠枝也要疏除或回缩至适当部位。其他枝条的修剪同上一年。培养大、中型枝组的枝条要短截促生分枝，过密部位适当疏除。大型结果枝组不可多，过多则影响主、侧枝生长。大、中、小枝组穿插配合，以互不影响光照，又充分利用空间为好。

第 4 年冬季修剪：此时树冠已基本成形，继续维持骨干枝优势，保障主从关系分明。随着结果量的增加，开张型品种的树姿更趋开张。因此对骨干枝剪截适当加重，必要时可抬高角度。此时已有较高的产量，调节好结果枝组之间的关系、结果枝之间的关系，对丰产、稳产很重要。大、中型枝组以纺锤形为好，总的目标是通风透光，互补空间。

4）圆柱形

圆柱树形主干直立强旺，中心干上直接着生单轴延伸结果主枝 30～50 个，主枝平挺端直，发散结构，主枝轮生，不配侧枝。成形后，树高 3m 左右，中心干上单轴结果枝组开张角度为 90°～120°，主枝螺旋状向上排列，保证枝干比小于 1∶5。

第 1 年修剪：健壮苗木，在保证成活率的前提下不必定干，距地面 60cm 以上的芽，在萌芽前进行刻芽或用抽枝宝点芽（要隔两个芽），顶端 20～30cm 的芽不用处理一般可以自然萌发。对于弱苗可重短截，注意剪口一定要在品种嫁接口以上。重新发枝后第 2 年管理办法同健壮苗木第 1 年管理。当中心干上发出的枝营养生长接近停止时开始整枝。中心干上发的枝横向长到 40～60cm 长时，在基部扭转枝，转至下垂，并摘心。

第 2 年修剪：萌芽前刻芽增枝，上端 1 年生中干上的芽每隔两个芽刻 1 个，2 年生中干上未长出的芽要全部刻出来。对侧横向主枝要全部刻芽，刻时要注意，背上芽芽后刻，背下芽、侧芽在芽前刻。横向主枝上的超过15cm的虚旺小枝要抑顶促萌。1年生枝要成花芽，2年生枝若无花芽，要在冬季基部保留2~3个芽重截。

第3年修剪：保留顶端花芽，壮偏旺的枝在发芽前可促发牵制枝，基部保留两个芽环割或转枝促发。环割时，枝较筷子细的割1刀，较筷子粗的中间间隔约1cm宽再环割1刀，达小拇指粗的可割3刀。

第4年以后修剪：3年树高度超过2.5m的，上部全部刻芽让其成花，横向结果枝组上着生若干个小的结果枝，结果枝组的培养和树形建造同步进行，树形建造完成，结果枝组培养也就完成。横向枝超过60cm长度的要整枝下垂，回缩控制冠径扩大，减少枝条扩展速度。

衰弱树修剪：主干形结果枝组经过连年结果后，枝组衰弱，这就需要更新。将需要更新的横向结果枝组从基部留短桩直接疏除，对新发出的1年生枝条，长到一定程度，通过转枝、刻芽、拉枝等措施促使成花，形成结果枝组。

5）自然圆头形

第1年修剪：苗木定植后，在距地面80~100cm处定干。在整形带内，选留5~6个错落生长的主枝，除最上部一个向上延伸外，其余皆向外伸展。主枝基角为50°~55°。

第2年修剪：将各主枝留50~60cm后短截，使主枝继续延长，并培养侧枝，各主枝上每间隔40~50cm留1个侧枝。侧枝上下左右分布均匀，呈自然状。

第3年以后修剪：每年要适当短截主、侧枝，不断扩大树冠，培养各类结果枝和枝组。树冠不需要再扩大时，甩放延长枝以果压冠，控制生长。这种树形定植后3~4即能成形。

6）篱壁形

该树形的培育应借助立柱、拉线等设施进行。苗木定植时先沿定植行栽立柱，每10~15m栽立柱一个。同时，在立柱上，间隔50~60cm拉3~4道铁丝。

第1年修剪：苗木定植后于60~70cm处定干。冬季修剪时，于延长枝处1/4处短剪。疏除竞争枝，竞争枝过强时，疏掉原延长枝，用竞争枝作延长枝。将距地面60cm处分枝拉至株间方向，并绑缚于第一道拉线上，使之沿株间方向延伸。株间距离大者，采取轻短剪。将向行间分生的枝条拉枝或扭梢使分枝角度为120°，呈下垂状。

第2年修剪：春季，对绑缚于第一道拉线上的枝进行刻芽，促发分枝。夏季进行扭梢、拧枝、摘心处理。冬季，仍对延长枝进行轻短剪。将第一道拉线处的分枝拉向株间，绑缚于拉线上，其余枝条拉枝使之下垂。疏除过密枝、竞争枝。

第3年修剪：夏季修剪扭梢、拧枝，缓和枝势。

对于葡萄，定植当年发芽后，选一个最好的作主蔓培养，将余下的芽抹除。主蔓新梢长至1.2m时摘心。冬剪在60~70cm处短剪，春季选留下部生长强壮的、向两侧延伸的2个新梢作为臂枝，水平引缚至第一道拉线上，培养成两个臂蔓。疏除下部其余的枝蔓。当臂蔓长超过1m时，在1m处摘心。副梢保留两片叶以辅养树干，促进增粗。摘心后再萌芽的3、4次副梢，均应及早抹除，以避免再萌芽。翌年按第1年的方法在120cm左右处培养第2层2个臂蔓。

2. 树体调节

1) 生长势调节

(1) 增强树体生长势

修剪应冬重夏轻，提早冬剪。在枝芽去留上，要减少细弱枝干，去弱留强，去平留直，少留果枝，顶端不留果枝。枝条直线延伸，抬高芽位，减少损伤。应用赤霉素(GA)调节生长。此外，增加水肥的供给。

(2) 抑制树的旺长

修剪应延迟冬剪，冬轻夏重。在枝芽去留上，增加小枝量，提高主干，去强留弱，去直留平，少截缓放，多留果枝，以果压顶。枝轴弯曲延伸，降低芽位(拉平或重剪)，增加损伤(剪锯口伤、扭梢、捋枝、环割环剥等)。如树势特别旺，可在春季萌芽时修剪。使用丁酰肼(B9)、整形素(氯芴醇)、果树促控剂(PBO)、矮壮素等生长调节剂。此外，要控制适量的水肥供给。

2) 枝条角度调整

(1) 加大枝条角度

选留培养角度开张的枝芽，如利用斜生枝、利用枝梢下部向外侧的芽培养枝，或采用里芽外蹬等措施培养向外延伸的角度大的枝。二次枝基角一般较大，当年摘心促发二次枝，选留二次枝带头以开张角度。利用外力开张枝条角度，主要采用拉、撑、坠、扭措施，一般最好在春末初夏枝梢停长而未木质化时进行，对当年生长影响小，易于定型。利用枝条自身的重量自行拉坠，如长放，长枝顶部或前端多留果枝，利用果实重量压枝开角。对枝干比较粗壮，已经定型的主枝、侧枝，可通过换枝头开张角度，即采用缩剪法去直立枝头，将向外的侧枝作为新头，此时，要去除新带头枝下部内向直立竞争枝。

(2) 缩小枝条角度

选留向上枝芽作为剪口枝芽；通过拉撑使较平直枝芽向上；通过修剪去除枝前端的花果；选留直立枝，去除平斜枝；对多年生已定型、角度大的枝，采取换头的方法，用角度小的枝带头。

3) 枝量调控

在枝量上要实现"三多三少"，即小枝多大枝少、下部多上部少、内部多外部少；骨干枝分明，结果枝立体分布。

(1) 增加枝梢量

①增加长枝数量。在枝条中部饱满芽处短截，保留抽生枝；竞争枝开角利用或短截利用；徒长枝补空利用；延迟冬剪，增加发枝量；摘心促二次枝；芽上刻芽或环割促芽萌发成枝；骨干枝弯曲向前，对骨干枝或枝组延长枝短截；对1年生营养枝短截。

②增加短枝数量。对长枝轻剪或甩放不剪；通过开张枝角、疏剪，增加树体内光照；采用摘心、刻芽、扭梢，促生短枝。

(2) 减少枝梢量

骨干枝直线延伸；疏除过密枝；加大主、侧枝角度，疏除背部直立旺枝；少缓放，中截发长枝减少短枝量。

4）花芽量调节

（1）增加花芽量

对幼树促进成花或增加花芽数量，在保证骨干枝正常的开枝角、旺盛生长和必要的枝叶量基础上，采用轻剪、长放、疏剪和拉枝等措施，缓和营养生长，促发短枝，促进花芽形成；也可采用环割、扭梢或摘心等措施，使所处理的枝梢增加营养积累，促进形成花芽。对过密树增加花芽量，首先要疏除过密无效枝、过多强旺枝，开张大枝角度，改善光照，增加营养积累，促进花芽分化。结果期树在冬剪时保留花芽，去除直立花芽少的枝，多留平斜健壮枝。缓放或轻剪以增加结果短枝。此外，还可应用生长抑制剂控制营养生长，增加有机质积累。要保证合理的水肥量，5月后氮肥以不缺为度，避免枝条旺长，不能及时封顶。

（2）减少花芽量

老、弱树需要减少花芽数量，于冬季去除花芽多的弱果枝，保留部分健壮枝上的花芽。在优质叶芽处短截，增加枝条短截的数量，生长期要轻剪，以增强树势，促进营养生长。对于盛果期树，花芽过多时，冬剪截去部分花芽，或在春季复剪时去除部分花芽，保留合理花芽量，保持合理花芽与叶芽比例、结果枝和更新枝比例、长短枝比例、花芽间隔等，以促进营养的制造、积累和合理分配，改善花果营养供应，增大果个并提高果实品质。

5）树体平衡调控

（1）上下不平衡

对上强下弱树，要平衡树势，可通过换头，使中心干弯曲向上。上部枝多疏少截，去强留弱，去直留平，多留果枝，以果压头；夏剪时捋枝、拉枝开张角度；去大枝背上直立强枝；中心干或骨干枝环割。下部枝少疏多中截，去弱留强，去平留斜，少留果枝，去枝头果。对上弱下强树，措施与上强下弱树相反。下部骨干枝角度小、不易拉开时，在骨干枝近基部用连三锯法开角，要配合拉枝使锯口闭合。

（2）内外不平衡

对外强内弱树，如主枝角度小则开张主枝角度；外部多疏少截，去强留弱，去直留平，多留果枝，以果压枝头；换头，以弱枝或小枝组带头，主枝或侧枝弯曲外延；内部枝疏弱留强，去下垂留平斜，少留果枝。

对外弱内强树，外围去弱留强，去下垂留平斜，少留果枝，多截少疏；主枝直线延伸，头角度太低时，换位置较高的壮枝带头；内膛疏强留弱，去直留平，多留果枝，留短枝缩剪枝组，春夏摘心、除嫩梢、控制旺长。

6）"大小年"调控

对以生产果品为目标的经济林，盛果期树生殖生长与营养生长不平衡时，往往形成一年多产（称大年）一年少产（称小年）的现象。果树大小年现象的存在对果树生产十分不利。果树在大年时，由于结果过多，使树体营养消耗过大，引起树势衰弱，抗逆性降低，病虫害加重，特别是腐烂病会增多，使经济结果寿命缩短；大年时结果多，果个小，果实品质变劣,虽然产量较高,但经济收益不一定高;大年的冬天,如果遇到严寒,树体易受冻害,甚至冻死大树,造成重大损失。小年时结果少,果个小,树体营养生长太旺,使生长与结果失调,矛盾加剧。灾害性气候条件、错误的栽培技术措施、病虫危害,是造成隔年结果的不可忽视的外因,其内因主要是营养生长与生殖生长失衡,大年种子能产生大量的赤霉素(GA),抑制花芽的形成。

(1)大年树调控

大年树调控是克服大小年现象的关键。对大年(开花结果量多的年份)树,管理目标是减少结果,增加果树体内营养,促进花芽形成。在大年的前一年冬剪时,结果枝与结果枝组多短截,以疏除部分果枝,去除质量差的花芽,多留叶芽;除骨干枝的带头枝外,对其他营养枝少中截,去除过密旺枝或重截;春季复剪再去除过多花芽,开花时疏花,开花后疏果,以保留适量的果实;春夏季对角度小的枝拉枝开角,使树体通风透光,对个别旺梢摘心,新梢7片叶左右、5月中旬至6月中旬、秋梢生长时喷果树促控剂(PBO)抑制生长。此外,花前花后补氮、磷、钾肥,5月后不施氮肥,采果早施基肥,加入微量元素肥和微生物肥。

(2)小年树调控

对小年(开花结果量少的年份)树,管理目标是增加果量,促进营养生长,减少花芽形成量。在小年的前一年冬剪时,尽量保留花芽,多短截一些无花芽弱枝,回缩一些下垂少花芽弱枝组,花期人工授粉、喷施硼肥;春夏季对角度小的枝拉枝开角。春季喷施赤霉素(GA),促进生长,减少花芽分化。此外,加强肥水管理,花前花后补氮肥。

7)结果枝组培养

根据树种特性,合理培养和修剪枝组是提高产量,特别是防止大小年和防止老树光秃的重要措施。要随树冠的形成,不失时机逐级选留培养枝组。整形中保持骨干枝间距离适当,适当加大主枝分枝角,骨干枝、延长枝适当重剪以及必要的骨干枝弯曲延伸都与枝组形成有密切关系。在整个树冠中,枝组分布要中大外小、下多上少、内部不空、透光通风。骨干枝要大、中、小型枝组交错配置,最好呈三角形分布,防止齐头并进。枝组间隔要适度,一般以枝组顶端间隔距离与枝组长相近为宜。对于大型树冠,一般幼树以小型枝组结果为主,老树主要靠大、中型枝组结果,因此,特别要注意利用强枝培养大、中型枝组。枝组培养方法有以下几种。

①先放后缩。将枝条拉平斜并缓放后,可较快形成花芽,提高坐果率,待结果后再行回缩。对生长旺盛的树种,为提早丰产,常用此法。但要注意从属关系,否则缓放几年容易造成骨干枝与枝组混乱。

②先截后放再缩。对当年生枝留20cm以下长度进行短截,促使靠近骨干枝分枝后,再去强留弱,去直留斜,将留下的枝缓放,然后逐年控制回缩成中型或大型枝组。这种方法常用于培养永久性枝组,特别多用于直立旺长的内生枝或树冠有较大空间时应用。这种剪法可冬夏结合。利用夏季剪梢加快枝组形成或削弱过强枝组,如对桃树的直立性徒长枝,在冬季短截后翌年初要连续2~3次将其顶梢连基枝一段剪去,则很快削弱其生长势而形成良好枝组。

③改造大枝。随着树冠扩大,大枝过多时,可将辅养枝或临时性过密骨干枝缩剪控

制，改造成为大、中型枝组。

④枝条环割。对长放的强枝，于5~6月间在枝条中、下部进行环割。当年在环割以上部分形成充实花芽，翌年结果，以下部分能同时抽生1~2个新枝，待上部结果后在环割处短截，即形成中、小型枝组。

⑤连续重截。一般在骨干枝上将生长枝于冬季在基部潜伏芽处重短截，翌年潜伏芽抽梢如仍过强，则于生长季梢长30cm以内时，再留基部2~4叶重短截，使其当年再从基部抽梢。如此1~2年连续进行2~4次重短截，一般可抽生短枝，形成花芽。

8) 生长期修剪

传统修剪以休眠期修剪（北方以冬剪为休眠期修剪）为主，随着整形修剪的实践发展，生长期修剪已成为综合配套修剪技术的重要组成部分，特别是幼树和密植果园，其作用是冬剪所不能代替的。冬剪对局部刺激作用较强，通过抹芽、摘心、扭梢、拧枝、环切或环剥等夏剪方法，可缓和其刺激作用。生长期修剪是在经济林生命旺盛活动期间进行，能在冬剪基础上，迅速增加分枝、加速整形和枝组培养。尤其在促进花芽形成和提高坐果率方面的作用比冬剪更明显。生长期修剪及时合理，可加快树形的建立，减少无效枝的数量和生长量，减少树体营养浪费，还可使冬剪简化，并显著减轻冬季修剪量，减少伤口数量。

此外，要注意树体的综合调控不是一年就能完全实现的，要逐年进行，冬剪、夏剪互补，相得益彰。此外，在整形修剪时要做好伤口保护，要有合理的土、肥、水管理和科学的病虫害控制措施。

○ 任务实施

1. 实施步骤

①虚拟仿真练习。通过虚拟仿真系统进行苹果树自由纺锤形整形修剪练习。

登录网站（Vr. gsfc. edu. cn），在主页上找到"果树整形修剪"教学系统，下载系统。在计算机上运行果树修剪系统，进行账号注册。进入系统后可进行不同龄期的修剪练习。

②实地练习。联系一个经济林基地，按照基地计划培养树形（或已培养形成的树形），进行休眠期、生长期的整形修剪练习。

1) 枝条角度调整

①用外力开张枝条角度。在春末初夏枝梢停长而未木质化时进行，用拉、撑、坠、揉等措施对主枝、侧枝、辅养枝进行处理开角。

②换枝头开张角度。对枝干比较粗壮的主枝、侧枝，采用缩剪方法，去直立枝头，由向外的侧枝作为新头，将新带头枝下部内向直立竞争枝去除。以休眠期为佳，如果树体较旺，四季均可进行。

③枝头里芽外蹬开张角度。冬剪时，选定一个向外侧生长的饱满芽作为将来的延长枝，在其上留一里芽剪截。翌年冬剪时，把第一枝从基部剪去，留外枝延长生长，即可加大角度。

④用外力缩小枝条角度。选择开角过大的枝，通过拉、撑，使枝条抬高，枝芽角度

变小。

⑤修剪时缩小枝角。冬剪时，选留向上枝芽作为剪口枝芽，选留直立枝，去除平斜枝。对多年生已定型角度大的枝，采取换头的方法，用角度小的枝带头。

2）枝量控制修剪

①春季增加枝梢量。春季萌芽前，在芽上刻芽或环割促芽萌发成枝，春季摘心控头，促发二次枝。

②冬剪增加枝梢量。冬剪时，在枝条中部饱满芽处短截，对竞争枝拉枝开角或重短截培养，对有空间的徒长枝补空拉枝或短截。对较长的辅养枝拉枝开角，轻剪或甩放不剪，促发短枝。

③冬剪减少枝梢量。疏除过密枝，加大主、侧枝角度，疏除大枝背上直立旺枝，少短截。

3）花芽量调节

①冬剪增加花芽量。冬剪时保留花芽，去除直立花芽少的枝，多留平斜健壮枝；如果枝条直立、生长势强，要拉枝开角，使结果枝组成水平状态，轻剪、长放促发短枝，促进花芽形成。

②春季增加花芽量。萌芽前刻芽，春梢停长前环割、扭梢。如果枝条过密，疏除过密无效枝、过多强旺枝，并开张角度。

③冬剪减少花芽量。冬季去除花芽多的弱果枝，对串花枝进行中间剪保留部分花芽。在优质叶芽处短截，增加枝条短截的数量，以增强树势，促进营养生长。

④春季减少花芽量。春季复剪时去除部分花芽，保留合理花芽量，保持合理花芽与叶芽比例、结果枝和更新枝比例、长短枝比例、花芽间隔。

4）树体平衡调控

①上强下弱树调控。冬剪时换头至弱枝，使中心干弯曲向上。上部枝多疏少截，去强留弱，去直留平，保留枝缓放，多留果枝。夏剪时对上部直立枝拉枝开张角度。下部枝少疏多中截，去弱留强，去平留斜，少留果枝，去枝头果。春夏季，在强旺部分的下部，对主干进行多道、多次环割。

②上弱下强树调控。措施与上强下弱树相反。下部骨干枝角度小、不易拉开时，在骨干枝近基部用连三锯法开角，配合拉枝使锯口闭合。春夏季，在下部强旺主枝的基部进行多道、多次环割。

③外强内弱树调控。主枝角度小时，通过拉枝开张主枝角度。冬剪时，外部枝多疏少截，去强留弱，去直留平，所留枝缓放，多留果枝，以果压枝头。换头，以弱枝或小枝组带头，使主枝或侧枝弯曲外延。内部枝疏弱留强，去下垂留平斜，少留果枝。

④外弱内强树调控。冬剪时，对外围枝去弱留强，去下垂留平斜，少留果枝，多截少疏，枝头不留花芽。主枝头角度太大时，换位置较高的壮枝带头。对内膛枝疏强留弱，去直留平，减少强旺辅养枝，多留果枝，缩剪枝组并留短枝带头。春夏季，对内部的 1 年生枝及时抹芽、除嫩梢、摘心。

2. 结果提交

按照实施步骤完成工作后,编写经济林综合修剪实践报告。主要内容包括:目的、所用材料和仪器、工作过程、实训内容与方法,报告装订成册,标明个人信息。

○ 思考题

1. 请简要说明自由纺锤形树前3年如何进行整形修剪。
2. 请简要说明三主枝开心形树前3年如何进行整形修剪。
3. 请简要说明圆柱形树前3年如何进行整形修剪。
4. 如何进行枝条角度调整?
5. 如何进行花芽量的调节?
6. 枝组如何培养?
7. 大小年树在大年如何调控?

项目 6 经济林灾害防治

目前，我国经济林面积不断增加，随着规模的逐渐扩大，经济林灾害的发生频率也在增加。经济林灾害主要有生物灾害和非生物灾害两大类，一旦发生则损失惨重。本项目围绕该问题共设置了 3 个学习任务：一是主要病害防治，通过学习掌握我国经济林生物灾害中的常见病害，能够识别北方各地常见经济林病害并能制订有效可行的防治方案；二是主要虫害防治，通过学习掌握我国经济林生物灾害中的常见害虫，能够识别北方各地常见经济林害虫并能制订有效可行的防治方案；三是其他灾害防治，如冻害、霜害等自然灾害的防治，通过学习掌握我国经济林常见的自然灾害，能够根据当地常见的自然灾害制订切实可行的防治技术方案。

任务 6-1 主要病害防治

○ 任务导引

本任务将学习我国经济林主要病害，以及如何进行现场症状识别、如何进行室内病原菌鉴定、如何依据病原特征制订有效可行的防治方案。通过本任务的学习应掌握经济林常见病害的分类、识别及防治，为开展经济林栽培奠定基础。

○ 任务目标

能力目标：
(1) 能正确使用生物显微镜。
(2) 能正确识别经济林病害的症状类型。
(3) 能正确识别经济林病原真菌的主要类群。
(4) 能针对苗圃、枝干、叶部等不同部位的经济林常见病害制订有效可行的防治方案。

知识目标：
(1) 掌握经济林的病害症状类型。
(2) 掌握我国经济林常见病害的种类及识别特征。
(3) 掌握经济林病害防治的主要技术。

素质目标：
(1) 培养自主学习、发现问题和解决问题能力。

(2）培养动手能力。
(3）培养科学理念和吃苦耐劳精神。

任务要点

重点：经济林常见病害的识别与防治。
难点：经济林常见病害的分类与识别。

任务准备

学习计划：建议学时4学时。其中知识准备2学时，任务实施2学时。

工具及材料准备：苹果腐烂病、桃缩叶病等实物标本及新鲜标本；放大镜、双目生物显微镜、镊子、解剖针、玻片、刀片、通心草、手锯、标本夹、调查表格；脱脂棉、乙醚、乙醇、二甲苯；多媒体课件、常见经济林病害图片、植物病害识别工具书等。

知识准备

1. 经济林病害类型

经济林木在长期的自然条件和人工选择下，形成了各种不同的自然群体，对周围环境变化有一定的适应范围，并与其他生物形成相互依存、相互制约的生态平衡关系。当环境条件的变化超出一定范围，或打破它与其他生物的生态平衡关系时，就会在生理上、组织结构上、外部形态上发生一系列不正常的变化，造成一定的经济、社会、生态损失，我们把这一现象称为经济林病害。

经济林木病害的发生有一定的病理变化过程，简称病理程序。如果经济林木在短时间内受到外界因素（虫咬、机械伤、雹害、风害）袭击造成的伤害，受害植物在生理上没有发生病理程序，不能称为病害，而称为伤害或损害。伤害可削弱生长势，伤口往往成为病原物入侵的门户，诱发病害的发生。

在生态系统中，直接导致经济林木生病的因素称为病原。引起林木病害的病原分为两大类：侵染性病原和非侵染性病原。

1）侵染性病害

侵染性病害是经济林木受到侵染性病原的侵染而引起的。引起侵染性病害的病原主要有真菌、细菌、病毒、植原体、寄生性种子植物、线虫和螨类等。这类由生物因子引起的植物病害都能相互传染，有侵染过程，称为侵染性病害或传染性病害，也称寄生性病害。田间常先出现中心病株，有从点到面扩展危害的过程。

2）非侵染性病害

非侵染性病害是由不适宜的环境因素持续作用引起的，无侵染过程，也称生理性病害。非侵染性病原是多种多样的，常见的有营养失调、气候不适、环境污染、林木药害等因素。营养失调包括营养缺乏和营养过剩。营养缺乏包括缺氮、磷、钾、钙、镁、硫、铁、锰、锌等。表现为老叶叶脉发黄、早衰，幼叶黄化、顶枯，叶色褪绿或变色，生长迟缓，植株矮小，叶片出现斑点或皱缩、簇生，根系不发达等。营养过剩会导致对林木的毒害，如钠、镁过量导致的碱伤害，使植株吸水困难；硼和锌过量导致植株褪绿、矮化、叶枯等。

（1）气候不适

气候不适包括温度、水分、光照、风等不适宜的环境。高温容易造成灼伤，如树皮的溃疡和皮焦、叶片上产生白斑和灼环等。林木的日灼常发生在树干的南面或西南面。日灼造成的伤口为蛀干害虫和枝干病害病原的侵入打开了方便之门。低温的影响主要是冻害和冷害。低于10℃的冷害常造成变色、坏死和表面斑点，出现芽枯、顶枯；0℃以下的低温所造成的冻害，使幼芽或嫩叶出现水渍状暗褐斑，之后组织逐渐死亡。霜冻、冻拔是常见的低温伤害。土壤水分过多，植物根部窒息，导致根变色或腐烂，地上部叶片变黄、落叶、落花；水分过少，引起植物旱害，植物叶片萎蔫下垂，叶间、叶缘、叶脉间或嫩梢发黄枯死，造成早期落叶、落花、落果，严重时植株凋萎，甚至枯死。光照不足，导致植株徒长，植株黄化，结构脆弱，易倒伏；光照过强，一般伴随高温、干旱，引起日灼、叶烧和焦枯。高温季节的强风加大蒸腾作用，导致植株水分失调，严重时导致萎蔫，甚至枯死。

（2）环境污染

环境污染主要指空气污染，其他还有水源污染、土壤污染等。空气污染主要来源是化工废气，如硫化物、氟化物、氯化物等。引起植物斑驳、褪绿、矮化、枯黄、"银叶"、叶色红褐或黄褐、叶缘焦枯、小叶扭曲、早衰、提早落叶等。

（3）药害

药害指使用化学农药或激素不当对经济林木引起的伤害。表现为穿孔、斑点、焦灼、枯萎、黄化、畸形、落叶、落花、落果、基部肥大、生长迟缓等症状。

非侵染性病害不但直接给经济林木造成严重的损失，削弱了经济林木对某些侵染性病害的抵抗力，同时也为许多病原生物开辟了侵入途径，容易诱发侵染性病害。相反，侵染性病害也会削弱植物对外界环境的适应能力。

2. 经济林木病状与病征

经济林木感病后，首先发生生理病变（如呼吸作用和蒸腾作用的加强，同化作用的降低，酶活性的改变，以及水分和养分吸收和运转的异常等），继而引发组织变化（如叶绿体或其他色素的增加或减少，细胞体积和数目的增减，维管束的堵塞，细胞壁的加厚，以及细胞和组织的坏死），最后发生形态变化（如根、茎、叶、花、果的坏死、腐烂、畸形等）。

发病林木经过一定的病理过程，最后表现出的病态特征称为病害的症状。对某些侵染性病原引起的病害来说，病害症状包括寄主植物的病变特征和病原物在寄主植物发病部位上产生的营养体和繁殖体两方面的特征。发病林木在外部形态上发生的病变特征称为病状，病原物在寄主植物发病部位上产生的繁殖体和营养体等结构称为病征。所有的林木病害都有病状，但并非都有病征。由于病害的病原不同，对林木的影响也各不相同，所以林木的症状也千差万别，有的是病征显著，有的是病状显著。根据其主要特征，可粗略划分如下：

1) 病状

病状可大致归纳为以下几种类型。

(1) 变色

林木病部细胞内叶绿素的形成受到抑制或被破坏，其他色素形成过多，从而表现出不正常的颜色。常见的有褪绿、黄化、花叶、白化及红化等。叶片因叶绿素均匀减少变为淡绿或黄绿称为褪绿；叶绿素形成受抑制或被破坏，使整叶均匀发黄称为黄化，另外植物营养贫乏或失调也可以引起黄化；叶片局部细胞的叶绿素减少使叶片绿色浓淡不均，呈现黄绿相间或浓绿与浅绿相间的斑驳（有时还使叶片凹凸不平）称为花叶，花叶是林木病毒病的重要病状；叶绿素消失后，花青素形成过盛，叶片变紫或变红称为红叶。

(2) 坏死

仔细观察其形状、颜色、以及病斑上是否有霉点、小黑点等出现。林木病部细胞和组织死亡但不解体，称为坏死，常表现为斑点、叶枯、溃疡、枯梢、疮痂、立枯和猝倒等。斑点是最常见的病状，主要发生在茎、叶、果实等器官上。根据颜色不同，斑点一般分褐斑、黑斑、灰斑、白斑、黄斑、紫斑、红斑和锈斑等；根据形状分为圆斑、角斑、条斑、环斑、轮纹斑和不规则斑等[图6-1(b)(e)(f)]。

(3) 腐烂

病组织的细胞坏死并解体，原生质被破坏以致组织溃烂称为腐烂。如根腐、茎腐、果腐、块腐和块根腐烂等。根据病组织的质地不同，有湿腐（软腐）、干腐之分[图6-1(c)]。

(4) 枯萎

根部和茎部的腐烂都能引起枯萎，但典型的枯萎是指植物茎部或根部的维管束组织受害后，大量菌体或病菌分泌的毒素堵塞或破坏导管，使水分运输受阻而引起植物凋萎枯死的现象。

(5) 畸形

林木受病原物侵染后，引起植株局部器官的细胞数目增多，生长过度或受抑制而引起畸形。常见的畸形有病株生长比健株细长称为徒长；植株节间缩短，分蘖增多，病株比健株矮小称为矮缩；植株节短枝多，叶片变小称为丛枝；根茎或叶片形成突出的增生组织称为肿瘤[图6-1(a)(b)]。

(6) 流胶或流脂

感病植物细胞分解为树脂或树胶自树皮流出，常称为流脂病或流胶病。该类病病原复杂，有生理性因素，又有侵染性因素，或是两类因素综合作用的结果。

2) 病征

病征是鉴定病原和诊断病害的重要依据之一。但病征往往在病害发展过程中的某一阶段才出现。有些病害不表现病征，如生理性病害。病征主要有下列6种类型。

(1) 霉状物

病原真菌感染植物后，其营养体和繁殖体在病部产生各种颜色的霉层[图6-2(a)]。

(2) 絮状物

病部产生大量疏松的棉絮状或蛛网状物[图6-2(c)(e)]。

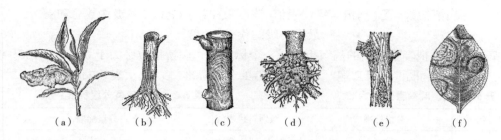

图 6-1 几种常见病状
(a)皱缩;(b)青枯;(c)干腐;(d)根癌;(e)溃疡;(f)叶斑

(3)粉状物

病部产生各种颜色的粉状物[图 6-2(a)]。

(4)锈状物

病部表面形成多个疱状物,破裂后散出白色或铁锈色粉状物[图 6-2(b)]。

(5)点粒状物

病部产生黑色点状或粒状物,半埋或埋藏在组织表皮下,不易与组织分离;也有全部暴露在病部表面的,易从病组织上脱落[图 6-2(d)]。

(6)脓胶状物

病部溢出含细菌的脓状黏液为菌脓,干后成黄褐色胶粒或菌膜[图 6-2(f)]。

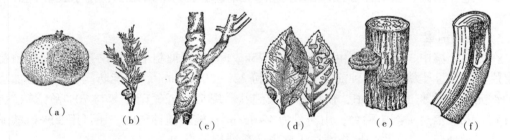

图 6-2 几种常见的病征
(a)粉霉状物;(b)锈状物;(c)膜状物;(d)粒状物;(e)菌伞;(f)细菌在病组织上的溢脓

3. 经济林病害调查

一般全株性的病害(如病毒病、枯萎病、根腐病或细菌性青枯病等)或被害后损失很大的,采用发病株率表示;其余病害一律进行分级调查,以发病率、病情指数来表示危害程度。发病率是指感病株数占调查总株数的百分比。发病率只表明病害发生的普遍性,不能表明病害的严重程度。因此,在病害调查时,除统计发病率外,还应统计病情指数。

$$发病率(\%) = (感病株数 \div 调查总株数) \times 100 \qquad (6-1)$$

病情指数是用来表示病害发生的普遍程度和严重程度的综合指标。

测定方法是:先将样地内的植株按病情分为健康、轻、中、重、枯死若干等级,并以数值 0、1、2、3、4 代表,统计出各等级株数后,按下式计算:

$$\text{病情指数} = \sum(\text{病情等级代表值} \times \text{该等级株数}) \times 100 \div (\text{各级株数总和} \times$$
$$\text{最重一级的代表数值}) \tag{6-2}$$

病情指数是把轻重不同的病级折合成一个标准级。病情指数必大于 0,小于 100。0 是无病,100 是发病既严重又普遍。可参照已有的分级标准(表 6-1、表 6-2)。

表 6-1 枝、叶病害分级标准

级别	代表值	分级标准
1	0	健康
2	1	1/4 以下枝、叶感病
3	2	1/4~2/4 枝、叶感
4	3	2/4~3/4 枝、叶感病
5	4	3/4 以上枝、叶感病

表 6-2 干部病害分级标准

级别	代表值	分级标准
1	0	健康
2	1	病斑的横向长度占树干周长的 1/5 以下
3	2	病斑的横向长度占树干周长的 1/5~3/5
4	3	病斑的横向长度占树干周长的 3/5 以上
5	4	全部感病或死亡

4. 经济林种苗常见病害

1)苗木猝倒病

(1)选用圃地

选择地势平坦、排水良好、疏松肥沃的土地育苗,不用黏重土壤和前作是茄科等感病植物的土地作苗圃。在南方可推广山地育苗。新垦地土壤中病菌少,排水良好,苗木发病少。

(2)土壤消毒

在酸性土壤中,播种前施生石灰 300~375kg/hm²,可抑制土壤中的病菌,促进植物残体腐烂。在碱性土壤中,播种前施硫酸亚铁粉 225~300kg/hm²,既能防病,又能增加土壤中的铁元素和改变土壤的 pH,使苗木生长健壮。用 75% 五氯硝基苯与 70% 敌磺钠(比例 3∶1),用 20 倍过筛潮土稀释,用药量为 4~6g/m²,施于播种沟内。还可用 30% 硫酸亚铁水溶液于播种前 5~7d 均匀地浇洒在土壤中,药液用量为 2kg/m²。

(3)种子处理

播种前可用 0.5% 高锰酸钾溶液浸泡种子 2h,捞出密封 30min,用清水冲洗后催芽播种。

(4)加强苗圃管理

①合理施肥,细致整地,播种前灌好底水,苗期控制灌水,加强松土除草,使之有利于苗木生长,防治病害发生。

②苗木发病后要及时用化学药剂防治。对于幼苗猝倒,因多在雨天发病,可用黑白灰(即柴灰∶石灰 8∶2)1500~2250kg/hm²,或用 70% 敌磺钠原粉 2g/m² 与细黄心土拌匀后撒于苗木根颈部,可抑制病害蔓延;对于茎、叶腐烂,应及时揭去覆盖物和排除积水,可喷 0.5% 等量式波尔多液,每半月喷一次;对于苗木立枯,要及时松土,可用硫酸亚铁炒干研碎,与细土按 2∶100 拌匀,1500~2250kg/hm²。

(5)及时播种

以杉木种子为例,应在旬平均温度达 10℃ 之前 20~30d 播种,种子发芽顺利,苗木生长健壮,抗病性强。

2) 苗木茎腐病

①夏季苗圃架设荫棚、行间覆草、适当灌水及间作绿肥等措施,可降低苗床温度,防止根颈灼伤,减少病害发生。

②适当增施有机肥、草木灰、饼肥,促进苗木的生长,提高抗病力。

③在海拔 600m 以上的土地育银杏苗,可避免发生茎腐病。

3) 白绢病

(1) 苗圃地和造林地处理

可用 70%五氯硝基苯 1kg,加细土 15kg 拌匀,结合整地做床翻入床面表土层,进行土壤消毒。前茬作物发病重的地方可以用禾本科植物轮作,同时注意排水,清除杂草,减少侵染源。

(2) 药剂防治

挖除病株及其附近的带菌土,并用石灰土壤消毒,$750kg/hm^2$。还可用 0.2%氯化汞溶液喷洒苗木根颈部,或用 1%硫酸铜浇灌。

(3) 增施有机肥

增施有机肥不仅能促进苗木健壮,而且还能促进土壤中具有拮抗作用的腐生微生物繁殖来抑制病原菌的活动,减轻发病程度。

4) 种实霉烂

种实霉烂是一类很普遍的病害,我国南北各地均常见,多发生在种实贮藏库,还发生在种实收获前、种实处理的环境中和播种后的土壤中。种实霉烂不但影响种实质量,降低食用价值和育苗的出苗率,而且能食用的种子霉烂后,由其真菌分泌的黄曲霉素会引起人畜中毒。主要的防治措施有:

①在种实成熟时及时采收,避免损伤。

②贮藏前种子应适当干燥,除橡实、板栗等大粒种子外,一般应干燥至含水量为 10%~15%,并将坏种、病种剔除。库内温度保持在 0~4℃,并保持通风。

③仓库应消毒处理,并经常保持库内卫生,以减少病菌。

④用沙埋种子催芽时,种子和沙均要消毒。用 0.5%高锰酸钾液浸种 15~35min,清洗后再混沙。沙也要先用 40%甲醛 1:10 倍液喷洒消毒,30min 后摊开,待药味散尽后再用。

⑤用新鲜稠李叶片快速切碎后与种子拌混在一起播种,可防止播种时种实霉烂。用 1 份干牛粪加 3 份水浸泡 3d 后(25℃),再加 3 份水过滤,用清液处理种子,可以起到壮苗灭菌的作用。

⑥利用氮气(气态或液态)贮藏种实,能保存种实的所有生物特性和营养价值,不霉烂、不污染。

5) 种子园病害

由于种实病害隐蔽性强,暴露时间短,而且可以随种实的采收运输储藏来传播,给防治带来一定困难,因此,在种子园中搞好病害综合治理,保证林木种实优质高产,对育苗造林极为重要。

(1) 营林措施

要及时清除园内病虫种实、枝条,搞好园内林地卫生,杜绝病虫滋生的环境条件。适时抚育间伐,促进林木健康生长,增强自身抗病虫害能力。种实采收、运输、贮运过程中要减少机械损伤。

(2) 病虫监测

定期进行病虫害调查,建立档案,积累资料。只要掌握园内主要病虫的消长情况,就可做到及时防治,避免酿成严重危害。

(3) 物理防治

结合间伐、抚育、采种等生产环节,剪除病虫害危害的枝梢,摘除病虫危害的种类;利用清水喷花推迟花期,避开病虫的侵染盛期;利用黄色黏板诱捕球果花蝇、蚜虫等,这些方法可收到良好效果,还可以保护园内天敌。

(4) 生物防治

此方法应在种子园大力提倡。一方面要保护好天敌;另一方面要人为增加园内有益生物的数量,使有益生物在林内形成一个稳定的群落。在园内可以保护、招引益鸟,悬挂鸟巢。有计划地定期进行人工助迁寄生蜂、寄生蝇、瓢虫等害虫天敌。白僵菌和苏云金杆菌可以较长期地留在林内,以抑制害虫种群的急剧增长。

(5) 化学防治

化学防治可以在较短的时间内使病菌和害虫的种群数量下降,是控制病虫猖獗危害的一种重要措施。在防治药剂的选择上,应尽量使用高效低毒的农药种类;在防治时间上应避开天敌的盛发期,以减少对天敌的为害。

6) 杀菌药土配制

(1) 多菌灵药土

用10%多菌灵可湿性粉剂,75kg/hm^2 与细土混合,药与土的比例为1∶200。多菌灵具有内吸作用,对丝核菌和镰刀菌防效均较好。

(2) 五氯硝基苯为主的混合药土

五氯硝基苯对丝核菌防效较好,但对镰刀菌、霉腐菌无效,故生产上多采用五氯硝基苯与其他杀菌剂混合来配制混合药土。五氯硝基苯与其他药剂(代森锌或敌克松)的比例为3∶1,将按此比例混合均匀的药剂再与适量细土混匀即可,使用时用量为 $4\sim6g/m^2$。

5. 经济林叶部常见病害

叶部病害是一类最普遍发生的病害,一般很少引起林木的直接死亡,但叶片上出现焦枯斑点、残破。叶部病害的直接后果是提早落叶,有的受害后连年大量提早落叶使植株生长衰弱,个别情况下甚至最后死亡。许多侵染叶病的病原物也能侵染果实。

1) 白粉病类

白粉病由子囊菌亚门的白粉菌引起。这种病害,病症常先于病状。病状最初常不明显。春夏季病叶上病症初为白粉状,近圆形,扩展后病斑可联结成片。一般来说,秋季时病叶白粉层上出现许多由白而黄、最后变为黑色的小点粒,即闭囊壳。下面以板栗白粉病

项目6 经济林灾害防治

为例介绍防治措施：

①冬季烧毁落叶，减少侵染来源。

②发病期喷 0.2~0.3°Bé 石硫合剂，或 50%甲基托布津 1000 倍液，半月 1 次，连喷 2~3 次。

③避免在低洼潮湿地育苗。苗木要及时移栽，保持通风透光。

2) 叶锈病类

锈病由担子菌亚门引起。一般说病症先于病状。病状常不明显，黄粉状锈斑是该病的典型病症。叶片上的锈斑较小，近圆形，有时呈泡状斑。下面以梨-桧锈病为例介绍防治措施：

①在梨园周围 5km 范围内，不要种植圆柏。铲除转主寄主。

②冬末或初春在圆柏上喷洒 1~2°Bé 石硫合剂。春天梨放叶时及幼果期喷洒 0.5~1°Bé 石硫合剂保护。

③选育和栽植抗病品种。

3) 叶斑病类

除白粉病、锈病、煤污病、毛毡病、叶畸形等病以外，叶片上所有的其他病害统称叶斑病。叶斑病主要由半知菌亚门引起，各种叶斑病的共同特性是局部侵染，叶片局部组织坏死，产生各种颜色、各种形状的病斑，有的病斑可因组织脱落形成穿孔。病斑上常出现各种颜色的霉层或子实体。下面以银杏叶枯病为例介绍防治措施：

①不要在瘠薄、板结、低洼积水土壤育苗或栽培。

②发病期喷洒 40%拌种双可湿性粉剂 500 倍液或其他杀菌剂。

4) 炭疽病类

现以葡萄炭疽病为例介绍防治措施。该病在我国葡萄栽培区普遍发生，如吉林、辽宁、河北、河南、山东、陕西、四川、湖南、湖北、安徽、江苏、浙江、福建以及云南等地都有分布，是葡萄的重要病害之一，发病严重年份，果实大量腐烂，严重减产。该病防治主要从降低田间湿度和清除病源着手。

①加强栽培管理，及时排水降低园地湿度。篱架栽培时要适当升高最低层铁丝的位置，以距地面 60cm 以上为宜；采用棚架整形及"高、宽、垂"整形，提高葡萄的结果部位；通过绑蔓、摘心改善植株的通风透光条件；注意合理施肥，适当增施磷、钾肥，增强树体抗病能力；果粒像黄豆大小时，实行果穗套袋；对经济价值高的品种，采用设施或避雨栽培。

②搞好果园清洁工作。冬季修剪时，仔细剪除病弱枝及病僵果，集中深埋或烧毁，减少病源。

③进行化学防治。发芽前，喷洒 5°Bé 石硫合剂；花序分离期，施用 78%科博 800 倍液；开花前施用 50%多菌灵 600 倍液，或 70%甲基硫菌灵 800~1000 倍液；套袋前，用 22.2%戴挫霉 1200~1500 倍液，或 97%抑霉唑 4000 倍液，或 50%保倍液水分散粒剂 3000 倍液，或 20%苯醚甲环唑水分散粒剂 2000 倍液处理果穗；夏秋季，依发病情况及时喷洒多菌灵等杀菌剂。

6. 经济林枝干常见病害及防治

枝干病害常引起枝枯或全株枯死，是经济林病害中极其重要的一类病害，其危害性远超过叶部病害。无论发生在幼树还是成年林分中，都严重地影响着植株的生长，甚至带来毁灭性的后果。如苹果树腐烂病、柑橘溃疡病、杨树烂皮病等，均可造成树木的大量死亡。枝干病原物浸入树体后大多数为多年生，且病原物数量大，与植物组织连为一体，加之有树皮保护，老病株年年发病，清除病原非常困难，很易形成灾害性病害。因此防治上应以林业技术措施为主，化学防治为辅。

枝干病害在防治措施上常因病原物生物学特性不同而异。

①对各种弱寄生性病原物所引起的烂皮、溃疡等病害和因环境不适引起的病害，主要采取加强林木栽培管理、改善林木生长条件、增强树势的措施，并及时进行修枝间伐，及早伐除病死树、病枝，消除侵染源。

②清除侵染来源、铲除转主寄主、消除昆虫媒介是减少和控制枝干病害发生的重要手段。

③枝干病害的药剂防治，常采用病部切除、刮除，再用高浓度的渗透剂涂刷病部等治疗措施。如烂皮、瘤锈、疤锈等病害都是局部侵染，采取切除方法可取得明显效果。

④选育抗病品种是预防林木枝干病害的根本、有效的措施，也是防治危险性枝干病害的良好途径。

以上防治中选用的所有药剂均要符合《绿色食品农药使用准则》（NY/T 393—2020）要求。

○ 任务实施

1. 实施步骤

1) 田间观察经济林病害症状

在经济林园地进行实地调查，发现识别病害。在田间识别的基础上，采集标本带回室内，利用放大镜配合仔细观察，并将植物病害症状的观察结果填入植物病害症状观察记载表（表6-3）。

表6-3 植物病害症状观察记载表

序号	病名	受害植物	发病部位	病状类型	病征类型	症状表现

（续）

序号	病名	受害植物	发病部位	病状类型	病征类型	症状表现

2）双目生物显微镜使用和保养

（1）认识显微镜的基本构造

显微镜的类型很多，虽有单目显微镜、双目显微镜、自然光源显微镜、电光源显微镜之分，但其基本结构相同。都是由镜座、镜臂、镜体、目镜、物镜、调焦螺旋、紧固螺丝和载物台等组成，其中4个物镜镜头分别为4倍、10倍、40倍、100倍（油镜）。常用的有 XSP-3CA 显微镜。

（2）显微镜使用

①拿取或移动显微镜。用右手把持镜臂，左手托住镜座拿取或移动，勿使其震动。

②放置显微镜。应放在身体左前方的平面操作台上。镜座距台边 3~4cm，镜身倾斜度不大。

③检查。用前应检查部件是否完整，镜面是否清洁，若有问题及时调换或修理。

④调光。先用低倍镜调光。若用自然光源，光线强可用平面反光镜，光线弱可用凹面反光镜。检查不染色标本时宜用弱光，可将聚光器降低或光圈缩小；检查染色体标本时宜用强光，可将聚光器升高或光圈放大。

⑤观察标本。将玻片标本放在载物台上用弹簧夹固定，先用低倍镜找出适宜视野，然后转换为高倍镜观察。要求姿势端正，两眼同时睁开，左眼观察，右眼绘图。

⑥用后整理。显微镜用后应提高镜筒，取出标本，将镜头旋转呈"八"字形，放下镜筒，检查无误后入箱内锁好。

（3）显微镜保养

显微镜必须置于干燥、无灰尘、无酸碱蒸汽的地方，应特别做好防潮、防尘、防霉、防腐蚀的保养工作。

轻拿轻放，按规程操作。使用后清洁镜体，按要求放入镜箱内。

透镜表面有灰尘时，切勿用手擦，可用吹气球吹去，或用擦镜纸轻轻擦去。透镜表面有污垢时，可用脱脂棉蘸少许乙醚与乙醇的混合液或二甲苯轻轻擦净。

3）真菌病害制片观察

（1）病原菌观察

①将采集到的新鲜真菌病害标本置于桌上，选好病原体。

②取一载玻片用纱布擦净横置于桌上，在载玻片中央滴上1滴蒸馏水。

③将解剖针（或解剖刀）尖蘸点蒸馏水，手持解剖针（或解剖刀）向一个方向挑取或刮取病原体。

④将挑取的病原体移入载玻片的水滴中。如病原体带色，载玻片下应放白纸以便观察。

⑤用镊子或手指取一干净盖玻片，先将一侧与载玻片上水滴接触，然后慢慢落下，以防气泡产生。

⑥将临时制片放在显微镜载物台上观察。

（2）做徒手切片观察病组织

①选取病部，切成3~5个小块，若组织坚硬可先以水浸软化再切。

②将病变组织小块置于小木片上，一只手食指拧紧材料，另一只手持刀片像切面条那样，把材料切成薄片。还可将病组织夹入通心草的切缝中，然后用一只手拇指和食指捏紧通心草，另一只手持刀片，从左向右把材料切成薄片，并移入培养皿中的蒸馏水内后再选薄片标本制片镜检。

③向载玻片上滴1滴蒸馏水。

④将切好的病组织薄片放入蒸馏水滴中，从一侧放盖片。

⑤置于显微镜下观察真菌形态。

⑥通过工具书查询真菌的类别、名称。

注意：用通心草夹病组织切片时要注意控制用刀方向，以防切手。

4）经济林木病害调查

①苗木病害调查。在苗床上，设置大小为$1m^2$的样地，样地数量以不少于被害面积的0.3%为宜。在样地上对苗木进行全部统计，或对角线取样统计，记录所调查的苗木量和感病苗木、枯死苗木的数量，同时记录圃地的详细环境因素，如设置年份、位置、土壤、杂草种类及卫生状况等。调查各种苗木病害，并计算发病率，将结果记录在表6-4中。

表6-4 苗木病害调查

调查日期	调查地点	样地号	树种	病害名称	苗木状况和数量				发病率（%）	死亡率（%）	备注
					健康	感病	枯死	合计			

②枝干病害调查。在一经济林园中选择林木不少于100株的样地。调查时，除统计发病率外，还要计算感病指数，将结果填入表6-5中。

表6-5 枝干病害调查

调查日期	调查地点	样地号	病害名称	树种	总株数	感病株数	发病率（%）	病害分级					感病指数	备注
								1	2	3	4	5		

③叶部病害调查。按照病害的分布情况和被害程度，在样地中选取5~10株样树，每株调查100~200个叶片。被调查的叶片应从树冠的不同方位采取，将结果填入表6-6中。

表 6-6　叶部病害调查表

调查日期	调查地点	样地号	样树号	病害名称	树种	总叶数	病叶数	发病率（%）	病害分级					感病指数	备注
									1	2	3	4	5		

④种实病害调查。每个树种应选取 5%～10%的样树，每株从树冠的不同方位取样，调查 100～200 个种实。也可在采集后的种实堆中，随机抽样 500 个以上做调查，将结果填入表 6-7 中。

表 6-7　种实病害调查表

调查日期	调查地点	病害名称	树种	调查种实数	患病种实数	发病率（%）	病害分级					感病指数	备注
							1	2	3	4	5		

5）杀菌剂配制

甲基硫菌灵属苯并咪唑类广谱性杀菌剂，具有内吸、预防的作用，能防治多种作物病害。可用 70%甲基硫菌灵可湿性粉剂 800～1000 倍液喷雾，对褐斑病、枯萎病、蔓枯病、白粉病、锈病、炭疽病、灰霉病、黑斑病等多种真菌病害均具有预防和治病作用。计算配制 800 倍液 30kg 甲基硫菌灵所用的量，配制农药并进行树体喷雾操作。注意，全程戴口罩、防护眼镜、橡胶手套，喷雾时穿塑料雨衣，喷完药后洗脸洗手。

2. 结果提交

结合任务的实施过程完成表的填写，并按要求绘图。标明个人信息后上交。

思考题

1. 经济林主要病害有哪些？
2. 经济林真菌性病害的识别症状主要有什么？
3. 我国经济林病害有哪些防治方法？
4. 目前我国经济林病害防治的发展趋势是什么？与传统防治方法有何不同？
5. 试述人类的农事活动在林木病害消长中的作用。

任务 6-2　主要虫害防治

任务导引

虫害是经济林另一重要的生物灾害，本任务将学习经济林常见害虫，以及如何根据昆虫外部形态特征进行现场识别、如何利用体视显微镜进行室内鉴定、如何依据昆虫的生物生态学特性制订有效可行的防治方案。通过本任务的学习，应能够掌握经济林木常见害虫的分类、识别及防治,为经济林木栽培工作服务。

任务目标

能力目标:

(1)能正确使用体视显微镜。
(2)能准确判别昆虫成虫的口器、触角、足、翅的类型。
(3)能正确识别我国经济林木常见害虫种类。
(4)能识别咀嚼式口器与刺吸式口器的危害状。
(5)能根据经济林常见害虫的生物生态学特性制订有效可行的防治方案(防治年历)。

知识目标:

(1)掌握经济林害虫分类识别的基本外部形态特征。
(2)掌握经济林常见害虫的生物生态学特性。
(3)掌握我国经济林的常见害虫种类。
(4)掌握经济林害虫防治的主要技术。

素质目标:

(1)培养自主学习、发现问题解决问题能力。
(2)培养观察能力。
(3)培养实践能力。

任务要点

重点:经济林害虫分类识别的基本外部形态特征,常见经济林害虫种类、危害器官和防治的主要技术。

难点:经济林害虫的分类、识别。

任务准备

学习计划:建议学时6学时。其中知识准备2学时,任务实施4学时。

工具及材料准备:金龟甲、夜蛾、蚕蛾和天蛾等针插标本;昆虫口器、触角、足、翅的玻片标本;扩大镜、体视显微镜、镊子、解剖针、毛笔、擦镜纸、脱脂棉等工具;乙醚、乙醇、二甲苯等药品;相关的记录表格、常见经济林昆虫分类工具书等。

知识准备

1. 昆虫分类基础知识

1)分类阶元

昆虫的分类阶元和其他动植物一致,昆虫纲下分为目、科、属、种。有时为了更精确地区分相互间的亲缘关系,常添加一些中间阶元:在纲、目、科、属、种之下设"亚"级,如亚纲、亚目、亚科、亚属、亚种;在目、科之上设"总"级,如总目、总科;在亚科和属之间加"族"级。现以马尾松毛虫为例，说明其在分类中的位置：

  界 动物界 Animalia
   门 节肢动物门 Arthropoda
    纲 昆虫纲 Insecta
     目 鳞翅目 Lepidoptera
      科 枯叶蛾科 Lasiocampidae
       属 松毛虫属 *Dendrolimus*
        种 马尾松毛虫 *punctatus*

2）种的概念

种是指在形态、生理、生态、生物学及地理分布等方面相同，并且在自然状况下能自由交配，产生具有繁殖力的后代的个体总称。在每个种的公布区内，种内个体是以种群形式存在的，种与种之间存在着生殖隔离现象。种是进行分类的最基本单元，是客观存在的实体，也是进行分类的基础。种以下和种以上的分类阶元都是相对单元，带有一定的主观性。

3）昆虫命名法

昆虫命名和其他生物一样，均采用国际公认的双名法，即学名由两个拉丁文或拉丁化的文字构成。学名是物种的科学名称，它在全世界通用。昆虫种的学名第一个单词是属名，第二个单词是种名，种名后面通常附上定名人的姓氏。属名的第一个字母必须大写，种名全部小写，定名人姓氏的第一个字母大写。属名和种名在印刷时用斜体，手写时常在学名下画线，定名人姓氏用正体表示。亚种的学名由属名、种名和亚种名构成，即在种名后面加上一个亚种名，亚种名全部小写。例如：

马尾松毛虫 *Dendrolimus punctatus* Walker
       属名   种名   定名人
黄褐天幕毛虫 *Malacosoma neustria testacea* Motschulsky
       属名   种名 亚种名 定名人

此外，在书写种以上的分类阶元时，第一个字母也必须大写。

2. 昆虫的外部形态特征

1）昆虫的头式

（1）下口式

口器向下着生，头部的纵轴与身体的纵轴大致呈直角。

（2）前口式

口器在身体的前端并向前伸，头部纵轴与身体纵轴呈一钝角甚至平行。

（3）后口式

口器由前向后伸，几乎贴于体腹面，头部纵轴与身体纵轴呈锐角。

2）昆虫口器基本结构与类型

（1）咀嚼式口器

观察蝗虫的头部，用镊子将口器各部分依次逐步取下，放在白纸上，详细观察各部分形态：上唇是位于唇基下方的一块膜片；上颚1对，为坚硬的锥状或块状物；下颚1对，具下颚须，下唇左右相互愈合为1片，具有下唇须；舌位于口的正中线中央，为一囊状物（图6-3）。

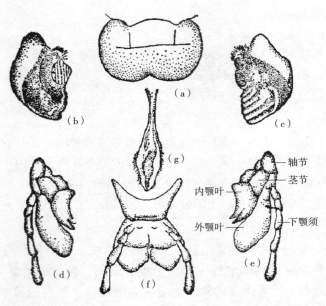

图6-3 蝗虫的咀嚼式口器

(a)上唇；(b)(c)上颚；(d)(e)下颚；(f)下唇；(g)舌

(2) 刺吸式口器

观察蝉的口器，触角下方的基片为唇基，分前、后两部分，后唇基异常发达，易被误认为是额；在前唇基下方有一个三角形小膜片，即上唇；喙则演化成长管状，内藏有上、下颚所特化成的4根口针。

(3) 虹吸式口器

观察粉蝶的口器，可看到一个卷曲的似钟表发条一样的构造，它是由左、右下颚的外颚叶延长特化、相互嵌合形成的一条中空的喙，为蛾、蝶类昆虫所特有。

3）昆虫触角基本结构与类型

观察供试标本，区分柄节、梗节、鞭节3部分，判别其触角类型。触角是昆虫重要的感觉器官，表面上有许多感觉器，具嗅觉和触觉的功能，昆虫借以觅食和寻找配偶（图6-4）。昆虫触角的形状因昆虫的种类和雌雄不同而多种多样（图6-5）。

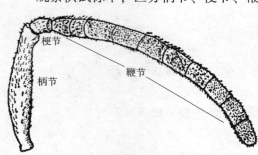

图6-4 触角的基本构造

(1) 刚毛状

短小，基部1、2节较粗，鞭节突然缩小似刚毛。

(2) 丝状

细长，基部1、2节稍大，其余各节大小、

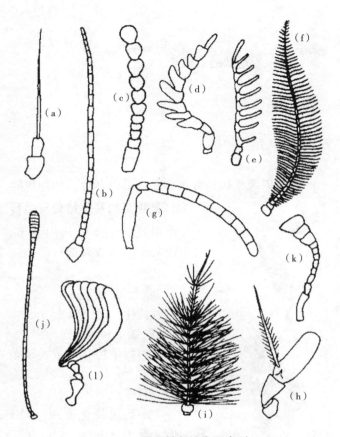

图 6-5　昆虫触角的主要类型
(a)刚毛状；(b)丝状；(c)念珠状；(d)锯齿状；(e)栉齿状；(f)羽毛状；(g)膝状；(h)具芒状；
(i)环毛状；(j)球杆状；(k)锤状；(l)鳃片状

形态相似，逐渐向端部缩小。

(3) 念珠状

鞭节各节大小相近，形如小珠，触角好像一串珠子。

(4) 锯齿状

鞭节各节向一侧突出呈三角形，像锯齿。

(5) 栉齿状

鞭节各节向一侧突出很长，形如梳子。

(6) 羽毛状

鞭节各节向两侧突出，形似羽毛。

(7) 膝状

柄节特别长，梗节短小，鞭节由大小相似的亚节组成，在柄节和鞭节之间成膝状弯曲。

(8) 具芒状

一般 3 节，短而粗，末端一节特别膨大，其上有一根刚毛状结构，称触角芒。芒上有时还有细毛。

(9) 环毛状

鞭节各亚节有一圈细毛，近基部的毛较长。

(10) 球杆状

鞭节细长如丝，端部数节逐渐膨大如球状。

(11) 锤状

鞭节端部数节突然膨大，形状如锤。

(12) 鳃片状

端部 3~7 节向一侧延展成薄皮状叠合在一起，可以开合，状如鱼鳃。

4) 昆虫足的基本结构与类型

昆虫足的基本结构由基节、转节、腿节、胫节、跗节和前跗节六部分组成，常见类型如图6-6所示。

(1) 步行足

没有特化，适于行走。

(2) 跳跃足

一般由后足特化而成，腿节发达，胫节细长，适于跳跃。

(3) 开掘足

一般由后足特化而成。胫节扁宽，外缘具坚硬的齿，便于掘土。

(4) 捕捉足

由前足特化而成，基节延长，腿节的腹面有槽，胫节可以弯折嵌合于内，用以捕捉猎物。有的腿节还有刺列，用于抓紧猎物。

(5) 携粉足

后足胫节端部宽扁，外侧凹陷，凹陷的边缘密生长毛，可以携带花粉，称花粉篮。第1节跗节膨大，内侧有横列刚毛，可以梳集黏附体毛上的花粉，称花粉刷。

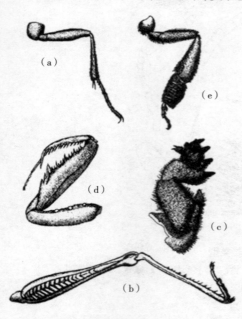

图 6-6　昆虫足的主要类型

(a) 步行足；(b) 跳跃足；(c) 开掘足；(d) 捕捉足；(e) 携粉足

5) 昆虫翅的基本结构与类型

通过夜蛾前翅认识翅的三缘、三角、四区（图6-7）。用镊子小心取下夜蛾、粉蝶、蜜蜂的前、后翅，注意观察它们的翅间连锁方式。然后，将夜蛾置于培养皿中，滴几滴煤油浸润，用毛笔在解剖镜下将鳞片刷去，观察翅脉标本翅的类型如图6-8所示。

(1) 覆翅

翅形狭长，革质。

(2) 膜翅

薄而透明或半透明，翅脉清新。

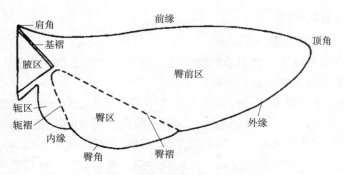

图 6-7　昆虫翅的分区

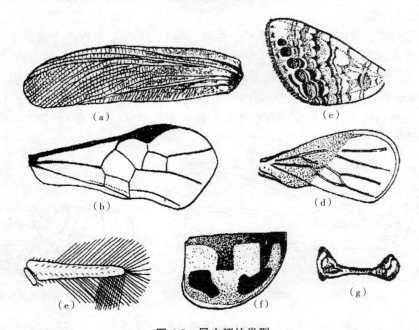

图 6-8　昆虫翅的类型

(a)覆翅；(b)膜翅；(c)鳞翅；(d)半鞘翅；(e)缨翅；(f)鞘翅；(g)平衡棒

(3)鳞翅

膜质的翅面上布满鳞片。

(4)半鞘翅

翅基半部角质或革质硬化，无翅脉，端半部膜质有翅脉。

(5)鞘翅

质地坚硬，无翅脉或不明显。

(6)缨翅

前后翅狭长，翅脉退化，翅的质地膜质，边缘上着生很多细长缨毛，如蓟马的后翅。

(7)平衡棒

后翅退化呈棒状，起平衡作用。

6) 昆虫腹部及附器结构

(1) 昆虫腹部特征及功能

腹部是昆虫的第三体段，紧连于胸部。昆虫的消化道和生殖系统等内脏器官及组织都位于其中，所以腹部是昆虫代谢和生殖的中心。

腹部一般呈长筒形或椭圆形，但在各类昆虫中常有很大变化。成虫的腹部一般由9~11节组成。腹部除末端有外生殖器和尾须外，一般无附肢。腹节的构造比胸节简单，有发达的背板和腹板，但没有像胸部那样发达的侧板，两侧只有膜质的侧膜。腹节可以互相套叠，后一腹节的前缘常套入前一腹节的后缘内。因此能伸缩，扭曲自如，并可膨大和缩小，有助于昆虫的呼吸、蜕皮、羽化、交配产卵等活动。观察蝗虫腹部的背板、腹板、侧膜。

(2) 昆虫外生殖器

昆虫腹部的末端着生外生殖器，雌性外生殖器称为产卵器，雄性外生殖器称为交配器。

① 雌性外生殖器（产卵器）。产卵器一般为管状构造，着生于第8、9腹节上。产卵器包括：一对腹产卵瓣，由第8节附肢形成；一对内产卵瓣和一对背产卵瓣，均由第9腹节附肢形成（图6-9）。一般昆虫的产卵器由其中两对产卵瓣组成（另一对退化）。在体视显微镜下，可以观察到蝗虫的产卵器由背产卵瓣和腹产卵瓣组成（图6-10），蝉类的产卵管由腹产卵瓣和内产卵瓣形成。

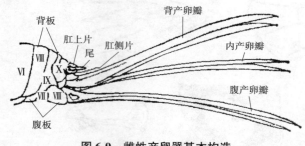

图 6-9 雌性产卵器基本构造

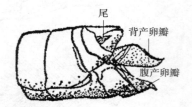

图 6-10 蝗虫雌性外生殖器

蛾、蝶、甲虫等多种昆虫没有产卵瓣，只能将卵产在裸露处、裂缝处或凹陷处。根据产卵器的形状和构造，可以了解害虫的产卵方式和产卵习性，从而采取针对性的防治措施。

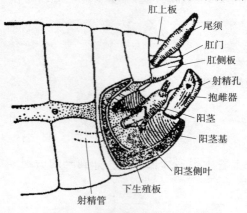

图 6-11 雄性外生殖器基本构造

② 雄性外生殖器（交配器）。其构造较产卵器复杂，常隐藏于体内，交配时伸出体外，主要包括将精子输入雌性的阳茎及交配时抱握雌体的抱握器（图6-11）。了解昆虫的外生殖器，对分辨雌雄掌握虫情不仅必要，而且是昆虫分类的重要依据之一。

3. 经济林昆虫主要类群

与经济林关系密切的昆虫主要有8个目，即直翅目、等翅目、同翅目、半翅目、鞘翅目、鳞翅目、双翅目和膜翅目。

1）直翅目

常见的有蝗虫科、蟋蟀科、螽斯科、蝼蛄科等（图6-12），体中至大型。口器咀嚼式，下口式；触角丝状，少数剑状；前胸发达；前翅覆翅革质，后翅膜质透明；后足为跳跃式，少数种类前足为开掘足；雌虫产卵器发达，形式多样，雄虫常有发音器。不完全变态，多为植食性。

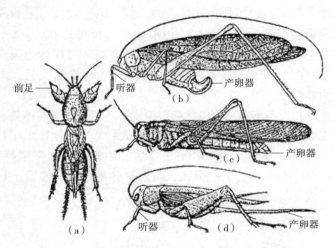

图6-12 直翅目主要科

(a) 蝼蛄科：华北蝼蛄；(b) 螽斯科：日本螽斯；(c) 蝗科：东亚飞蝗；(d) 蟋蟀科：油葫芦

在经济林建设中需要重点关注的主要有以下4科。

(1) 蝼蛄科

触角短于体长，丝状；前足粗壮，开掘式，胫节阔扁具4齿，跗节基部有2齿，适于掘土，胫节上的听器退化成裂缝状；后足腿节不发达，失去跳跃功能；前翅短，后翅长，后翅伸出腹末如尾状；尾须长；产卵器退化；跗节3节。该科昆虫是杂食性的地下害虫，危害植物种子、嫩茎和幼根，造成田间缺苗断垄。该科包含我国重要害虫种类，北方为华北蝼蛄，南方为东方蝼蛄等。

(2) 螽斯科

体粗壮；触角丝状，细长，长过身体许多；翅有短翅型、长翅型和无翅型3种类型，有翅者雄性能靠左右前翅摩擦发音；产卵器刀片状或剑状，侧扁；跗节4节；尾须短。该科昆虫多数植食性，卵产在植物组织中，少数肉食性。常见的种类有中华露螽、变棘螽等。

(3) 蝗科

体型粗壮；触角短于体长之半，丝状，少数剑状；前胸背板马鞍形；听器位于腹部第1节两侧；产卵器短，凿状；跗节3节或3节以下。该科昆虫为植食性，卵产于土中。常见的种类有东亚飞蝗、中华稻蝗、棉蝗、竹蝗、短额负蝗等。

(4) 蟋蟀科

体粗壮；触角丝状，长于身体；前翅在身体侧面急剧下折；雄虫靠左右前翅摩擦发音；跗节3节；尾须长，不分节；产卵器针状、长矛状或长杆状。该科昆虫多生活在地下和地表,危害种苗,造成缺苗断垄,为重要的地下害虫。常见的有大蟋蟀和南方油葫芦。该科部分种类习性好斗且鸣声响亮,民间常用作娱乐。

2) 等翅目

通称白蚁。体小至中型,多型性,有工蚁、兵蚁、繁殖蚁之分。一般头壳坚硬;复眼有或无,单眼2个或无;触角念珠状;口器咀嚼式;足短,跗节4~5节;尾须短,2~8节。工蚁白色,无翅,头圆,触角长;兵蚁类似工蚁,但头较大,上颚发达。繁殖蚁有两种类型,一种为无翅型或仅有短翅芽的蚁,体白色,体长可达60~70mm;另一种为有翅型,翅2对,体淡黄色或暗色,包括雄蚁和雌蚁,有翅型2对翅均为膜质,其大小、形状和脉序均相似,休息时两对翅平叠腹背,翅基有条肩缝,成虫婚飞后,翅可沿此脱落留下一个鳞状残翅,称为翅鳞。

家白蚁为社会性昆虫,有较复杂的"社会"组织和分工。一个群体具有繁殖蚁和无翅无生殖能力的兵蚁和工蚁共同生活(图6-13)。蚁王、蚁后专负责生殖。工蚁在群体中数量最多,其职能是觅食、筑巢、开路,饲养蚁王、蚁后、幼蚁和兵蚁,照料幼蚁,搬运蚁卵,培养菌圃等。兵蚁一般头部发达,上颚强大,有的具分泌毒液的额管。兵蚁的职能是保卫王宫、守巢、警卫、战斗等。

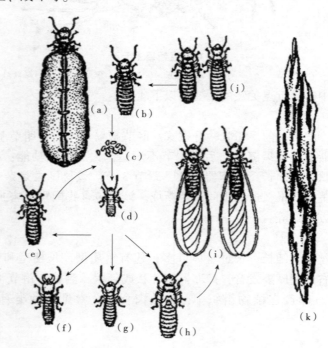

图6-13 家白蚁

(a)蚁后;(b)蚁王;(c)蚁卵;(d)幼蚁;(e)补充繁殖蚁;(f)兵蚁;(g)工蚁;(h)长翅繁殖蚁若虫;(i)长翅雌性繁殖蚁;(j)脱翅雌雄繁殖蚁;(k)木材被害状

白蚁属不完全变态昆虫,卵呈卵形或长卵形。繁殖蚁每年春夏之交即达性成熟。大多数在气候闷热、下雨前后从巢中飞出,群集飞舞,求偶交配,落到地面交配。翅在爬动中脱落,钻入土中,建立新的白蚁群落。

白蚁按建巢的地点可分木栖性白蚁、土栖性白蚁、土木栖性白蚁 3 类。主要分布于热带、亚热带，少数分布于温带。我国以长江以南各地分布普遍，是危害房屋等建筑物和堤坝的大害虫，也有严重危害森林植物的种类。

(1) 鼻白蚁科

头部有囟（头前端有一小孔，为额腺开口称囟）；前胸背板扁平，狭于头；有翅成虫一般有单眼；触角 13~23 节；前翅鳞显然大于后翅鳞，其顶端伸达后翅鳞；跗节 4 节；尾须 2 节。土木栖性。常见的有家白蚁。

(2) 白蚁科

头部有囟；成虫一般有单眼；前翅鳞仅略大于后翅鳞，两者距离偏远；前胸背板前中部隆起；跗节 4 节；尾须 1~2 节。土栖为主。常见的有黑翅土白蚁等。

3) 同翅目

常见的有蝉、叶蝉、蜡蝉、木虱、粉虱、蚜虫、介壳虫等。体多中小型，少数大型；头后口式，刺吸式口器从头部后方伸出；触角短，刚毛状或丝状；前翅质地均匀，革质或膜质，静止时呈屋脊状，有些种类短翅或无翅；或只有一对前翅；无尾须。不完全变态，全部植食性，以刺吸式口器吸取植物汁液，有些种类还传播植物病毒、真菌类病害(图 6-14)。

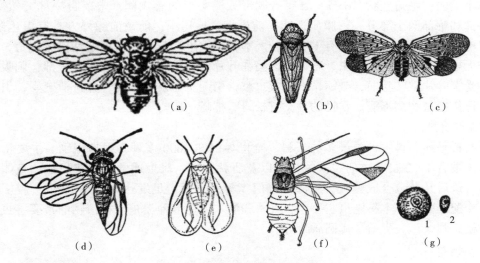

图 6-14 同翅目常见科

(a)蝉科；(b)叶蝉科；(c)蜡蝉科；(d)木虱科；(e)粉虱科；(f)蚜科；(g)盾蚧科：1. 梨圆蚧雌虫 2. 梨圆蚧雄虫

(1) 蝉科

体大型；触角刚毛状；单眼 3 个；前后翅膜质透明；雄蝉基部具有发达的发音器，雌蝉产卵器发达，产卵于植物嫩枝内，常导致枝条枯死。成虫生活在林木上，吸取枝干汁液；若虫生活在地下，吸取根部汁液。老熟若虫夜间钻出地面羽化，蜕的皮称为蝉蜕，可入药。常见的种类有蚱蝉、蟪蛄等。

(2) 叶蝉科

体小型；头部宽圆；触角刚毛状，位于两复眼之间；前翅革翅，后翅膜翅；后足胫节有棱脊,其上生有3~4列刺毛。该科昆虫活泼善跳,多在植物上刺吸汁液,部分种类可传播植物病毒病。常见的有大青叶蝉、黑尾叶蝉和小绿叶蝉等。

(3) 蜡蝉科

体中大型,艳丽;头圆形或延伸成象鼻状;触角刚毛状,基部两节膨大,着生于复眼下方;前后翅发达,脉序呈网状,臀区多横脉,前翅爪片明显;后足胫节有齿;腹部通常大而扁。常见的种类有在北方危害椿树的斑衣蜡蝉和在南方危害荔枝龙眼的龙眼鸡。

(4) 木虱科

体小型,状如小蝉,善跳跃;触角丝状,10节;端部生有2根不等长的刚毛;单眼3个;喙3节;前翅翅脉3分支,每支再分叉;跗节2节,爪2个。若虫体扁平,体被蜡质。本科昆虫多为木本植物的重要害虫,如梧桐木虱、梨木虱、柑橘木虱、龙眼角颊木虱等。

(5) 粉虱科

体小型,体表被白色蜡粉;触角丝状,7节;翅短圆,前翅有翅脉2条,前1条弯曲,后翅仅有1条直脉。成虫、若虫吸吮植物汁液,是许多木本植物和温室花卉的重要害虫。常见的种类有黑刺粉虱、温室粉虱等。

(6) 蚜科

体小柔弱;触角丝状,6节,分布有圆形或椭圆形的感觉圈;末节自中部突然变细,分为基部和鞭部两个部分;翅膜质透明,前翅大,后翅小;前翅前缘外方具有黑色翅痣;腹末有尾片,第5节背面两侧有1对腹管。本科昆虫生活复杂,为周期性孤雌生殖,分有翅型和无翅型2种类型,成虫、若蚜多群集在叶片、嫩枝、花序,少数在根部,刺吸植物汁液,受害叶片常常卷曲、皱缩,或形成虫瘿,引起植物发育不良,并排泄蜜露,引发煤污病,还传播植物病毒病。常见的种类有松蚜、棉蚜、桃蚜等。

(7) 盾蚧科

盾蚧科是蚧总科中种类最多的一科,全世界已知2000多种,很易识别。主要特征是雌虫身体被有1、2龄若虫的二次蜕皮,以及盾状介壳。雌虫通常圆形或长形;身体分节不明显,最后几节愈合成臀板,腹部无气门。雄虫具翅,足发达,触角10节;腹末无蜡质丝;交配器狭长。本科昆虫主要危害乔木和灌木,许多种类是森林植物的重要害虫。常见的有松突圆蚧、矢尖蚧、椰圆盾蚧等。

4) 半翅目

通称为蝽。体中小型,扁平;口器刺吸式,从头的前端向后伸出,具有分节的喙,一般4节;触角线状或棒状;复眼发达,单眼2个或无;前胸背板发达,中胸小盾片三角形;前翅基半部革质,称为革片,端半部膜质,称为膜片;大多革片内缘有一狭三角形区域,称为爪片;其前缘有一条形狭片,称为缘片;少数科中,革片端部还有一三角形小片,称为楔片;后翅膜翅。陆生种类身体腹面常有臭腺。不完全变态。卵多鼓形。多为植食性,刺吸茎、叶、花或果实的汁液,少数捕食性(图6-15)。

与经济林关系密切的有以下几科。

(1) 蝽科

体小到中型;触角5节;小盾片发达,常超过爪片的长度;前翅膜片多纵脉,且发自

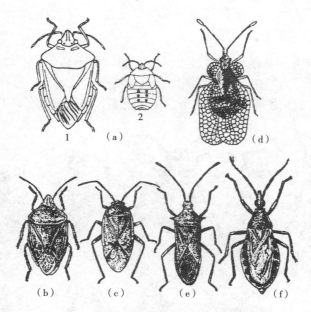

图6-15 半翅目的体躯结构及主要科
(a)半翅目的体躯结构：1.成虫；2.若虫；(b)蝽科；(c)盲蝽科；(d)网蝽科；(e)缘蝽科；(f)猎蝽科

于一根基横脉上；臭腺发达。常见的种类有危害绿化树木和果树的麻皮蝽、梨蝽等。

(2)盲蝽科

体小型；触角4节，第2节长；无单眼；喙4节，第1节与头部等长或略长；前翅有楔片，膜片基部有2个封闭的翅室。本科种类行动活泼善飞，喜食植物繁殖器官，也可在枝叶上吸汁，并传播病毒病，如烟盲蝽；本科中也有有益种类，如黑肩绿盲蝽、食虫齿爪蝽，常捕食小型昆虫、螨类和虫卵。

(3)网蝽科

体小型，扁平；触角4节，第3节极长，第4节膨大，呈纺锤形；喙4节；前胸背板向后延伸，盖住小盾片，两侧有叶状"侧突"；前胸背板及前翅遍布网状纹；前翅质地均匀，分不出革片和膜片。该科种类系果树、绿篱植物的大害虫。成虫、若虫群集叶背，刺吸汁液，造成缺绿斑点或叶片枯萎，受害处有黏稠的排泄物及虫蜕。常见的种类有危害梨树、苹果、海棠等植物的梨网蝽和危害杜鹃的杜鹃冠网蝽。

(4)缘蝽科

体中型，狭长，两侧缘平行；触角4节；喙4节；有单眼；前胸背板常具角状或叶状突起；前翅膜片有多条平行脉纹而少翅室，后翅腿节扁粗，具瘤或刺状突起。成虫、若虫吸食细嫩组织或果汁，引起枯萎或干瘪。

(5)猎蝽科

体中型，多椭圆形；头部尖，在眼后收缩如颈；喙短，基部弯曲，不紧贴于腹面；前胸背板常有横沟；前翅膜区常有2个大的翅室，其端部伸出一长脉。本科种类多系肉食性的天敌，常见的有黄足直头猎蝽。

半翅目中还有很多重要种类，如捕食蚜虫、木虱、蓟马、螨类等害虫的东亚小花蝽和南方小花蝽。

5) 鞘翅目

本目昆虫通称甲虫，是昆虫纲中最大的一个目。体小到大型；口器咀嚼式，上颚发达；前翅角质，坚硬，为鞘翅；后翅膜质，休息时折叠于鞘翅下；前胸背板发达，中胸仅露出三角形小盾片；成虫触角多样，11节。完全变态，幼虫一般寡足型（图6-16）。

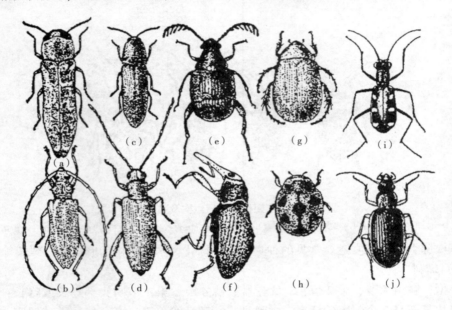

图6-16 鞘翅目主要科
(a)吉丁虫科；(b)天牛科；(c)叩头甲科；(d)叶甲科；(e)豆象科；(f)象甲科；(g)金龟甲科；
(h)瓢甲科；(i)虎甲科；(j)步甲科

其中与经济林关系密切的主要有以下几科。

(1) 吉丁虫科

体长形，末端尖削；体壁上常有美丽的光泽；触角短，锯齿状；前胸与中胸嵌合紧密，不能活动；后胸腹板上有一条明显的横沟；跗节5节；可见腹板5节，前2节愈合。幼虫体扁平，乳白色，前胸扁阔，多在木本植物木质部与韧皮部间危害，是木本、果树的重要害虫。常见的有柑橘吉丁虫和合欢吉丁。

(2) 天牛科

中型至大型，体狭长；触角丝状，等于或长于身体，生于触角基瘤上，常佩挂在身体背面；复眼多肾形，围绕在触角基部；跗节隐5节。幼虫圆筒形，前胸扁圆，头部缩于前胸内，腹部1~6或节具"步泡突"，适于幼虫在蛀道内移动，多为钻蛀性害虫，蛀食林木、果树的树干、枝条及根部。常见的有危害杨、柳、榆的光肩星天牛、桑天牛等。

(3) 叩甲科

狭长形，色多暗，末端尖削；触角多锯齿状，少数栉齿状；前胸背板后侧角突出成锐角；腹板中间有一锐突，镶嵌在中胸腹板的凹槽内，形成叩头的关节；后胸腹板上无横沟；跗节5节。成虫被捉时能不断叩头，企图逃脱，故名叩头虫。幼虫通称金针虫，多为地下害虫，取食植物根部，也有林木树干中捕食其他害虫的天敌种类。常见的害虫种类有沟线角叩甲（沟叩头虫）、细胸锥尾叩甲（细胸叩头虫）等。

(4) 叶甲科

也称金花虫科。体中小型，颜色变化较大，多具金属光泽；触角丝状，常不及体长之半；复眼圆形；跗节隐5节。幼虫具有胸足3对，前胸背板及头部强骨化，身体各节有瘤突和骨片。叶甲科绝大多数为食叶性害虫。如危害柑橘的恶性叶甲、危害泡桐的泡桐叶甲、危害棕榈科植物的椰心叶甲等。

(5) 豆象科

该科全都为为害豆科植物种子的种类。成虫体小，卵圆形，坚硬，被有鳞片；触角锯齿状、梳状或棒状；眼圆形，有一"V"字形缺刻；鞘翅平，末端截形，露出腹部末端；跗节隐5节；可见腹节6节。常见的有绿豆象和蚕豆象，分别为害绿豆、赤小豆、蚕豆和其他一些豆类。豌豆象是豌豆的重大害虫。有的种类是某些豆类的危险性害虫，如四纹豆象、菜豆象已被列入国际检疫对象。

(6) 象甲科

头部延伸成象鼻状或鸟喙状，俗称象鼻虫。口器咀嚼式，位于喙的前方；触角11节，生于喙的中部或前端，膝状，末端3节膨大呈棒状；前足基节窝闭式；跗节5节，第3节为双叶状。幼虫黄白色，无足，体肥粗而弯曲成"C"形。成虫、幼虫多食叶蛀茎或食根蛀果。常见的有竹象甲、绿鳞象甲等。

(7) 金龟甲科

体粗壮，卵圆形或长卵形，背凸；跗节5节；触角鳃片状，末端3或4节侧向膨大；前足胫节端部宽扁具齿，适于开掘。幼虫蛴螬型，土栖，以植物根、土中的有机质及未腐熟的肥料为食，有些种类为重要地下害虫；成虫危害叶、花、果及树皮等。如丽金龟亚科和铜绿丽金龟、红脚丽金龟、花金龟亚科的白星花金龟、小青花金龟、鳃金龟亚科的华北大黑鳃金龟等。

(8) 瓢甲科

中小型甲虫。体半球形，体色多样，色斑各异；头部多盖在前胸背板下；触角锤状或短棒状；跗节隐4节；鞘翅缘折发达；腹部第1节有后基线。幼虫胸足发达，行动活泼，体被枝刺或瘤突。本科有捕食性、食菌性和植食性的类群，常见的捕食类群有七星瓢虫、异色瓢虫、龟纹瓢虫等。

(9) 虎甲科

中型，具金属光泽和鲜艳斑纹；头下口式，宽于前胸；下颚有一能活动的钩齿；触角丝状，位于两复眼之间；跗节5节。幼虫生活于土中隧道内捕食小型昆虫，成虫多在白天活动。常见种类有中华虎甲和杂色虎甲等。

(10) 步甲科

体小至大型，黑色或褐色而有光泽；头前口式，窄于前胸；下颚无能活动的钩齿；触角丝状，位于上颚基部与复眼之间，触角间距离大于上唇宽度；跗节5节。生活于地下、落叶下面，多夜间活动，成虫、幼虫均为捕食性。常见种类有金星步甲等。

6) 鳞翅目

本目包括蝶类、蛾类。成虫体翅密被鳞片，组成不同形状的色斑。触角形式各异，口器虹吸式或退化，成虫一般不再危害，有的种类根本不取食，完成交配产卵后即死亡。属完全变态。幼虫多足型，口器咀嚼式，多数为森林植物害虫。

鳞翅目昆虫种类繁多(图6-17)，与经济林密切相关的主要有以下几科。

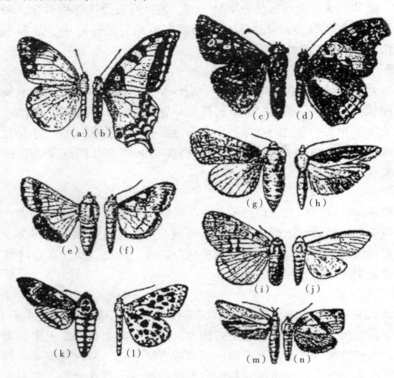

图6-17 鳞翅目主要科

(a)粉蝶科；(b)凤蝶科；(c)弄蝶科；(d)蛱蝶科；(e)夜蛾科；(f)螟蛾科；(g)木蠹蛾科；(h)菜蛾科；(i)毒蛾科；(j)灯蛾科；(k)天蛾科；(l)尺蛾科；(m)麦蛾科；(n)卷蛾科

(1) 粉蝶科

体中型；常为白色、黄色、橙色，常有黑色斑纹；前足正常、爪二分叉。幼虫圆筒形，黄色或绿色，体表光滑或有细毛。常见的有菜粉蝶、树粉蝶等。

(2) 凤蝶科

中至大型，颜色鲜艳，底色黄色或绿色，带有黑色斑纹，或底色为黑色而带有蓝、绿、红等色的色斑；后翅外缘呈波状或有尾突。幼虫的后胸显著隆起，前胸背中央有一臭丫腺，受惊时翻出体外。常见的有柑橘凤蝶等。

(3) 蛱蝶科

体中到大型；前足退化短缩，无爪，通常折叠在前胸下，中足、后足正常，称四足蝶；翅较宽，外缘常不整齐，色彩鲜艳，有的种类具金属闪光，飞翔迅速而活泼，静息时四翅常不停地扇动。幼虫头部常有头角，似猫头，腹末具臀刺，全身多枝刺。幼虫为果树、林木的害虫。常见的有柳紫闪蛱蝶等。

(4) 夜蛾科

中大型蛾类。色深暗，体粗壮多毛；触角丝状，少数种类雄蛾触角为栉齿状；前翅翅色灰暗，斑纹明显。幼虫体粗壮，色深，胸足3对，腹足5对，少数3~4对。常见的有小地老虎、斜纹夜蛾等。

(5) 螟蛾科

中小型蛾。体细长，腹末尖削；触角丝状；下唇须前伸上弯；翅鳞片细密，三角形。幼虫体细长、光滑，多钻蛀或卷叶危害。常见的种类有桃蛀螟、梨大食心虫等。

(6) 木蠹蛾科

中型到大型。体肥大；触角栉状或线状，口器短或退化。幼虫粗壮，虫体白色、黄褐色或红色，口器发达，老熟幼虫蛀食枝干木质部。我国常见的有芳香木蠹蛾、咖啡木蠹蛾等。

(7) 尺蛾科

小到大型蛾。体细弱，鳞片稀疏，翅大质薄，静止时四翅平展，有少数种类雌虫翅退化，如枣尺蠖。幼虫有3对胸足，第六节和末节各有1对腹足，行动时一曲一伸，状似拱桥，静息时用腹足固定身体，与栖枝成一角度。幼虫食叶，常见的有木撩尺蛾等。

(8) 卷蛾科

中小型蛾。体翅色斑因种而异，前翅近长方形，有的种类前翅前缘有一部分向翅面翻折，停歇时成钟罩状。幼虫圆柱形，体色因种而异，腹末有臀节。常见的有松褐卷蛾、枣黏虫等。

7) 双翅目

本目包括蚊、蝇、虻、蠓等多种类群的昆虫，卫生害虫居多。体中小型；仅有一对膜质透明的前翅，后翅退化呈平衡棒。口器为刺吸式或舐吸式，触角有丝状、念珠状和具芒状。属完全变态。幼虫蛆式。根据触角长短和构造，可分为长角亚目、短角亚目和芒角亚目(环裂亚目)3大类(图6-18)。

与经济林密切相关的主要有以下几科。

(1) 瘿蚊科

属长角亚目。体小纤弱；触角细长，念珠状，各节生有细长毛和环状毛；足细长；翅脉简单。幼虫纺锤形，前胸腹板上有剑骨片。

(2) 花蝇科

属芒角亚目。体细长多毛；中胸背板有一横沟将其分割为前后两块，中胸侧板有成列毛鬃。幼虫称为根蛆，圆柱形，后端平截。农林上重要的种类有种蝇等，危害发芽的种子、幼茎，常造成烂种、死苗等。

(3) 食蚜蝇科

属芒角亚目。体中型，色斑鲜艳，形似蜜蜂或胡蜂；翅中央有一条两端游离的伪脉，外缘有与边缘平行的横脉，使径脉和中脉的缘室成为闭室。成虫常停悬于空中，时有静止和突进的动作。幼虫水生种类体多白色，而陆生食蚜种类多为黄、红、棕、绿等

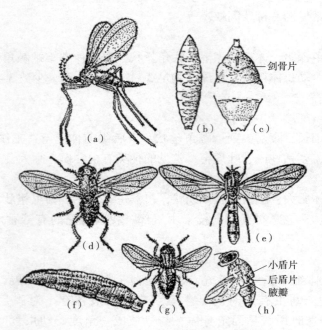

图 6-18 双翅目主要科

(a)瘿蚊科成虫；(b)瘿蚊科幼虫；(c)瘿蚊科幼虫腹面；(d)花蝇科；(e)食蚜蝇科成虫；(f)食蚜蝇科幼虫；(g)寄蝇背面观；(h)寄蝇侧面观

色，多数捕食蚜、蚧、粉虱、叶蝉、蓟马等小型农林害虫。常见的有黑带食蚜蝇、细腰食蚜蝇等。

（4）寄蝇科

属芒角亚目，大多中型。体粗壮，多毛鬃，灰褐色；触角芒光滑或有短毛；中胸后小盾片发达，露出在小盾片下成一圆形突起；腹部尤其腹末多刚毛。成虫白天出没于花间，是许多农林、果蔬作物害虫的天敌。常见的有松毛虫狭颊寄蝇等。

8）膜翅目

本目包括蜂类和蚁类（图 6-19）。体微小至中型；口器为咀嚼式或嚼吸式，复眼大，有单眼 3 个，触角线状、锤状或膝状；翅膜质，翅脉特化，形成许多闭室。幼虫通常无足。个别食叶种类，如叶蜂幼虫具有 3 对胸足，6~8 对腹足，称为伪蠋型幼虫。属完全变态，裸蛹，常有茧和巢保护。

与经济林密切相关的主要有以下几科。

（1）姬蜂科

小至中型。触角线状，前翅常有 1 小室，并具翅痣；腹部细长；雌虫产卵器常从腹末腹板裂缝中伸出。多种害虫的蛹和幼虫的天敌，常见的有蓑蛾瘤姬蜂、松毛虫黑点瘤姬蜂等。

（2）茧蜂科

小至中型，体长一般不超过 12mm；触角丝状；前翅只有 1 条回脉，2 个盘室，无小室。是许多害虫幼虫的内寄生天敌，有多胚生殖现象，老熟幼虫常在寄主体外或附近结黄

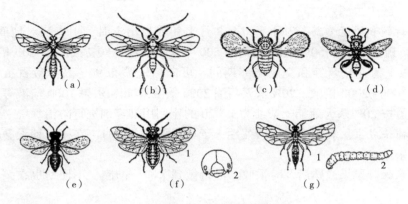

图 6-19　膜翅目代表科
(a)姬蜂科；(b)茧蜂科；(c)赤眼蜂科；(d)小蜂科；(e)金蜂科；(f)叶蜂科(麦叶蜂)：
1. 成虫，2. 幼虫头部正面观；(g)茎蜂科(梨茎蜂)：1. 成虫　2. 幼虫

色或白色小茧化蛹。常见的有螟蛉绒茧蜂、松毛虫绒茧蜂等。

（3）赤眼蜂科

又称纹翅卵蜂科。体极微小，黑褐色或黄色，触角膝状；前翅宽阔，翅面有纵裂成行的微毛。本科多为卵寄生蜂，常见的有松毛虫赤眼蜂等。

（4）叶蜂科

成虫体粗短；触角线状或棒状，7~15节，多数为9节；前足胫节有2个端距；产卵器锯状不外露。幼虫有3对胸足，6~8对腹足。常见的种类有樟叶蜂、落叶松叶蜂等。

（5）茎蜂科

体细长，体色常为黑色而有黄带及其他斑纹；头大，复眼显著，触角丝状；前胸背板后缘平直；前翅翅痣狭长；前足股节只有1端距；腹部稍侧扁，末端膨大，产卵器短，能收缩。卵为圆形，产在植物组织中。幼虫淡色，表皮多皱，足退化，腹部末端有尾状突起，蛀食作物茎干。蛹被有透明的薄茧，留在幼虫所蛀的隧道内。农业上重要种类有梨茎蜂等。

4. 经济林种苗常见害虫防治

1) 种实害虫防治

（1）栗实象

中国板栗产区均有分布。该虫以幼虫危害栗实，栗实被害率可达80%以上，是影响板栗安全贮藏和商品价值的一种重要害虫。主要危害板栗和茅栗，也可危害其他一些栎类。成虫咬食嫩叶、新芽和幼果；幼虫蛀食果实内子叶，蛀道内充满虫粪。防治措施如下。

①栽培抗虫品种。可利用我国丰富的板栗资源选育球苞大，苍刺稠密、坚硬，且高产优质的抗虫品种。

②加强园区管理。清除园地板栗以外的寄主植物，特别是不能与茅栗混栽；捡拾落地残留栗苞，集中烧毁或深埋，提高栗园卫生条件；冬季垦复改土，深翻10~20cm，捣毁越

冬幼虫土室，减少虫源。

③地面封锁和树冠喷药。7月下旬至8月上旬成虫出土时，用农药对地面实行封锁，可喷洒5%辛硫磷粉剂、50%杀螟松乳剂500～1000倍液、80%敌敌畏800倍液等药剂；8月中旬成虫上树补充营养和交尾产卵期间，可向树冠喷布90%晶体敌百虫1000倍液、25%蔬果磷1000～2000倍液、20%杀灭菊酯2000倍液或40%乐果1000倍液等药液；树体较大时，也可按20%杀灭菊酯：柴油为1∶20的比例用烟雾剂进行防治。

④人工捕杀成虫。利用成虫的假死性，于早晨露水未干时，在树下铺设塑料薄膜，轻击树枝，兜杀成虫。

⑤及时采收。栗果成熟后及时采收，尽量做到干净、彻底，不使幼虫在栗园内脱果入土越冬。

⑥温水浸烫。将新采收的栗实在50～55℃的温水中浸泡15min或在90℃热水中浸10～30s，杀虫率可达90%以上。要严格把握水温和处理时间。处理后的栗实晾干后即可沙藏，不影响发芽。

⑦药杀脱果入土幼虫。栗实脱粒场所进行土壤药剂处理，以消灭脱果入土越冬幼虫。通常用3%～5%辛硫磷颗粒剂，50～100g/m² 混合10倍细土撒施并翻耕，在幼虫化蛹前均可进行。

⑧药剂熏蒸。将新脱粒的栗实放在密闭条件下（容器、封闭室或塑料帐篷内），用药剂熏蒸。药剂处理方法如下：溴甲烷，每立方米栗实用药60g处理4h；二硫化碳，每立方米栗实用30mL处理20h；56%磷化铝片剂，每立方米栗实用药18g处理24h。

（2）山茶象

分布于华北、华中、华南及西南油茶产区。主要危害油茶籽及茶籽，造成大量落果，并易诱发油茶炭疽病。防治措施如下。

①林业技术防治。选择抗虫较强的早熟品种和迟熟类型的紫红球、紫红桃等为籽种，并培育新的抗虫品种。结合茶园深耕，消灭幼虫和蛹。在不影响发芽的前提下，适当提早采收，集中摊放，让幼虫爬出茶果，放鸡啄食。

②人工捕杀。成虫盛发期利用其假死性，振落捕杀，或结合养鸡啄食成虫。

③药剂防治。成虫出土高峰前喷施2.5%天王星800倍液或98%巴丹800倍液或1.2%苦参素500倍液或绿色威雷200～300倍液，或与白僵菌粉7.5～15kg/hm²混用或用5%锐劲特悬浮剂1500倍液喷雾防治。

（3）核桃举肢蛾

分布于北京、河南、河北、陕西、山西、四川、贵州等地。幼虫在核桃果内（总苞）纵横蛀食危害，被害的果皮发黑、凹陷，核桃仁（子叶）发育不良，干缩变黑，故称"核桃黑"。防治措施如下。

①深翻树盘。晚秋季或早春深翻树冠下的土壤，破坏越冬虫茧，可消灭部分越冬幼虫，或使成虫羽化后不能出土。

②树冠喷药。掌握成虫产卵盛期及幼虫初孵期，每隔10～15d选喷1次50%杀螟硫磷乳油或50%辛硫磷乳油1000倍液，2.5%溴氰菊酯乳油或20%杀灭菊酯乳油3000倍液等，共喷3次，将幼虫消灭在蛀果之前，效果很好。

③地面喷药。成虫羽化前或个别成虫开始羽化时，在树干周围地面喷施50%辛硫磷乳油300~500倍液，或撒施4%敌马粉剂0.4~0.75kg/株，毒杀出土成虫。在幼虫脱果期，树冠下施用50%辛硫磷乳油或敌马粉剂，毒杀幼虫也可收到良好效果。

④摘除被害果。受害轻的树，在幼虫脱果前及时摘除变黑的被害果，可减少下一代的虫口密度。

2）苗木根部害虫防治

（1）蛴螬类

蛴螬是金龟类幼虫的总称，俗称鸡粪虫。蛴螬中除少数腐食性外，大部分为植食性，其成虫和幼虫均能对林木造成危害，且多为杂食性。蛴螬主要在苗圃及幼林地危害幼苗的根部，除咬食侧根和主根外，还能将根皮剥食尽，造成缺苗。成虫以取食阔叶居多，有的也取食针叶和花。防治措施如下。

①林业技术措施。苗圃地必须使用充分腐熟的厩肥作底肥，否则极易滋生蛴螬；在蛴螬分布密度较大的林地，造林前应先整地，以降低虫口密度；在苗圃地要及时清除杂草和适时灌水，利用金龟子不耐水淹的特点，适时灌水对初龄幼虫有一定防治效果；圃地周围或苗木行间种植蓖麻，对多种金龟子有诱食毒杀作用。

②物理防治。当蛴螬在表土活动时，适时翻土，随即拾虫；利用成虫的假死习性，早晚振落捕杀成虫；当成虫大量发生时，利用成虫的趋光性，于黄昏后在林地边缘用黑光灯诱杀成虫。

③化学防治。成虫盛发期，在树冠喷布50%杀螟硫磷乳油1500倍液，或50%对硫磷乳油1500倍液；喷布石灰过量式波尔多液，对成虫有一定的驱避作用；也可表土层施药，在树盘内或园边杂草内喷施75%辛硫磷乳剂1000倍液，施后浅锄入土，毒杀大量潜伏在土中的成虫。成虫出土前或潜土期，可于地面施用25%对硫磷胶囊剂4.5~6kg/hm^2加土适量做成毒土，均匀撒于地面并浅锄，或5%辛硫磷颗粒剂37.5kg/hm^2，做成毒土均匀撒于地面后立即浅锄，撒施1.5%对硫磷粉剂37.5kg/hm^2也有明显效果。土壤用50%辛硫磷3~3.75kg/hm^2，加细土375~450kg（药液约10倍水稀释，喷洒细土上拌匀，使充分吸附），撒后浅锄；或50%辛硫磷乳油250g/hm^2，兑水1000~1500kg，顺垄浇灌。2%甲基异柳磷2~3kg/hm^2，兑土25~30kg，顺垄撒施，然后覆土或浅锄。出苗或定植发现蛴螬危害时，可用50%辛硫磷200倍液浇灌，作业时可在离幼树3~4cm处或在床（垄）上每隔20~30cm用棒插洞，灌入药液后用土封洞，以防苗根漏风。

（2）蝼蛄类

蝼蛄俗名拉拉蛄、土狗子，是苗圃地常见地下害虫，对播种苗造成极大危害。国内分布有4种：台湾蝼蛄，分布在台湾、广东和广西；普通蝼蛄，只在新疆有分布，危害不重；分布较普遍、危害较严重的是华北蝼蛄和东方蝼蛄。防治措施如下。

①肥料腐熟。施用厩肥、堆肥等有机肥料要充分腐熟，可减少蝼蛄的产卵。

②灯光诱杀成虫。特别在闷热天气、雨前的夜晚更有效。可在19:00~22:00用黑光灯诱杀成虫。

③鲜马粪或鲜草诱杀。在苗床的步道上每隔20m左右挖一小土坑，将马粪、鲜草放入坑内，次日清晨捕杀，或施药毒杀。

④毒饵诱杀。用40.7%乐斯本乳油或50%辛硫磷乳油0.5kg拌入50kg煮至半熟或炒香的饵料(麦麸、米糠等)中作毒饵,傍晚均匀撒于苗床上。或用碎豆饼5kg炒香后用90%晶体敌百虫100倍液制成毒饵,傍晚撒入田间诱杀。

(3) 地老虎类

地老虎俗称地蚕、切根虫。危害幼嫩植物,切断根茎之间取食。主要有3种,即小地老虎、大地老虎和黄地老虎。其中以小地老虎危害最为严重,其次为黄地老虎、大地老虎。防治措施如下。

①林业技术防治。早春清除圃地及周围杂草,可减轻危害。清除的杂草要远离苗圃,沤粪处理。

②堆草诱杀。在播种前或幼苗出土前以幼嫩多汁的新鲜杂草10kg拌90%敌百虫50g配成毒饵,于傍晚撒布地面,诱杀3龄以上幼虫。

③诱杀成虫。春季成虫出现时,黑光灯或糖醋液(糖6份、醋3份、白酒1份、水10份、90%敌百虫1份)诱杀成虫。

④药剂防治。幼虫危害期用90%晶体敌百虫或75%辛硫磷乳油1000倍液喷洒幼苗或周围土面,也可用75%辛硫磷乳油1000倍液喷浇苗间及根际附近的土壤。

5. 经济林食叶害虫防治

1) 食叶蛾类

以枣尺蠖为例介绍防治方法。枣尺蠖属鳞翅目尺蛾科。中国北方枣区普遍发生,以幼虫为害枣、苹果、梨的嫩芽、嫩叶及花蕾,严重发生的年份,可将枣芽、枣叶及花蕾吃光,不但造成当年绝产,而且影响翌年产量。防治措施如下。

①阻止雌成虫、幼虫上树。成虫羽化前在树干基部绑15~20cm宽的塑料薄膜带,环绕树干一周,下缘用土压实,接口处钉牢、上缘涂上黏虫药带,既可阻止雌蛾上树产卵,又可防止树下幼虫孵化后爬行上树。黏虫药剂配制:黄油10份、机油5份、菊酯类药剂1份,充分混合即成。

②杀卵。在环绕树干的塑料薄膜带下方绑一圈草环,引诱雌蛾产卵其中。自成虫羽化之日起每半月换1次草环,换下后烧掉,如此更换草环3~4次即可。

③敲树振虫。利用1、2龄幼虫的假死性,可振落幼虫及时消灭。

④生物防治。应注意保护天敌,如肿跗姬蜂以枣尺蠖幼虫为寄主,老熟幼虫的寄生率可以达到30%~50%,应注意保护。

2) 叶甲类

(1) 白杨叶甲

对杨树、柳树有害。以幼虫和成虫蚕食叶片。分布于河北、山西、内蒙古、辽宁、吉林、黑龙江、山东、河南、湖北、湖南、四川、贵州、陕西、宁夏。防治措施如下。

①人工防治。9~12月,进行幼林抚育,清除林地的枯叶,破坏越冬场地;1~5月,进行幼林抚育,及时清除林间杂草;5月下旬成虫开始上树时,振动树干,成虫假死落地,人工捕杀;6~8月,人工摘除幼叶上的卵、蛹,集中杀死。

②化学防治。成虫和幼虫发生期，可用15%吡虫啉胶囊剂、3%的啶虫脒、4.5%氯氰菊酯，叶面喷雾防治。

（2）榆毛胸萤叶甲

分布于山西、河北、陕西、北京、甘肃等地。防治措施如下。

①在成虫上树前，用毒笔在树干基部涂两个闭合圈，毒杀越冬后上树成虫。

②成虫上树期和幼虫盛发期，用80%敌敌畏、2.5%溴氰菊酯、40%氧化乐果、20%菊杀喷雾防治，或用5%的吡虫啉乳油或40%氧化乐果乳油原液树干注药。

③成虫上树后产卵前，利用成虫假死习性，振落捕杀，或越冬成虫期深翻土地，消灭越冬虫源。

3）叶蜂类

下面以落叶松叶蜂为例介绍防治方法。落叶松叶蜂分布于东北、陕西、甘肃、内蒙古、山西等地，主要危害落叶松。幼虫食害叶片，大发生时可将成片落叶松林针叶食光，尤其对幼树危害极大，可使新梢弯曲，枝条枯死，树冠变形，难以成林郁闭。成虫产卵时刺伤嫩梢皮层，致使枝梢弯曲枯萎，严重影响树木生长，落叶松叶蜂是落叶松人工林的重要害虫。防治措施如下。

①林业技术防治。营造混交林，加强抚育，增强树势，减少危害。

②人工防治。幼龄幼虫群集叶上时，可采取人工捕捉方法。

③生物防治。注意保护利用天敌，幼虫期可喷洒0.5亿~1.5亿孢子苏云金杆菌。

④化学防治。幼龄幼虫期，可喷洒90%敌百虫晶体、80%敌敌畏乳油、50%马拉硫磷乳油、50%杀螟松乳油、2.5%溴氰菊酯、15%毒赛灵喷雾，或使用敌敌畏插管烟剂防治。

6. 经济林蛀干害虫防治

1）天牛类

下面以星天牛为例介绍防治方法。星天牛主要分布于广西、广东、海南、台湾、福建、浙江、江苏、上海、山东、江西、湖南、湖北、河北、河南、北京、山西、陕西、甘肃、吉林、辽宁、四川、云南、贵州等地。食性杂，主要危害桉树、油茶、油桐、核桃、龙眼、荔枝、柑橘、苹果、梨、李、枇杷、杨树、柳树、榆树、槐树、乌桕、苦楝等50多种经济林木。成虫取食叶片，咬食嫩枝皮层，严重的可导致枝条枯死；主要以幼虫蛀食近地面的主干及主根，破坏树体养分和水分运输，致使树势衰弱，降低树寿命，影响产量和质量，重者整株枯死。具体措施应从以下几个方面考虑。

①林业技术防治。加强营林栽培管理措施，选用抗虫、耐虫树种，营造混交林，加强管理，增强树势，及时清除虫害木。

②生物防治。应注意保护利用天敌，如啄木鸟、寄生蜂、蚂蚁、蠼螋等。

③物理防治。5~6月成虫盛发期，利用成虫羽化后在树冠补充营养、交尾的习性，人工捕杀成虫。6~7月寻找产卵刻槽，可用锤击、刀刮等方法消灭其中的卵及初孵幼虫。用铁丝钩杀幼虫。

④药剂防治。成虫期在寄主树干上喷施威雷（8%氯氰菊酯、45%高效氯氰菊酯触破式

微胶囊水悬剂)、2.5%溴氰菊酯乳油或20%菊杀乳油等500~1000倍液。对尚在韧皮部下危害未进入木质部的低龄幼虫,可用20%益果乳油或50%杀螟松乳油等100~200倍液喷涂树干,防效显著。对已进入木质部的大龄幼虫,可用50%辛硫磷乳油或40%乐斯本乳油20~40倍液,用注射器注入或用药棉蘸药塞入蛀道毒杀幼虫。树干基部涂白,可防产卵。涂白剂配方:生石灰10份、硫黄1份、食盐1份、水20份,搅拌均匀即成。

2) 木蠹蛾类

(1) 芳香木蠹蛾东方亚种

分布于黑龙江、吉林、辽宁、内蒙古、河北、北京、天津、山东、河南、山西、陕西、宁夏、甘肃、新疆、青海。主要危害杨树、柳树、榆树、槐树、刺槐、桦树、山荆子、白蜡、稠李、梨、桃、丁香、沙棘、栎树、榛树、胡桃、苹果等。幼虫蛀入枝、干和根颈的木质部内危害,蛀成不规则的坑道,造成树木的机械损伤,破坏树木的生理机能,使树势减弱,形成枯梢或枝干风折,甚至整株枯死。防治措施如下:

①林业技术措施。培育抗性品种;营造多树种的混交林;加强抚育管理,避免在木蠹蛾产卵前修枝,其他时期剪口要平滑,防止机械损伤,或在伤口处涂防腐杀虫剂;对被害严重、树势衰弱、主干干枯的林木进行平茬更新或伐除;在成虫产卵期,树干进行涂白,防止成虫产卵。

②物理防治。利用成虫的趋光性,在成虫的羽化盛期,夜间用黑光灯诱杀成虫;利用其卵多产在1.5m以下的树干上,卵块明显的习性,7月用锤敲击杀死卵和幼虫。

③生物防治。将白僵菌黏膏涂在排粪孔口,或在蛀孔注入含孢量为$5×10^8$~$5×10^9$孢子/g白僵菌液。用浓度1000条/mL斯氏属线虫防治幼虫。用芳香木蠹蛾东方亚种人工合成性诱剂B种化合物(顺-5-十二碳烯醇乙酸酯),在成虫羽化期采用纸板黏胶式诱捕器,以滤纸芯或橡皮塞芯作诱芯,每芯用量0.5mg,每天18:00~21:00,按间距30~150m将诱捕器悬挂于林带内即可。

④化学防治。幼虫孵化期用50%氧化乐果乳油、50%杀螟硫磷乳油1000倍液或2.5%溴氰菊酯3000倍液喷雾毒杀。在幼虫初蛀入韧皮部或边材表层时,用40%氧化乐果乳油与柴油液(1:9)或50%杀螟硫磷与柴油液涂虫孔。对蛀入木质部深处的幼虫,向虫道中插熏蒸毒签或投放磷化铝片熏蒸,或用棉球蘸40%氧化乐果乳油40倍液、50%敌敌畏乳油10倍液注入虫孔内,并将虫孔处用黄泥封闭。

(2) 沙棘木蠹蛾

分布于辽宁、内蒙古、山西、陕西、宁夏、河北、甘肃。主要危害沙棘,其次危害榆树、苹果、梨、桃、沙柳、山杏、沙枣等。以幼虫危害沙棘的主干和根部。初孵幼虫主要钻蛀树干的韧皮部,造成树木表皮干枯,极少数钻蛀木质部,于同年入冬前转移至地下危害,钻蛀根部,树根大部分被蛀空,导致整株枯死。防治措施如下:

①林业技术措施。沙棘具有很强的萌蘖更新能力,平茬更新是控制沙棘木蠹蛾最有效的方法之一。在秋季沙棘落叶后一周至春季发芽前一周的休眠期内,采取地下平茬,即将沙棘主干,连同地表以下20cm多的沙棘垂直根系一起挖出,不但能取得较好的复壮更新效果,而且对沙棘木蠹蛾幼虫具有较好的防治效果。

②物理防治。成虫具有较强的趋光性,在成虫出现高峰期,采用灯光诱杀。

③生物防治。在幼虫期、蛹期利用木蠹蛾的天敌毛缺沟寄蜂和猪獾防治；降水或者浇水后在植株上喷洒人工繁殖专化性强的白僵菌菌株。

④化学防治。采用根部施用磷化铝丸剂进行熏蒸防治沙棘木蠹蛾，简便易行；用50%对硫磷乳油1000倍液，30d的防治效果达85%以上，而施药应选择在降水较集中的时期进行。

以上防治措施中选用的所有药剂均应符合《绿色食品农药使用准则》（NY/T 393—2020）要求。

任务实施

1. 实施步骤

1) 使用体视显微镜

（1）认识体视显微镜的基本构造

体视显微镜又称实体显微镜或解剖镜，是观察小型昆虫、器官和组织，解剖标本的重要光学仪器，其视野中的物体可以放大为正像，而且具有明显的立体感觉。

体视显微镜的类型很多，但其基本结构相同。常用的有MS1型体式显微镜和XTL-1型体视连续变倍显微镜。它们都是由底座、支柱、镜体、目镜套筒及目镜、物镜、调焦螺旋、紧固螺丝和载物圆盘等组成。但XTL-1型实体连续变倍显微镜具有先进的变化倍率结构和可变透镜距离的调焦套筒，由转动环带动套筒，可进行连续变倍，无离焦现象，操作方便（图6-20）。

实体显微镜必须置于干燥、无灰尘、无酸碱蒸气的地方，特别应做好防潮、防尘、防霉、防腐蚀的保养工作。移动时，必须一手紧握支柱，一手托住底座，保持镜身垂直，轻拿轻放。透镜表面有灰尘时，切勿用手擦，可用吹气球吹去，或用干净的毛笔、擦镜纸轻轻擦去。透镜表面有污垢时，可用脱脂棉沾少许乙醚与乙醇的混合液或二甲苯轻轻擦净。使用后清洁镜体，按要求放入镜箱内。

（2）使用体视显微镜观察物体

两种体视显微镜的使用方法基本相同，只是XTL-1型实体连续变倍显微镜采用转动变倍物镜旋转器（俗称转盘）的方法，无级渐次放大，其放大倍数是连续的。而MS1型则采用旋转筒更换法，其放大倍数是阶梯性的。现以XTL-1为例，说明其使用方法。

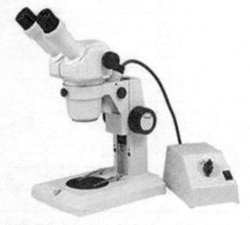

图6-20　XTL-1型体视连续变倍显微镜

把被观察物体放在载物圆盘上，对于裸露标本和浸渍标本，必须先放在载玻片上或培养皿中，然后放在载物圆盘上，把放大环（又称变倍数值度盘）上刻度值"1"对准环下面的标志。

转动左、右目镜座，调整两目镜间距，再调整工作距离，松开紧固手柄（或弹簧支柱紧固螺丝），使镜体缓慢升降至看见焦点为止，然后紧固手柄。最后用调焦手轮（或调焦螺旋)调至物象清晰为止。

如需变换倍数,可用手旋转变倍转盘,观察放大指示环下面的标记,直至所需倍数为止。需要放大80倍以上时,则需装上2×大物镜,并调于较短的工作距离。

两目镜各装有调度调节机构,可根据使用者两眼视力的不同进行调节。

取蚜虫或红蜘蛛,杀死后按上述方面观察,并绘出草图。

2) 观察昆虫外部形态

对下面蝗虫体躯侧面图(图6-21)的各种附器进行识别,并在表6-8中写出名称。

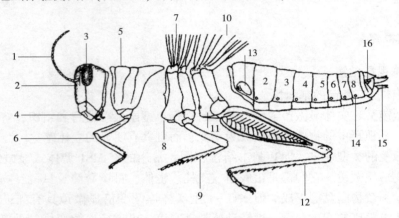

图 6-21　蝗虫体躯侧面结构

表 6-8　蝗虫体躯各附器

序号	名称	序号	名称
1		9	
2		10	
3		11	
4		12	
5		13	
6		14	
7		15	
8		16	

3) 采集、制作昆虫标本并进行观察(或观察给出的昆虫标本)(表6-9)

表 6-9　昆虫标本观察记录

序号	昆虫名称	触角类型	口器类型	胸足类型	翅的类型	目名	科名
1							
2							
3							
4							

(续)

序号	昆虫名称	触角类型	口器类型	胸足类型	翅的类型	目名	科名
5							
6							
7							
8							
9							
10							
…							

4) 调查经济林园地病虫害

病虫害调查一般可分为普查和专题调查2种。普查是在大面积地区进行病虫害的全面调查。通过调查，提出本地区主要森林植物病虫害的名录和防治的一般措施，绘制本地区主要森林植物病虫害的分布图，注明检疫对象，划定疫区、保护区。专题调查是对某一地区某种病虫害进行深入细致的专门调查，专题调查是在普查的基础上进行的，虽然调查种类不同，但调查程序与方法基本一致。无论哪一种方法，都是以数量的统计和分析为基础，将调查所得的数据和基本情况进行比较分析，得到比较可靠的资料。

调查方法包括准备工作、野外调查(外业工作)和调查资料整理(内业工作)三部分内容。

(1) 准备工作

在进行调查工作之前，应先了解调查地区的地理和自然经济条件；收集有关资料；编制好调查计划；拟定切实可行的调查方法；准备好仪器、用具和各种调查表格，做好调查人员的技术培训工作。

(2) 野外调查

野外调查的程序一般分为踏查和详细调查。

①踏查(路线调查)。踏查是对经济林园地进行普遍的调查，目的是查明卫生情况，主要病虫种类、分布情况、危害程度及蔓延趋势等，并提出防治措施建议。

踏查路线可沿人行道或自选的路线，用目测法边走边调查。踏查路线应通过有代表性的地段。走的面越大，了解到的情况也就越全面、越接近实际。踏查路线之间的距离一般为100~300m。

调查人员在进行作业时，应随时注意观察路线两边30m范围内各项因子的变化。要设置几个调查点，每点选10~15株植物进行调查。必要时，结合目测可进行一定数量的实测，以便随时校正目测精度。调查主要病虫害种类、分布及危害程度等情况，绘制主要病虫害分布草图，按表6-10进行记录。

表6-10 植物病虫害踏查记录

调查日期	调查地点	林地概况	面积(m²)		卫生状况	病虫害种类和危害情况					防治措施	备注
			总面积	受害面积		根部	枝干	叶部	花	种实		

调查的项目，首先是经济林概况，包括的主要因子有树种、平均高、平均直径、地形地势等；其次调查病虫害情况，记载病虫害种类、发育阶段、分布状况和树木受害程度。

病虫害的严重程度包括分布状态和危害程度。分布状态分为单株分布（单株发生病虫害）、簇状分布（被害株3~10株成团）、团块状分布（被害株面积大小不一呈块状分布）、片状分布（被害面积达50~100m^2）、大片分布（被害面积超过100m^2）。危害程度常分轻微、中等、严重3级记载，分别用"+""++""+++"表示。分级标准常因病虫种类的不同而异。最常用的分级方法如下：

● 根部和枝干部病虫害的受害程度，常以植株被害的百分率表示：病害株受害率在10%以下，虫害株受害率在5%以下为轻微；病害株受害率在11%~25%，虫害株受害率在5%~10%为中等；病害株受害率在26%以上，虫害株受害率在10%以上为严重。

● 叶部病虫害的受害程度，以叶片被害百分率表示：受害叶在15%以下为轻微；16%~25%为中等；25%以上为严重。

● 种实和花病虫害的受害程度，以种实或花被害百分率表示：受害种实或花在5%以下为轻微；6%~15%为中等；16%以上为严重。

苗圃要了解土质、地下害虫的种类和数量。

根据踏查所得资料，必须确定主要病虫害种类，初步分析林木衰萎和死亡的原因，并且把这些材料都归纳到工作草图中去。

②详细调查。详细调查又称样方调查，是在踏查的基础上，对危害较重的病虫种类设立样方进行调查。目的是精确统计病虫的数量、森林植物被害的程度及所造成的损失等，并对病虫害发生的环境因素做深入的分析研究。

取样方法：在调查大面积林地上病虫害发生情况时，只可能选取其中一部分做调查，用以估计总体情况，这些被抽取做调查的部分就叫样方。因此，样方应选择病虫发生区内有代表性的地段。如要了解危害程度，则应在轻微、中等、严重各地段分别选设样方。一般20m×20m为一个样方，样方面积一般应占调查总面积的0.1%~0.5%。样方内每木调查。

"病害调查"已在"任务6-1 主要病害防治"中进行了介绍。现就"虫害调查"进行说明：

虫害调查：主要调查虫口密度和有虫株率。虫口密度是指单位面积或单个植株上害虫的数量，它表示害虫发生的严重程度；有虫株率是指有虫株数占调查总株数的百分比，它表示害虫在绿地内分布的均匀程度。

$$单位面积虫口密度=调查总活虫数÷调查面积 \qquad (6-3)$$
$$每株（或种实）虫口密度=调查总活虫数÷调查总株（或种实）数 \qquad (6-4)$$
$$有虫株率（\%）=（有虫株数÷调查总株数）×100 \qquad (6-5)$$

苗圃地下害虫调查：调查根部害虫，样方内多采用棋盘式或对角线式取样。样坑数量因地而异。样坑大小为1m×1m或0.5m×0.5m，样坑深度根据虫种、季节和调查目的而定。例如，调查地下害虫种类和数量时，可按预定深度挖；调查地下害虫的垂直分布时，应分层挖，常规按0~5cm、5~15cm、15~30cm、30~45cm、45~60cm等不同层次分别进行调查记录。调查结果填入表6-11。最后计算样方平均虫口数、虫口密度。

表 6-11 地下害虫调查表

调查日期	调查地点	苗木种类	样坑号	样坑深度（cm）	害虫名称	虫期	害虫数量	调查苗数	被害苗数	受害度（%）	备注

蛀干害虫调查：在发生蛀干害虫的林地中，选有树50株以上的样方，分别统计健康木、衰弱木、濒死木、枯立木各占的百分率。为了查明虫害程度，再从虫害木（衰弱木、濒死木）中各选3~5株，伐倒，量其树高、胸径，从干基至树顶剥一条10cm宽的树皮，观察并记录害虫种类、虫态、数量等，并统计每平方米虫口密度。调查结果填入表6-12、表6-13。

表 6-12 蛀干害虫调查表

调查日期	调查地点	样方号	总株数	健康木		卫生状况	虫害木						害虫名称	备注
				株数	所占的百分率（%）		衰弱木		濒死木		枯立木			
							株数	所占的百分率（%）	株数	所占的百分率（%）	株数	所占的百分率（%）		

表 6-13 蛀干害虫危害程度调查表

样树号	样树因子			害虫名称	虫口密度（头/m²）				其他
	树高	胸径	年龄		成虫	幼虫	蛹	虫道	

枝梢害虫调查：调查危害幼嫩枝梢的害虫时，样方内逐株统计健康株数、主梢健壮侧梢受害株数和主侧梢都受害株数。从被害株中选出5~10株，查清虫种、虫口数、虫态和危害情况。对于虫体小、数量多、定居在嫩梢上的害虫如蚜、蚧等，可在标准木的上、中、下部各选取样枝，截取10cm长的样枝段，查清虫口密度，最后求出平均每10cm样枝段的虫口密度。调查结果填入表6-14、表6-15。

表 6-14 枝梢害虫调查表（一）

调查日期	调查地点	样方号	调查株数	被害株数	被害率（%）	受害株数			害虫名称及种类	备注
						主梢健壮、侧梢受害株数	主、侧梢受害株数	主梢受害、侧梢健壮株数		

表 6-15 枝梢害虫调查表（二）

调查时间	调查地点	样方号	样株调查								备注
			样树号	树高（m）	胸径或根径（cm）	年龄	总梢数	被害梢数	被害梢率（%）	虫名	虫口密度（个/株或个/10cm）	

食叶害虫调查：选定样方，查明主要害虫种类、虫期、虫口密度和危害情况等，样方面积可随机确定，如样方内株数过多，可采用对角线法或隔行法，选标准木 10~20 株进行调查。若样株矮小（一般不超过 2m），可全株统计害虫数量。若树木高大，不便于统计，可分别于树冠上、中、下部及不同方位取样枝进行调查。落叶和表土层中越冬幼虫和蛹茧的虫口密度调查，可在样树下、树冠较发达的一面树冠投影范围内，设置 0.5m×2m 的样方（0.5m 的一边靠树干），统计 20cm 土深内主要害虫虫口密度。调查结果填入表 6-16。

表 6-16　食叶害虫调查表

调查日期	调查地点	样方号	林分概况	害虫名称和主要虫态	样树号	害虫数量				虫口密度（头/株或头/m²）	危害状况	备注
						健康	死亡	被寄生	其他	总计			

种实害虫调查（包括虫果率调查和虫口密度调查）：调查时，可采用对角线或随机抽样的方法，选取 5~10 株标准株，并在每株样树上按不同部位，采集同等数量的果实和种子（一般果实大的树种，每株样树上采 20 个，种子小的可采 20 个以上），检查记载其被害率、害虫种类、虫期和虫口密度。调查结果填入表 6-17。

表 6-17　种实害虫调查表

调查日期	调查地点	样树号	调查种实数	受害种实		害虫数量		不同虫种虫果率（%）	总平均虫果率（%）	备注
				受害数	被害种实率（%）	名称	每一种平均虫（孔）数			

（3）内业工作
①鉴定害虫名称和病原。
②汇总、统计外业工作资料和数据，进一步分析害虫大发生和病害流行的原因。

2. 结果提交

按照实施步骤完成工作任务后，设计撰写实践报告，报告中应包含表 6-8~表 6-17，标明个人信息并提交。

思考题

1. 昆虫具有哪些特征？与其他动物有什么不同？
2. 昆虫咀嚼式口器和刺吸式口器的危害状有何不同？
3. 不同变态类型昆虫各虫态的生物学意义如何？
4. 昆虫的哪些生物学习性可被用于害虫防治？
5. 结合校园或周边林分害虫的发生，观察识别昆虫类群及其危害状。

项目 6 经济林灾害防治

任务 6-3 自然灾害防治

○ 任务导引

经济林生物学特性与环境是密切相关的，恶劣的环境条件对经济林生产具有很大的影响。各种自然灾害在不同年份、不同地区均有发生，常常导致生长衰弱，结果延迟，产量下降，寿命缩短，甚至绝产毁园。通过本任务的学习，应学会根据自然灾害发生的特点和规律，采取积极有效的防御措施，制订切实可行的防治技术及方案。

○ 任务目标

能力目标：
(1) 能正确辨别经济林常见的自然灾害的类型。
(2) 能根据当地常见的自然灾害制订切实可行的防治技术及方案。
(3) 能够实施常见的自然灾害的预防和灾后恢复处理。

知识目标：
(1) 掌握经济林常见的自然灾害发生的特点和规律。
(2) 掌握我国经济林常见自然灾害的防御措施。
(3) 掌握灾后处理的知识。

素质目标：
(1) 培养自主学习、发现问题和解决问题能力。
(2) 培养动手能力。
(3) 培养实践能力和吃苦耐劳精神。

○ 任务要点

重点：经济林常见的自然灾害的类型及防御措施。
难点：根据当地常见的自然灾害制订出切实可行的防治技术及方案。

○ 任务准备

学习计划：建议学时 4 学时。其中知识准备 2 学时，任务实施 2 学时。
工具及材料准备：生石灰、硫黄粉、食盐、猪油、水等材料；铁桶、刷子、手套、卷尺、波美比重计等工具；笔、记录表、照片及多媒体课件等。

○ 知识准备

我国地域辽阔，自然条件复杂，各地均有其特殊的灾害，如冻害、抽条、日灼、霜冻、风害和雹害等。这些自然灾害会给经济林生产带来难以弥补的损失。因此，采取积极有效的防御措施是保证经济林产量和品质的重要途径之一。

经济林栽培技术(北方本)

1. 冻害及其防治

冻害是指果树受零度以下低温所造成的伤害。冻害在整个冬季均可发生，但每个具体时期所受害的部位及表现又有差别，冻害程度主要取决于树种(品种)对低温的适应性。

1) 冻害类型

(1) 树干冻害

树干冻害部位一般是距地表 15cm 至 1.5m 处。表现为皮层的形成层变为黑色，严重时木质部、髓部都变成黑色；受冻后有时形成纵裂，沿缝隙脱离木质部。核果类果树多伴有流胶现象，轻者可随温度的升高而逐渐愈合；严重时裂皮外翘不易愈合，植株死亡。

(2) 枝条冻害

1 年生枝以先端成熟不良部分最易受冻，表现为自上而下地脱水和干枯。多年生枝，特别是大骨干枝，其基角内部、分枝角度小的分枝处或有伤口的部位，很易遭受积雪冻害或一般性冻害。枝条冻害常表现为树皮局部冻伤，最初微变色下陷，皮部变黑、裂开和脱落，逐渐干枯死亡；如受害较轻，形成层没有受伤，则可逐渐恢复。枝干受冻后极易感染腐烂病和干腐病，应注意预防。

(3) 根颈冻害

根颈冻害指地上部与地下部交界的部位受冻。根颈受冻后、表现为皮变黑、易剥离。轻则只在局部发生，引起树势衰弱；重则形成黑色，环绕根颈一圈后全树死亡。

(4) 根系冻害

各种果树的根系均较其地上部耐寒力弱。根系受冻后变褐，根韧皮部与木质部易分离。地上部表现为发芽晚、生长弱。

(5) 花芽冻害

花芽冻害多出现在冬末春初，另外，深冬季节如果气温短暂升高，也会降低花芽的抗寒力，导致花芽受冻害。花芽活动与萌发越早，遇早春回寒就越易受冻。花芽受冻后，表现为芽鳞松散，髓部及鳞片基部变黑。严重时，花芽干枯死亡，俗称"僵芽"。花芽前期受冻是花原基整体或其一部分受冻，后期为雌蕊受冻，柱头变黑并干枯。有时幼胚或花托也受冻。

2) 主要防治方法

(1) 选择抗寒品种，利用抗寒砧木

根据当地的气象条件，因地制宜，选择抗寒品种。利用抗寒砧木是预防冻害最为有效而可靠的途径。而对于成龄果园，如所栽植品种抗寒能力差，则应考虑高接，换成抗寒能力强的品种。

(2) 适时保护树干

在土壤结冻前，对果树主干和主枝涂白、干基培土、主干包草和灌足封冻水。在多雪易成灾的地区，雪后应及时震落树上的积雪，并扫除树干周围的积雪，防止因融雪期融冻交替，冷热不均而引起冻害。

（3）阻挡冷气入园

新建果园应避开风口处、阴坡地和易遭冷气袭击的低洼地。已建成的果园，应在果园上风口栽植防风林或挡风墙，减弱冷气侵入果园的强度。

（4）保护受冻果树

对已遭受冻害的果树，应及时去除被冻死的枝干，并对较大的伤口进行消毒保护，以防止腐烂病菌侵入。

（5）加强综合管理，提高树体储藏营养的水平

增强树体抗冻性主要包括：做好疏花疏果工作，合理调节负载量；适时采收，减少营养消耗；秋季早施基肥，利用秋季根系生长高峰期，以提高树体储藏营养水平；树体生长后期，叶面多次喷施磷酸二氢钾等速效性肥料，提高叶片光合能力，提高树体的抗冻性。

2. 抽条及其防治

果树抽条是指冬末春初果树枝条失水后皱条、抽干，一般多在1年生枝上发生，随着枝条年龄的增加，抽条率会下降。抽条的发生是枝条水分平衡失调所致，即初春气温升高、空气干燥度增大、幼枝解除休眠早、水分蒸腾量猛增，而地温回升慢、温度低、根系吸水力弱，导致枝条失水抽干。

1）发生原因

①冬春期间土壤水分冻结或地温过低，根系不能或极少吸收水分，而地上部枝茎蒸腾强烈，这是造成抽条的根本原因。

②晚秋树体贪青旺长，落叶推迟，枝条组织疏松幼嫩，病虫害较重等均会引起严重抽条，相反则抽条较轻或不抽条。

2）主要防治方法

（1）适地建园

避开阴坡、根据各地区的气象条件，因地制宜地发展适宜的树种和品种。小面积栽植时，可选择小气候好、背风向阳、地下水位低、土层深厚、疏松的地段建园，避开阴坡、高水位和瘠薄地建园。

（2）创造良好的根际小气候，提高地温

于土壤结冻前，在树干西北侧距树干50cm左右的地方，培高40cm左右的半月形土埂，为植株根际创造一个背风向阳的小气候环境，从而使地温回升早。有条件的果园，若能在土埂内覆盖地膜，则可显著提高土壤温度，防止抽条效果更佳。

（3）对树体进行保护

埋土防寒是防止树枝抽条最可靠的保护措施。在土壤结冻前，在树干基部有害风向（一般是西北方向）处先垫好枕土，将幼树主干适当软化后使其缓慢弯曲，压倒在枕土上，然后培土压实，枝条应全部盖严不外露、不透风。翌春萌芽前挖出幼树并扶直。此法可有效地防止幼树抽条，但仅适用于1~2年生小树，主干较粗时则难以操作。而针对较大的植株防止抽条时，则多采用扎草把、缠塑料薄膜条、喷聚乙烯醇或甲基纤维素等措施。具体方法是：用塑料膜条缠树干时可选用较宽的塑料膜条，缠枝时可用较窄的塑料膜条，操

作时要缠绕严紧,不得留空隙。另外,扎草把时,要将草把扎到主枝分枝处,在其底部堆土培严即可。无论是缠塑料条还是扎草把,均应在春季土壤解冻后、萌芽前及时去除根颈培土和绑缚物。

(4) 加强综合管理

提高树体储藏营养的水平,提高树体抗寒性方法同冻害防治技术。

(5) 保护抽条树

对已发生抽条的幼树,在萌芽后,剪除已抽干枯死部分,促其下部潜伏芽抽生枝条,并从中选择位置好、方向合适的留下,培养成骨干枝,以尽快恢复树冠。

3. 日灼及其防治

果树日灼又名日烧、灼伤或灼害,是由于强烈的阳光长时间直射在树干、树叶和果实上,破坏了照射部位的细胞和组织,使其不能再生长发育。受害的苹果表现为阳面失水焦枯,产生红褐色近圆形斑点,斑点逐渐扩大,最后形成黑褐色病斑,周围有浅黄色晕圈,严重影响苹果商品价值。7~8月是预防日灼的关键时期,应采取有效措施减少该病的发生。灼伤部常因病菌侵染而引发其他病害,对此应积极预防。

1) 发生原因

①受树体病害影响。如受腐烂病、根腐病、干腐病的影响。

②受果园土壤水分含量低影响。高温下蒸腾量猛增,根部吸收水分远不能满足蒸腾损失,严重破坏了果树体内水分平衡,使干旱果园出现严重的叶片烫伤,套袋果实袋内温度比自然界温度高出10%以上,一般在48℃以上,发生日灼。

日灼对套袋苹果和树势弱的梨树叶片危害极为严重,常使部分果园出现严重烫伤。经调查,苹果树病果率一般在5%~20%,梨树病叶率一般在5%~15%,严重的高达30%。

2) 主要防治方法

(1) 灌水法

在高温期前全园浇水,提高土壤含水量。据试验,未灌水区日灼果率为14%,而灌水区日灼果率只有5%,并且单果较大。

(2) 施肥法

加强果园管理,增施有机肥,多施磷肥,促进根系向深层生长,使果树生长根健壮,或者同种绿肥作物,掩青沤肥,增加土壤有机质,提高土壤持水力。并且多注意病虫害的防治,增强树体抗御高温的能力。

(3) 覆盖法

在高温、干旱来临之前,在树盘上覆一层20cm厚的秸秆、草或麦糠等,既可保墒,又能降低地温,可以防止日灼病的发生。一般覆盖区比裸露区土壤含水量高出2%~3%。此法尤其适用沙地果树。

(4) 果面遮盖

在易出现日灼的果实阳面覆盖叶面积较大的桐树叶、蓖麻叶或阔叶草等,可减少烈日直射。

（5）喷涂石灰乳

在苹果阳面涂抹一层石灰乳，既能反光，防止日灼，又能杀菌。

（6）涂白法

用生石灰 10~12 份、石硫合剂 2 份、食盐 1~2 份、黏土 2 份、水 36~40 份，先将石灰用水化开，滤去渣砾，倒入已化开的食盐水，用刷子涂在树干及大枝上，利用白涂剂反射日光，使日光直射光折回一部分，减轻日灼的发生。

（7）结合喷药

傍晚喷清水如果出现苹果日灼可能发生的天气，应在太阳斜射时向树叶片和果面喷施 0.2%~0.3%磷酸二氢钾，或者向树冠喷清水，以减轻日灼。

3）套袋果日灼病的防治

未选用优质的果实袋、套袋果实未悬在袋内当空而是靠贴在袋上，以及一次性除去套袋或在高温且强日照天气时除去套袋，套袋苹果也会引发日灼。此外，树势衰弱、挂果部位不好、果树管理较差，都会使套袋果发生日灼。

防治套袋果发生日灼，首先要选择优质袋，套袋的技术操作要规范。套袋时间以 8：00~10：00 和 14：00~16：00 为宜。除袋要分次进行，不要在中午高温天气时去袋，上午除去树冠西、北两侧的套袋，下午除去东、南两侧的套袋。如果天气干旱，套袋前及除去套袋前 3~5d 要各浇水一次。

4. 霜冻及其防治

1）霜冻类型

霜冻是指经济林在生长期夜晚，土壤和植株表面温度暂时降至 0℃ 或 0℃ 以下，引起幼嫩部分受伤的现象。霜冻又有早霜和晚霜之分。在秋末发生的霜冻称为早霜，只对一些生长结果较晚的品种和植株形成危害，常使叶片和枝梢枯死，果实不能充分成熟进而影响果实品质和产量，早霜发生越早，危害越重。在春季发生的霜冻称为晚霜。它于萌芽至幼果期发生，并且发病越晚造成的危害越重。

2）主要防治方法

（1）选择适地建园

霜冻是冷空气集聚的结果，如空气流通不畅的低洼地、闭合的山谷地容易形成霜穴，使霜害加重，这就是果农常说的"风刮岗、霜打洼"。因此，新建园时，应避开低洼不通风地段，可减轻霜冻危害。

（2）选择抗冻品种

选择花期较晚的品种躲避霜害或花期虽早但抗冻力较强的树种和品种。

（3）果园熏烟防霜

熏烟防霜是指利用浓密烟雾防止土壤热量的辐射散发，烟粒吸收湿气，使水汽凝成液体而放出热量，提高地温。这种方法只能在最低温度为-2℃的情况下才有明显的效果。当果园内气温降到2℃时，及时点燃放烟。防霜烟雾剂的常用配方是：酸铵 20%~30%，锯末 50%~60%，废柴油 10%，细煤粉 10%，将其搅拌均匀装入容器内备用，每亩地设置

3~4个发烟器即可。

(4) 延迟萌芽期,避开霜灾

有灌溉条件的果园,在花开前灌水,可显著降低地温,推迟花期2~3d。将枝干涂白,通过反射阳光,减缓树体温度升高的速度,延迟花期3~5d。树体萌芽初期,全树喷布氯化钙200倍液,可延迟花期3~5d。

(5) 保护受霜害的果园

对花期遭受霜害的果树加强人工授粉,树体喷施氨基酸微肥,增强树体营养,喷施硼砂或硼酸等提高坐果率,降低减产幅度。

5. 风害及其防治

风对果树生长有利,大于6级会对果树生长造成影响。往往使果树枝折树倒,柱头吹焦,果、叶吹落;有时还因随大风而来的暴雨造成果园积水死树。

1) 预防措施

(1) 选择抗风树种

在风口、风道等易遭受风害的地方挑选根深、矮干、枝叶稀疏坚韧的抗风树种,如垂柳、乌桕等,不要选择生长迅速而枝叶茂密及一些易受虫害的树种,适当密植。

(2) 加强管理措施

排除积水、改良栽植地点的土壤质地、培育壮根良苗、采取大穴换土、适当深植、合理修枝控制树形、定植后及时立支柱、对结果多的树要及早吊枝或顶枝落果、对幼树和名贵树种设置风障等。

2) 风暴过后的处理措施

①扶正挽救。风后检查风害情况,一些幼龄植株如被风吹歪或倾斜,在天晴后小心扶正,撑牢,并用干土填入空洞、压紧。如仅树干摇动,根颈部的土呈一个喇叭口,则向喇叭口填入干土、压紧。有些果树摇动严重或吹斜,应慢慢扶起,保持一定角度,然后用木棒支撑。根据植株生长势与摇动及倾斜的严重程度,剪去部分过密的枝条及幼嫩的枝条,以减少因叶片蒸腾而导致植株失水,保持根部吸收与地上部蒸发的平衡。植株受害越严重,修剪越重。

②对因风害折断的枝干,用锯修平,并涂以波尔多液保护。将折枝和落叶全部清除出园,集中烧毁。

③风后主要预防根腐病、细菌性叶斑病、叶枯病、流胶病、炭疽病。在做好排水的基础上,喷相应的杀菌剂,以预防病害发生。

6. 雹害及其防治

果树经冰雹袭击后造成的伤害。果树生长季节受雹后,轻者叶、果受损,重者折枝、破皮,造成严重损失,甚至几年内生长都受抑制,产量锐减。冰雹集中时,堆积时间稍长,还会造成冷害。

1) 预防措施

①设立气象雷达监测网和火炮射击网点。

②建立防雹网。

③在雹灾常发地区，应大面积营造防护林，以改善果园局部小气候，减少雹害的发生。

2）雹害发生后的灾害补救措施

①清理残叶、落果，中耕园地。

②剪除破损枝条。修刮枝干大的伤口，并涂以保护剂，小伤口多时，应喷布一次杀菌剂防病；枝叶损伤多时，不论果实受伤与否，均须摘除，减轻负载。

③加强肥水管理，尽快恢复树势。

任务实施

1. 实施步骤

1）经济林主要自然灾害发生及预防情况调查

对当地经济树木主要自然灾害（除病虫害）进行调查，通过林木管理者对历史灾害进行调查，了解和掌握当地经济林自然灾害的发生规律，为制订科学、合理、规范的自然灾害综合预防措施奠定基础。将调查结果填入表6-18。

表6-18 自然灾害调查表

地点　　　　　　　　　　　　年　月　日　　　　　　　　　调查人

经济林种类	调查日期	自然灾害种类	发生日期	危害器官	危害症状	树木受害率(%)	器官受害率	预防措施	预防效果	备注

注：可根据实际情况对调查项目进行修改。

2）煮制石硫合剂

（1）选择原料

①生石灰。选择新鲜、色白、块状、未经风化的生石灰。

②硫黄粉。以硫黄粉为最好，如果是块状硫黄，要磨细为硫黄粉，越细越好，粉粒细度要求通过40目筛。

（2）配方（按重量计）

生石灰∶硫黄粉∶水 = 1∶2∶10。

（3）制法

①将称好的1kg生石灰放入铁锅里，先泼少量热水（注意不可一次用水过多），使生石灰发热消解，等生石灰全部消解后，再加入少量的水，调成糊状的石灰乳，记录所用的水量。

②将称好的2kg硫黄粉慢慢加入石灰乳中，并搅拌均匀。

③再加入水，使前后两次加入的总水量为10kg。用搅拌棒插入铁锅的中央，作一标记，记下水位线，然后点火熬煮。

④熬煮到沸腾状态。在熬煮过程中，应稍加搅拌，不宜过多地剧烈搅拌，以免把空气带入原液里，使生成的多硫化钙氧化而降低质量。随时用热水补充蒸发掉的水分（在结束熬煮前15min停止加水）。从沸腾开始计算时间，经过50~60min，药液由浅黄色变为黄褐色、赤褐色，药渣呈草绿色时，表示石硫合剂已经煮成，停止加热[石硫合剂原液中所含的成分，主要是多硫化钙（$CaS·S_x$）和硫代硫酸钙（CaS_2O_3），它们都溶于水，溶液呈赤褐色，并有硫化氢臭气味。如果再继续加热煮制，药液转变成绿褐色，药渣呈绿色，药液中多硫化钙的含量反而降低]。在生产实践中，熬煮石硫合剂的经验是"锅大、火急、灰白、粉细，一口气煮成香油色"。

⑤静置后上层的澄清液即为石硫合剂的原液。

石硫合剂原液冷却后，将它倒入1000mL的量筒中，插入波美比重计测量其浓度。自行熬煮的石硫合剂原液，一般为25°Bé左右。

（4）稀释配置

利用所制作的石硫合剂，查表6-19配制约10L 0.5°Bé石硫合剂。注意：石硫合剂有腐蚀性，沾染皮肤、眼睛时，必须用清水洗净。

表6-19 石硫合剂稀释加水倍数表

原液浓度(°Bé)	使用浓度(°Bé)				
	5	1	0.5	0.3	0.2
15	2.24	15.60	32.50	56.00	82.00
16	2.48	16.80	34.80	60.00	89.00
17	2.72	18.70	37.30	63.00	95.00
18	2.98	19.40	39.80	68.00	102.00
19	3.23	20.70	42.50	73.00	108.00
20	3.49	22.00	45.10	77.00	114.00
21	3.75	23.40	47.80	82.00	122.00
22	4.03	24.70	51.00	86.00	128.00
23	4.29	26.10	53.00	91.00	131.00
24	4.57	27.50	56.00	96.00	143.00
25	4.84	29.00	59.00	101.00	150.00
26	5.10	30.40	62.00	106.00	157.00
27	5.42	31.90	65.00	110.00	165.00
28	5.70	33.30	68.00	116.00	172.00
29	6.00	34.80	71.00	120.00	179.00
30	6.30	36.50	74.00	126.00	188.00
31	6.60	38.10	77.00	131.00	196.00
32	7.00	39.70	81.00	137.00	204.00

(5)石硫合剂原液贮存

石硫合剂原液可贮存于密封的陶瓷容器中。如果不能密封,应在原液上面倒入一层煤油或废柴油,以隔离空气,防止分解。

3)树木涂白

(1)配方

生石灰10份,水80份,食盐1份,黏着剂(如黏土、油脂等,常用猪油)1份,石硫合剂原液1份。

(2)配制过程

先用水化开生石灰,滤去残渣,倒入已化开的食盐,最后加入石硫合剂、黏着剂等搅拌均匀。

(3)涂白树种

针对病虫害发生情况,对槐、榆、紫薇、合欢、杨、栾、柳、樱花及蔷薇科中经常发生病虫危害的和部分受蚧、天牛、蚜虫危害的常绿树以及易受冻害的杜英、含笑等树木可进行重点涂白,而其他病虫危害较少的如水杉、银杏、臭椿等,若无病虫危害则可不涂。

(4)涂白高度

隔离带行道树统一涂白高度1.2~1.5m,其他按1.2m要求进行,同一路段、区域的涂白高度应保持一致,达到整齐美观的效果。涂液时要干稀适当,对树皮缝隙、洞孔、树杈等处要重复涂刷,避免涂刷流失、刷花刷漏、干后脱落。每年应在秋末冬初雨季后进行,最好早春再涂一次,效果更好。

注意:涂白液要随配随用,不宜存放时间过长。

2. 结果提交

撰写实践报告。主要内容包括:目的、所用材料和仪器、过程与实践内容、结果。标明个人信息后提交。

思考题

1. 经济林常见的自然灾害有哪些?
2. 如何预防冻害?
3. 如何预防霜害?
4. 雹害发生后如何补救?

项目7　经济林提质增效栽培

随着科学技术的不断进步，越来越多的新型技术和栽培制度应用到经济林木种植过程中，这就为经济林生产提出了更高的标准，要求在进行栽培时，不仅注重产量，更要关注于果品的质量和经济价值。为此，生产中要按照标准化生产、产业化经营要求，通过转变传统种植观念和栽培制度，大力实施经济林生产提质增效工程，掌握应用矮化密植、设施栽培、植物生长调节剂应用、水果增色等技术措施，达到增产、增质、增收目的。

任务7-1　经济林矮化密植

○ 任务导引

近年来，果树栽培制度改革较快，由原来乔化稀植转向矮化密植（简称矮密），已成为当前国内外经济果树生产发展的总趋势。矮化密植不仅是栽培密度的增加，更重要的是整个栽培管理制度的一次革新，是当今经济果树栽培技术体系上的一项重大改革。与普通栽培方式相比，矮化密植可显著提高果园的经济效益，正在被越来越多的生产经营者所认可。通过本任务的学习，应掌握从园地选择，苗木选择、密植、整形修剪至土肥水管理的全过程，完成经济林矮化密植栽培作业。

○ 任务目标

能力目标：
（1）能够实施不同的经济林木致矮措施。
（2）会进行矮化经济林木的管理。

知识目标：
（1）掌握矮化密植的特点和注意点。
（2）掌握矮化密植的途径。
（3）掌握矮化密植园的管理知识。

素质目标：
（1）培养自主学习、发现问题和解决问题能力。
（2）培养动手能力和知识应用能力。
（3）培养实践能力和吃苦耐劳精神。

任务要点

重点：矮化密植的主要措施。

难点：矮化经济林木的管理。

任务准备

学习计划：建议学时 4 学时。其中知识准备 2 学时，任务实施 2 学时。

工具及材料准备：1~2 种经济林的矮化品种苗等。

知识准备

矮化密植，通常是指利用生物学、栽培学等手段，使树体矮小、树冠紧凑、便于密植的一种栽培方法。矮化密植是当前经济林集约化栽培的重要标志之一，是世界经济林生产发展的必然趋势，是实现经济林早产、高产、优质、高效、低耗的重要手段。

1. 矮化密植栽培优缺点

1）矮化密植栽培优点

（1）提早生产，早见效益

多数经济林木树体高大，树冠成形需时长，产量上升慢，前期产量低。而矮化密植树体矮化，不仅可以节省大量劳力，而且能节约用于植株器官建造的营养物质，可实现早产，大幅度提高前期产量，进而提高前期经济效益。如果将经济果树矮化密植，通常在定植后 2~3 年开始结果，4~5 年即进入盛产期，一般 3~5 年即可收回成本并盈利；而乔化稀植树，至少需要 10 年左右。例如，香椿露地矮化密植栽培，在定植后第 2 年即可开始采收。

（2）管理方便，劳动效率高

矮化密植树体矮小，树体高度仅相当于乔化稀植的 1/3~1/2，因而管理方便，且整形修剪、病虫害防治、花果管理、产品采收等项工作便于机械作业，提高劳动效率。在美国，矮化密植园喷药的工作量只相当于稀植大冠园的 1/4；在日本，有时甚至仅 1/10。

（3）果实成熟早，品质好

矮化密植园人工授粉、疏花疏果、套袋、病虫防治等技术简便易行，易使果实大小、整齐度及光洁度等外观品质得以改善；树冠上下及内外光照均匀，光合产物向果实运输较多，因而果实含糖量比稀植大冠的高；树冠内外受光均匀，果实着色好。

（4）品种更新换代容易，恢复产量较快

随着育种手段的现代化和多样化，经济林新品种不断出现，消费者和市场需求也在不断变化。经营者应根据市场变化，确定种植品种，并及时更新品种。由于矮化密植树体结构建成的时间短，可在短期内更新品种，并恢复产量。

（5）经济利用土地，提高光能利用率

矮化密植树，栽植密度大，因而可经济利用土地；由于树冠扩展快，可提高早期林地覆盖率；成年树冠内外光照均匀，无效光区少，可提高光能利用率。

（6）利于设施栽培

矮化密植树，树冠矮小紧凑，有利于实行设施栽培，并减少设施栽培的成本。

2) 矮化密植栽培缺点

虽然矮化密植具有很多优点，是经济林栽培发展的总趋势，但也存在一些缺点。

（1）矮密园的建园投资较高

与乔化稀植园相比，矮化密植园所需的苗木数量多，矮化砧苗价格高，矮化砧苗最好还要设立支柱，排灌设施的要求也高。

（2）矮化砧树的抗逆性较弱

与乔化砧相比，矮化砧的根系分布浅，对土壤干湿变化反应敏感。抗寒、抗旱、抗风能力较差，不耐干旱和多湿。因此，采用矮化砧苗密植建园对土壤和气候条件要求较高。

（3）树势易早衰

矮密树的枝叶量少，成花容易，光合产物较多地用于花果的生长发育，生殖生长较强，如果结实过多，会导致树势早衰，正常生产年限缩短。

（4）管理技术要求高

在利用乔化砧进行矮化密植栽培时，尤其在土肥水条件较好的地区，控制树冠、抑制生长、促进花芽形成等方面技术要求高，比较费工。栽植密度不宜过密，若管理不当，往往形成枝叶密闭。矮化砧密植也要注重树势的调整，防止大小脚现象。

2. 矮化密植的途径

经济林矮化密植主要通过利用矮化砧木、选用矮化品种和采用矮化栽培措施3条途径实现。

1) 利用矮化砧木

利用矮化基砧或矮化中间砧，可使嫁接在其上的栽培品种树冠矮小紧凑。矮化砧木不仅能限制枝条的营养生长，控制树体大小，并能促进早结果、早丰产。利用矮化砧木进行矮密栽培，在乔化苹果品种的矮化苗培育中应用较多。

2) 选用矮化品种

选择紧凑的短枝型品种，也是实现矮化密植栽培的有效途径。矮化品种大多从芽变品种、自然实生苗、电离辐射和杂交育种中所获得。嫁接在根系强大、抗逆性强的实生砧上，表现为树体矮化或半矮化，树冠紧凑，适于密植。如苹果元帅系短枝型品种'超红'、'魁红'、'金矮生'等，苹果富士系品种'烟富3号'、'王富'等，西洋梨的'红巴梨'，日本梨中的'八云'、'祇园'等，板栗中的'矮丰'、'燕山短枝'、'莱州短枝'、'广西油栗'等，山楂中的'算盘珠红子'、'橘红子'等，核桃中的'岱香'、'中林5号'、'辽宁3号'等，枣中的'临倚梨枣'、'金芒果枣'、'晋矮1号'、'金昌1号'、'磨盘枣'、'羊奶枣'等。

3) 采用矮化栽培措施

利用栽培技术措施致矮，主要包括3个方面：一是创造一定的环境条件，以控制树体营养生长，使其矮化；二是采用矮化整形修剪技术措施，如拉枝、捋枝、环剥、扭梢、短枝型修剪等；三是使用植物生长调节剂等控制枝条的加长生长。这些方法在乔砧密植中应用较多，在短枝型品种或矮化砧栽培中，也可酌情使用。

（1）利用环境条件致矮

选择易于控制肥水的砂质土壤或较瘠薄的土壤；利用浅土层控制垂直根生长；适当减少氮肥，增加磷、钾肥的用量；控制灌水；选择高山紫外光强或光照条件好的地带。这些环境条件不利于树体营养生长，可使其矮化。

（2）采用人工整形修剪技术致矮

采用环剥、环割、环剥倒贴皮、绞缢、拉枝、捋枝、扭梢、短枝型修剪、根系修剪等措施，均可有效地控制枝条的营养生长，从而使树体矮化。

环剥、环割、环剥倒贴皮等措施，具有抑制当年新梢生长、促进花芽形成和提高坐果率的作用，可使新梢短而停止生长早，花芽形成多，坐果多，以果压冠，从而使树冠体积小，树体矮化明显。拉枝、捋枝可使树体角度开张，缓和生长势。扭梢能控制新梢旺长，促进花芽形成。

短枝型修剪，是利用重短截修剪，刺激枝条基部潜伏芽萌发出弱枝并成花结果。其方法是：冬剪时对需培养枝组的枝条留基部2~4个瘪芽剪截，夏季修剪时对萌发的新梢再留基部3~4个叶片剪截，促使萌发短副梢。如形成长枝，可继续留基部3~4个叶片剪截。如此重复进行，可得短枝型枝组，并使树体矮化而早果。

控制根系生长也可抑制树体营养生长，从而有利于控制树体和促进成花。控制根系生长的方法有：深翻、施有机肥时可切断部分根系；利用地下水位或山地浅土层（土层30~40cm）条件控制垂直根的生长；利用弯曲垂直根、圈根、根系打结、撕裂垂直根等方法抑制根生长。

（3）应用生长调节剂等化学物质致矮

使用生长延缓剂和生长抑制剂，可以使树体矮化。常用的有多效唑、烯效唑、乙烯利、矮壮素、果树促控剂（PBO）等。适时、适量喷施或土施这些植物生长调节剂，都可以起到明显的矮化效果。

3. 矮化密植栽培技术要点

1）苗木培育

不同的致矮方式有不同的育苗要点。短枝型品种和乔砧密植方式下，育苗与一般的嫁接育苗方式相同。如果用矮化砧或矮化中间砧方式育苗，则要培育矮化砧。中间砧繁殖方式又分为分次嫁接、分段芽接、双重枝接、枝芽接等方法。

2）栽植方式与密度

（1）一次性定植

一次性定植是指从建园开始，到最后砍伐的整个生产过程中，经济林木的密度始终不变。采用这种栽植方式，既要考虑前期利益，即早生产、早丰产，又要考虑到长远利益，即进入盛产期后，树冠不郁闭，延长枝不交叉，保持高产、稳产和较长的经济寿命。一次性定植的密度取决于砧木种类、接穗品种、土壤类型、光能利用、经济效益、气候条件、管理水平等。一般原则是，在树体大小上，允许株间枝条交接；在光能利用上，行间应长期留有一定距离的空间,以相邻两行的树冠投影不致产生严重遮阴为宜。

(2)计划密植

计划密植是指在建园时增加栽植株数,以获得较高的早期产量,其后随树冠扩大,逐步移栽或间伐,以维持适宜密度和较高产量的栽培方式。计划密植应区分永久性植株和临时植株两类树,在管理上要保证永久性植株的生长发育。整形修剪时,对临时植株采取限制措施,以既可让其尽早生产又不妨碍永久植株的整形为原则。当妨碍永久植株的生长及整形时,应回缩加以控制,6~10年时可间伐,尽量不要一起间伐,以维持产量的稳定。临时植株的数量,一般为永久性植株的1~3倍。

3)整形修剪

(1)树形

适宜矮化密植的树形主要有改良纺锤形、自由纺锤形、细长纺锤形、圆柱形、小冠疏层形、树篱形、开心形、扇形等,宜根据建园地具体情况,采用适宜树形。矮化密植时,一般根系较浅,尤其是矮化砧苗,根系固地性差,通常需设立支架并进行绑缚,可增强固地性,提高树体抗风性,并承担部分负载。

(2)修剪

矮化密植树骨干枝级次少,结果枝组多直接着生在主枝上,甚至在中心干上。因此,要及早控制先端和直立枝,以免影响主干、中心干和主枝生长。

用果类经济林木矮化密植栽培,结果早,树体容易衰弱,应及时进行枝组的更新复壮。因此,枝组内要合理分工,留足预备枝,并控制花量,及时疏去衰老枝和过密枝,以保持结果枝组健壮、稳定。

矮化树在幼树期,要促进树体生长成形,以尽快占领可利用空间,使其早成花、早结果,结果后再控制过旺的营养生长,逐步理顺生长和结果的关系。对内膛的结果枝适当重剪,以促发和培养离骨干枝较近的紧凑枝组。

矮化密植树,应重视夏季修剪,特别是利用乔砧进行矮化的经济林园,更要利用修剪控制树势,培养枝组。增大骨干枝角度来控制树势,用环剥、环割、倒贴皮、刻伤等方法,促进花芽形成,用捋枝、弯枝、扭梢等方法缓和枝梢的生长势,用疏枝方法改善树冠光照,提高坐果率和改善果实品质。用刻芽增加发枝短枝数量,减少长枝,增加花量。

4)土、肥、水管理

(1)土壤管理

矮化密植园由于栽植密度大,产量高,所以对土壤管理水平的要求较高。与普通园相比,矮化密植园在土壤管理上有如下特点:

矮化密植栽培的经济林木根系分布较浅,并局限在较小的范围内,必须创造适合根系生长的良好土壤条件。栽前高标准整地,保证有1~1.2m的活土层,以使土壤疏松,保水保肥力强,利于根系生长。因矮化密植树群体根系的密度大,树冠矮,栽后进行深翻熟化、改良土壤的操作比较困难,因此改土工作尽量在栽植前一次完成,进行全园深翻改土,施大量有机肥。

矮密栽培树根系常集中在土壤表层,在生长季应避免过度中耕除草。用有机物如稻草、麦秸、玉米秸、杂草等覆盖，有利于保持土壤水分、减少水土流失、防止土壤温度的急剧变化，随着覆盖材料的分解，还可增加土壤有机质含量，提高土壤肥力，改进土壤通透性。秸秆覆盖厚度为15~20cm，覆盖物腐烂后翻于地下，来年重新覆盖。旱地园也可采用薄膜覆盖法。

（2）施肥

矮化密植园根系密度大，单位面积内枝叶量大，产量高，所以需肥量较大，但应遵循少量多次的原则，以免引起土壤溶液浓度过高时烧根。基肥以有机肥为主，秋施为宜，必须年年施入，秋施基肥后，要充分灌溉。追肥可在开花前后、春梢停止生长、果实膨大、秋梢停止生长时进行，要求氮、磷、钾搭配合理，并注意补充微肥。施肥量要根据土壤及叶分析结果来决定。

（3）水分管理要点

矮化密植园蒸腾耗水随栽植密度的增大而增加，需水量较大，因此，应及时进行灌溉。矮化密植园的灌溉，应以根系主要分布层内的土壤水分状况为标准，灌水量应以水分渗入根系主要分层内为原则，必须灌透。灌水时期视土壤缺水情况进行，可采用小管出流、沟灌、喷灌、滴灌等方法进行。此外，夏季应及时进行排水，防止积涝成灾。

5）生长调节剂的应用

矮化密植栽培时，尤其是乔砧密植树，常需应用生长调节剂来抑制树体生长，如多效唑、烯效唑、乙烯利、矮壮素、果树促控剂（PBO）等。另外，果类矮化密植经济林木，为提高早期产量，常需用生长调节剂来促进花芽形成，如多效唑、乙烯利、BA等。

○ 任务实施

1. 实施步骤

1）园地选址

在选址时，应该选择地势较高、通风良好的平地，要保证种植区域具备良好的光照。在选择山地种植时，应该选择坡度较缓的位置，避免在低洼地区建立果园。同时，土壤深厚肥沃、理化性质良好、有灌溉条件。

2）选择矮化苗木

根据种植区域的水肥条件和气候环境进行合理选择矮化苗。

3）密植

依据矮化砧和矮化中间砧的不同来控制栽植密度，通常矮化砧的栽植密度应该控制在80~110株/亩，矮化中间砧的栽植密度应该控制在70~80株/亩，栽种株距为2.5~3m，行间距应控制在4~5m。具体栽植密度依树种、品种合理确定。

4）密植园的整形修剪

（1）矮化整形

矮干、小冠，减少骨干枝数目和长度，由半圆形向扁平发展。可用改良纺锤形、自由纺锤形、细长纺锤形、圆柱形、小冠疏层形、树篱形、开心形、扇形等。

(2) 修剪

应着眼群体，着手个体，促控结合。结果前以促为主，结果后以调控为主。

5) 土肥水管理

(1) 土壤管理

保证有一定深度的活土层，疏松通气，保肥、保水，生草或覆草管理。

(2) 施肥

多次少施的原则。4~5年生树，株间根系已彼此衔接，布满全园，可采取表施或浅翻施肥。除土壤施基肥外，还应进行多次追肥。

(3) 水管理

密植果园总叶面积大，蒸发量大，需水多，根据土壤水含量状况及时补水。在夏季、秋季，当降雨太多时，要实现及时排水。

2. 结果提交

编写实践报告。主要内容包括：目的、所用材料和仪器、过程与实践内容、结果。报告装订成册，标明个人信息。

○ 思考题

1. 经济林木矮化密植栽培有何特点？
2. 试述矮化密植栽培途径。
3. 矮化密植园如何确定适宜密度？举例说明。
4. 矮化密植经济林木可采用哪几种树形？修剪时应注意哪些问题？
5. 矮化密植园土、肥、水管理有何特点？

任务 7-2　经济林设施栽培

○ 任务导引

经济林设施栽培是露地栽培的特殊形式，根据经济林树种生长发育的需要，调节光照、温度、湿度和二氧化碳等生态环境条件，从而人为调控经济林产品的成熟期，提早或延迟采收期，可使一些树种四季有产，周年供应，显著提高经济林的经济效益。经过多年的发展，目前，经济林设施栽培的理论与技术已成为经济林栽培技术的一个重要分支，并已形成促早、延迟、避雨等栽培技术体系及其相应模式，成为21世纪经济林生产最具活力的有机组成部分和发展高效林业新的增长点。

○ 任务目标

能力目标：

能够根据设施经济林生长特点、设施类型和生产技术原理，进行相应经济林树种的设施生产管理。

知识目标：

（1）了解经济林设施栽培概念。

（2）熟悉经济林设施栽培类型和特点。

（3）掌握经济林设施栽培关键技术。

素质目标：

（1）培养自主学习、发现问题和解决问题能力。

（2）培养动手能力和知识应用能力。

（3）培养实践能力和吃苦耐劳精神。

任务要点

重点：经济林设施的类型、结构及经济林设施关键技术。

难点：经济林设施环境及调控技术。

任务准备

学习计划：建议学时4学时。其中知识准备2学时，任务实施2学时。

工具及材料准备：当地有代表性的温室和大棚；桃、李、杏、樱桃、葡萄等设施果树；通风干湿球温度计或普通温度计、照度计、最高最低温度计、套管地温计；修枝锯、修枝剪、剪锯口保护剂；皮尺、钢卷尺、测角仪（坡度仪）等测量用具及铅笔、直尺等记录用具。

知识准备

1. 经济林设施栽培类型与特点

经济林设施是指人工建造的、用于栽培经济林树种的各种建筑物，又称保护地设施。经济林设施栽培是指在不适于露地栽培的季节或地区，利用特定的经济林设施，人为地创造适于经济林生长发育的环境条件，又称保护地栽培。

1）设施栽培类型

（1）促早栽培

通过设施栽培达到经济林产品提早上市的目的。这是目前国内外经济林树种设施栽培最主要的形式。主要技术特点是利用设施和其他技术手段，打破经济林树种休眠，使其提前生长，果实提早成熟、提早上市。目前这一栽培方式在蓝莓上获得成功。

（2）延迟栽培

主要是通过设施栽培和其他技术措施，使经济林树种延迟生长，果实延迟成熟、延迟上市。目前这一栽培方式在葡萄、油桃上已试验成功。

（3）避雨栽培

在雨水较多的地区，对枣、葡萄等容易出现裂果的经济林树种，通过设施和覆盖防止裂果，提高品质和商品价值。

2）设施栽培特点

（1）调节、丰富市场，周年供应产品

北方落叶经济林树种产品供应期多在6~11月，落叶后的12月至翌年4月，因休眠而缺乏产品。通过设施栽培的促成（延迟）栽培可使经济林产品的成熟期提前（推后）20~90（30~60）d，就可达到周年供应产品，如香椿通过日光温室栽培，冬季都有香椿芽供应。

（2）早成熟、早上市、效益高

与露地栽培相比，设施栽培可进行高密度种植，单位面积的种植系数提高了几倍，早期产量增加40%~100%。目前，我国绝大多数经济林设施栽培，都是以早熟上市、反季节销售为主。由于淡季供应，数量少，加上特有的消费体制，设施栽培经济效益较高，是露地栽培的几倍甚至十几倍。

（3）改良种植模式，充分利用土地、人力资源

由露地转向设施栽培，在严冬、早春季节扩大再生产，充分利用土地进行立体化生产，调节空间、时间、人力，达到经济林冬季、早春以及四季常产的境界。

（4）提供适宜条件，扩大种植范围

在人为控制条件下，最大限度满足经济林生长发育所需条件，避免自然灾害（大风、阴雨、寒冷、病虫害等），从而使我国的东北、新疆、南方等不适宜栽植某些经济林的地区，发展经济林成为可能，拓展经济林栽培的南限和北限，扩大种植范围。

（5）生产优质、无污染产品

在人工控制条件下进行栽培，病虫害轻，可以不用农药或少用农药，进行生物防治，最大限度地减少污染。多施有机肥，减少化肥施用量，进行集约化管理，从而提高产品的品质，生产无污染的"安全食品"。

（6）高技术、高投入、高产出

与露地栽培相比，设施栽培由于进行高密、集约栽培，技术难度大，要求高。特别是对光照、温度、湿度的控制要求十分严格，只有具备较高的栽培技术，才能保证种植成功。由于要搭建设施，所以，投入费用相对较高。但从长远来看，其产出与投入的效益比显著高于露地。

2. 经济林栽培设施

1）促早栽培设施

促早栽培设施主要包括冷棚与温室两种。

（1）冷棚

①小拱棚。小拱棚是生产上应用最多的类型，主要采用毛竹片、竹竿、荆条或6~8mm的钢管等材料，弯成宽1.0~3m，高1.0~1.5m的弓形骨架，骨架用竹竿或8号铅丝连成整体，上覆盖0.05~0.10mm厚聚氯乙烯或聚乙烯薄膜，外用压杆或压膜线等固定薄膜而成。小拱棚的长度不限，多为10~30m。通常为了提高小拱棚的防风保温能力，除了在田间设置风障外，夜间可在膜外加盖草苫、草袋片等防寒物。为防止拱架弯曲，必要时

可在拱架下设立柱。在我国南方各地多用于蓝莓等灌木经济林树种的促成栽培。

②中拱棚。其面积和空间比小拱棚大，人可在棚内直立操作，是小棚和大棚的中间类型，常用的中拱棚主要为拱圆形结构。拱圆形中拱棚一般跨度为3~6m。在跨度6m时，以高度2.0~2.3m，肩高1.1~1.5m为宜；在跨度4.5m时，以高度1.7~1.8m，肩高1.0m为宜；在跨度3m时，以高度1.5m，肩高0.8m为宜；长度可根据需要及地块长度确定。另外，根据中棚跨度的大小和拱架材料的强度来确定是否设立柱。用竹木或钢筋做骨架时，需设立柱；而用钢管做拱架则不设立柱。按材料的不同，拱架可分为竹片结构、钢架结构、竹片与钢架混合结构。在我国北方多用于桃的促成栽培；在我国南方各地多用于柑橘的促成栽培。

③塑料薄膜大棚。塑料薄膜大棚是用塑料薄膜覆盖的一种大型拱棚。它和温室相比，具有结构简单、建造和拆装方便、一次性投资较少等优点；与中小棚相比，又具有坚固耐用、使用寿命长、棚体空间大、作业方便及有利于植物生长、便于环境调控等优点。目前生产中应用的大棚，按棚顶形状可以分为拱圆形和屋脊形，我国绝大多数为拱圆形；按骨架材料则可分为竹木结构、钢架混凝土柱结构、钢架结构、钢竹混合结构等；按连接方式又可分为单栋大棚、双连栋大棚、多连栋大棚。塑料薄膜大棚的骨架是由立柱、拱杆(拱架)、拉杆(纵梁、横拉)、压杆(压膜线)等部件组成，俗称"三杆一柱"，还有在此基础上演化而来其他骨架构成形式。在我国南方各地常用于嘉宝果、木瓜、莲雾等经济林树种的异地栽培。

竹木结构单栋大棚(图7-1)：这种大棚的跨度为8~12m，高2.4~2.6m，长40~60m，每栋生产面积0.5~1亩。由立柱(竹、木)、拱杆、拉杆、吊柱(悬柱)、棚膜、压杆(或压膜线)和地锚等构成。

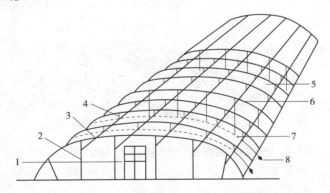

图 7-1 竹木结构大棚示意(引自《经济林栽培学》)

1. 门 2. 立柱 3. 拉杆(纵向拉梁) 4. 吊柱 5. 棚膜 6. 拱杆 7. 压杆(或压膜线) 8. 地锚

钢架结构单栋大棚(图7-2、图7-3)：这种大棚的骨架多用ϕ12~16mm圆钢或金属管材焊接而成，其要点是坚固耐用，中间无柱或只有少量支柱，空间大，便于植物生长和人工作业，但一次性投资较大。这种大棚因骨架结构不同可分为单梁拱架、双梁平面拱架、三角形(由3根钢筋组成)铁架。双梁平面拱架由上弦、下弦及中间的腹杆连成桁架结构；三角形拱架则由三根钢筋及腹杆连成桁架结构。通常大棚宽10~12m，高2.5~3.0m，长50~60m，单栋面积多为1亩。这种大棚强度大，刚性好，耐用年限可达10年以上，但用钢材较多，成本较高。

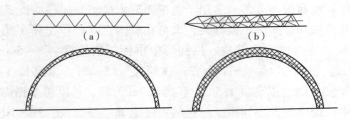

图7-2 钢架单栋大棚的桁架结构(引自《经济林栽培学》)
(a)平面拱架；(b)三角拱架

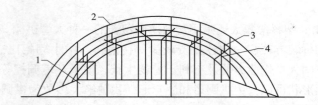

图7-3 双梁平面拱架示意(引自《经济林栽培学》)
1. 腹杆 2. 拱形桁架 3. 行架上弦 4. 桁架下弦

镀锌钢管装配式大棚(图7-4)：自20世纪80年代以来，我国一些单位研制出了定型设计的装配式管架大棚，这类大棚多是采用热浸镀锌的薄壁钢管为骨架建造而成。尽管目前造价较高，但由于它具有重最轻、强度好、耐锈蚀、易于安装拆卸、中间无柱、采光好、作业方便等特点，同时其结构规范标准，可大批量工厂化生产，所以在经济条件允许的地区，可大面积推广应用。

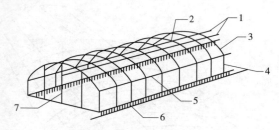

图7-4 镀锌钢管装配式架管大棚(引自《经济林栽培学》)
1. 悬梁 2. 吊柱 3. 拱杆 4. 边柱 5. 拉杆 6. 地锚 7. 立柱

(2)温室

温室是栽培设施中性能最为完善的类型，可以进行冬季生产。我国近年来温室生产发展极快，尤其是塑料薄膜日光温室，由于其节能性好，成本低，效益高，在-20℃的北方寒冷地区，冬季可不加温生产喜温经济林树种。

①单屋面塑料薄膜温室(图7-5)。此温室包括加温温室和日光温室。因日光温室不仅白天的光和热是来自太阳辐射，而且夜间的热量也基本上是依靠白天贮存的太阳辐射热量来供给，所以日光温室又叫作不加温温室，目前日光温室已成为我国温室的主要类型。日光温室结构参数主要包括温室跨度、高度、前后屋面角度、墙体和后屋面厚度、后屋面水平投影长度、防寒沟尺寸、温室长度等。

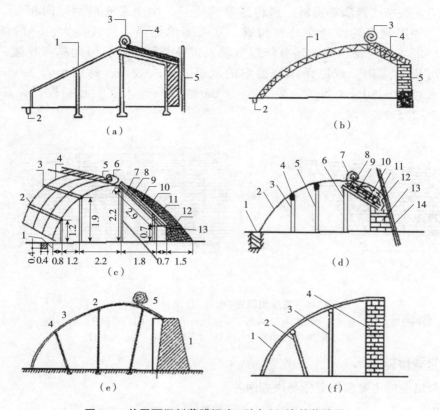

图 7-5 单屋面塑料薄膜温室(引自《经济林栽培学》)

(a)(b): 1. 前屋面 2. 防寒沟 3. 草帘 4. 后屋面 5. 北墙;

(c): 1. 防寒坑 2. 小支柱 3. 横梁 4. 竹拱杆 5. 纸被 6. 草毡 7. 柁 8. 檩 9. 箔
10. 杨脚泥 11. 后坡 12. 培土 13. 后墙;

(d): 1. 防寒坑 2. 前屋面骨架 3. 前柱 4. 横梁 5. 腰柱 6. 中柱 7. 草毡 8. 柁 9. 檩
10. 箔 11. 草泥层 12. 防寒层 13. 后墙 14. 风障;

(e): 1. 上墙 2. 立柱 3. 拱架 4. 拉杆 5. 草帘;

(f): 1. 竹片骨架 2. 前柱 3. 腰柱 4. 后墙

温室前屋面为钢架结构,无立柱,后墙为砖与珍珠岩组成的异质复合墙体,后屋面也为复合材料构成。采光、增温和保温性能良好,便于室内植物生长和人工作业。温室结构性能优良,在严寒季节最低温度时刻,室内外温差可达25℃以上,这样,在华北地区正常年份,温室内最低温度一般可在10℃以上,10cm深地温可维持在11℃以上。作为设施栽培的日光温室,由于树体高大,因此温室的跨度与高度可适当增加,但必须考虑保温与透光的要求,不能盲目加大,还应从种植密度、修剪方式、树种和品种选择等方面,适应设施栽培的要点。

②双屋面温室(图7-6)。这类温室主要由钢筋混凝土基础、钢材骨架、透明覆盖材料、保温帘和遮光帘以及环境控制装置等构成。其中钢材骨架主要有普通钢材、镀锌钢材、铝合金轻型钢材3种。透明覆盖材料主要有钢化玻璃、普通玻璃、丙烯酸树脂、玻璃纤维加强板(RA板)、聚碳酸酯板(PC板)、塑料薄膜等。保温帘多采用无纺布。遮

光帘可采用无纺布或聚酯等材料。这种温室的要点是两个采光屋面朝向相反、长度和角度相等。四周侧墙均由透明材料构成。双屋面单栋温室比较高大，一般都具有采暖、通风、灌溉等设备，有的还有降温以及人工补光等设备，因此具有较强的环境调节能力，可周年应用。双屋面单栋温室的规格、形式较多，跨度小者3～5m，大者8～12m，长度20～50m不等，一般2.5～3.0m需设一个人字梁和间柱，脊高3～6m，侧壁高1.5～2.5m。

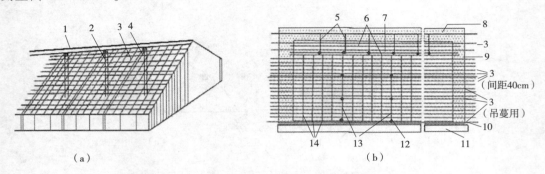

图7-6 双屋面温室（引自《经济林栽培学》）
1. 轻钢骨架　2. 中柱　3. 钢丝　4. 钢管桁架　5. 后斜梁　6. 后檩　7. 拉杆　8. 后墙　9. 侧墙
10. 小拉杆　11. 防寒沟　12. 立柱　13. 拱杆　14. 夹膜杆

2) 延迟栽培设施

延迟栽培设施主要包括荫棚与拱棚两种。

(1) 荫棚

延迟设施栽培以荫棚为主。荫棚是以聚乙烯、聚丙烯和聚酰胺等为原料，经加工制作拉成扁丝，编织而成的一种网状材料。该种材料重量轻，强度高，耐老化，柔软，便于铺卷，同时可以通过控制网眼大小和疏密程度，使其具有不同的地光、通风特性，供用户选择使用。荫棚的主要作用有以下几种。

①削弱光强、改变光质。不同颜色遮阳网的遮光率不同，以黑色网遮光率最大，绿色次之，银灰色最小。

②降低地温。气温和叶温遮阳覆盖显著地降低了根际附近的温度，主要是地表及其上、下20～30m的气温、地温。一般地表温度可下降4～6℃，最大12℃，地上30cm气温下降5～7℃，地下5cm地温可下降6～10℃。

③减少田间蒸散量。遮阳覆盖可以抑制田间蒸散量。地面蒸散量的减少与遮阳网透光率变化趋势一致，大棚覆盖遮阳网下，蒸散量可比露地减少1/3（遮光率33%～45%）～2/3（遮光率60%～70%）。

④减弱暴雨冲击。据测定，在100mm内降水量达34.6mm的情况下，遮阳网内中部的降水量为26.7mm，边棚的降水量为30.0mm，网内降水量分别减少了13.3%～22.8%，同时水滴对地面的冲击力仅为露地的1/50，露地植株因暴雨冲击而严重损伤，网内的安然无恙。

⑤减弱台风袭击。遮阳网通风比塑料棚好，对风力的相对阻力小，所以只要在台风来临前将遮阳网固定好，一般不易被大风吹损，对网内植物有一定的保护作用，据测定，一

般网内的风速不足网外的35%。

（2）拱棚

利用拱棚进行延迟栽培，其形状与荫棚相似，但骨架用铁管或水泥柱构成。铁管直径为3~5cm，其基部固定于混凝土中，棚架上覆盖塑料薄膜材料。也可按长方形、方形等几何平面形式建成单棚，还可由几个不同形状和高度的单棚组合成连拱棚组。拱棚栽培的管理主要在于对风、雪、温度的控制，以及调节顶部塑料薄膜的厚度、颜色以控制光周期与光质。例如，河北、山东葡萄的延迟栽培，湖南鲜食枣的延迟栽培均属此类。

3) 避雨设施栽培

避雨设施栽培是以防雨为目的，是设施栽培中比较简单、实用的方法。经济林树木如枣树在生长发育中，容易受到一些灾害性天气的影响，主要表现在两方面：一是秋季降雨集中分布期，正好是鲜枣的脆熟期、容易造成裂果烂果。二是花期是枣树的生理脆弱期，常常会受到干旱和高温多湿天气影响。若花期干旱，会产生焦花现象；若降雨偏多，空气湿度加大，容易产生沤花现象，影响坐果率。

在枣园搭建防雨棚，适时加盖塑料，可主要起到3个作用：一是可以稳定枣园的花期湿度，提高枣树坐果率；二是秋季加盖防雨棚，可以有效降低裂果损失；三是可减少靠风雨传播的病害类型发生，鲜枣经避雨栽培后，枣锈病、炭疽病、枣缩果病明显减轻，同时，通过避雨栽培，果面污染减轻，清洁美观，优质果率提高。另外，如大樱桃在成熟期降雨多也易裂果，可建避雨设施。

3. 经济林设施栽培关键技术

1) 设施栽培树种、品种选择

设施栽培在品种选择上，首先考虑栽培目标的定向性与象征性以及产量形成的预见性。品种选择正确与否，直接关系到设施栽培的成败。设施经济林品种选择的原则是：

①目标明确。促早栽培，以极早熟、早熟和中熟品种为主，以利于提早上市。延迟栽培，则应选择晚熟品种或易一年多次结果的树种。

②以鲜食为主。应选择那些个大、色艳、酸甜适口、商品性强、质量上佳的品种。

③树体紧凑矮化、易花早果。包括矮化砧木的应用与紧凑型品种的选育，这也是设施经济林栽培今后品种选择的目标。

④适应性强。对温、湿环境条件适应范围较宽，并且抗病性强。

⑤技术易突破。促早栽培，注意筛选自然休眠期短，低温需冷量少，易于人工打破休眠的品种，以便早期或超早期产出。注意选择花芽形成快，促花容易，坐果率高，较易丰产的品种。

⑥品种（品系）精选。同一设施内，应选择同一品种（或品系），需配置授粉树的应严格搭配。不同设施内可做到早、中、晚配套。常见的设施栽培经济林树种及主要品种见表7-1。

表 7-1　设施栽培常见的经济林树种及主要品种

树种	主要品种
葡萄	'玫瑰'、'巨峰'、'红提'、'美人指'、'蓓蕾'、'新玫瑰'、'康拜尔早生'、'乍娜'、'凤凰 51'、'里扎马特'、'京亚'、'紫珍香'、'京秀'、'无核早红'
桃	'京早生'、'武井白凤'、'布目早生'、'砂子早生'、'八幡白凤'、'仓方早生'、'春蕾'、'春花'、'庆丰'、'雨花露'、'早花露'、'春丰'、'春艳'
油桃	'五月火'、'早红宝石'、'瑞光 3 号'、'早红 2 号'、'曙光'、'NJN72'、'早美光'、'艳光'、'华光'、'早红珠'、'早红霞'、'伊尔 2 号'
樱桃	'红灯'、'短枝先锋'、'短枝斯坦勒'、'拉宾斯'、'雷尼尔'、'红丰'、'佐藤锦'、'高砂'、'那翁'、'香夏锦'、'大紫'、'莱阳矮樱桃'、'芝罘红'、'斯拉得'、'日之出'、'黄玉'、'红蜜'
李	'大石早生'、'大石中生'、'早美丽'、'红美丽'、'蜜思率'
杏	'信州大石'、'和平'、'红荷包'、'骆驼黄'、'玛瑙杏'、'凯特杏'、'金太阳'、'新世纪'、'红丰'
梨	'新水'、'幸水'、'长寿'、'二十世纪'
苹果	'津轻'、'拉里丹'
柿树	'西村早生'、'刀根早生'、'前川次郎'、'伊豆'、'平核无'、'阳丰'、'大秋'
无花果	'玛斯义·陶芬'、'布兰瑞克'、'丰产黄'、'波姬红'、'青皮'、'日本紫果'
枣	'金丝小枣'、'冬枣'、'月光'、'灌阳长枣'

2) 经济林树种低温需冷量及打破休眠技术

促成栽培，加温时间越早，成熟上市越早，效益越高。但是设施栽培中，加温时间并不是无限制提前和随意而定的。因落叶经济林树种都有自然休眠的习性，如果低温需冷量不足，没有通过自然休眠，即使扣棚保温，给其生长发育适宜的环境条件，经济林也不会萌芽开花；有时尽管萌发，但往往不整齐，时间滞长，坐果率低。生产中普遍存在加温时间不当，尤其是过早升温而导致设施栽培失败的问题。另外，有些设施生产中，核果类树种经过保温处理，出现了花芽、叶芽萌发"倒序"现象，即叶芽先于花芽萌发，这种情况下叶芽优先争夺贮藏营养，导致坐果率降低，更为严重的是，随着时间的推移，新梢旺长，严重影响幼果发育与膨大，造成幼果脱落严重，减少设施产量。这种情况的出现，也与低温需冷量不足有关，应引起重视。

不同树种、品种通过自然休眠的低温需冷量各异，由此决定了不同树种、品种在进行设施栽培中的加温时间。低温需冷量是确定加温时间的首要依据。只有低温需冷量得到满足，并通过自然休眠后再加温，才有可能使设施栽培获得成功，确保经济林在设施条件下正常生长发育。但低温需冷量不是设施栽培升温的唯一依据，适宜的升温时间还要综合考虑产品计划上市时间，加温后设施内环境调节的难易与投入，树种、品种对某些因素的特殊要求等。经济林树种完成自然休眠的最有效的温度是 7.2℃左右，而 10℃以上或 0℃以下的温度对低温需求的积累基本上无效。落叶经济林树种低温需求量作为一种生物发育性状，受多基因控制，并表现为累加效应和记忆效应。当秋天经济林接近休眠或进入休眠后，只要有低于 10℃的温度，哪怕每天只有几小时或几十分钟，作为其低温积累值的一部分，都会被准确地记忆并按物候期的进程而累加。

生产实践中，为使设施栽培的经济林木迅速通过自然休眠，以提前加温做超早促成生产，采用人工低温集中处理法。即当深秋平均气温低于10℃时，最好在7~8℃开始扣棚保温，棚室薄膜外加盖草苫或草帘等。只是草苫等的揭放与正常保护时正好相反，夜间揭开草苫，开启设施风口作低温处理，白天盖上草苫并关闭风口，以保持夜间低温。大多数经济林树种按此种方法集中处理20~30d，可顺利通过自然休眠，以后即可进行保护栽培。

经济林设施栽培中，人们关心较多的问题是，如何利用人工方法代替低温并随时打破休眠。目前，生产中较为人们所接受的是葡萄设施栽培生产中用石灰氮打破休眠的做法。葡萄经石灰氮处理后，可比对照提前20~25d发芽。使用时，每1kg石灰氮用40~50℃的温热水5kg放入塑料桶或盆中，不停地搅拌，经1~2h，使其均匀成糊状，防止结块。使用前，溶液中添加少量黏着剂或吐温20(聚山梨醇酯-20)。可采用涂抹法，即用海绵、棉球等随药涂抹枝蔓芽体，涂抹后可将葡萄枝蔓顺行放倒贴地面，并覆盖塑料薄膜保湿。除石灰氮外，像赤霉素、玉米素、6-BA、二氯乙醇、硫脲等都有打破休眠的作用，但其作用往往不稳定，并易受环境条件的影响，所以在生产中不能大量普遍应用。

3) 经济林设施环境及其调控技术

(1) 设施内光照调控技术

设施内光照状况取决于室外自然光照状况和覆盖物的透光能力。由于覆盖物(主要是塑料膜)对光的反射与吸收，支柱、拱架、墙体等设施结构及附属物件的遮光，塑料薄膜内面的凝结水滴或尘埃等的影响，设施内的光照状况明显低于自然条件，其光照强度平均为室外自然光照强度的60%~70%。另外，设施内的光照强度在空间垂直方向上变化幅度大。以近薄膜作为光源点，越向下靠近地面，光照强度越弱，每下降1m，光照强度就减少10%~20%。

除光照强度发生变化外，设施内的光照质量(光谱成分)也发生改变。不论是玻璃设施还是塑料薄膜设施，均阻隔了部分紫外线的透入，但塑料薄膜比玻璃会透过更多的紫外线。

冬天或早春进行以提早成熟为主的设施栽培，由于保温需要，需加盖保温层(草苫或草帘)，白天保温层的覆盖和揭除，使得设施内的光照时间明显变短，一般12月至翌年1月为6~8h，2~4月为8~10h。针对经济林设施内光照强度弱、光谱质量差、光照时间短的特点，在光照因子调控上，应采取多种措施改善光照状况，具体措施有：

①选择透光率高的覆盖材料。目前生产中应用较为普遍的经济林设施为塑料薄膜设施，即覆盖材料主要是塑料薄膜，也称棚膜。按其合成的树脂原料可分为聚乙烯(PE)棚膜、聚氯乙烯(PVC)棚膜和醋酸乙烯(EVA)棚膜。其中PE棚膜应用最广，其次是PVC棚膜。生产中按其性能特点分为普通棚膜、长寿棚膜、无滴棚膜、漫反射棚膜和复合多功能棚膜等。

②采用合理的设施结构。在便于调控环境条件、坚固耐用、抗性较强的基础上，充分考虑不同树种、品种生长发育习性的差异，适当降低设施高度，增加经济林树种下部的光照，尽量减少支柱、立架、墙体等附属物的遮阴挡光。

③铺设反光地膜。铺设反光地膜于设施内地面，或将其竖挂于设施墙体的一侧，可充

分利用反射光线，大大增强或改善设施内的光照状况。

④采用人工补光技术。设施栽培遇连续阴雨天气以及有些树种的超早期栽培，需进行人工补光，以弥补设施光照的不足，并可促进有机物质的合成和代谢。人工补光栽培所用的光源有荧光灯、水银灯、卤化金属灯、钠蒸气灯。由于这些人工光源的光波特性不同，在分布处理上有所差异，对经济林的生长发育也有所不同。

⑤利用彩色薄膜。利用不同颜色薄膜，以满足设施内经济林树种生长发育对不同光质与光周期的需要。

⑥其他措施。适宜的高透光树形结构和树体综合管理。

（2）设施内温度调控技术

①气温调控。设施环境创造了经济林优于露地生长的温度条件，其温度调节的适宜与否决定栽培的其他环节。一般认为，设施温度的管理有两个关键时期：一是花期，花期要求最适温度白天为20℃左右，晚间最低温度不低于5℃，因此花期夜间加温或保温措施至关重要；二是果实生育期，最适温度25℃左右，最高不超过30℃，温度太高，造成果皮粗糙、颜色浅、糖酸度下降、品质低劣，因此，后期经济林设施管理应注意通风换气。

②地温调控。设施栽培，尤其是早熟促成栽培中，设施内地温上升慢，地温与气温不协调，造成发芽迟缓，花期延长，甚至出现核果类中的"先叶后花"现象。另外，地温变幅大，会严重影响根系的活动和功能发挥。因此，如何提高地温，并使其变化平缓是一项重要工作。一般在设施内加温前1个月左右，设施内地面可充分覆盖地膜，以提高地温。

（3）设施内湿度调控技术

土壤水分对果实的膨大及品质影响很大。设施覆盖挡住自然降水，土壤水分完全可以人为控制，准确确定不同树种、品种在不同生育期土壤水分含量的上、下阈值，对优质丰产极为重要。土壤湿度的调节主要采用控制浇水次数和每次灌水量来解决。此外，由于密闭作用，设施内空气湿度往往较大，尤其不利于授粉受精，因此可通过铺地膜和及时通风进行调节空气湿度，适应经济林需求。

（4）设施内二氧化碳调控技术

设施栽培由于密闭保温，白天空气中的二氧化碳因经济林树种光合作用消耗而下降，在设施内施用二氧化碳可以提高二氧化碳的浓度，弥补由于光照减弱而导致的光合效能下降，将二氧化碳的浓度提高到原来的2倍以上，可以收到明显的增产效果。设施内二氧化碳的调节主要通过增施有机肥、通风换气、燃烧法和二氧化碳气肥等方法来补充二氧化碳的浓度。人工补充二氧化碳要解决不同树种、品种所适宜的二氧化碳气源、适宜的使用时间、促进扩散的方法、有效的浓度等问题。

4）设施栽培经济林开花坐果习性及产量调节技术

（1）设施经济林的开花坐果习性

设施中的环境为经济林创造了区别于露地自然条件下的开花坐果环境，其开花坐果的模式大大改变，与露地栽培相比，其不同点主要表现在：花期提前或延迟，果实上市大大超前或延后；单花花期变短，果实发育期延长；花粉生活率低；产量低、综合品质差。

(2)提高设施栽培经济林坐果率的技术措施

①养根壮树。提高营养物质的贮藏水平,保持树体枝条充实。

②加温时间适宜,切勿超早生产。加温过早,经济林没有通过自然休眠,经保温后,花芽勉强开放,但花不整齐,尤其是花粉生活力大大降低。所以,只有在完成自然休眠后,才能加温进行保护生产。

③人工辅助授粉。设施内尽管配置有授粉树,但由于冬季、早春温度较低,昆虫很少活动,影响经济林的授粉受精。即使有昆虫活动,其传粉也极不平衡,除影响坐果外,桃和葡萄容易出现单性结实,果实大小不一致,差异较大,草莓容易出现畸形果。除早春放蜂帮助授粉外,还需要人工授粉,可采用人工点授、撒粉或喷粉等方法。为了节省花粉、准确可靠,设施栽培中一般采用人工点授。

④应用植物生长调节剂。设施栽培时,冬春季由于低温,一般经济林树种生长较弱,以后又由于高温多湿,生长较旺,所以需要应用生长调节剂加以控制。为促进经济林生长通常应用 GA_3;防止枝叶徒长多用的多效唑(PP_{333},250mg/L)等抑制剂,施用生长抑制剂过量时可用 20mg/L 的 GA_3 溶液调节。

5)设施栽培经济林生长发育模式及树体综合管理技术

(1)设施栽培经济林生长发育模式

设施栽培条件下经济林的生长发育模式发生很大的变化,主要包括:

①地上地下协调性差,根系生长滞后于枝梢,加剧了花果与梢叶的营养竞争。

②花芽分化不完全,完全花比例下降,花粉生活力降低,在很大程度上影响产量的形成。另外,单花开放时间缩短,但花期拉长又不整齐,从开花至果实采收之间的果实发育期延长。

③叶片变大,叶绿素含量降低。枝梢生长变旺,节奏性不明显,节间加长。另外,在设施条件下枝条的萌芽率、成枝力均提高,在较大程度上恶化了光照状况。

④光合效益下降,是露地栽培条件下的 70%~80%。除与弱光照有关外,也与叶片质量下降有关。

⑤果品质量下降,表现在含糖量降低,酸含量增加。果实畸形率高,生理性病害发生严重。

⑥多年设施栽培后,树体贮藏营养下降,结果部位外移,树体内膛易光秃衰亡。

⑦揭棚后树体易出现新梢徒长,光照恶化,尤其是夏天核果类多数顶部"戴帽"旺长,应做好越夏后续管理。

(2)设施栽培经济林树体综合管理技术

与露地栽培比较,设施栽培的经济林在树体综合管理技术上应注意以下几点:

①覆地膜。加温前 30~40d 设施内地面全部覆盖地膜,以提高土温,使地下、地上生长发育协调一致。

②增营养。加温后、开花前,枝梢喷布 0.1%~0.3% 的氨基酸液,促进花芽发育。

③调树形。根据树体、品种特性及栽植密度,采用合理的树形,利于透光。

④重修剪。冬剪时以疏为主,主要疏除挡光的大枝和外围竞争枝,多留花芽。夏剪时增加修剪次数和频度,以利于通风透光和花芽形成。

⑤保花果。通过人工授粉，花期放蜂，喷施坐果剂等措施提高坐果率。

⑥叶面喷肥。前期根外追肥以氮素为主，每隔10~15d一次；后期以磷肥、钾肥为主。可多进行叶面喷肥。

⑦肥水管理。与露地栽培相比，在设施栽培条件下需增大有机肥的施入量；适当减少化肥的使用数量，为露地栽培条件下的1/3~1/2。由于自然蒸发量减少，应减少设施栽培经济林的灌水次数和灌水量。

⑧其他措施。揭膜后加强后续管理，防止上部旺长"戴帽"。

任务实施

1. 实施步骤

1) 设施类型及结构调查

(1) 调查内容

①识别当地的温室、塑料大棚等类型。观测园艺栽培设施的场地选择、设施方位和设施群整体规划情况(设施间距、道路设置等)。

②测量并记载不同类型设施的结构规格、配套型号、性能特点和应用。分析不同形式栽培设施结构的异同，采光性能和保温性能的优劣等。

如果是日光温室，测量方位，长、宽、高尺寸，透明屋面及后屋面的角度、长度，墙体厚度和高度，门的位置和规格，建筑材料和覆盖材料的种类和规格，配套设施、设备和配置方式等。

如果是塑料大棚(装配式钢管大棚和竹木大棚)，测量方位，长、宽、高规格，用材种类与规格，各排立柱的高度与间距等。

如果是大型现代温室或连栋大棚，调查结构、型号、生产厂家，骨架材料、覆盖材料和方位，以及长、宽、肩高、顶高、跨度、间距与配套设备设施。

如果是遮阳网、防虫网、防雨棚，调查结构、覆盖材料和覆盖方式等。

③调查并记载不同类型栽培设施的栽培种类品种、一年中的主要栽培措施、措施采用的日期。

(2) 调查总结

依调查情况，按比例绘制所测量主要设施类型的侧剖面结构图，注明各部位名称、尺寸及单位，并指出优缺点和改进意见。分树种归纳总结设施栽培的主要措施。

2) 设施内的小气候观测

(1) 方法步骤

①温度、湿度分布观测。在温室中部选一纵剖面，从南至北竖立数根标杆，第一杆距南侧0.5m，其他各杆相距1m，在每杆垂直方向每0.5m设一测点。在温室内距地面1m高处，选一横断面，按东、中、西和南、中、北设9个测点。

每一剖面，每次观测时读两遍，两次读数的先后次序相反，求其平均值。每日观测时间为8:00和13:00。

②光照分布。观测点、观测顺序和时间同温度与湿度观测。

③温度、湿度的日变化观测。观测温室内中部与露地对照区1m高处的温度、湿度，记载一天中2:00、6:00、10:00、14:00、18:00、22:00的温度、湿度。

④地温分布与日变化测定。在温室内水平面上，于东西和南北向中线，从外向内，每0.5~1m设一观测点，测定10cm地温。并在中部一点和露地对照区观测0cm、10cm、20cm地温的日变化。观测时间同温度日变化观测。

(2)数据处理

根据观测数据，绘出温室内等温线图、光照分布图、温度和湿度的日变化曲线图。

3)桃(或其他树种)设施栽培生长期修剪

(1)方法

具体根据实施时的桃树物候期确定所用方法，或结合其他项目实训分次完成。由教师先讲解示范，然后学生分组逐株进行。

①抹芽除梢。桃树萌芽后到新梢生长期，抹除剪口下竞争枝芽、内膛及背上徒长枝芽、并列萌发芽中的一芽、位置与角度不当的嫩梢。

②摘心。桃树整形期间，骨干枝延长新梢长到30~40cm时摘心。对树冠内可利用的直立枝或徒长枝、骨干枝背上旺枝留5~7芽，强摘心，培养结果枝组。

③疏枝。在新梢生长期，疏除冠内无用直立枝、徒长枝、过密枝、细弱枝等。

④修剪反应观察。观察并记录生长期修剪后的反应和效果。

(2)总结

观察设施桃树(或其他树种)生长期修剪的方法及作用。

4)设施果树冬季修剪技术

(1)方法

①树形识别及培养。桃、李、杏、樱桃等常见的自然开心形、二主枝开心形、丛状形、纺锤形、圆柱形、疏层形等，葡萄常见的龙干形、多主蔓自然扇形、规则扇形等及设施内应用。观察树形并进行优缺点评价。

②修剪方法与应用。修剪在设施果树落叶后至扣棚前进行，也可安排在扣棚后至扣棚升温之前完成。实训时教师先讲解示范，然后学生分组或单独逐株进行实际修剪操作。

短截：对有发展空间的延长枝进行短截，促进树体扩展和增加分枝数量；对有空间的一年生中庸枝进行短截，促发分枝，培养结果枝组；对桃结果枝、葡萄结果母枝进行短截，集中营养，促进结果和更新。

疏枝：疏除树体中1年生或多年生的徒长枝、直立旺枝、过密枝、细弱枝、病虫枝、枯死枝等，降低枝条密度，减少营养消耗，改善通风透光条件。

缓放：对中庸枝进行缓放，缓和枝势促生短枝，促进花芽分化；对结果枝进行缓放，促进坐果。

拉枝开角：采用拉、支、坠等方法拉枝开角，促进枝势缓和，促发短枝，有利于花芽分化和改善通风透光条件。多年生枝和直立枝缓放一般要结合拉枝。

回缩：对树冠过高、冠径过宽以及交叉枝、重叠枝、并生枝、下垂枝等进行回缩控冠，改善通风透光条件，有利于作业管理。同时对连年缓放的单轴延伸的衰弱枝组进行回缩更新复壮。

修剪反应观察：在生长期观察并记录冬剪后的反应和效果。

(2) 总结

记录并总结冬剪后的反应和效果。

2. 结果提交

编写实践报告。主要内容包括：目的、所用材料和仪器、过程与实践内容、结果。报告装订成册，标明个人信息。

思考题

1. 名词解释：经济林设施，经济林设施栽培。
2. 设施经济林栽培有哪些特点？
3. 设施环境条件调控包括哪些内容？如何调控？
4. 与露地栽培相比，设施栽培经济林开花结果习性有哪些特点？
5. 设施经济林栽培树体综合管理技术包括哪些内容？

任务 7-3　植物生长调节剂应用

任务导引

近年来，随着人们对植物激素生理作用研究的深入，以及发现和合成的植物生长调节剂种类的增多，植物生长调节剂在经济林生产中的应用日益扩大，成为经济林现代集约化栽培中不可缺少的措施。然而，无公害栽培、绿色产品生产，需要考虑植物生长调节剂的安全性、毒性和残毒等问题，因此，在使用生长调节剂时，应注意其种类、作用、应用时期、浓度等，保证有效、安全。通过本任务的学习，应掌握不同植物生长调节剂药剂的配制和应用。

任务目标

能力目标：

能根据生产实际，正确选择相应的生长调节剂对树体进行调控。

知识目标：

(1) 掌握植物生长调节剂的主要种类。
(2) 掌握植物生长调节剂的作用。
(3) 掌握植物生长调节剂的应用方法。

素质目标：

(1) 培养自主学习、分析问题和解决问题能力。
(2) 培养动手能力和知识应用能力。

项目7 经济林提质增效栽培

(3)培养科学意识和食品安全意识。

任务要点

重点：植物生长调节剂的使用方法及应用时的注意事项。
难点：植物生长调节剂的应用。

任务准备

学习计划：建议学时4学时。其中知识准备2学时，任务实施2学时。

工具及材料准备：萘乙酸，果树促控剂（PBO）；100mL容量瓶、分析天平、大烧杯、小烧杯、温度计、酒精灯、玻璃棒、有色玻璃广口瓶、胶水、喷雾器；70%乙醇、蒸馏水。

知识准备

1. 植物生长调节剂种类

植物生长调节剂是指从外部施于植物，在较低浓度下，能够调节植物生长发育的非营养物质的一些天然或人工合成的有机化合物的通称。

1）生长素类

人工合成的生长素分3类：

①吲哚类。如吲哚乙酸（IAA）、吲哚丁酸（IBA）、果宝素[吲哚唑乙酸乙酯，吲熟酯（IZAA）]等。

②萘酸类。如萘乙酸（NAA）。

③苯氧酸类。如2,4-二氯苯氧乙酸（2,4-D）、2,4,5-三氯苯氧乙酸（2,4,5-T）、促生灵[对氯苯氧乙酸，防落素（PCPA）]、增产灵（对溴苯氧乙酸）等。

2）赤霉素类

植物体内赤霉素（GA）现已发现有72种，按其发现先后顺序写为GA_1、GA_2、GA_3…GA_{72}。它们之间可互相转化。不同树种和品种所含的种类不同，不同器官、不同生育阶段其赤霉素种类和水平也不同。人工合成利用的药剂仅有两种，即GA_3和GA_{4+7}（含GA_4 30%、GA_7 70%）。这就是外用赤霉素药剂效果不够稳定的内因。

3）细胞分裂素类

人工合成的细胞分裂素有6种，细胞分裂素（CTK）有玉米素（ZT）、6-苄基腺嘌呤、KT（激动素）等，生产上常用的为人工合成的6-苄基腺嘌呤（6-BA）。6-苄基腺嘌呤（6-BA）具有类似细胞分裂素的活性。发枝素也是含有此类成分的一种新型植物生长调节剂。

4）乙烯释放剂

作为外用的生长调节剂，乙烯释放剂是一些能在代谢过程中释放出乙烯的化合物，主要的一种为乙烯利。

5)生长延缓剂和生长抑制剂

①生长延缓剂。生长延缓剂是目前果树生产上应用最多的一类生长调节剂,主要有矮壮素(CCC)、多效唑(PP_{333})、助壮素(DPC)等。

②生长抑制剂。生长抑制剂主要有脱落酸(ABA)、青鲜素(MH)、调节膦、整形素等。

6)其他

①三十烷醇(TRIA)。三十烷醇是一种具有 30 个碳原子的直链伯醇,是一种广谱性植物生长调节物质。这种物质广泛存在于植物体和自然界中。因为它是天然物质,对人类安全,对环境无污染,所以引起国内外广泛重视。

②EF 植物生长促进剂。EF 植物生长促进剂是我国开发研制的一种新型植物生长调节剂,是从桉树中提取的一种黄酮类生理活性物质,是完全的天然物质。

③"常乐"益植素。"常乐"益植素是硝酸稀土的商品名称,习惯上称为稀土微肥。

其他植物生长调节剂还有如茉莉酸、多胺、油菜素内酯、水杨酸、西维因、敌百虫等。

2. 植物生长调节剂作用

1)调节营养生长

(1)延缓或抑制新梢生长

矮化密植栽培是现代化经济林生产发展的方向。应用控制树体过旺营养生长的生长延缓剂,如多效唑(PP_{333})、烯效唑、矮壮素等,可使树体矮化。PP_{333}的作用机理主要是抑制树体内赤霉素的生物合成,减少生长素的含量,因而减少营养生长。可抑制核桃、香椿等多种经济林木的营养生长,使节间缩短,树体矮化。核桃在春季新梢长 15cm 左右时,叶面喷施 100~200mg/L 的 PP_{333},可显著抑制其营养生长;香椿于苗高 50cm 时,喷洒 500~750mg/L 的 PP_{333},可使苗木矮化 29%~42%,有效物质质量增加 28%~51%,苗木封顶时间提前 13~18d。

(2)控制顶端优势,促进侧芽萌发

经济林木幼树顶端优势明显,常抑制侧芽萌发,使树体总枝量少,不利于早成形和提早结果。应用细胞分裂素类生长调节剂 6-苄基腺嘌呤(6-BA)可促进新梢侧芽萌发,并形成副梢;也可以促进已经停止生长的枝条重新生长。主要原因是细胞分裂素能调节核酸的合成和具有调运养分的能力,从而促进细胞分裂、解除顶端优势和促进分枝、增加花芽分化数量、防止花和果实及叶片的衰老与脱落。以 6-BA 为主要成分的软膏制剂——发枝素,已广泛用于山楂、欧洲甜樱桃等多种经济林木幼树,能实现定位发枝。

(3)促进或延迟芽的萌发

在生产实践中,控制芽的萌发具有较重要的意义。落叶经济林秋季进入自然休眠期后,需要一定低温才能正常通过休眠,如果冬季温暖,或设施栽培中加温过早,则不能满足其通过休眠所需的低温,会导致萌芽、开花不整齐,从而影响树体的正常营养生长、开花和坐果。因此,常需要采取措施,促进芽的萌发。外用 GA 可以打破某些树种的休眠,促进萌芽;BA 也有类似作用。秋季使用生长调节剂,使树体提前落叶,可促芽提早萌发。实验证明,甜樱桃于覆盖前 10d 喷 40%乙烯利 600 倍液,可迫使树体提前落叶。9 月初覆盖，人工降温，11月16日开始升温，结果喷施乙烯利处理比人工摘叶和对照萌芽整齐，坐果率高，果实比露地栽培提早127d上市。油桃-17，于10月15日和11月9日分别喷乙烯利和赤霉素，喷500mg/L GA，桃盛花期提早了6d，喷2000mg/L乙烯利盛花期提早了5d。

对于一些花期早或晚霜危害严重的地区，需延迟芽的萌发，延迟花期。樱桃于正常落叶前2个月，喷低浓度的乙烯利（250mg/L或500mg/L），可推迟花期3~5d；秋季喷布GA_3，能推迟樱桃花期约3周。扁桃秋季喷施800mg/L乙烯利，可使其翌年花期推迟3~4d，甚至7~11d。

(4)控制萌蘖发生

冬剪时，去大枝或过重修剪，常会导致萌蘖和徒长枝的发生。用高浓度的生长素，如0.5%~1%的萘乙酸（NAA）涂抹剪口或锯口，可阻止其下部的枝条旺长或萌蘖发生。

2)调节花芽形成

(1)调节花芽分化

经济林小年时或成花过多的树种，需采取措施，减少花芽形成数量，以消除大小年，节约营养和提高坐果率。GA_3能抑制多种经济林的花芽分化。在花诱导期，喷施50~100mg/L的GA_3可以减少桃花芽形成数量50%左右。扁桃于花芽生理分化期喷施100mg/L的GA_3可抑制花芽形成，而花芽质量未见异常。

促进成花的生长调节剂主要有PP_{333}、乙烯利、6-BA等。在桃、猕猴桃等多个树种上，尤其是幼树，施用PP_{333}能明显地抑制树体过旺营养生长，促进成花。对营养生长过旺的金太阳杏幼树喷施300倍或350倍PP_{333}水溶液，可有效抑制新梢旺长，促进花芽形成，增加短果枝和花束状果枝的比例。PP_{333}对桃、李、樱桃等核果类，促花效果均很明显。红富士苹果施用PBO，可显著提高花芽分化数量。

(2)调节花的性别分化

对于雌雄异花的经济林树种，如核桃、板栗，促进雌花分化对于提高产量具有重要意义。板栗在雌花分化期叶面喷施$GA_3$50mg/L、100mg/L和6-BA100mg/L能显著提高雌花分化率，降低雄花与雌花的比值；GA_3处理时，板栗雄花节位减少。乙烯利对板栗雌花分化具有显著的抑制作用，促进雄花分化，并使雄花序节位增多。核桃幼叶喷布三碘苯甲酸（TIBA）+GA_3时，可增加雌花芽数量；整形素C可有效地增加核桃雄花败育数量，但不影响雌花分化数量。

3)调控坐果

(1)促进坐果，防止采前落果

盛花期喷GA_3，可促进山楂、枣、巴旦杏、樱桃、桃、李、杏等多种经济林木的坐果率，对提高山楂坐果率最为有效。盛花期喷施2,4-D，也可促进巴旦杏坐果。三十烷醇对提高山楂坐果率有效。GA_3还可在柿树、石榴等多种经济林上应用，甜柿在盛花期喷80mg/L的GA_3可提高坐果率32.1%。枣树初花期喷施100倍PBO，可提高坐果率2~3倍。CPPU（KT-30s，属于苯基脲类细胞分裂素类生长调节剂）可提高柿树的坐果率。板栗用ABT 10号生根粉20~30mg/L，在花期、幼果迅速发育期重点喷施雌花结果部位，可提高坐果率，增产 15%。NAA 可防止仁果类、核果类等多种经济林木的采前落果。

（2）化学疏果

生产上较为常用的疏果剂有 NAA、萘乙酰铵（NAAm）、乙烯利、西维因、敌百虫、石硫合剂等。NAA 和 NAAm 使幼果内的生长素水平迅速下降，导致幼果生长减缓而脱落；NAA 也减少光合产物由叶片向幼果的运输，从而减少坐果；西维因可以干扰幼果内通过维管束系统的运输作用，使幼果缺少发育所需的物质而脱落；敌百虫的疏果机制是暂时抑制叶片的光合作用强度，同时也抑制光合产物向幼果的运输，使幼果生长减缓，导致部分弱果脱落。6-BA 也是苹果的有效疏除剂，对'红富士'、'金冠'、'元帅'等多个品种均有明显的疏果作用。日本用 NAA 疏除柿果，以 5~10mg/L 在盛花后 10~20d 喷布，有明显疏除效果。

4）调控果实生长发育

（1）诱导单性结实

应用生长调节剂，可刺激正常情况下不能单性结实的树种单性结实，产生无籽果。如用 IAA、GA_3、BA 等处理，均可使无花果获得单性结实果。GA_3 可诱导葡萄、西洋梨单性结实。在葡萄上应用 GA_3 诱导单性结实，极为成功。玫瑰香葡萄于花前和花后 10d，以 50mg/L 的 GA_3 分两次处理花序和果穗，可使其全部无核，并增重 50%。

（2）促进果实增大

GA_3 常被用来促进葡萄、山楂等树种的果实增大；无籽葡萄喷施 GA_3，可促进果粒的生长；细胞分裂素类物质，如 6-BA、CPPU 等，在幼果发育期使用，能明显促进葡萄、猕猴桃、樱桃等的果实增大。

（3）调控果形

GA_{4+7}+6-BA，可提高元帅系苹果的果形指数，促进五棱突起，从而提高外观品质。6-BA 和 GA_{4+7} 单独施用（花后 4d），可增加金冠苹果的果形指数和纵径。花后 25d 喷施 CPPU，可显著提高金冠、元帅苹果的果形指数。

花期喷施 50~1000mg/L 的 PP_{333}，可明显减少库尔勒香梨果实表面突起和宿萼，降低果形指数，使正形果（萼片脱落、萼洼凹陷果）比例高达 90% 以上，而对果品质量无明显影响。茌梨喷施 PP_{333} 也可以明显促进萼片脱落，使果实美观。鸭梨单独施用或混合施用 GA_3 和 BA，都可以明显促进"鸭突"的发育。

（4）影响果实品质

苹果在落瓣期后 7d 喷 GA_{4+7}，可减轻果锈；使用 BA 能增加果锈。二者混合使用时，不会增加金冠果锈。富士苹果施用 PP_{333} 过量，果实品质明显下降，果柄缩短，果形指数降低；乔纳金、津轻苹果果实因果柄缩短，果实在后期膨大过程中容易自行挤落。CPPU 可促进葡萄着色，提高可溶性固形物含量。茉莉酮酸甲酯处理，明显地促进苹果果皮 β-胡萝卜素合成和叶绿素的降解，因而促进果皮颜色的变化。

（5）促进果实成熟

乙烯利对大多数经济林果实具有催熟作用。如在无花果缓慢生长期间，喷施乙烯利 200~400mg/L，使果实提早成熟。山楂在盛花期喷施 GA_3，不仅提高坐果率，也明显促进成熟，一般提早成熟 10d 左右。山楂在采收前 7~10d，喷施 500~600mg/L 乙烯利，可使其提前成熟。乙烯利也可促进柿的成熟。核桃于采收前27~10d喷施500~2000mg/L乙烯利,可使其提前成熟5~10d,青皮开裂时间一致,有利于一次性采收和脱青皮;但采用树上喷乙烯利催熟,常导致严重落叶,在采收前2~3周树上喷布125mg/L乙烯利和250(500)mg/L的NAA混合液,可使青皮开裂率达100%,而落叶率仅20%左右。

使用生长调节剂,也可延迟某些经济林木果实的成熟。如甜樱桃果实生长第Ⅱ期喷布10mg/L的GA_3,可延迟果实发红3~4d,利于避开对雨水引起裂果最敏感时期,果实变硬,耐贮运。苹果采前1~6周喷1000~3000mg/L青鲜素,可提高果实硬度,延迟成熟。水杨酸可有效抑制新红星苹果乙烯的合成,抑制呼吸速率,降低果实软化程度,延迟果实成熟。

5)辅助采收

喷施乙烯利是常用于枣、樱桃、李、核桃等经济林机械采收的辅助手段。在正常采收前7~14d,对甜樱桃应用250~500mg/L、酸樱桃应用200~1000mg/L乙烯利,可在3d内有效松动果实。枣采收期7~8d,喷布200~300mg/L的乙烯利,成熟果实可在5~6d内全部脱落。

6)打破种子休眠

使用生长调节剂,可打破经济林种子休眠,促进萌发,缩短层积处理天数。如山楂、柿、猕猴桃等的种子,可用赤霉素浸泡,以打破休眠。樱桃种子采收后,立即浸于GA_3中24h,可使后熟期缩短2~3个月,或将种子在7℃冷藏24~34d,然后浸于100mg/L的GA_3中24h,播种后发芽率达75%~100%。在中国樱桃胚培养基中加入6BA,可代替低温层积处理而打破种胚休眠,萌发率高达100%。对早熟杏进行胚培养时,在1/2MS培养基中附加2mg/L的6BA,可打破杏胚休眠,成苗率为83.3%。核桃用1000mg/L的乙烯利浸种催芽,能提早发芽和提高发芽率。

7)促进扦插生根

经济林嫩枝和硬枝扦插前,多用生长素处理,以促进生根。促进扦插生根的生长调节剂,主要有IAA、IBA、NAA、苯酚化合物、ABT生根粉等。生产上应用最多的是IBA、NAA、ABT生根粉。树种、品种不同,使用的生长调节剂种类和浓度不同。应用生长调节剂促进生根的树种,有枣、花椒、银杏、板栗、山楂等。促进生根用生长素速蘸,使用的浓度一般为1000~5000mg/L;而浸泡则用20~200mg/L。香椿嫩枝用ABT生根粉1号100mg/L浸泡30min,生根率达100%。石榴硬枝扦插,插条用100mg/L的ABT生根粉浸泡2h,插后成活率为94.6%,而对照仅为74.1%。银杏硬枝扦插,插穗用ABT生根粉6号50mg/L浸泡2~3h,插后生根率可达90.6%。

8)影响抗逆性

喷施乙烯利、PP_{333}等生长调节剂,可提高柿树、核桃、樱桃等多种经济林木的抗寒性。核桃在新梢长15cm时,叶面喷布1000~2000mg/L的PP_{333}能显著降低新梢生长量,提高枝条可溶性糖含量,从而提高抗冻性,避免越冬抽条。秋季对甜樱桃喷布乙烯利(100~200mg/L)、GA_3(50mg/L)或乙烯利(100~200mg/L)+GA_3(50mg/L)混合液,均可有效地提高芽的抗寒性。

苹果幼苗用50~150mg/L茉莉酸处理，可使开放气孔的气孔开度减小27.4%~63.8%；茉莉酸处理，可显著降低苹果幼苗叶片相对电导率，提高脯氨酸和可溶性糖含量，从而减轻干旱对质膜的伤害，增强树体在干旱条件下的抗脱水能力。

3. 植物生长调节剂应用

1) 使用浓度、剂量

同一种生长调节剂，浓度不同时作用不同。如低浓度（50mg/L）的 GA_3 可促进光合作用、促进果实生长及花芽分化、提高坐果率，而高浓度（200mg/L）却促进枝叶生长而抑制花芽分化，影响果实生长。低浓度的生长素促进生长，而高浓度却抑制生长。如2,4-D，苹果喷施5~10mg/L，梨喷施2.5mg/L，可防止采前落果，高浓度的2,4-D却是除草剂。使用生长调节剂，应严格掌握使用浓度，以免造成药害。在很多情况下，大剂量往往会造成落叶、落果，或过度抑制树体的生长等不良后果。如 PP_{333} 过量使用，会使叶片皱缩、变小，节间缩短甚至密集，果实变小、变扁，果柄短。在经济林上使用生长调节剂时，应根据药剂种类、树种、品种及植株的生长状况，确定适宜的浓度和剂量。

2) 施用时期

生长调节剂应用时期取决于药剂种类、药效延续时间、预期达到的效果，以及经济林生长发育的阶段等因素。只有在最适宜的时期内使用，才能达到预期的效果。例如，在果实催熟时，应在果实大小基本定型后的转色期处理，起到提早成熟和提高品质的作用。若处理过早，会抑制果实膨大，影响产量和品质；处理过晚，则达不到催熟提前采摘的目的。用 PP_{333} 抑制新梢生长，以早期有相当数量的幼叶时施用好，因幼叶比老叶易于吸收。但过早，幼叶数量少，吸收面积小，效果也不好。

3) 使用方法

植物生长调节剂使用方法，有叶面喷施、土施、浸蘸、茎干注射、涂抹、茎干包扎等。如发枝素为膏剂，只能用于涂抹，并且只有当其与芽体接触后，才具有促进芽萌发的作用。PP_{333} 可采用叶面喷施、土施和茎干注射。另外，大多数植物生长调节剂不溶于水，只溶于乙醇等有机溶剂，故需先配成母液，再进行稀释使用。

4) 生长调节剂的配合使用

为了加强某一作用，有时可以多种生长调节剂混合使用，如促进扦插生根的ABT生根粉，就是多种生长调节剂的混合物。新型生长促控剂PBO，也是多种生长调节剂的混合物，含有细胞分裂素6-BA、生长素衍生物OER、延缓剂、微量元素等多种成分。提高苹果果形指数的普洛马林为 GA_{4+7}+6BA。为促进红富士苹果幼树早期成花，可在5月中下旬同时喷施1000mg/L的乙烯利与1000mg/L的 PP_{333}。

生长调节剂还可与营养药剂和农药混用，但混用时应注意先做小型实验，混用不能分解和减效。有些生长调节剂是互相抑制的，如 PP_{333} 抑制GA的合成，使用过量造成药害时，可用少量GA来消除这种影响。经济林园使用除草剂可能造成树体药害，如2,4-D可用GA解除其药害作用。

项目 7　经济林提质增效栽培

任务实施

1. 实施步骤

1) 配制不易溶于水的药剂

生长素、细胞分裂素、赤霉素不易溶于水,可用乙醇溶解配制。取萘乙酸,按照以下步骤配制 300mg/L 浓度溶液 5L:

①计算所用萘乙酸的重量,用天平称取所需药品量;

②将药品放入小烧杯中,倒入适量 70% 乙醇,轻摇烧杯至药品完全溶解;

③将 50~60mL 热水倒入大烧杯中,将溶解后的药剂用玻璃棒边搅拌边缓慢倒入,然后倒入 500mL 的烧杯中,缓慢加入热水至 500mL。

2) 在果园使用 PBO

PBO 的使用方法有喷施、土施。选择下面一种或几种果树,按所述方法进行应用,并设对照。

(1) 水蜜桃

桃树生长旺盛,全年需喷 5 次 PBO(叶片正反面皆喷,喷到滴水为止)。第 1 次,在花前 15~20d 树液流动时,全树周喷 100 倍液;第 2 次,在新梢长达 10cm 时,喷 70~150 倍液;第 3 次,在新梢长 25~30cm 时,喷 70~150 倍液;第 4 次,在果实膨大期(约 6 月上旬)喷 100~120 倍液;第 5 次,采收后喷 70~150 倍液。

(2) 大樱桃

全年施用 3 次。第 1 次,在花前 10~12d 每株土施 4~5g;第 2 次,在 5 月中旬喷 150 倍液(防裂果);第 3 次,在 6 月中旬喷 150 倍液(控梢促花)。对幼旺树可在 5 月中旬、6 月中旬和 8 月上旬各喷 1 次 100 倍液,增加花芽量和提高花芽质量。

(3) 葡萄

全年施用 4 次,即在 4 次生长高峰期各施用 1 次。第 1 次,在开花前 5d 左右每株土施 4g,并浇适量水,或叶面喷施 100~150 倍液;第 2 次,在花后 25~30d 喷施 120~150 倍液,为了防止裂果,在套袋后喷施(促膨果);第 3 次,在第 2 次喷施后隔 20d 左右喷施 120~150 倍液;第 4 次,再隔 20d 左右再喷施 1 次 120~150 倍液(增糖、防裂、促早熟)。

使用 PBO 后,在使用树与对照树的树冠中部外围,抽取一定数量的新梢,测量并记录新梢长度。

2. 结果提交

编写实践报告。主要内容包括:目的、所用材料和仪器、过程与内容、结果(PBO 应用结果,要分析使用树与对照树新梢长度的差异)。报告装订成册,标明个人信息。

思考题

1. 植物生长调节剂对经济林生长有哪些影响?

2. 如何用植物生长调节剂控制经济林休眠？
3. 植物生长调节剂对经济林果实发育有哪些影响？
4. 植物生长调节剂应用中应注意哪些问题？
5. 如何理解植物生长调节剂的残毒问题？

任务 7-4　果品提质管理

○ 任务导引

果实的色泽发育是复杂的生理代谢过程，并受到很多因素影响，在栽培措施方面，人们应根据不同种类、品种果实的色泽发育特点和机理进行必要的调控。通过本任务的学习，要学会制订和实施有效的技术措施，来增加果实的色泽，达到该品种的最佳色泽程度，这对提高着色品种的商品价值尤为重要。

○ 任务目标

能力目标：
(1) 会进行果实套袋、铺膜、摘叶、转果等操作。
(2) 能较好地实施花果的调控。

知识目标：
(1) 掌握果实人工果实套袋、铺反光膜、摘叶转果、采后增色的相关知识。
(2) 掌握保花保果、疏花疏果的相关知识。

素质目标：
(1) 培养自主学习、发现问题和解决问题能力。
(2) 培养动手能力和知识应用能力。
(3) 培养吃苦耐劳精神。

○ 任务要点

重点：果实套袋、铺反光膜。
难点：果实套袋、铺反光膜、采后增色。

○ 任务准备

学习计划：建议学时4学时。其中知识准备2学时，任务实施2学时。
工具及材料准备：盛果期苹果园或适合果实套袋管理的其他果园，套果袋、常用杀虫杀菌剂、疏枝剪、反光膜。

○ 知识准备

对以果实生产为主要目的的经济林木，增色技术对提高商品性状和价值、增加经济收益具有重要意义，也是实现优质、丰产、稳产和壮树的重要技术环节。

1. 果实套袋

果实套袋在不影响、不损害水果正常生长与成熟的前提下，不仅隔离农药与环境污染使水果无公害，而且通过隔离尘土、病虫害、鸟害、风雨阳光的损伤使成熟水果表面光洁、色泽鲜艳，提高了水果档次，效益显著。更由于套袋本身的透气性可产生个别温室效应，水果保持适当的湿度、温度，提高水果的甜度，改善水果的光泽，增加水果的产量，并缩短其成长期。同时由于生长的过程中不需施用农药，水果具有高品质且无公害的特点。目前，如苹果、桃、大樱桃、梨、葡萄等栽培中大量应用套袋技术。

1) 果袋的选择

果袋的种类很多，按袋体原料分为纸袋和塑膜袋，按袋体的层数分为单层袋、双层袋和三层袋，按大小分为大袋和小袋，按捆扎丝的位置分为横丝袋和纵丝袋，按涂布药剂的种类分为防虫袋、杀菌袋、防虫杀菌袋，按袋口的形状分为平口袋、凹形袋和"V"字形口袋等。

双层纸袋外层纸袋外面为灰色或黄色，内面为黑色；内层纸袋为红色或黑色。双层纸袋一般比单层纸袋遮光性强，但成本也较高，一般为单层纸袋的两倍左右。三层纸袋使果实的着色及光洁度等效果更佳，但成本更高。塑膜袋价格低廉，一般用于综合管理水平低的地方及非优生区。

2) 套袋技术

(1) 套袋前喷药

除进行园区全年正常的病虫害防治外，在谢花后 7~10d 应喷药一次，一般应以喷保护性杀菌剂代森锰锌为主。盛花期禁喷高毒农药。套袋前必须对全园喷一次杀虫剂和杀菌剂。喷药时，喷头应距果面 50cm 远，不宜过近，以免因药液冲击力过大而形成果锈。喷出的药液要细而均匀，布洒周到。

(2) 套袋时间

一般红绿色水果，如苹果中的'金冠'、'金矮生'、'王林'等，落花后 10d 套袋；易着色的红色中熟、中晚熟品种，如苹果中的'新红星'、'乔纳金'等，5月下旬至6月上旬套袋；难着色的红色品种，如'红富士'苹果，落花后 40~50d 套袋。套袋在定果后进行。套袋的适宜时期确定后，在一天当中，自早晨露水干后到傍晚都可以进行，但在天气晴朗、温度较高和阳光较强的情况下，以 8:30~11:30 和 14:30~17:30 为宜。

(3) 套袋方法

套袋时，首先小心除去附在幼果上的花瓣及其他杂物，然后左手托住纸袋，右手撑开袋口，或者用嘴吹开袋口使袋体膨胀，袋底两角的通气放水孔张开，手执袋口下 2~3cm 处，使袋口向上或向下，将果实套入袋中。套入后，使果柄置于袋口中央纵向切口基部，然后将袋口两侧按折扇方式折叠于切口处，将捆扎丝翻转 90°，扎紧袋口于折叠处，使幼果处于袋体中央，并在袋内悬空，不紧贴果袋，防止纸袋摩擦果面，切忌将捆扎丝缠在果柄上，同时，应尽量使袋底朝上，袋口向下。

3) 去袋技术

(1) 去袋时间

黄绿色水果，如'金冠'等于采果前5~7d去袋；易着色的中熟、中晚熟品种，如'新红星'、'乔纳金'等于采果前10~15d去袋；难着色的品种，如'红富士'等在采前20~30d去袋。最好选择阴天或多云天气时去袋，尽量避开日照强烈的晴天，以免去袋后发生日灼现象。若在晴天去袋，应于14：00~16：00摘除树冠东部和北部的果袋，这样使果实由暗光逐步过渡到散射光。如果天气干旱，去袋前3~5d应全园浇一次透水，以防止去袋后果实发生日灼现象。当地面干后，即可入园去袋。

(2) 去袋方法

摘除内袋为红色的双层纸袋时，应先沿除袋切线摘掉外层纸袋，保留内层纸袋。一般在摘除外层纸袋5~7个晴天后摘除内层纸袋。摘除内层纸袋应在10：00~16：00进行，不宜选择在早晨或傍晚，这样可以避免因摘除内层纸袋而引起果实表面温度的大幅变化。此外，若遇阴雨天，摘除内层纸袋的时间应相应推迟，防止果面出现"水裂口"。

摘除内层纸层为黑色的双层纸袋时，要先将外袋底口撕开，取出内层黑袋，使外层纸袋呈伞状罩于果实上，6~7d后再将外层纸袋摘除。对于单层纸袋和内外层粘连在一起的台湾佳田纸袋，先在12：00前或16：00后将底撕开，使果袋呈伞形罩于果实上；也可将背光面撕破以透风，过4~6d后将纸袋全部摘除。

果袋全部摘除后，应立即喷一次杀菌剂防治轮纹病和炭疽病等，同时混喷钙肥。

2. 铺银色反光膜

银色反光膜除具有普通地膜保温、防冷、抑草作用外，其良好的反光能力可显著改善树冠内膛光照条件，提高果面着色度。使用时要选择膜面凹凸、膜面有透水孔、质地结实、寿命长的果树反光专用膜。

1) 铺膜时期

果实着色期（开始着色至采收），在树冠下覆反光膜。如红富士苹果开始铺放时期一般为9月上旬。

2) 铺膜技术

铺膜前清除铺膜地段的残茬、硬枝、石块和杂草，打碎大土块，把树冠下地面整成中心高、外围稍低的弓背形，铺膜范围限于树冠垂直投影范围。密植园可于主干两侧沿行各铺一长条反光膜。要求膜面平整并与地面贴紧，交接缝及周边盖土防风。果实采收前，收膜清理清洗，晾干后放入无腐蚀性室内，以备翌年重复使用。

3. 摘叶与转果

摘叶与转果可单独进行，也可在铺膜后，配套摘叶、转果，增加增色效果。

1) 摘叶

摘叶既能提高果实的受光面积，增加果面对直射光的利用率，又能防止叶片紧贴果面，形成花斑，还可避免害虫借助这部分叶片危害果实。通常，摘叶时期与果实着色期同步，如我国北方红富士苹果的摘叶期大约在每年的9月中下旬。摘叶过早虽着色良好，但对果实增大不利，影响产量，还会减低树体储藏营养的水平；摘叶过晚则因直射光利用量减少而达不到预期目的。摘叶对象是树冠上部和外围果实周围5cm以内的叶，树冠内膛、下部果实周围10~20cm的叶。摘叶前要保留叶柄。通过摘叶，树冠透光率明显增加，一般可增加15%左右。

2）转果

在正常的光照条件下，果实的阳面着色较好，阴面着色较差。转果可增加阴面受光时间，达到全面着色的目的。苹果转果可在果实采收前4~5周进行。转果的方法是将果实的阴面轻轻转向阳面，必要时可夹在树杈处以防回位，也可通过转枝和吊枝起到转果的作用。转果宜在早晚进行，避开阳光暴晒的中午，以防日灼。通过转果，可使果实着色面增加20%左右。

4. 采后增色

对达到一定成熟度但着色差的水果，可在采后促进着色，其适宜的环境条件：10%左右的光照，10~20℃的温度，90%以上的空气湿度和果皮着露。

例如，苹果采后增色的具体做法是：选地势高燥、宽敞平坦又背阴通风处，先在地面铺3cm的洁净细砂，将苹果果柄向下平排，果实间有空隙。天气干旱或无露水时，每天早晚用干净喷雾器向果面喷一次清水，以果面布满水珠为度。3~4d果实着色后，翻动一次果实，使果柄向上，再经2~3d整个果面便可全部着色。

○ 任务实施

1. 实施步骤

在果实成熟前实施以下步骤。
①果实套袋。选择果袋，确定套袋时间，套袋前喷药，果实套袋。
②铺反光膜。选择反光膜，确定铺膜时间，铺膜前园地准备，铺膜。
③去袋。确定去袋时间，完成去袋。
④摘叶、转果。确定摘叶、转果的开始时间，完成摘叶、转果。

2. 结果提交

编写实践报告。主要内容包括：目的、所用材料和仪器、过程与内容、结果。报告装订成册，标明个人信息。

○ 思考题

1. 果实套袋对果实有哪些影响？
2. 果实套袋有哪些技术要求？
3. 果园怎样铺设银色反光膜？
4. 摘叶转果有哪些技术要求？

项目 8　常见经济林树种栽培技术

任务 8-1	苹果栽培	1	任务 8-9	红豆杉栽培	60
任务 8-2	葡萄栽培	9	任务 8-10	油橄榄栽培	67
任务 8-3	柿树栽培	15	任务 8-11	文冠果栽培	74
任务 8-4	核桃栽培	22	任务 8-12	檫木栽培	81
任务 8-5	板栗栽培	33	任务 8-13	花椒栽培	86
任务 8-6	扁桃栽培	45	任务 8-14	沙棘栽培	99
任务 8-7	杜仲栽培	50	任务 8-15	漆树栽培	104
任务 8-8	枸杞栽培	55			

参考文献

国家林业和草原局，2022. 国家林业和草原局关于印发《林草产业发展规划（2021—2025年）》的通知［DB/OL］. ［2022-12-20］. https：//www.gov.cn/zhengce/zhengceku/2022-02/13/content_ 5673332. htm.

北京力高泰科技有限公司，2019. LAI-2200植物冠层分析仪中文使用手册［DB/OL］. ［2022-11-02］. https：//max.book118.com/html/2019/0308/6231113241002013.shtm.

北京市农林科学院，2017. 板栗优质丰产栽培技术规程：LY/T1337—2017［S］. 北京：国家林业局.

曹红霞，刘小媛，韩峪，等，2021. 大樱桃晚霜冻害预防与补救［J］. 西北园艺（综合）（2）：31-32.

陈平顺，2021. 苹果树需肥规律及施肥技术分析［J］. 农业灾害研究，11（3）：180-181.

程瑶，于锡宏，佟雪姣，等，2019. 辽东楤木活性成分与生态因子的相关性研究［J］. 生态环境学报，28（8）：1507-1503.

程智慧，2003. 园艺学概论［M］. 北京：中国农业出版社.

迟安荣，2021. 瓦房店市林业有害生物防治对策［J］. 辽宁林业科技（4）：40-42.

冯晋臣，2009. 经济林根基节水栽培技术［J］. 湖北林业科技（2）：47.

冯明祥，王国平，2004. 桃杏李樱桃病虫害诊断与防治原色图谱［M］. 北京：金盾出版社.

冯玉增，程国华，2010. 樱桃病虫害诊治原色图谱［M］. 北京：科学技术文献出版社.

甘肃省陇南市林木种苗管理站，2014. 油橄榄扦插育苗技术规程：LY/T 2298—2014［S］. 北京：全国林木种子标准化技术委员会.

高东升，束怀瑞，李宪利，2001. 几种适宜设施栽培果树需冷量的研究［J］. 园艺学报（4）：283-289.

葛顺峰，李慧峰，朱占玲，等，2021. 苹果园水肥一体化技术方案［J］. 落叶果树，53（1）：55-58.

耿翠芳，高文丽，张善洪，等，2013. 龙牙楤木丰产园营建及芽菜采收技术［J］. 山东林业科技，43（6）：69-71.

关继东，2007. 林业有害生物控制技术［M］. 北京：中国林业出版社.

关继东，2011. 森林病虫害防治［M］. 北京：高等教育出版社.

国家林业和草原局森林病虫害防治总站，2021. 中国林业生物灾害防治战略［M］. 北京：中国林业出版社．

国家林业局，2018．全国优势特色经济林发展布局规划（2013—2020）［DB/OL］．［2022-10-20］．https：//www.waizi.org.cn/doc/33546.html.

国家林业局森林病虫害防治总站，2008．林业药剂药械实用技术手册［M］．北京：中国林业出版社．

国家林业局植树造林司，2000．名特优经济林基地建设技术规程 LY/T 1557—2000［S］．北京：国家林业局．

果树整形修剪，2006．苹果树的丰产群体结构［DB/OL］．［2021-12-20］．https：//www.zhiwutong.com/yuanyi/03-18/5139.htm.

韩友志，孙绍鹏，王猛，2014．浅述我国经济林发展现状和对策［J］．防护林科技（5）：53-54.

何方，2001．中国经济林名优产品图志［M］．北京：中国林业出版社．

河北农业大学，1992．果树栽培学总论［M］．2版．北京：农业出版社．

河北省林业技术推广总站，1993．柿树优质丰产技术：LY/T 1081—1993［S］．北京：林业部．

河南省林业科学研究院，2011．文冠果栽培技术规程：LY/T 1943—2011［S］．全国营造林标准化技术委员会．

河南省森林病虫害防治检疫站，2005．河南林业有害生物防治技术［M］．郑州：黄河水利出版社．

环境保护部南京环境科学研究所，2018．土壤环境质量农用地土壤污染风险管控标准：GB15618—2018［S］．北京：生态环境部．

黄云鹏，2002．森林培育［M］．北京：高等教育出版社．

姜学玲，张广和，孙晓，等，2019．烟台市水肥一体化使用过程中存在的问题及解决方案［J］．烟台果树（2）：48-49.

李根前，唐德瑞，赵一庆，2000．沙棘的生物学与生态学特性［J］．西北植物学报（5）：892-897.

李光晨，范双喜，2001．园艺植物栽培学［M］．北京：中国农业大学出版社．

李鸿杰，白琼，2014．甘肃南部半干旱区曼地亚红豆杉药用林栽培试验与大田生产技术［J］．林业实用技术（10）：58-61.

李鸿杰，罗广元，2009．甘肃甜樱桃［M］．兰州：甘肃科学技术出版社．

李鸿杰，吕志鹏，苏小惠，等，2014．甘肃红豆杉栽培区划研究［J］．中国农业资源与区划，35(1)：134-139.

李鸿杰，奚存娃，2014．中国红豆杉壮苗培育试验及生产技术要点［J］．经济林研究，32(2)：136-138.

李绍华，罗正荣，刘国杰，等，1999．果树栽培概论［M］．北京：高等教育出版社．

李式军，2002．设施园艺学［M］．北京：中国农业出版社．

梁艳霞，王占和，张亚楠，等，2021．扁桃特性及其丰产栽培技术［J］．黑龙江粮食（10）：108-109.

辽宁省林业学校，1995. 经济林栽培学[M]. 北京：中国林业出版社.

林向群，2016. 特色经济林栽培[M]. 北京：中国林业出版社.

林云光，2013. 前所果树农场'红富士'优系选优与绿色果品基地建设[J]. 北方果树（3）：34-35.

刘永齐，2001. 经济林病虫害防治[M]. 北京：中国林业出版社.

刘中汉，1986. 经济林木栽培与利用[M]. 兰州：甘肃科技出版社.

龙晓莉，2017. 甜樱桃土肥水管理技术[J]. 农业科技与信息（1）：100-101.

卢伟红，辛贺明，2014. 果树栽培技术[M]. 大连：大连理工大学出版社.

罗广元，李鸿杰，2014. 中国红豆杉扦插苗分级标准研究[J]. 林业实用技术（2）：6-8.

吕永来，2019."十三五"头两年全国经济林产品产量完成情况分析[J]. 中国林业产业（5）：6-13.

苗平生，华敏，1999. 现代果树技术与原理[M]. 北京：中国林业出版社.

内蒙古自治区蒙药材中药材种植标准化技术委员会，2020. 沙棘栽培技术规程：DB15/T1891—2020[S]. 呼和浩特：内蒙古自治区市场监督管理局.

潘瑞炽，2002. 重视植物生长调节剂的残毒问题[J]. 生物学通报，37（4）：4-7.

裴宏州，2018. 绿色花椒周年管理技术[M]. 兰州：甘肃科学技术出版社.

青海林业科学研究所，2009. 中国沙棘生态经济林基地建设技术规程：DB63/T826—2009[S]. 西宁：背海省质量监督技术局.

曲泽洲，陈四维，1988. 果树生态[M]. 上海：上海科学技术出版社.

全国农业技术推广中心，2021. 矮砧苹果栽培技术规程：NY/T 3684—2020[S]. 北京：农业农村部.

山东农业大学，2015. 辽东楤木栽培技术规程：LY/T 2478—2015[S]. 北京：国家林业局.

施宗明，2000. 中国西部半干旱亚热带低山河谷地区是发展油橄榄生产的适生区[C]//西部大开发科教先行与可持续发展——中国科协2000年学术年会文集. 北京：中国科学技术出版社：159-160.

史祥宾，王海波，刘凤之，等，2021. 葡萄园按需施肥技术[J]. 果树实用技术与信息（8）：19-20.

宋玉双，黄北英，2008. 中国林业有害生物防治技术的新进展[J]. 中国森林病虫，27（6）：31-34.

宋玉双，2010. 论现代林业有害生物防治[J]. 中国森林病虫，29（4）：40-44.

孙凤妮，裴文武，2018. 苹果园土肥水标准化综合管理技术探析[J]. 中国果菜，9（38）：48-49.

谭晓风，2018. 经济林栽培学[M]. 4版. 北京：中国林业出版社.

王怀智，2011. 沙棘的生物学特征及生态作用[J]. 现代农业科技（16）：193-194.

王文江，王仁梓，2007. 柿优良品种及无公害栽培技术[M]. 北京：中国农业出版社.

王禹，2021. 软枣猕猴桃组织培养育苗技术[J]. 现代农业研究（2）：113-114.

郗荣庭，曲宪忠，2001. 河北经济林[M]. 北京：中国林业出版社.

参考文献

郗荣庭，2009. 果树栽培学总论[M]. 3版. 北京：中国农业出版社.

新疆农垦科学院林园研究所，2021. 优质鲜食葡萄栽培技术规程：T/SHZSAQS00009—2021[S]. 石河子：石河子市质量标准化协会.

徐湘江，薛秋生，李宏秋，2013. 我国经济林产业发展现状与趋势[J]. 中国林副特产（3）：102-105.

徐象华，朱国华，颜福花，2014. 山地无籽瓯柑栽培经济效益分析[J]. 浙江农业学报，26(4)：920-924.

杨建民，黄万荣，2004. 经济林栽培学[M]. 北京：中国林业出版社.

杨振，李建平，杨欣，等，2018. 果树枝条修剪机械装置设备研究进展[J]. 现代农业科技(19)：226-228.

郁松林，2008. 果树工[M]. 北京：中国劳动社会保障出版社.

岳永红，2000. 红富士果实增色技术[J]. 农业科技(8)：14.

张灿峰，2010. 林业有害生物防治药剂药械使用指南[M]. 北京：中国林业出版社.

张福墁，2001. 设施园艺学[M]. 北京：中国农业大学出版社.

张继东，李鸿杰，刘文华，2010. 甘肃扁桃[M]. 咸阳：西北农林科技大学出版社.

张家口市林业科学研究院，2020. 枸杞丰产栽培技术规程：DB1307/T330—2020[S]. 张家口：张家口市市场监督管理局.

张进德，辛国，邓明全，2008. 油橄榄优质丰产栽培技术[J]. 中国林副特产(4)：39-41.

张同舍，肖月宁，2017. 果树生产技术[M]. 北京：机械工业出版社.

张义勇，2007. 果树栽培技术（北方本）[M]. 北京：北京大学出版社.

张玉星，2003. 果树栽培学各论[M]. 北京：中国农业出版社.

中国环境科学研究院，2012. 环境空气质量标准：GB 3095—2012[S]. 北京：环境保护部.

中国环境科学研究院，2021. 农田灌溉水质标准：GB 5084—2021[S]. 北京：生态环境部.

中国科学院中国植物志编辑委员会，2004. 中国植物志[M]. 北京：科学出版社.

中国林业科学研究院，2019. 杜仲标准综合体：LY/T 3005—2018[S]. 北京：国家林业和草原局.

中国林业科学研究院，2019. 核桃丰产栽培技术规程：LY/T 3085.3—2019[S]. 北京：国家林业和草原局.

中国绿色食品发展中心，2013. 绿色食品产地环境质量：NY/T 391—2013[S]. 北京：农业农村部.

中国绿色食品发展中心，2021. 绿色食品肥料使用准则：NY/T 394—2021[S]. 北京：农业农村部.

中南林学院，1983. 经济林栽培学[M]. 北京：中国林业出版社.

中南林业科技大学，2010. 漆树栽培技术规程：LY/T 1894—2010[S]. 北京：国家林业局.

周慧，2020. 浅析葡萄栽培与病虫害防治技术[J]. 农业技术与装备(6)：123-124.

邹学忠，钱拴提，2007. 林木种苗生产技术[M]. 北京：中国林业出版社.

附录1　知识拓展

拓展 1-1	我国经济林的分布及经济林发展趋势	1
拓展 1-2	经济林器官相关性及经济林的发育周期	6
拓展 1-3	经济林群落生物间的关系调控	10
拓展 2-1	菌根菌接种技术	11
拓展 2-2	播种苗的年生长规律	12
拓展 2-3	嫁接成活原理、全光喷雾扦插、容器育苗及无土栽培育苗	14
拓展 2-4	组织培养褐变及玻璃化预防	17
拓展 2-5	主要经济林苗木的出圃标准	20
拓展 3-1	经济林栽培环境的选择	21
拓展 3-2	名特优经济林基地建设技术规程	25
拓展 3-3	经济林基地营建成本与经济效益估算	26
拓展 4-1	化学除草	30
拓展 4-2	绿色生产肥料使用准则及绿肥	31
拓展 4-3	水肥一体化技术	33
拓展 5-1	树体结构调整措施	37
拓展 5-2	整形修剪的作用	38
拓展 5-3	修枝剪的使用、化学修剪及修剪伤口保护	39
拓展 5-4	修剪机械及自由纺锤树形修剪	41
拓展 6-1	植保无人机及农药配制方法	43
拓展 6-2	昆虫纲的分目及昆虫性信息素	44
拓展 6-3	经济林树体保护	47
拓展 7-1	常见的果树矮化砧木	49
拓展 7-2	避雨设施结构与材料	50
拓展 7-3	植物生长调节剂的配制使用与残留控制	51
拓展 7-4	套袋对水果的影响及经济林花果量调控	52

附录2 相关案例

案例 1-1	甘肃省主要经济林树种	1
案例 1-2	主要经济林树种的花芽	1
案例 1-3	主要经济林树种对环境条件的适应性	3
案例 2-1	桃苗圃地的选择与管理	5
案例 2-2	核桃播种育苗技术	6
案例 2-3	油橄榄嫁接育苗与葡萄硬枝扦插育苗技术	7
案例 2-4	软枣猕猴桃组织培养育苗技术	9
案例 2-5	樱桃苗的出圃	10
案例 3-1	立地分类及栽培区划	11
案例 3-2	经济林基地建设	16
案例 3-3	大樱桃的栽植技术	17
案例 4-1	苹果园、大樱桃园的土壤管理技术	21
案例 4-2	苹果、葡萄的施肥技术	23
案例 4-3	经济林节水栽培技术	25
案例 5-1	苹果树的丰产群体结构	27
案例 5-2	常见经济林树种的主要树形	29
案例 5-3	花椒的基本修剪方法	30
案例 5-4	大樱桃不同龄期修剪技术	32
案例 6-1	樱桃几种主要病害的防治	34
案例 6-2	桃小食心虫的防治	37
案例 6-3	大樱桃晚霜冻害的防治	39
案例 7-1	大樱桃矮化密植栽培	41
案例 7-2	桃设施栽培技术	42
案例 7-3	常见生长调节剂的应用	45
案例 7-4	苹果增色技术	49